本书配套2张高品质DVD光盘

2DVD

- 总时长近4小时的本书重点实例视频教学
- 总时长近15小时的Photoshop CS4软件基础视频教学
- 配套本书实例素材文件和PSD格式最终效果文件
- 超值附赠上千个实用素材、PS资源和模板文件

打造平面设计领域最时尚、最流行的视觉表现

中文版

Photoshop CS4 风格演绎

达达视觉 编著

兵器工业出版社

BHP 北京希望电子出版社
Beijing Hope Electronic Press
www.bhp.com.cn

内 容 简 介

本书以中文版 Photoshop CS4 为平台，以对设计思路的深入剖析为主线，全面讲解了运用图层、通道、蒙版、滤镜等 Photoshop 核心技术进行多种实用风格设计的方法与技巧。

本书精选 45 个典型实例，设计风格包括简约、紊乱、藏酷、唯美、华丽、矢量、卡通、时尚、中式、欧式等，在讲解过程中秉承边学边操作的教学理念，并辅以对实例所涉及风格的文字及图例说明，力求以最简洁、有效的方式向读者展现风格设计的创意要点及制作手法。

本书内容涵盖广泛，写作手法新颖，实例效果精美，步骤讲解流畅。

本书随书所附光盘内容包括书中部分实例的素材文件、PSD 格式最终效果文件及重点实例的视频教学文件等，并附赠海量实用素材、PS 资源、模板文件及 Photoshop CS4 软件基础视频教学文件，以帮助读者达到事半功倍的学习效果。

本书不仅适合于 Photoshop 初、中级读者学习，也适合于平面设计等相关领域的从业人员作为参考用书，还可作为高等院校相关专业师生的辅助阅读书籍。

图书在版编目（CIP）数据

中文版 Photoshop CS4 风格演绎 / 达达视觉编著. —北京：兵器工业出版社；北京希望电子出版社，2010.1

ISBN 978-7-80248-468-9

I.中…　II.达…　III. 图形软件，Photoshop CS4
IV. TP391.41

中国版本图书馆 CIP 数据核字（2009）第 202599 号

出版发行：兵器工业出版社　北京希望电子出版社
邮编社址：100089　北京市海淀区车道沟 10 号
　　　　　100085　北京市海淀区上地信息产业基地 3 街 9 号金隅嘉华大厦 C 座 611
电　　话：010-62978181（总机）转发行部
　　　　　010-82702675（邮购）　010-82702698（传真）
经　　销：各地新华书店　软件连锁店
印　　刷：北京凯达印务有限公司
版　　次：2010 年 1 月第 1 版第 1 次印刷

封面设计：深度文化
责任编辑：宋丽华　李小楠
责任校对：高　雅
开　　本：787×1092　1/16
印　　张：29.5
印　　数：1−4 500
字　　数：800 千字
定　　价：79.80 元（配 2 张 DVD 光盘，含视频教学）

实例欣赏

❶ 实例名称：风格手机炫动广告
所在章节： 第2章\2.2节

❷ 实例名称：炫酷蓝调壁纸
所在章节： 第2章\2.3节

❸ 实例名称：糖果文字视觉表现
所在章节： 第2章\2.4节

❹ 实例名称：啤酒宣传广告
所在章节： 第3章\3.2节

❶
❷ ❸

❶ 实例名称：犀利雕光主题视觉表现
所在章节：第3章\3.3节

❷ 实例名称：涂鸦风格汽车主题海报
所在章节：第3章\3.4节

❸ 实例名称：新装开业购物宣传海报
所在章节：第3章\3.5节

❶ 实例名称：炫酷光人视觉表现
所在章节：第4章\4.2节

❷ 实例名称：藏酷炫紫视觉表现
所在章节：第4章\4.3节

❸ 实例名称：iPhone手机宣传设计
所在章节：第4章\4.4节

❹ 实例名称：藏酷女视觉表现
所在章节：第4章\4.5节

实例名称：藏酷创意表现
所在章节：第4章\4.6节

实例名称：唯美水姿视觉表现
所在章节：第5章\5.2节

实例名称：夜光创意表现
所在章节：第5章\5.3节

实例欣赏

❶
❷ ❸ ❹
❺

❶ 实例名称：旷野怡心视觉表现
所在章节：第5章\5.4节

❷ 实例名称：魅力女人主题化妆品广告
所在章节：第5章\5.5节

❸ 实例名称：护发产品创意广告
所在章节：第5章\5.6节

❹ 实例名称：显示器壁纸设计
所在章节：第6章\6.2节

❺ 实例名称：立体特效文字设计
所在章节：第6章\6.3节

实例名称：艺术彩绘视觉表现

所在章节：第6章\6.4节

实例名称：华丽尚彩视觉表现

所在章节：第6章\6.5节

实例欣赏

❶ 实例名称：华丽人生视觉表现
所在章节：第6章\6.6节

❷ 实例名称：洗发产品创意表现
所在章节：第6章\6.7节

❸ 实例名称：矢量视觉海报设计
所在章节：第7章\7.3节

❹ 实例名称：Sunday插画
所在章节：第7章\7.4节

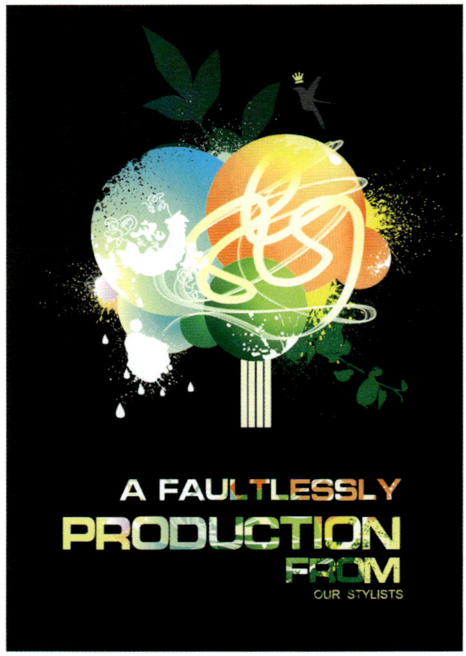

❶ ❷

❸

❶ 实例名称：矢量图形的时尚表现——绿色摩登
所在章节：第7章\7.5节

❷ 实例名称：矢量点、线、面构成视觉表现
所在章节：第7章\7.6节

❸ 实例名称：优雅蓝光视觉表现
所在章节：第7章\7.7节

实例欣赏

❶ 实例名称：木马儿童矢量表现
所在章节　　第8章\8.2节

❷ 实例名称：可爱型矢量卡通招贴
所在章节：第8章\8.3节

❸ 实例名称：立体拟人型卡通雪糕广告
所在章节：第8章\8.4节

❹ 实例名称：化妆品海报设计
所在章节：第9章\9.2节

❶ | ❷ | ❸

❹

❶ **实例名称：店内悬挂招贴**
所在章节：第9章\9.3节

❷ **实例名称：SJ时尚网界面设计**
所在章节：第9章\9.4节

❸ **实例名称：时尚色彩的音乐宣传页**
所在章节：第9章\9.5节

❹ **实例名称：经典画册宣传设计**
所在章节：第10章\10.6节

① ②

③

④

实例名称：中秋月饼礼品盒设计

所在章节：第10章\10.7节

实例名称：月饼包装盒设计

所在章节：第10章\10.9节

实例名称：梅舞月韵

所在章节：第10章\10.10节

实例名称：残旧书籍装帧设计

所在章节：第10章\10.11节

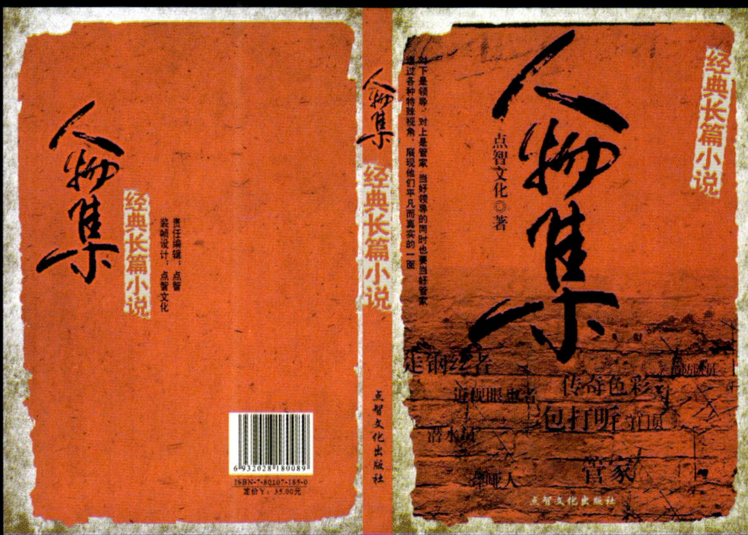

❶ ❷
❸
❹

❶ **实例名称：华丽风情——凝**
所在章节：第11章\11.2节

❷ **实例名称：音乐舞会海报设计**
所在章节：第11章\11.5节

❸ **实例名称：古典风情——“非部”皮包广告**
所在章节：第11章\11.3节

❹ **实例名称：“双星情缘”巧克力包装**
所在章节：第11章\11.4节

www.dzwh.com.cn 2008

前 言

□ 本书特色

在设计创意作品时，设计流程的第一步就是确定作品的风格。因为不同设计风格的选择，是在作品中运用不同设计元素的依据。

本书集理论与实例操作于一体，精心总结了简约、紊乱、藏酷、唯美、华丽、矢量、卡通、时尚、中式、欧式等多种设计风格的设计要点，并针对中式、欧式等经典设计风格，从常用图形、颜色、字体、材质等方面进行了深入的解析，对于广大读者的设计制作具有极强的指导性。

□ 光盘内容

本书附赠两张DVD光盘，其内容主要包括实例所需文件、设计素材文件及视频教学文件等。其中，实例所需文件包括书中部分实例制作所需要的素材文件及实例最终效果文件；设计素材文件包括大量实用素材、PS资源及模板文件；视频教学文件由笔者委托专业讲师，针对书中重点实例及Photoshop实用技术分别进行录制。

□ 软件环境

在编著本书的过程中，笔者所使用的软件是中文版Photoshop CS4，操作系统为Windows XP SP2，希望各位读者能够与笔者统一，以避免在学习中可能遇到的问题。Photoshop软件具有向下兼容的特性，因此，如果各位读者使用的是Photoshop CS3或更早的版本，也可以使用本书进行学习，在进行部分操作时略有差异，希望各位读者注意。

□ 沟通渠道

限于水平，本书在操作步骤、效果及表述等方面定然存在不少不尽如人意之处，希望各位读者来信指正。笔者的邮箱是Lb26@263.net及Lbuser@126.com。如果希望知悉关于本书的更多信息，请浏览我们的网站http://www.dzwh.com.cn/。

编著者群

本书是集体劳动的结晶，参与本书编著工作的人员列举如下。

雷剑、吴腾飞、雷波、左福、范玉婵、刘志伟、李美、邓冰峰、詹曼雪、黄正、孙美娜、刑海杰、刘小松、陈红艳、徐克沛、吴晴、李洪泽、漠然、李亚洲、佟晓旭、江海艳、董文杰、张来勤、刘星龙、边艳蕊、赵雅静、谢建国、李洁、马俊南、姜玉双、李敏、邰琳琳、卢金凤、李静、肖辉、寿鹏程、管亮、马牧阳、杨冲、张奇、陈志新、马俊南、孙雅丽、孟祥印、李倪、潘陈锡、姚天亮、陈阳等。

版权声明

编著者

第1章 风格与平面设计概述......1

1.1 “风格”的基本概念......2
1.2 从生活的角度理解“风格”......3
1.3 平面设计概述......4
1.4 风格与平面设计......7
1.5 固定风格对商业表现的局限性......9
1.6 平面设计中的风格表现要素——形状......9
1.6.1 轮廓......9
1.6.2 量感......12
1.6.3 比例......14
1.7 平面设计中的风格表现要素——色彩......15
1.7.1 色彩的五大运用法则......16
1.7.2 十大常用色彩对风格的影响......18
1.8 平面设计中的风格表现要素——质感......20
1.8.1 质感的基本概念及其分类......20
1.8.2 质感与风格表现......21

第2章 简约风格......23

2.1 简约风格概述......24
2.1.1 简约风格的内涵......24
2.1.2 简约风格的表现手法......25
2.2 风格手机炫动广告......26
2.3 炫酷蓝调壁纸......36
2.4 糖果文字视觉表现......39

第3章 紊乱风格......47

3.1 紊乱风格概述......48
3.2 啤酒宣传广告......49
3.3 犀利雕光主题视觉表现......59
3.4 涂鸦风格汽车主题海报......65

3.5 新装开业购物宣传海报 69

第4章 藏酷风格 81

4.1 藏酷风格概述 82
4.2 炫酷光人视觉表现 84
4.3 藏酷炫紫视觉表现 93
4.4 iPhone 手机宣传设计 100
4.5 藏酷女视觉表现 112
4.6 藏酷创意表现 122

第5章 唯美风格 131

5.1 唯美风格概述 132
5.1.1 轻灵的唯美 132
5.1.2 大气的唯美 133
5.2 唯美水姿视觉表现 133
5.3 夜光创意表现 139
5.4 旷野怡心视觉表现 150
5.5 魅力女人主题化妆品广告 158
5.6 护发产品创意广告 167

第6章 华丽风格 177

6.1 华丽风格概述 178
6.1.1 华丽风格的色彩 178
6.1.2 华丽风格的造型 178
6.2 显示器壁纸设计 180
6.3 立体特效文字设计 188
6.4 艺术彩绘视觉表现 197
6.5 华丽尚彩视觉表现 205
6.6 华丽人生视觉表现 216

6.7 洗发产品创意表现 225

第7章 矢量风格 233

7.1 矢量风格概述 234
7.2 矢量风格的分支——混合矢量风格 235
7.3 矢量视觉海报设计 238
7.4 Sunday 插画 246
7.5 矢量图形的时尚表现——绿色摩登 255
7.6 矢量点、线、面构成视觉表现 265
7.7 优雅蓝光视觉表现 273

第8章 卡通风格 283

8.1 卡通风格概述 284
8.1.1 卡通风格的代表类型 284
8.1.2 卡通风格的常用颜色 288
8.1.3 卡通风格的常用字体 288
8.2 木马儿童矢量表现 288
8.3 可爱型矢量卡通招贴 294
8.4 立体拟人型卡通雪糕广告 304

第9章 时尚风格 315

9.1 时尚风格概述 316
9.1.1 时尚风格的常用图形 316
9.1.2 时尚风格的常用颜色 317
9.1.3 时尚风格的常用字体 318
9.2 化妆品海报设计 318
9.3 店内悬挂招贴 324
9.4 SJ 时尚网界面设计 330
9.5 时尚色彩的音乐宣传页 339

第10章 中式风格 349

10.1 中式风格概述 350
10.2 中式风格的常用图形 352
  10.2.1 工艺美术品 352
  10.2.2 年画 353
  10.2.3 剪纸刻花 354
  10.2.4 皮影 354
  10.2.5 戏曲脸谱 355
  10.2.6 装饰图案 355
  10.2.7 篆刻印章 356
  10.2.8 国画 357
  10.2.9 古典建筑 358
10.3 中式风格的常用颜色 359
10.4 中式风格的常用字体 360
10.5 中式风格的常用材质 361
10.6 经典画册宣传设计 362
10.7 中秋月饼礼品盒设计 371
10.8 亚都国际海报设计 377
10.9 月饼包装盒设计 382
10.10 梅舞月韵 390
10.11 残旧书籍装帧设计 399

第11章 欧式风格 409

11.1 欧式风格概述 410
  11.1.1 欧式风格的常用图形 410
  11.1.2 欧式风格的常用颜色 415
  11.1.3 欧式风格的常用字体 416
  11.1.4 欧式风格的常用材质 417
11.2 华丽风情——凝 417
11.3 古典风情——“非部”皮包广告 423
11.4 “双星情缘”巧克力包装 430
11.5 音乐舞会海报设计 439

第1章

风格与平面设计概述

"风格"无处不在，它已经渗透到人们生活的各个领域，并受到人们越来越广泛的关注。人们通过对象外在的形、色、质感等来感知、感受"风格"。

"风格"本身的抽象性使其与艺术设计有着密不可分的联系。在此，重点分析平面设计领域中"风格"的表现及其代表性设计要素。

1.1 “风格”的基本概念

在论述“风格”时，首先要简单了解“风格”一词的来源。英文的“风格”（style）一词源于希腊文，由希腊文引入拉丁文及其他语种。在希腊文中，“风格”可以被解释为“木堆”、“石柱”、“雕刻刀”等；拉丁文则主要取“雕刻刀”之意，并将其喻意引申，表示组成文字的一种特定方法，也比喻以文字装饰思想的特定方式。

在上海辞书出版社出版的《汉语大词典》中，对于“风格”的定义是：一、风度，品格；二、气度，气魄；三、丰采，丰韵；四、指作家或艺术家在创作成果中所表现出的格调特色；五、泛指事物的特色。

由此可以总结出，“风格”是指某一类事物之间的共同特征。这种特征必须是占主导地位的特征，所以又被称为“实物的主导因素”。

人们常会接触到“流派”、“主义”等名词。这些名词的意思与“风格”在某些方面很相近，只是根据不同的需要被赋予了不同的名称。“风格”一词的适用范围很概括、也很抽象，可以用于描述实物，也可以用于描述纯艺术或应用艺术，甚至可以用于描述人们的外貌和行为方式。

人们经常使用“罗曼蒂克的浪漫爱情故事”、“成熟、高雅的着装品味”、“天真烂漫、无忧无虑的童年回忆”等约定俗成的词语来形容自己的内心感受，也经常会说“这个房间的设计很简约”、“这件衣服的样式很古典”等，而所谓的“浪漫”、“简约”、“古典”……其实就是对“风格”的一种总结与提炼。

不同的人对事物所产生的视觉印象是不同的，图1.1～图1.3所示为表现出各自鲜明“风格”特征的作品。“风格”带有强烈的个人主观色彩，但有的时候还是可以找到共性的。例如，面对广阔、蔚蓝的大海（如图1.4所示），人们会产生豁然开朗、宁静舒适的视觉印象；看到整个都市笼罩在夕阳中，天色慢慢变暗（如图1.5所示），人们会产生怀念、伤感的视觉印象；当人们站在佛教雕塑（如图1.6所示）面前，神秘与崇敬的视觉印象又会油然而生。正因为如此，人们才有可能通过总结与归纳，提炼出“风格”的共性元素，并通过运用这些共性元素，获得塑造“风格”的能力。

图1.1

图1.2

图1.3

图1.4

图1.5

图1.6

1.2 从生活的角度理解“风格”

“风格”在人们的生活中无处不在。

可以发现，“风格”一词不仅用于形容事物，也常用于形容人的仪表或文学作品等。例如，在《晋书·庾亮传》中赞美庾亮“美姿容，善谈论，性好庄老，风格峻整，动由礼节”；又如，在《颜氏家训·文章》中提到的“古人之文，宏才逸气，体度风格，去今实远”。

在生活方式多元化的今天，已经出现了“手机族”、“卡通漫画族”、“香奈儿族”等社会族群，这些即是以生活方式为基准划分的社会人类型，笔者称其为“生活风格族”。由此可见，“风格”在人们的生活中正在成为一种新的流行，它影响到了社会中的每一个人。

除个人外，很多行业的发展也与“风格”息息相关，而且不同的行业对“风格”也有不同的归类和命名方法。例如，设计业、个人形象咨询业、服饰业、陈列装饰业等，都根据自己不同的行业特色、理论方式和特征等塑造了其独具特色的行业风格。

随着“风格”越来越广泛地被大众所接受，与之对应的“设计风格”自然也受到越来越多的关注。它来源于生活而又高于生活，是人们物象生活的抽象表现。

1.3 平面设计概述

简单地说，平面设计是指在二维空间内将文字、色彩及图像等各类元素依据画面的构图需要结合在一起，以达到一定的视觉表达的目的。

平面设计所涉及的领域非常广泛，最为常见的是平面广告及招贴设计、装帧设计、图形图像创意设计、插画设计、VI设计及界面效果图设计等。图1.7~图1.13展示了一些常见的平面设计作品。

图1.7

图1.8

白鳳
家路皇月
甜蜜中国 仟蜂佰卉

图1.9

A COMMITMENT TO INNOVATION
TO CREATE NEW VALUE
DOYLE
AUSTIN MUSEUM of ART

图1.10

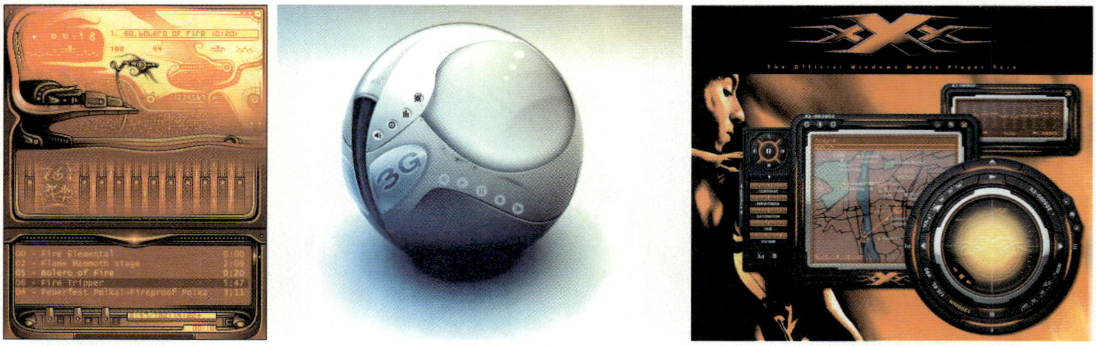

图1.11

图1.12

图1.13

通过观察不难看出，无论是从行业、产品还是从纯视觉的角度出发，根据不同的诉求点，各设计作品给观者的风格感受都是截然不同的。换言之，就是在表现不同的内容时，应选择与之相匹配的风格。

1.4 风格与平面设计

平面设计是许多艺术设计的基础。如果不在平面或静态的视觉形式上将这些艺术以特定的形态表现出来，许多艺术就不能够更加深入地发展。因此，首先对平面设计中的“风格”进行讨论与分析，有利于从更容易理解的角度表述“风格”。

相对于其他一些与数字技术有关的艺术门类而言，平面设计是一个相对成熟的艺术门类，人们因而能够通过分析众多成熟的作品而快速得出结论。

例如，在可口可乐的平面广告中，都会以红色为主，配合适当的主题元素，给观者以激情、热烈的视觉感受，如图1.14所示；而百事可乐的平面广告则是以蓝色为主，力求营造出一种冷冽的氛围，如图1.15所示。这也正是两家碳酸饮料公司各自不同的产品风格。

图1.14

图1.15

图1.16所示是其他一些不同风格的平面设计作品，读者可以尝试分析和感受一下它们的不同风格。

图1.16

比较常见的平面设计风格包括简约、华丽、卡通及古典等，在本书下面的章节中将具体讲解各风格的特点及典型实例。

1.5 固定风格对商业表现的局限性

当某种风格被确立下来之后，虽然可以对树立品牌形象及媒体宣传起到很大的推动作用，但同时也存在着一定的限制。例如，受产品的固定风格及标准色的限制，可口可乐的广告很难表现藏酷风格；另一个主要原因就是最适合表现藏酷风格的蓝色已经被竞争对手百事可乐所用。

同样，百事可乐也很难表现热闹、有激情的场面，例如图1.15第一行右侧的作品，画面底部的剪影、可乐上的礼花、背景中的各种乐器及人物元素，都渲染出一个热闹非凡的场景，但由于受色彩的使用限制而无法淋漓尽致地将其表现出来，好在设计师以仰角的方式摆放了主体图像百事可乐，使场面更多地是表现出一种震撼的视觉效果，用以弥补色彩表现方面的不足。

1.6 平面设计中的风格表现要素——形状

在平面设计中，表现风格的要素可以大致分为形状、色彩、质感等。在设计过程中，可以以某一要素为主进行表现，也可以结合两种甚至全部的要素进行表现。在本节下面的内容中，就分别来讲解这些要素对于人们心理的影响。

形状包括轮廓、量感、比例。人们之所以对不同形状的实物产生不同的心理感受，主要是由于这三方面的因素在起作用，这也是决定对象风格走向的关键之一。

1.6.1 轮廓

简单地说，对象的轮廓即指其外边缘线，可以分为直线和曲线这两种形式。直线给人以硬朗、端正、理性、冷峻和机械的感觉，而曲线则显得比较圆润、柔和、婉约、随意、感性。以图1.17所示的两幅李宁运动产品的广告作品为例，虽然同是以艺术体操运动员为主体图像，但由于飘带的形态各有不同，一个为直线而另一个为曲线，给观者的视觉感受也各不相同。

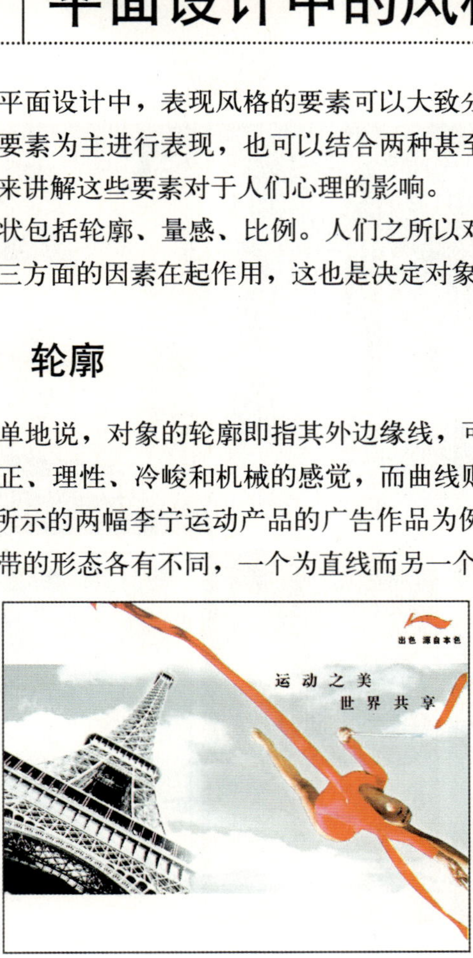

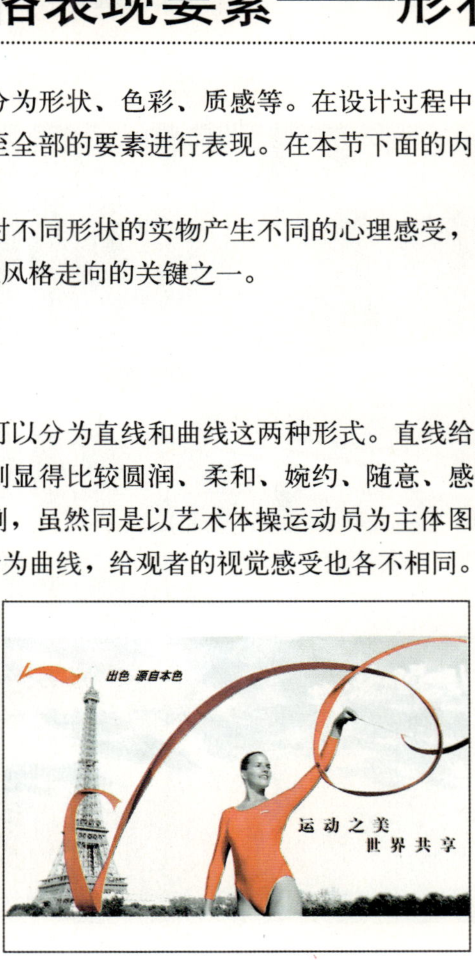

图1.17

图1.18和图1.19所示是分别以直线和曲线为主要轮廓的平面设计作品。读者可以观察这些作品，并结合上面讲解的理论知识，分析各作品中直线与曲线轮廓所表现出的不同风格。

在设计与女性群体相关的作品时，经常会用到曲线轮廓的元素，用以表现女性柔美的气质，如图1.20所示。

在设计过程中，为了使画面保持一种平衡，同时也使其看起来更丰富，经常会采用直线与曲线相结合的方式进行表现。例如，在图1.21所示的宣传页作品的画面中，建筑、水墨及装饰线条等其轮廓各有曲直，彼此搭配，在视觉效果上显得更加的丰富、协调。

图1.22所示是其他一些曲线与直线轮廓相搭配的作品。读者可以通过观察这些作品，并结合上面讲解的理论知识，分析各作品中直线与曲线轮廓所表现出的不同风格。

图1.18

SECRET
BLACK LABEL SERIES
三星 Anycall
SGH-E348
2007
中央电视台元旦双语晚会
NEW YEAR'S GALA
七彩云南
RED
STILETTO
COLOUR IN MOTION
THE WORLD'S FIRST 200Hz LCD TELEVISION
BRAVIA
SONY
eragon
2006

图1.19

天然彩棉
甲壳素
金伯利钻石
KIMBERLITE DIAMOND
璀璨东方 克拉美钻
我的KDC
Be Flower
espoir
blossom
The new fragrance
DTC
CELEBRATION DIAMONDS

图1.20

图1.21

图1.22

1.6.2 量感

量感是指饱满、充实的程度。它是大小、薄厚、体积、重量、密度等指标的综合值。量感的大小，是一个相对的概念，而不是绝对的数值。

例如，在图1.23所示的手机广告中，从整体来看，左图的颜色较淡，主体图像较小，显得量感较小；而右图的色彩较为浓重，且主体图像占据了画面的绝大部分，显得量感较大。

又如，在图1.24所示的手机广告中，二者的色彩浓度基本相同，但左图的图像较为简洁，显得量感较小；而右图则由于人物背后穿戴了较多的装饰物，显得量感较大。

图1.23

图1.24

将上面两组图像进行对比不难看出，元素的量感对表现风格也有很大的影响。图1.25所示是一些不同平面设计领域中的作品，读者可以尝试分析一下它们量感的大小及其对风格的影响。

图1.25

1.6.3 比例

比例是一种均衡的定量概念。从广义的角度来讲，它包含了对象本身的比例、对象与整体之间的比例，甚至画面整体的构图比例等。从对风格的表现上来讲，对于形状比例的控制，对风格表现的影响并不大，反而是对突出主体、优化整体结构能起到比较大的作用。

例如，在图1.26所示的作品中，主体图像占据了整个画面2/3以上的比例，装饰元素虽然很多，但由于相对于主体图像或整个画面而言都非常小，所以能够很好地突出主体图像；而对于图1.27所示的作品，整个画面比较干净，装饰元素与主体图像的色彩搭配非常突出，因此主体图像虽然所占面积非常小，却并不影响其画面主体的地位。

图1.26

图1.27

对于整体画面而言，控制整体构图比例，也对版面的美观程度有着很大的影响。例如，图1.28所示是按照国际公认的黄金分割比例进行构图的作品；图1.29所示则是按照对称的方式进行构图的作品，即画面左右的比例为1：1。

图1.28

图1.29

1.7 平面设计中的风格表现要素——色彩

色彩包括色相、明度和纯度。在表现不同的风格时，它们都起到了非常重要的作用。例如，使用紫色可以表现女性的妩媚；使用红色可以表现激情、暴力；使用青色、蓝色及黄色可以表现清新、雅致。又如，在表现华丽、卡通及唯美风格时，常使用饱和度较高的颜色；而表现怀旧风格时，常使用饱和度较低的颜色。

笔者根据颜色特有的属性，归结成了许多不同的组合，图1.30展示了不同的色彩组合给观者带来的不同的心理感受。

图1.30

1.7.1 色彩的五大运用法则

只有正确地选择色彩、运用色彩，才能够完整、准确地表达出画面的意境。色彩运用得好，可以使人赏心悦目、有舒服的感觉；反之，则会使人产生厌恶的感觉。实际上，正确地运用色彩不仅在使用Photoshop进行绘图时非常重要，在进行服装设计、家居设计、产品设计时也同样非常重要，因此需要正确掌握运用色彩的方法。

在设计时注意下列几点，可以提高作品的视觉效果，从而完美地表达设计主题。

1. 主调

主调是指画面色彩的整体基调，是一幅作品总的色彩倾向，类似于乐曲中的主旋律，是作品能够成功的关键之一。一幅好的作品，色调倾向一定非常鲜明、纯正，如图1.31所示。

图1.31

如果作品中的色彩运用得没有主次、没有主调或色彩搭配得不够协调，作品就会显得零乱，进而体现不出作品的完整性与意境。因此，在设计制作作品时，应该首先考虑目标受众的审美取向，然后确定整体色调。例如，面向儿童的作品，应该采用明快、鲜艳的主调；而如果制作的是环保招贴，则可以考虑将蓬勃的、展示生命活力的绿色作为主调。

2. 平衡

配色的平衡是指将两种以上的色彩放在一起，其明暗、大小、位置在视觉上给观者以平稳、安定的感觉。一般说来，色彩的明暗轻重和面积大小是影响配色的关键，其原则如下。

- 纯色和暖色比灰调色和冷色的面积小一些，易于取得平衡。
- 明度接近时，纯度高的色彩比灰调色的面积小一些，易于取得平衡。
- 明度高的色彩在上，明度低的色彩在下，易于取得平衡，如图1.32所示。

3. 节奏

在用色时注意按节奏使用某一种或几种色彩，使其重复出现，以交替和渐变的形式形成韵律感。例如，通过疏密、大小、强弱、反正等形式的巧妙配合，可以使画面产生多层次的动感，在视觉上给观者以有生气、有活力、跳跃的感受，从而减少了视觉的疲劳，如图1.33所示。

图1.32

图1.33

4. 强调

在有限的空间里使用强烈、醒目的色彩，可以轻易地形成画面的视觉中心，以引起观者的兴趣，如图1.34所示。

图1.34

5. 分割

分割使对比较弱的色彩鲜明、突出，使对比较强的色彩调和、统一。分割使用黑、白、灰等三种色彩，易于取得鲜明、和谐的效果；使用金、银色进行适当分割，可以得到华丽、典雅的效果，如图1.35所示。

图1.35

1.7.2 十大常用色彩对风格的影响

下面讲到的十种色彩在广告设计中应用非常广泛。深入理解这十种色彩，有助于正确表达设计理念。

1. 红色

红色容易引起观者的注意，使其兴奋、激动、紧张，但红色光容易造成视觉疲劳。

在生活中，艳丽的鲜花、丰硕的果实等都呈现出不同类型的红色。因此，红色往往是兴奋与欢乐的象征。也正因如此，红色在标志、旗帜、宣传品等用色中占居首位，成为最常用的宣传色。

另一方面，由于火与血被人类视为灾难而其均为红色，在大多数情况下红色也被用为警戒色。红色是一种对人类产生强烈而复杂影响的色彩，因此在一些表现战争、暴力或血腥主题的电影宣传海报中，为了渲染气氛，常常会使用红色进行表现。

2. 黄色

黄色光的光感最强，给人以光明、辉煌的视觉印象。在自然界中，迎春花、菊花、向日葵等花朵都呈现出不同程度的黄色，而秋收的五谷、水果等也呈现出金灿灿的黄色，因此，黄色给观者以欣欣向荣、丰收的感觉。

在历史上，帝王均以辉煌的黄色作为服饰的用色，给人以崇高、智慧、神秘、华贵、威严的感觉。但另一方面，秋季的黄叶、沙尘及昏黄的天色，也赋予了黄色凋零、病态和反常的意味。可以说，黄色被应用于不同的作品中，能够体现出截然不同的氛围。

3. 橙色

橙色又称橘黄或橘色。自然界中的鲜花、果实、霞光、灯彩等都呈现出丰富的橙色调，因此，橙色具有明亮、华丽、健康、兴奋、温暖、欢乐、辉煌、动人等意味，常被用为装饰色。

橙色在空气中的穿透力仅次于红色，色感较红色更暖。最鲜明的橙色应该是感觉最暖的色彩，给观者以庄严、尊贵、神秘等感受，往往被作为标志色和宣传色来使用。

4. 绿色

在太阳投射到地球上的光线中，绿色光占50%以上。由于绿色光在可见光谱中波长居中，因此人们的视觉对绿色光波长的分辨能力最强，也最能适应绿色光的刺激。

在自然界中，生命力较强的植物大多为绿色，因此绿色往往被人们称为“生命之色”，并将其作为农业、林业、畜牧业等的象征色。由于植物与其他生物一样，具有诞生、发育、成长、成熟、衰老、死亡的整个过程，这就使得绿色产生了各个阶段的不同变化。黄绿、嫩绿、淡绿象征着春天、稚嫩、青春、旺盛的生命力；艳绿、盛绿、浓绿象征着夏天、茂盛、健壮；灰绿、褐绿象征着秋冬、成熟、衰老。

5. 蓝色

蓝色代表的往往是人类所知甚少的领域，如宇宙和深海。因此，蓝色被赋予了神秘的意味。此外，蓝色属于冷色系，有冷静、沉思、智慧的意味，所以蓝色是标准的高科技用色，许多IT公司使用蓝色作为企业的专用色。

6. 紫色

在可见光谱中紫色光的波长最短，尤其是看不见的紫外线更是如此。因此，眼睛对紫色光细微变化的分辨能力最弱，容易引起视觉疲劳。

紫色能够给观者以高贵、优雅、神秘的感受；灰暗的紫色则是伤痛、疾病、晦暗的色彩，容易造成人们心理上的痛苦和不安。

7. 褐色

褐色指土红、土黄、赭石等一类颜色。此类色彩是土地和岩石的色彩，具有厚重、博大、坚实、稳定、沉着等意味。

8. 白色

白色由全部可见光均匀混合而成，被称为“全色光”，是光明的象征色，被广泛地应用于各类设计作品中。白色具有明亮、干净、畅快、朴素、雅致与贞洁的感觉，在西方特别是欧美，白色是结婚礼服的色彩，表示爱情的纯洁与坚贞。但有时，白色也能够表达出空洞、寂寞、恐怖的感觉。

9. 黑色

黑色对人类的心理影响很大，多数人会首先感觉到黑色的消极因素（如漆黑之夜等），因此黑色能够轻易地表现出阴森、恐怖、烦恼、忧伤、消极、悲痛甚至死亡等意味。

另一方面，黑色使人感觉安静、严肃、庄重、坚毅。黑色与其他色彩进行组合时，是极好的衬托色，可以充分显示其光感与色感。此外，黑白组合是非常经典的用色组合。

10. 灰色

灰色位于白色与黑色之间，属于无彩度及低彩度的色彩。灰色对眼睛的刺激适中，即不眩目也不暗淡，属于视觉最不容易感到疲劳的色彩。在某种色彩中添加灰色的成分，往往能够降低该色彩的亮度，并使人容易接受。灰色在设计中属于非常复杂的色彩，给观者以高雅、精致、含蓄、耐人寻味的感受，但如果处理不好，则给观者以混浊、模糊的感受。

1.8 平面设计中的风格表现要素——质感

在自然界中，质感是用于辨别对象属性的重要依据。在平面设计作品中，它也发挥着类似的作用，即通过模拟不同的质感，从而得到与之相匹配的风格。例如，将人物的皮肤处理为水质感，它就具有了水的流动性；如果将其处理为金属质感，那么就具有了冷酷、坚硬的特性。

下面简单介绍一下质感。

1.8.1 质感的基本概念及其分类

质感是一种客观存在的物质的表面形式，是对象表面的纹理，可以加强对象的感染力。

质感有视觉质感和触觉质感之分。

视觉质感是指眼睛所看到的肌理，无须用手触摸即能感觉到对象的特征。在传统美术课程中，塑造这种质感的常用方法包括绘写法、拓印法、吸附法、喷洒法、渍染法、拼贴法等，质感效果如图1.36所示。图1.37所示是一些典型的视觉质感应用作品。

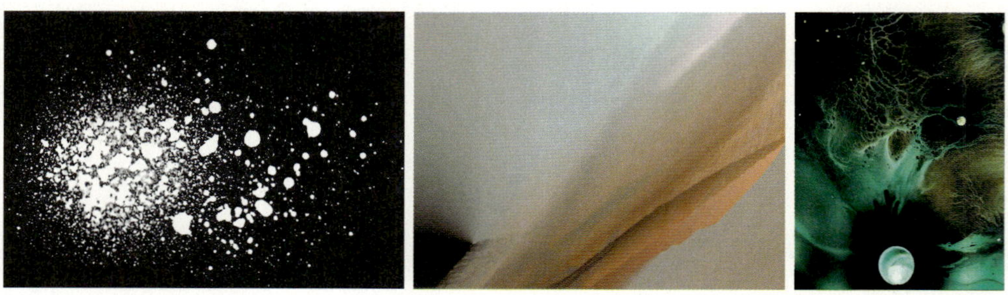

图1.36

图1.37

触觉质感是指依靠触觉（如用手进行触摸等）才能够感觉到的凹凸不平或光滑细腻的肌理。以往要想获得这种质感，往往需要在自然界中进行照相。在电脑艺术时代，设计师已经可以使用电脑软件模拟制作出各类触觉质感效果，如图1.38所示。图1.39所示是一些典型的触觉质感应用作品。

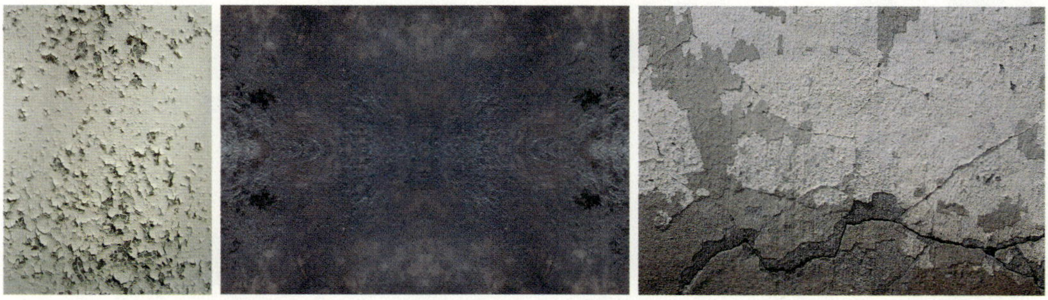

图1.38

图1.39

1.8.2 质感与风格表现

在平面设计中，小到对细节元素的处理，大到对整幅作品的气氛渲染，都可以通过使用各种形态的质感进行表现，从而达到给观者以不同视觉感受的目的。优秀的质感处理，甚至可以左右人的情感，是增强作品感染力极其常用的一种手段。

质感在平面设计领域中的应用非常广泛。图1.40所示为使用不同质感制作的各类风格的平面设计作品，读者可以分析一下各质感在表现风格时所起到的作用。

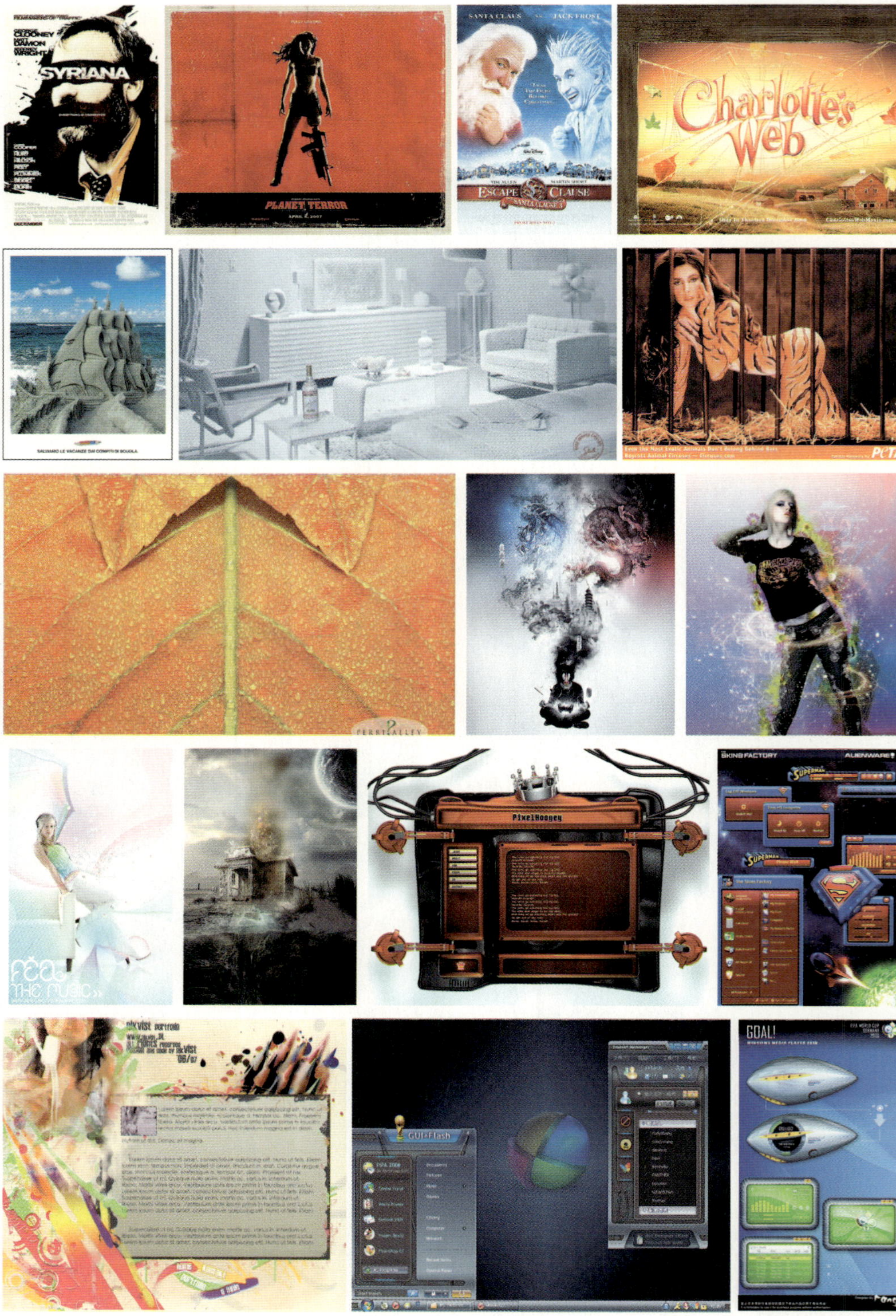

图1.40

可以看出，在不同的设计作品中应用不同的质感，能够更好地表现主题。除了上面几种应用领域外，质感还被广泛地应用于封面设计、包装设计、插画设计、工业造型设计以及纹理贴图设计等多个领域，在此就不一一列举了。

第2章
简约风格

简单即是美——这是被设计界公认的一条原则，使用这一原则来诠释简约风格再恰当不过。此类风格的作品在设计制作时更易于在画面中突出主体，但可用于发挥的元素有限，因此要想得到这样的作品效果有时反而是最难的，往往需要设计师充分发挥每一个微小元素的作用，从色彩、大小、角度甚至是维度等不同方面去完成画面的表现。

2.1 简约风格概述

2.1.1 简约风格的内涵

如今，设计风格的多样性令人眼花缭乱，这使得身处信息爆炸时代的人们越来越被外界花花绿绿、五光十色的图像或文字信息所干扰。但是正所谓“物极必反”，在这种情况下，人们反而更容易被简约的图像或文字设计所吸引。

图2.1展示了一幅信息含量非常大的设计作品。图2.2展示了一幅简约的设计作品。对比两幅作品可以发现，由于简约风格的作品没有太多的信息，很容易使观者放松下来，从而可以将注意力投射在设计作品极力突出的重点上。

图2.1

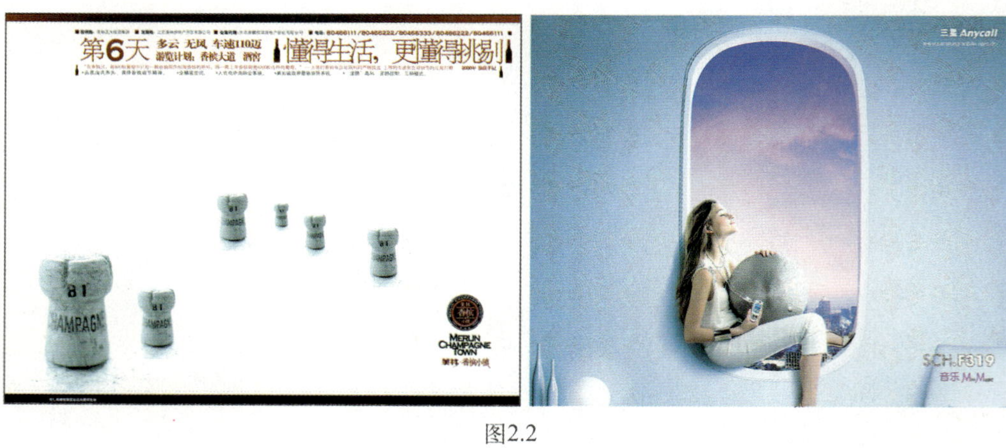

图2.2

“简约”作为一种风格，不仅体现在平面设计中，在室内设计、服装设计等设计领域也都能够看到简约风格的作品。可以说，“简约”正成为一种潮流，图2.3展示了几幅简约风格的平面设计作品。

分析大量简约风格的设计作品可以看出，“简约”并不是“简单”。虽然“简单”可能是表现简约风格的一种手法，但并不能代表其全部内涵。“简约”的内涵还应该包括大方、高雅、卓而不群以及个性化。从表现内容来看，简约风格可以表现各种内容，包括古典型、现代型、时尚型等。

实际上，简约风格追求的是人们心理上的简约，因此设计师要掌握简单化复杂元素或信息的能力，这也正是本章的学习重点。

图2.3

2.1.2 简约风格的表现手法

简约风格的表现手法灵活且多样化。无论是使用大面积的留白，还是使用小而精致的“点”来构成画面，都不失为比较好的表现手法。可以说，要完美地表现简约风格，需要结合诸多时尚艺术作品的表现形式。下面是从最常用的两类简约风格开始进行简单的分析和讲解。

1. 使用精致的画面元素

通过在设计中使用精致的画面元素，能够较好地表现简约风格。此类作品的结构看似简单，但是画面的视觉中心显而易见，因此，此类简约风格设计作品比较耐看，如图2.4所示。

图2.4

2. 构造简洁画面

在中国画中有“疏可走马，密不透风”的说法。实际上，这句话也指出了简约风格的另一种类型，即在作品中通过大面积留白构造出简洁的画面。“留白”使观者的视觉中心点更容易聚集，而画面的局部则可以复杂一些，效果如图2.5所示。

图2.5

当前许多时尚广告都运用了这类手法，例如iPod的mp3广告，效果如图2.6所示。

图2.6

2.2 风格手机炫动广告

例前导读：

本例是以风格手机炫动为主题的宣传广告设计作品。在制作过程中，主要以制作环绕手机的炫光元素为核心内容。蓝色的光晕及纯黑的底图，将观者的视线聚集于手机本身，加上简洁的艺术文字，使观者过目不忘。

核心技能：

- 应用“亮度/对比度”调整图层调整图像的亮度及对比度。
- 利用剪贴蒙版限制图像的显示范围。
- 利用图层蒙版隐藏不需要的图像。
- 使用形状绘制类工具绘制形状。
- 设置图层属性以混合图像。
- 利用模糊滤镜制作模糊的图像效果。
- 结合路径及“渐变填充”图层制作图像的渐变效果。
- 结合路径及使用“画笔描边路径”功能中的【模拟压力】选项，制作两端细、中间粗的图像效果。

操作步骤：

步骤1 按Ctrl+N组合键新建文件，在弹出的对话框中设置参数，如图2.7所示，单击【确定】按钮退出对话框，将新建的文件作为本例的制作文件，按Ctrl+I组合键将背景反相为黑色。

提示

下面利用素材图像，结合图像变换及调整图层等，制作主体手机图像。

步骤2 打开随书所附光盘中的素材文件（光盘文件路径为“第2章\2.2\素材.psd”），使用【移动工具】将其中的图像拖动至制作文件中，得到“图层1”。按Ctrl+T组合键调出自由变换控制框，按Shift键向内拖动控制手柄以缩小图像，然后将图像顺时针旋转4°左右并调整其位置，按Enter键确认操作，效果如图2.8所示。

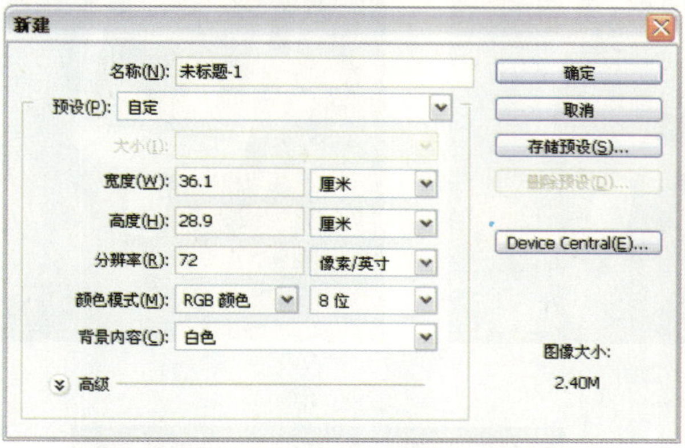

图2.7

图2.8

步骤3 在【图层】面板中单击【创建新的填充或调整图层】按钮，在弹出的菜单中选择【亮度/对比度】命令，在弹出的面板中设置参数，如图2.9所示，得到图层“亮度/对比度1”，按Ctrl+Alt+G组合键创建剪贴蒙版，效果如图2.10所示。

提示

下面结合【画笔工具】及图层属性等，制作手机右上角的光照效果及后方的彩光效果。

步骤4 新建图层，得到“图层2”，按Ctrl+Alt+G组合键创建剪贴蒙版，设置“图层2”的图层混合模式为【叠加】。设置前景色为白色，选择【画笔工具】，在其工具选项栏中设置【画笔】为“柔角150像素”，【不透明度】为“20%”，在制作文件中手机的右上角进行涂抹，效果如图2.11所示。

步骤5 选择图层“背景”，将其作为当前操作图层。按照上一步的操作方法，新建图层，设置不同的前景色，使用【画笔工具】在制作文件中手机的后方进行涂抹，制作彩光效果，效果如图2.12所示，同时得到“图层3”～“图层5”。

提示

在本步骤操作过程中，笔者没有给出图像的颜色值，读者可以按照自己的审美喜好进行颜色的搭配。在下面的操作中，笔者也不再给出颜色值的提示。另外，在此分别设置“图层4”和“图层5”的图层混合模式为【滤色】和【叠加】。下面制作手机的倒影效果。

步骤 6 按住Alt键将“图层1”拖动至其下方，得到“图层1副本”，利用自由变换控制框，将“图层1副本”中的图像进行垂直翻转，并将其向下调整位置，效果如图2.13所示。

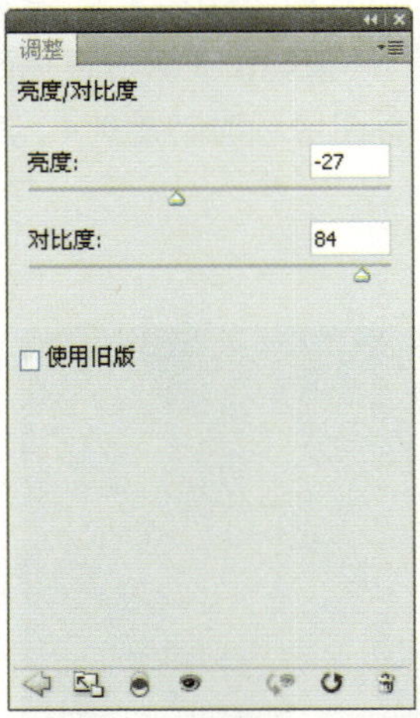

图2.9

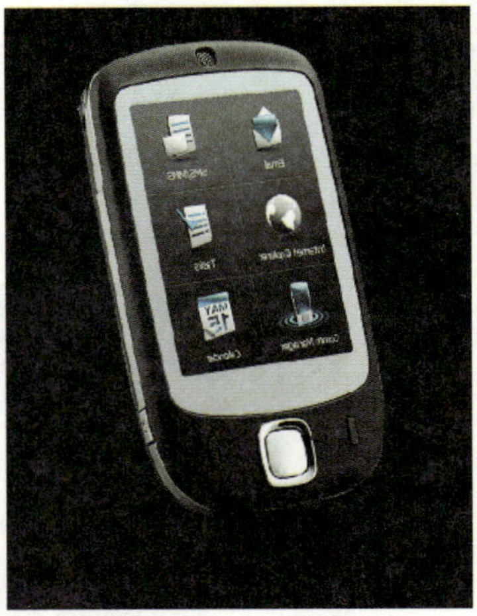
图2.10

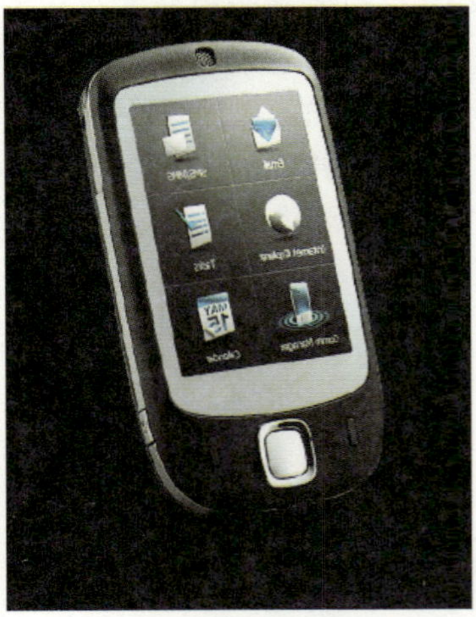
图2.11

图2.12

图2.13

步骤 7 在【图层】面板中单击【添加图层蒙版】按钮，为“图层1副本”添加图层蒙版。设置前景色为黑色，选择【画笔工具】，在其工具选项栏中设置适当的画笔大小及【不透明度】数值，在图层蒙版中进行涂抹，将下方的图像效果隐藏起来，直至效果如图2.14所示，此时的【图层】面板如图2.15所示。

图2.14

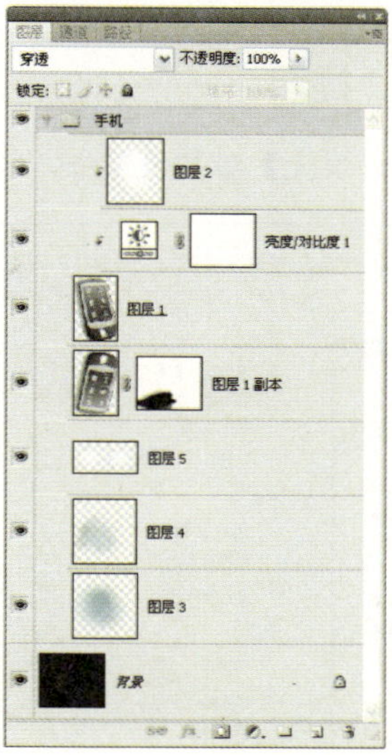

图2.15

提示

在本步骤中，为了方便管理图层，将制作手机图像的图层选中，按Ctrl+G组合键进行图层编组，得到“组1”，并将其重命名为“手机”。在下面的操作中，笔者也将对各部分进行图层编组，在操作步骤中不再叙述。下面制作炫光效果。

步骤8 收拢图层组“手机”，设置前景色为白色，选择【钢笔工具】，在其工具选项栏中单击【形状图层】按钮，在制作文件中手机的左侧绘制如图2.16所示的形状，得到图层“形状1”。在此图层的名称上单击鼠标右键，在弹出的菜单中选择【转换为智能对象】命令，将图层“形状1”转换为智能对象。

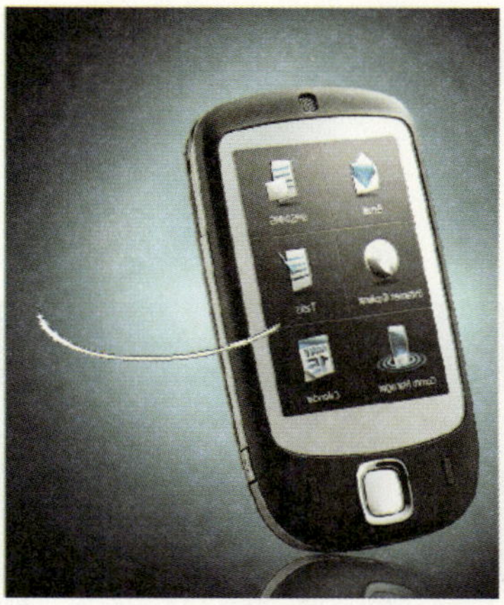

图2.16

步骤9 执行【滤镜】|【模糊】|【高斯模糊】命令，在弹出的对话框中设置【半径】数值为“0.6”，单击【确定】按钮退出对话框。在【图层】面板中单击【添加图层样式】按钮 fx，在弹出的菜单中选择【外发光】命令，在弹出的对话框中设置参数，如图2.17所示，单击【确定】按钮退出对话框，效果如图2.18所示。

提示

转换为智能对象的目的，是要对图层“形状1”中的图像应用滤镜，而智能对象则可以记录下滤镜所有的参数设置，以便于进行反复调整。同时，还可以对智能蒙版进行编辑，从而得到所需要的图像效果。

提示

在【外发光】参数设置中，色块的颜色值为“2caae7”。

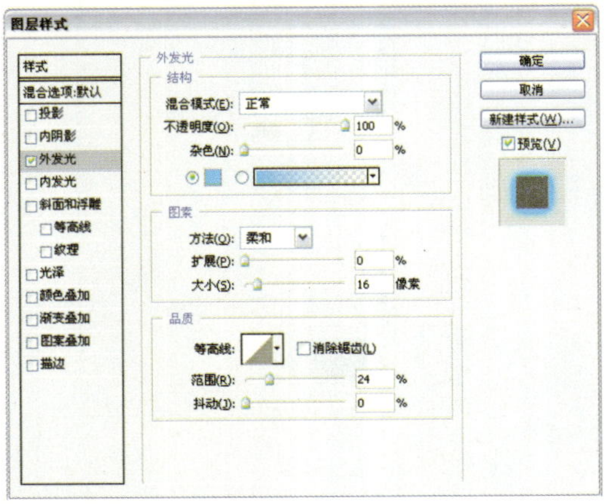

图2.17

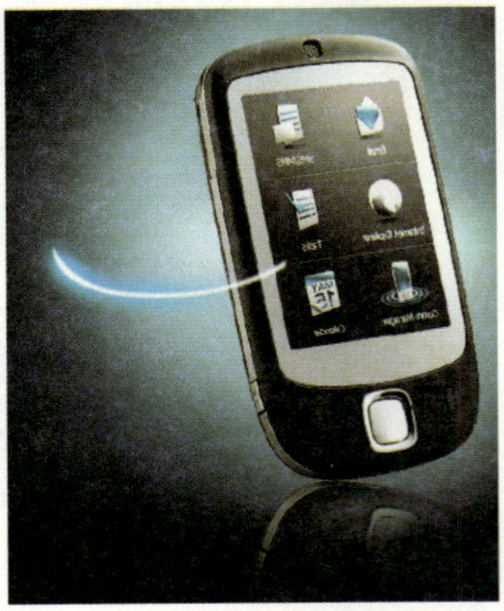

图2.18

步骤10 按照步骤7的操作方法，为图层“形状1”添加图层蒙版。使用【画笔工具】在图层蒙版中进行涂抹，将手机上的白色线条隐藏起来，效果如图2.19所示。

步骤11 按照步骤8～步骤10的操作方法，结合【钢笔工具】、【高斯模糊】滤镜、图层样式以及图层蒙版等，制作环绕手机的发光线条效果，效果如图2.20所示，此时的【图层】面板如图2.21所示。

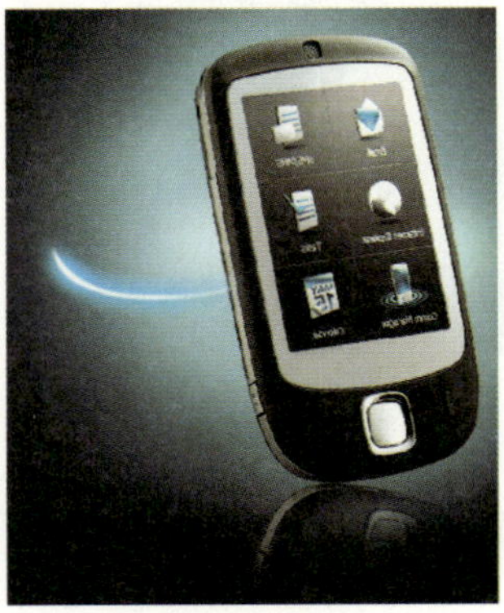

图2.19

图2.20

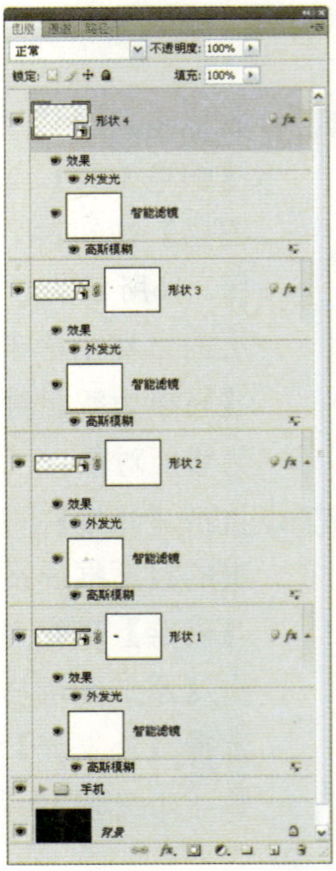

图2.21

提示

本步骤中关于【高斯模糊】及【图层样式】对话框中的参数设置，请参考本例随书所附光盘中的最终效果文件。在下面的操作中会多次应用到滤镜及图层样式，笔者不再进行相关参数的提示。

提示

在此还对图层“形状2”及图层“形状4”中的智能蒙版进行了适当的编辑（选择要编辑的智能蒙版，然后按照编辑图层蒙版的方法编辑智能蒙版）。下面制作动感的炫光效果。

步骤12 复制图层“形状1”，得到图层“形状1副本”。在【图层】面板中，将“高斯模糊”滤镜效果名称拖动至【删除图层】按钮 上。执行【滤镜】|【模糊】|【动感模糊】命令，在弹出的对话框中设置参数，如图2.22所示，单击【确定】按钮退出对话框，效果如图2.23所示。

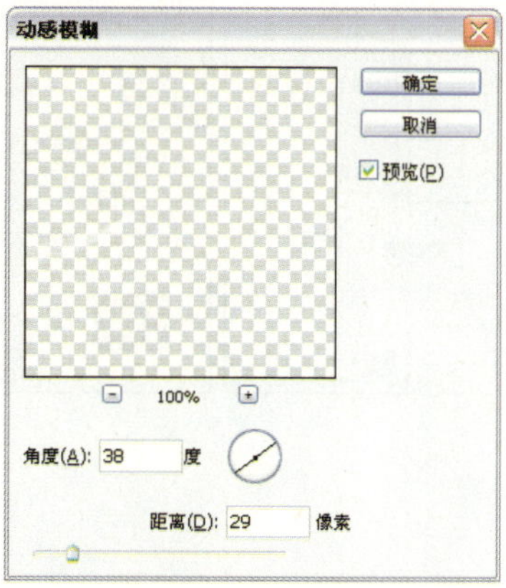

图2.22

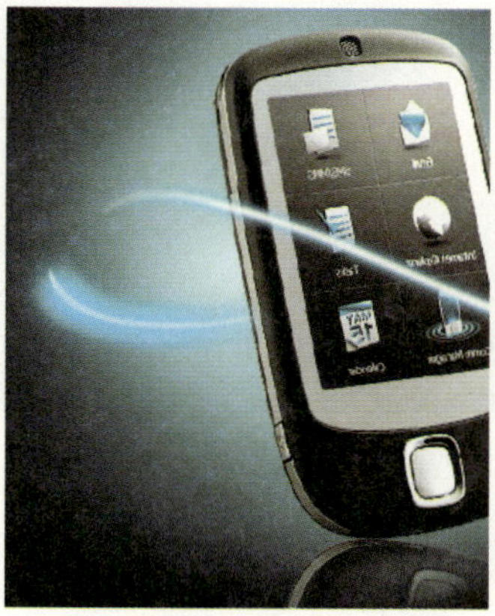

图2.23

步骤13 在【图层】面板中，双击“外发光”图层效果名称，在弹出的对话框中设置参数，如图2.24所示，单击【确定】按钮退出对话框，效果如图2.25所示。选择图层“形状1副本”的图层蒙版缩览图，按D键将前景色和背景色恢复为默认的黑、白色，按Ctrl+Delete组合键以背景色填充当前图层蒙版。按照步骤7的操作方法，使用【画笔工具】 在图层蒙版中进行涂抹，将左下角及右侧的图像隐藏起来，效果如图2.26所示。

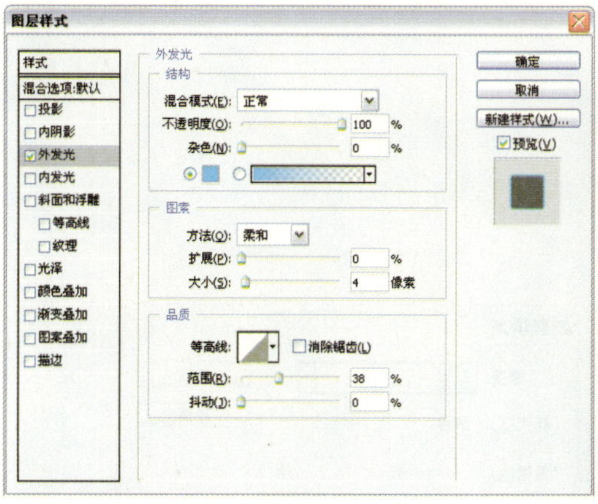

图2.24

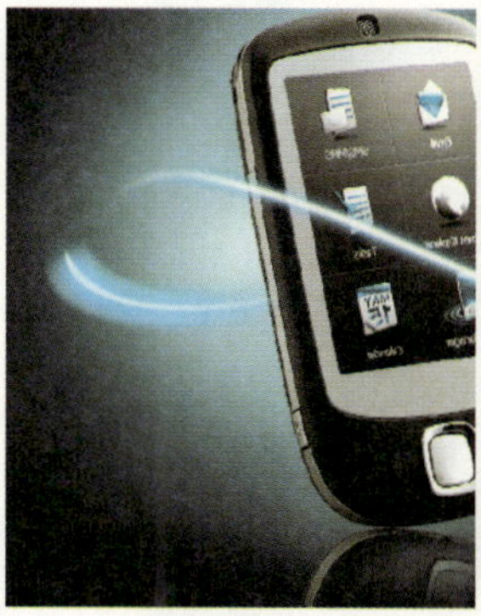

图2.25

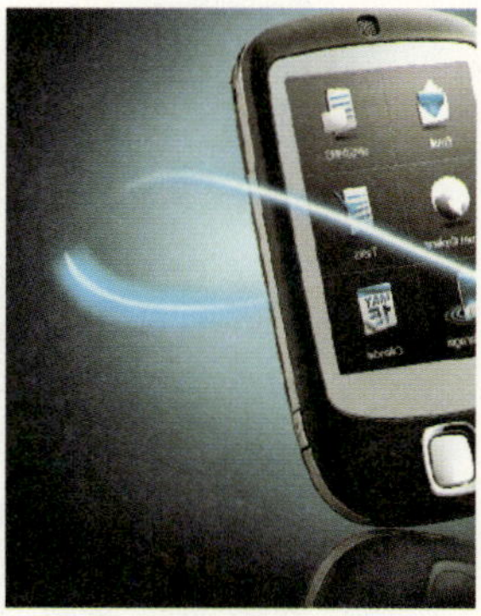

图2.26

步骤14 按照上面所讲解的操作方法，结合形状绘制类工具、模糊滤镜、图层样式、图层蒙版及图层复制等，制作动感的炫光效果，效果如图2.27所示，此时的【图层】面板如图2.28所示。

图2.27

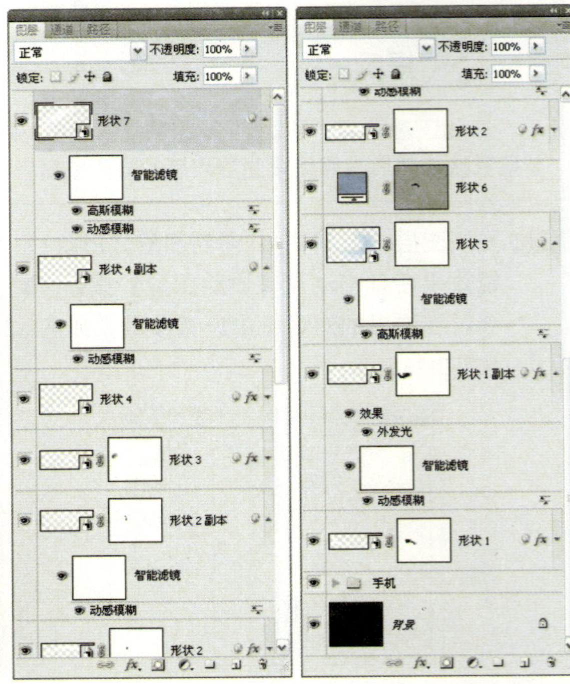

图2.28

提示

在制作本步骤效果的过程中，还需要注意各图层间的顺序。下面继续制作炫光效果。

步骤15 选择【钢笔工具】，在其工具选项栏中单击【路径】按钮，在制作文件中炫光的左侧绘制如图2.29所示的路径。在【图层】面板中单击【创建新的填充或调整图层】按钮，在弹出的菜单中选择【渐变】命令，在弹出的对话框中设置参数，如图2.30所示，单击【确定】按钮退出对话框，隐藏路径后的效果如图2.31所示，同时得到图层“渐变填充1”。

图2.29

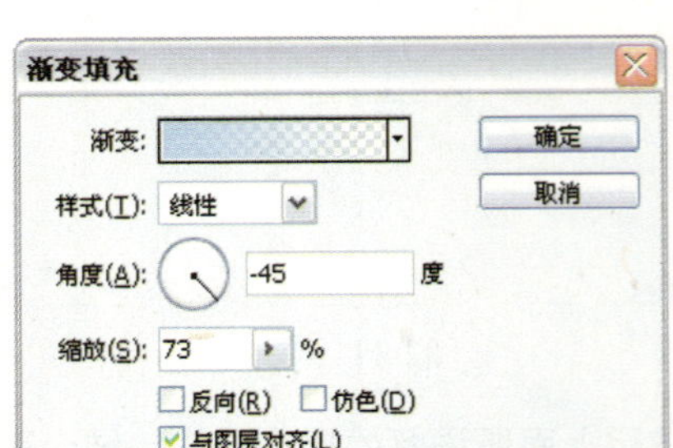

图2.30

提示

在【渐变填充】对话框中，渐变颜色为从“86b2e2”到透明。

步骤16 设置图层“渐变填充1”的图层混合模式为【亮光】，效果如图2.32所示。按照步骤7的操作方法，为图层“渐变填充1”添加图层蒙版，使用【画笔工具】在图层蒙版中进行涂抹，将两端的图像隐藏起来，效果如图2.33所示。

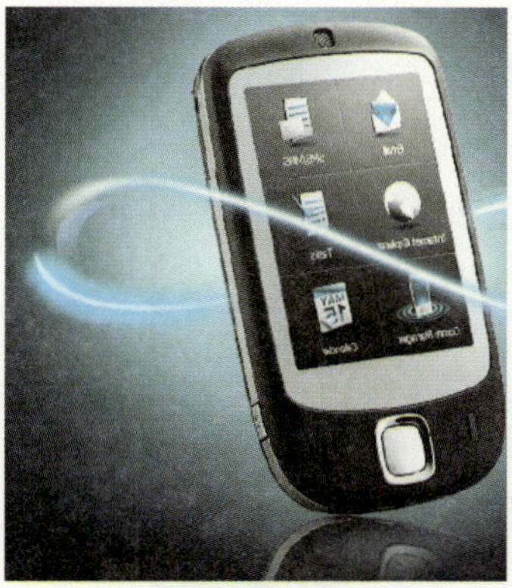

图2.31

图2.32

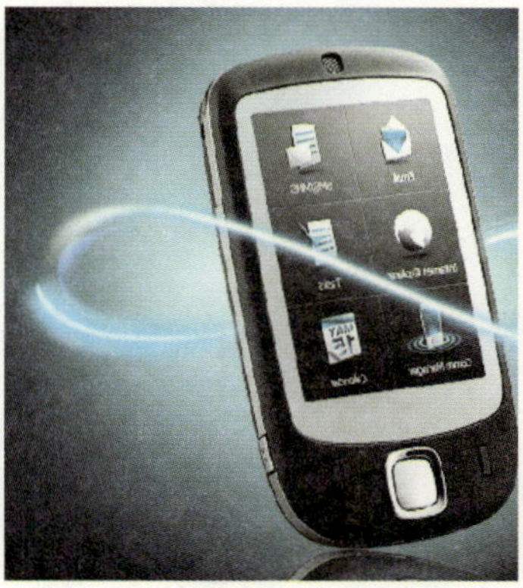

图2.33

步骤17 按照上面所讲解的操作方法，结合形状绘制类工具、模糊滤镜、图层蒙版、路径、渐变填充、图层属性以及图层样式等，完善制作文件画布左侧的炫光效果，效果如图2.34所示，此时的【图层】面板如图2.35所示。

提示

本步骤中分别设置图层“渐变填充2”、图层“渐变填充3”的图层混合模式为【强光】和【浅色】。下面制作炫光上的线条效果。

步骤18 收拢图层组“炫光”，选择【钢笔工具】，在其工具选项栏中单击【路径】按钮以及【添加到路径区域】按钮，在制作文件中的炫光效果上绘制如图2.36所示的路径。

步骤19 新建图层，得到“图层6”。设置前景色的颜色值为“5dccff”，选择【画笔工具】，在其工具选项栏中设置【画笔】为“尖角3像素”，【不透明度】为“100%”。切换至【路径】面板，按住Alt键单击【用画笔描边路径】按钮，在弹出的对话框中选择【模拟压力】选项，单击【确定】按钮退出对话框，隐藏路径后的效果如图2.37所示，切换回【图层】面板。

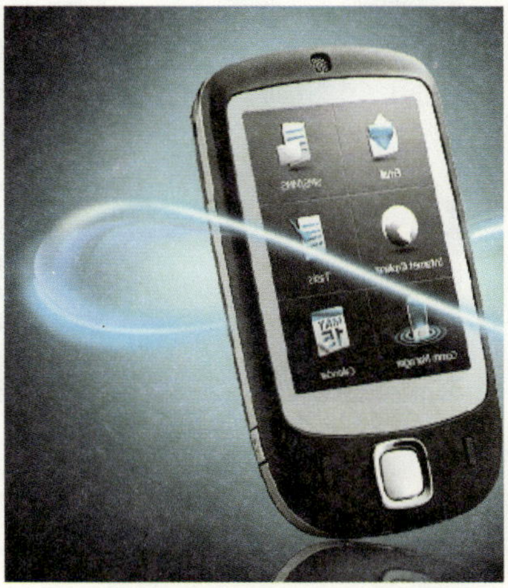

图2.34

步骤20 结合【高斯模糊】滤镜及智能蒙版，制作线条的模糊效果，效果如图2.38所示。选择图层组“炫光”和图层“图层6”，按Ctrl+Alt+E组合键盖印图层，将选中图层中的图像合并至新图层中，并将新图层重命名为“图层7”。

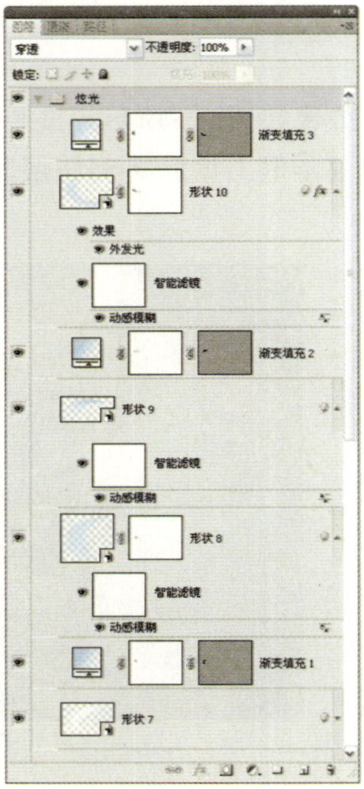

图2.35

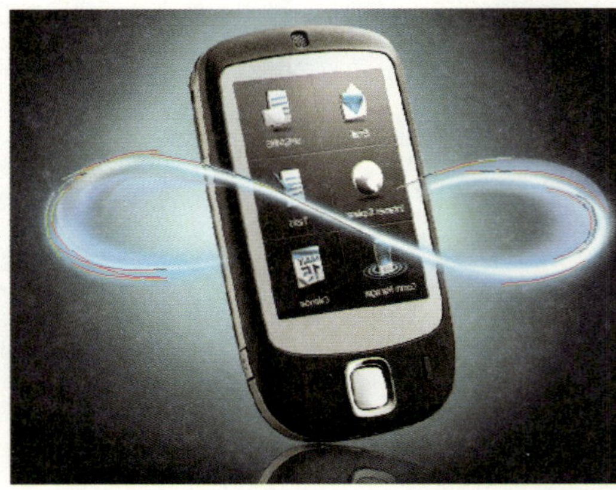

图2.36

提示

选择【模拟压力】选项的目的，在于使描边路径后得到的线条具有两端细、中间粗的效果。需要注意的是，此时必须在【画笔】面板的【形状动态】区域中设置【大小抖动】下方的【控制】为【钢笔压力】，否则无法得到这样的效果。

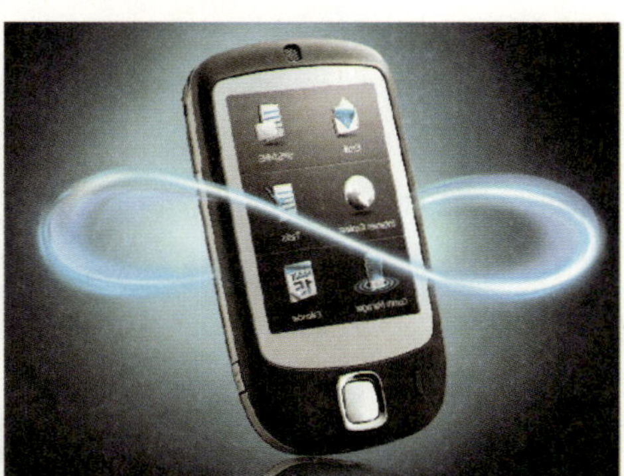

图2.37

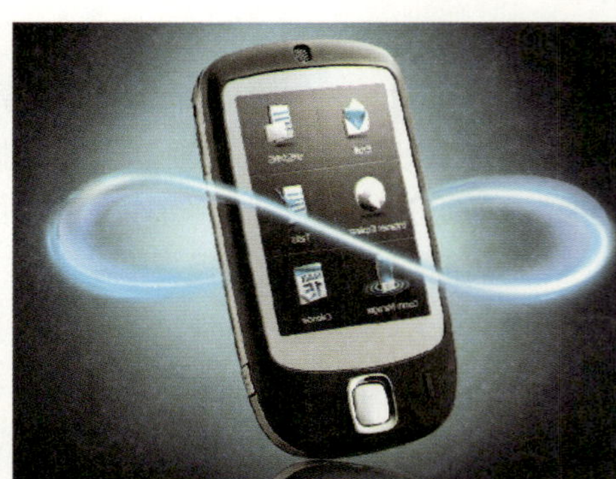

图2.38

步骤21 结合【高斯模糊】及【动感模糊】滤镜加强图像的模糊效果，效果如图2.39所示。设置“图层7”的图层混合模式为【强光】，【不透明度】为“50%”，效果如图2.40所示。

步骤22 复制“图层7”，得到“图层7副本”，将滤镜效果删除，并更改其图层混合模式为【正常】，【不透明度】为“20%”，使用【移动工具】向下移动“图层7副本”中图像的位置，效果如图2.41所示。按照步骤7的操作方法，为“图层7副本”添加图层蒙版，使用【画笔工具】在图层蒙版中进行涂抹，将两侧的图像效果隐藏起来，效果如图2.42所示。

提示

至此，整体炫光效果已经制作完成。下面对手机图像进行锐化处理。

图2.39

图2.40

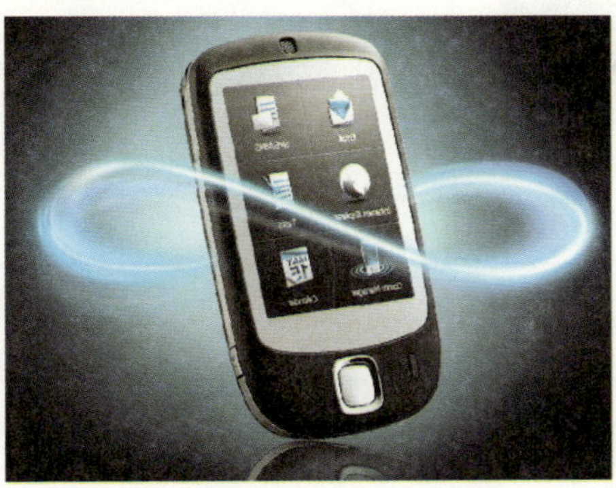

图2.41

图2.42

步骤23 按Ctrl+Alt+Shift+E组合键盖印图层，将当前所有可见的图像合并至新图层中，得到“图层8”。执行【滤镜】|【锐化】|【USM锐化】命令，在弹出的对话框中设置参数，如图2.43所示，单击【确定】效果退出对话框，效果如图2.44所示。

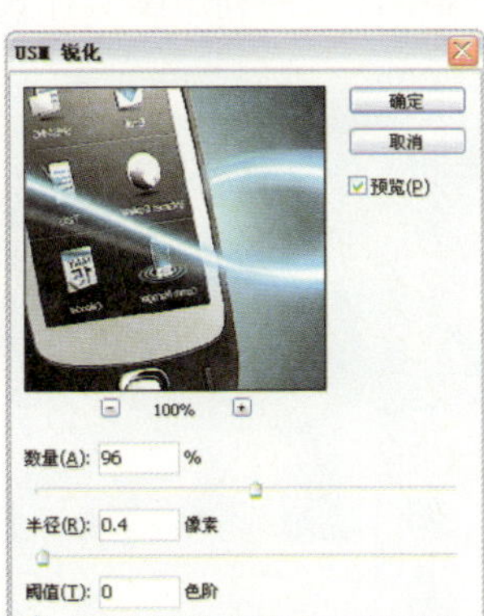

图2.43

图2.44

步骤24 使用文字类工具，制作手机下方及画布右侧的宣传文字，最终效果如图2.45所示，此时的【图层】面板如图2.46所示。

图2.45

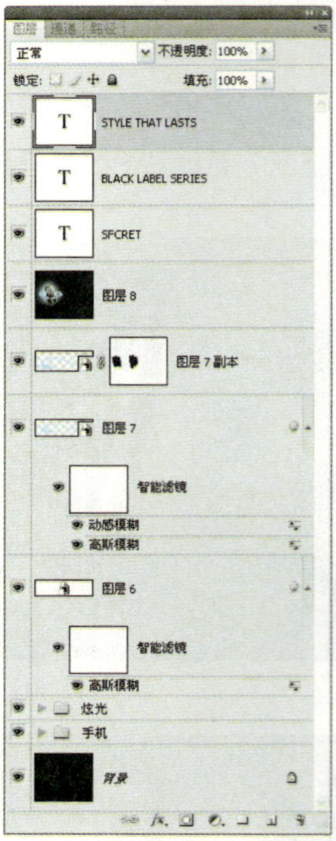

图2.46

> **提示**
> 本例最终效果文件见随书所附光盘（光盘文件路径为“第2章\2.2\2.2.psd”）。

2.3 炫酷蓝调壁纸

例前导读：

本例是以炫酷蓝调壁纸为主题的视觉表现作品。在制作过程中，主要利用图层样式来处理画面中的蓝色立体效果。

核心技能：

- 使用形状绘制类工具绘制形状。
- 设置图层属性以混合图像。
- 添加【斜面和浮雕】图层样式，制作图像的立体效果。
- 添加【渐变叠加】图层样式，制作图像的渐变效果。

操作步骤：

步骤1 打开随书所附光盘中的素材文件（光盘文件路径为“第2章\2.3\素材1.psd”），将其作为本例的制作文件，效果如图2.47所示。

提示

下面结合形状绘制类工具及图层样式等，制作画面中的形状效果。

步骤2 选择【钢笔工具】，在其工具选项栏中单击【形状图层】按钮，然后设置前景色为黑色，在制作文件画布的左下方绘制如图2.48所示的形状，得到图层“形状1”。

图2.47

图2.48

步骤3 设置图层“形状1”的【填充】为“0%”，在【图层】面板中单击【添加图层样式】按钮，在弹出的菜单中选择【斜面和浮雕】命令，在弹出的对话框中设置参数，如图2.49所示；在【图层样式】对话框中继续选择【渐变叠加】选项，设置其参数，如图2.50所示，单击【确定】按钮退出对话框，效果如图2.51所示。

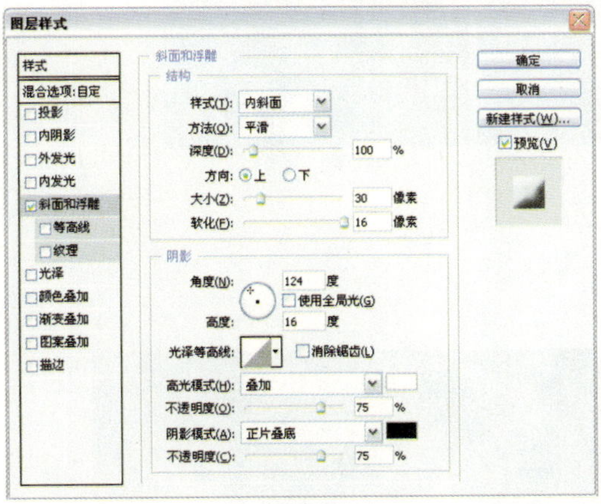

图2.49

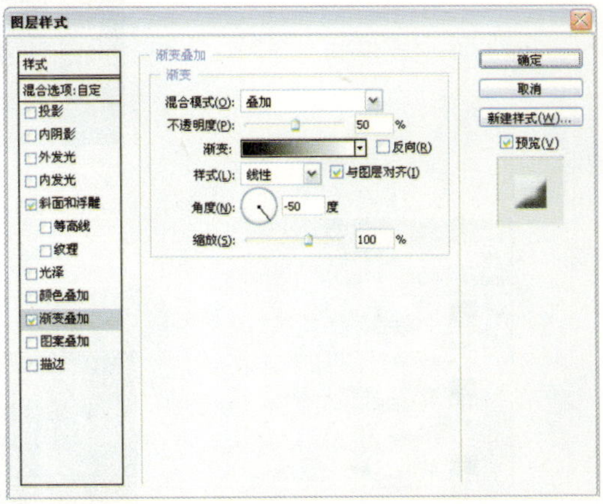

图2.50

步骤4 保持前景色不变，按照步骤2～步骤3的操作方法，结合形状绘制类工具、图层属性及图层样式等，制作画布右上方的形状效果，效果如图2.52所示，同时得到图层“形状2”。

提示

本步骤在绘制图层“形状2”中的形状前，需要设置【钢笔工具】工具选项栏中的【样式】为默认样式【无】。另外，关于【图层样式】对话框中的参数设置，请参考本例随书所附光盘中的最终效果文件。在下面的操作中将多次应用到图层样式，笔者不再进行相关参数的提示。

图2.51

图2.52

步骤5 重复上一步的操作方法，绘制画面中的其他形状，制作流程图如图2.53所示，同时得到图层“形状3”～图层“形状7”，此时的【图层】面板如图2.54所示。

步骤6 打开随书所附光盘中的素材文件（光盘文件路径为“第2章\2.3\素材2.psd”），按住Shift键，使用【移动工具】将其中的图像拖动至制作文件中，最终效果如图2.55所示，同时得到图层组“内容”。

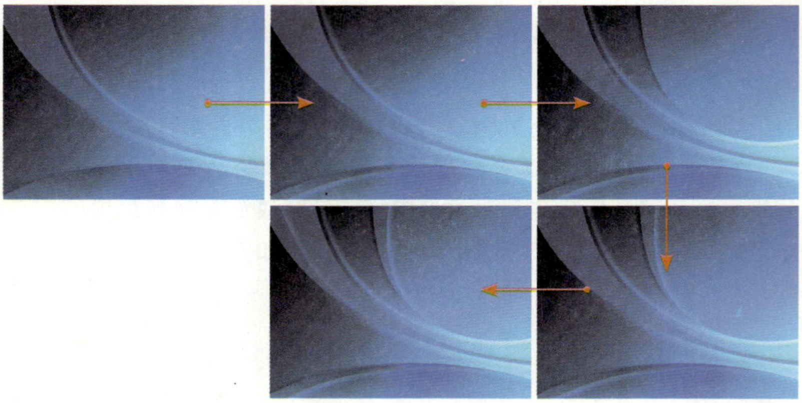

图2.53

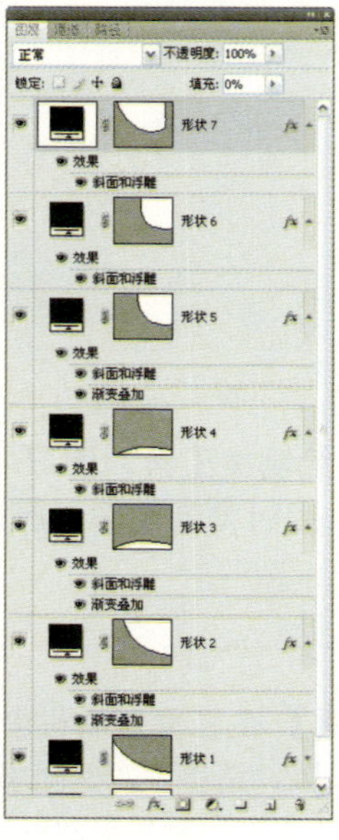

图2.54

图2.55

提示

本步骤笔者是以图层组的形式给出的素材，读者可以参考本例随书所附光盘中的最终效果文件进行参数的设置，展开图层组即可观看到操作的过程。

提示

本例最终效果文件见随书所附光盘（光盘文件路径为“第2章\2.3\2.3.psd”）。

2.4 糖果文字视觉表现

例前导读：

本例是以糖果文字为主题的视觉表现作品。在制作过程中，主要以处理画面中的立体文字为核心内容，需要重点把握的是文字质感和厚度的表现，再辅以文字周围的装饰，使整个文字效果具有较强的艺术感。

核心技能：

- 结合路径及“渐变填充”图层制作图像的渐变效果。
- 添加图层样式，制作图像的阴影效果。
- 利用图层蒙版隐藏不需要的图像。
- 使用形状绘制类工具绘制形状。
- 结合【画笔工具】及特殊画笔素材绘制图像。
- 应用调整图层，调整图像的饱和度及对比度等属性。

操作步骤：

步骤1 按Ctrl+N组合键新建文件，在弹出的对话框中设置参数，如图2.56所示，单击【确定】按钮退出对话框，将新建的文件作为本例的制作文件。

步骤2 在【图层】面板中单击【创建新的填充或调整图层】按钮，在弹出的菜单中选择【渐变】命令，在弹出的对话框中设置参数，如图2.57所示，单击【确定】按钮退出对话框，效果如图2.58所示，同时得到图层“渐变填充1”。

提示

在【渐变填充】对话框中，渐变颜色值从左至右分别为“9ce4ff”、“00547f”和“0a1122”。至此，画面中的基本元素已经制作完成。下面制作主体文字。

步骤3 选择【钢笔工具】，在其工具选项栏中单击【路径】按钮，在制作文件画布的左侧绘制如图2.59所示的路径。在【图层】面板中单击【创建新的填充或调整图层】按钮，在弹出的菜单中选择【渐变】命令，在弹出的对话框中设置参数，如图2.60所示，单击【确定】按钮退出对话框，隐藏路径后的效果如图2.61所示，同时得到图层“渐变填充2”。

提示

在【渐变填充】对话框中，渐变颜色值从左到右分别为“59abff”、“0b4cb6”。

步骤 4 复制图层“渐变填充2”，得到图层“渐变填充2副本”，隐藏当前图层并显示当前矢量蒙版中的路径，使用【直接选择工具】调整锚点的位置，效果如图2.62所示。

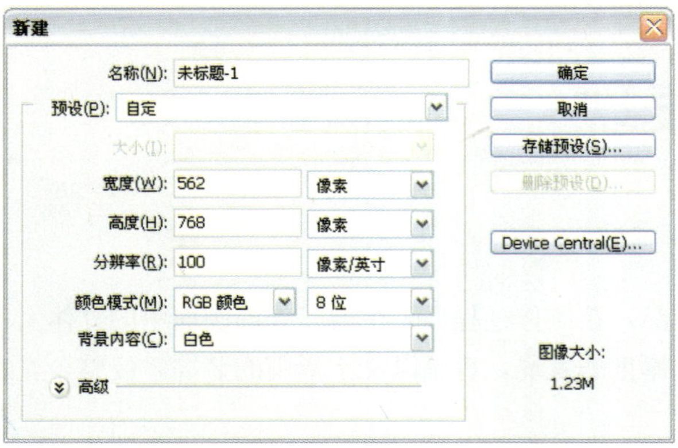

图2.56

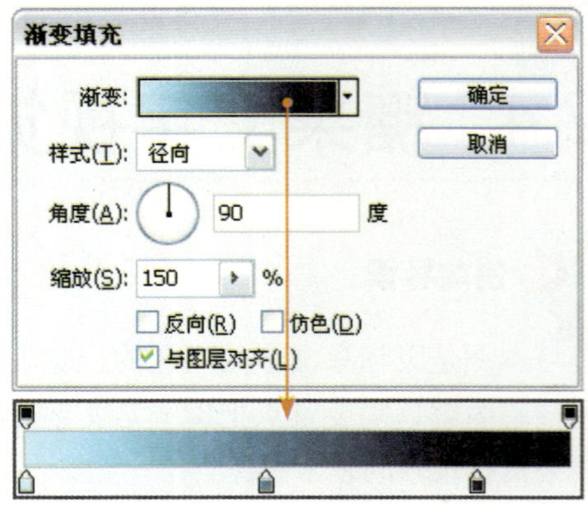

图2.57

图2.58

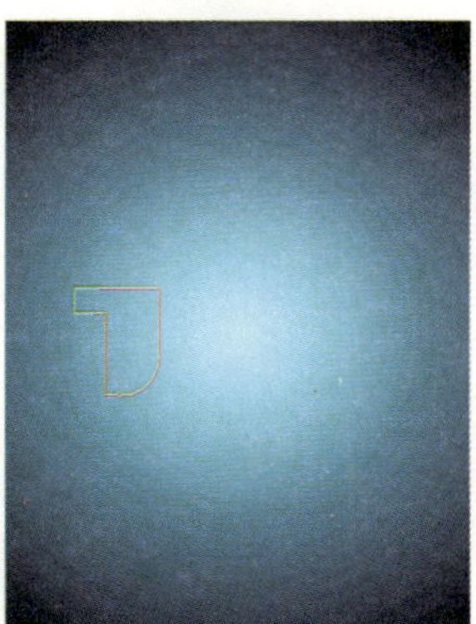

图2.59

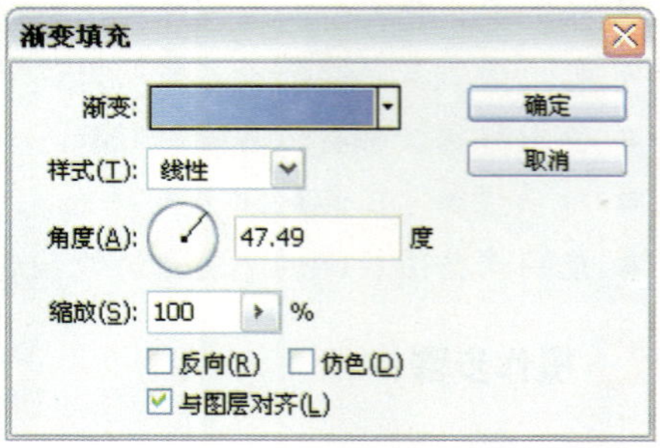

图2.60

图2.61

图2.62

步骤5 显示图层“渐变填充2副本”，双击其图层缩览图，在弹出的对话框中设置参数，如图2.63所示，单击【确定】按钮退出对话框，隐藏路径后的效果如图2.64所示。

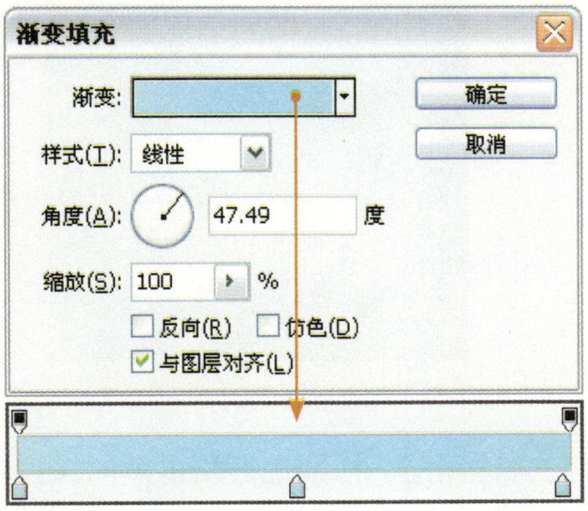

图2.63

图2.64

提示

在【渐变填充】对话框中，渐变颜色值从左至右分别为“79deff”、“5cccfb”和“56d5ff”。

步骤6 在【图层】面板中单击【添加图层样式】按钮 fx，在弹出的菜单中选择【内阴影】命令，在弹出的对话框中设置参数，如图2.65所示，单击【确定】按钮退出对话框，效果如图2.66所示。

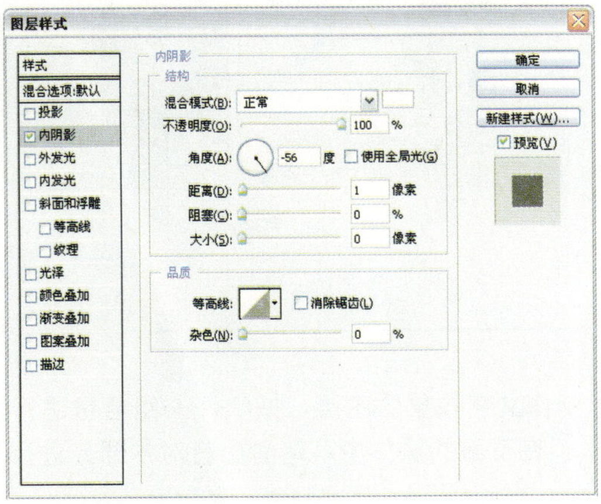

图2.65

图2.66

步骤7 在【图层】面板中单击【添加图层蒙版】按钮，为图层“渐变填充2副本”添加图层蒙版。设置前景色为黑色，选择【画笔工具】，在其工具选项栏中设置适当的画笔大小及【不透明度】数值，在图层蒙版中进行涂抹，将上方的图像效果隐藏起来，直至效果如图2.67所示。设置图层“渐变填充2”的【不透明度】数值为“40%”，效果如图2.68所示。

图2.67

图2.68

步骤 8 选择图层“渐变填充2副本”，将其作为当前操作图层。按照上面所讲解的操作方法，结合路径、渐变填充、图层样式、图层蒙版以及图层属性等，制作其他文字效果，效果如图2.69所示，此时的【图层】面板如图2.70所示。

图2.69

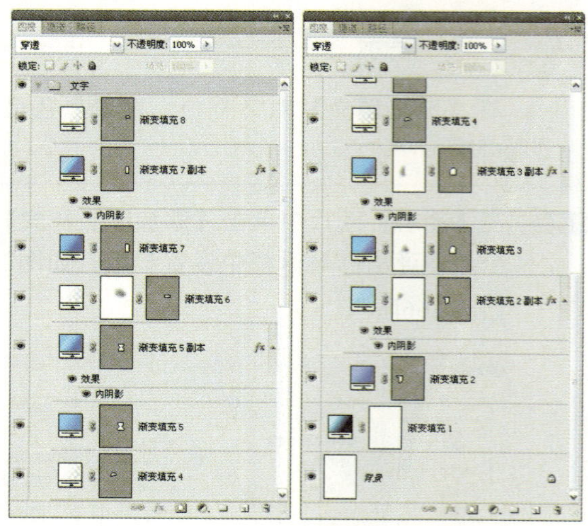

图2.70

提示

本步骤中为了方便管理图层，在此选择制作文字效果的图层，按Ctrl+G组合键进行图层编组，得到“组1”，并将其重命名为“文字”。在下面的操作中，笔者也将对各部分进行图层编组，在步骤中不再叙述。

提示

关于渐变填充、图层样式以及图层属性的设置，请参考本例随书所附光盘中的最终效果文件。下面如果有类似操作，笔者也不再进行相关提示。下面制作文字边缘的高光效果，以增强文字的立体感。

步骤9 收拢图层组"文字"，设置前景色为白色，选择【直线工具】，在其工具选项栏中单击【形状图层】按钮，设置【粗细】为"1px"，在制作文件中文字的边缘绘制如图2.71所示的形状，得到图层"形状1"。

图2.71

提示

在绘制完成第一个形状后，会得到一个对应的形状图层。为了保证下面所绘制的形状都是在该形状图层中进行，在绘制其他形状时，需要在工具选项栏中选择适当的运算模式，如【添加到形状区域】等。

步骤10 按照步骤7的操作方法，为图层"形状1"添加图层蒙版。使用【画笔工具】在图层蒙版中进行涂抹，将部分图像效果隐藏起来，使直线具有过渡感，效果如图2.72所示。

步骤11 新建图层，得到"图层1"。设置前景色为白色，载入随书所附光盘中的素材文件（光盘文件路径为"第2章\2.4\素材1.abr"），选择【画笔工具】，在制作文件的画布中单击鼠标右键，在弹出的【画笔预设选取器】面板中选择刚载入的画笔，在文字的棱角上单击，效果如图2.73所示。

图2.72

图2.73

提示

至此，文字效果已经制作完成。下面制作文字上、下方的圈圈及装饰元素。

步骤12 选择图层"渐变填充1"，按照上面所讲解的操作方法，结合画笔素材、路径、渐变填充、图层样式、图层属性、形状绘制类工具及图层蒙版等，制作文字周围的圈圈及装饰元素，效果如图2.74所示，此时的【图层】面板如图2.75所示。

提示

本步骤中所应用到的画笔素材为随书所附光盘中的素材文件（光盘文件路径为"第2章\2.4\素材2.abr"）。

图2.74

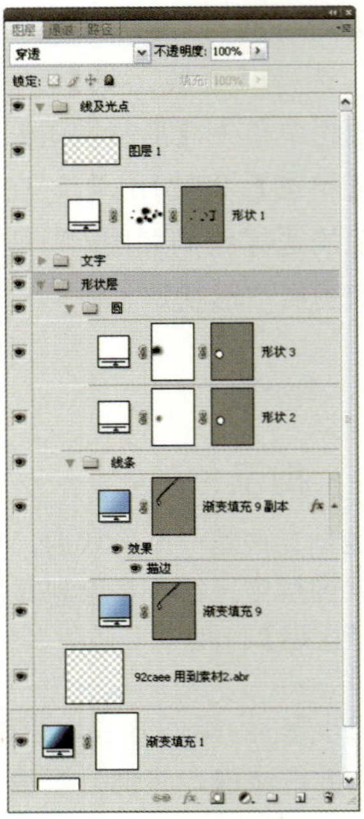

图2.75

步骤13 选择图层组“线条”，按Ctrl+Alt+E组合键盖印图层，将选中图层中的图像合并至新图层中，并将其重命名为“图层2”。按Ctrl+T组合键调出自由变换控制框，在控制框内单击鼠标右键，在弹出的菜单中选择【旋转180度】命令，旋转“图层2”中图像的角度，然后调整该图像的位置，按Enter键确认操作，效果如图2.76所示。

提示

至此，圈圈及装饰元素已经制作完成。下面制作装饰花纹元素以及文字与背景间的交界效果。

步骤14 收拢图层组“形状层”、图层组“线及光点”，选择图层组“线及光点”，打开随书所附光盘中的素材文件（光盘文件路径为“第2章\2.4\素材3.psd”），使用【移动工具】将其中的图像拖动至制作文件中，并将其置于画布中文字的下方，效果如图2.77所示，得到“图层3”。

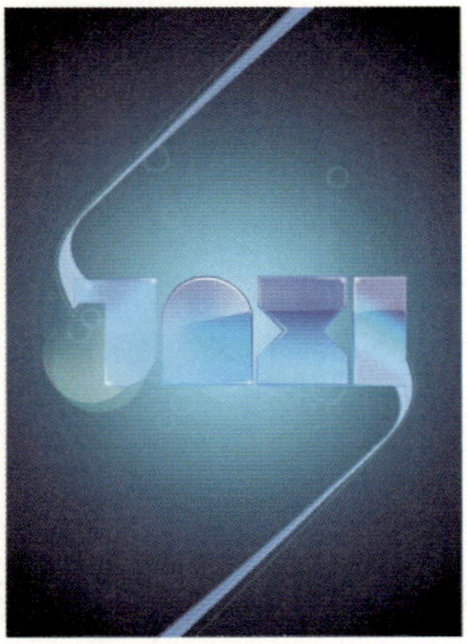

图2.76

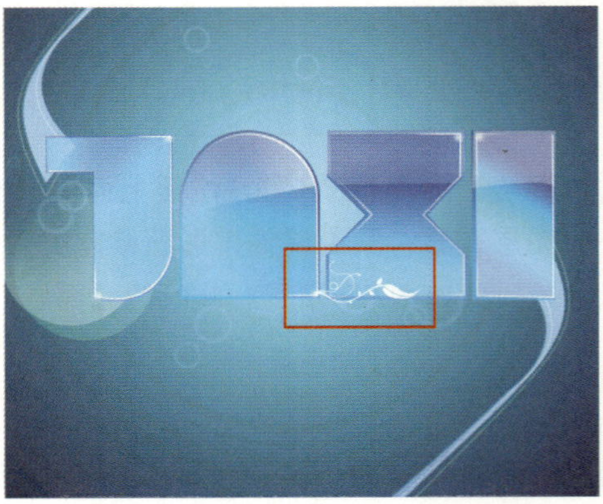

图2.77

步骤15 设置“图层3”的【不透明度】为“56%”，结合图层复制及图像变换等，制作画布中最左侧文字上的花纹效果，效果如图2.78所示，同时得到“图层3副本”。

步骤16 新建图层，得到“图层4”，将其拖动至图层“渐变填充1”的上方。设置前景色的颜色值为“92caee”，选择【画笔工具】，在其工具选项栏中设置适当的画笔大小及【不透明度】数值，在制作文件画布中文字及其周围进行涂抹，效果如图2.79所示，此时的【图层】面板如图2.80所示，图2.81所示为单独显示涂抹效果时的状态。

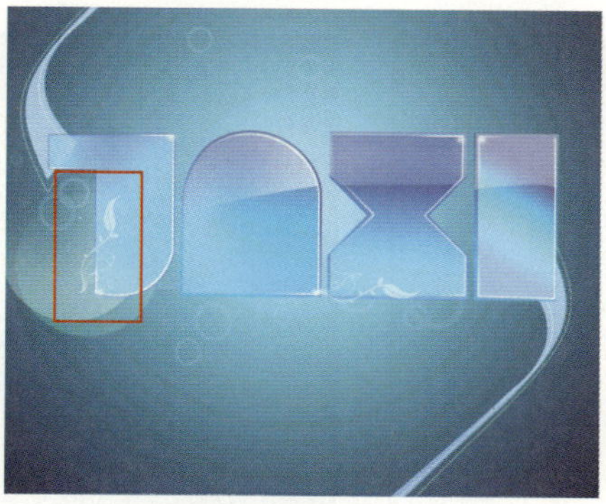

图2.78

图2.79

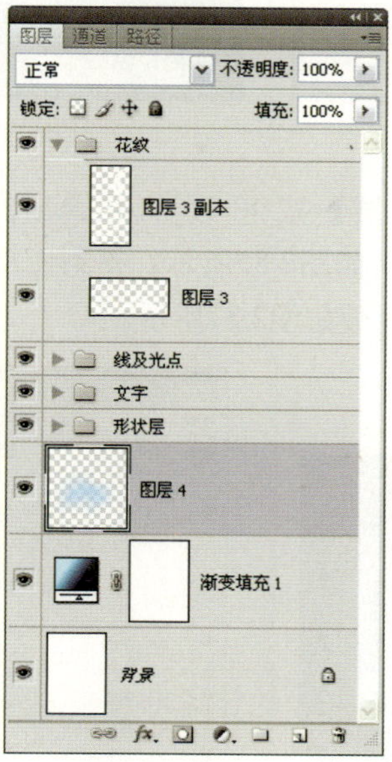

图2.80

图2.81

提示

至此，装饰花纹及交界效果已经制作完成。下面制作装饰文字效果。

步骤17 选择并收拢图层组“花纹”，打开随书所附光盘中的素材文件（光盘文件路径为“第2章\2.4\素材4.psd”）。按住Shift键，使用【移动工具】将其中的图像拖动至制作文件中，效果如图2.82所示，同时得到图层组“happy”和图层组“every”。

步骤18 在【图层】面板中单击【创建新的填充或调整图层】按钮，在弹出的菜单中选择【自然饱和度】命令，在弹出的面板中设置参数，如图2.83所示，得到图层“自然饱和度1”，效果如图2.84所示。

提示

在步骤17中，笔者是以图层组的形式给出的素材，读者可以参考本例随书所附光盘中的最终效果文件进行参数的设置，展开图层组即可观看到操作的过程。

图2.82

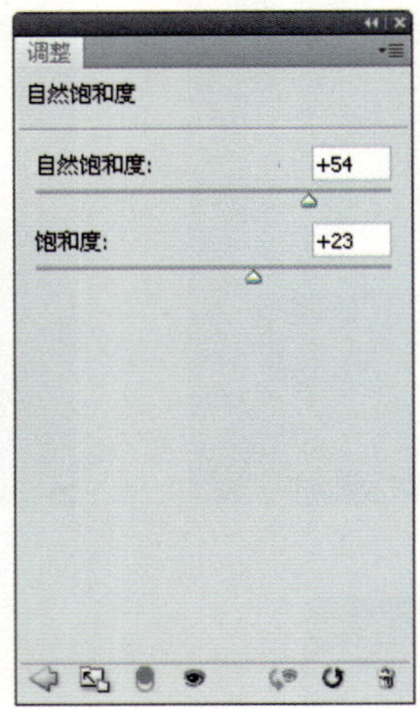

图2.83

图2.84

步骤19 在【图层】面板中单击【创建新的填充或调整图层】按钮，在弹出的菜单中选择【亮度/对比度】命令，在弹出的面板中设置参数，如图2.85所示，得到图层“亮度/对比度1”，最终效果如图2.86所示，此时的【图层】面板如图2.87所示。

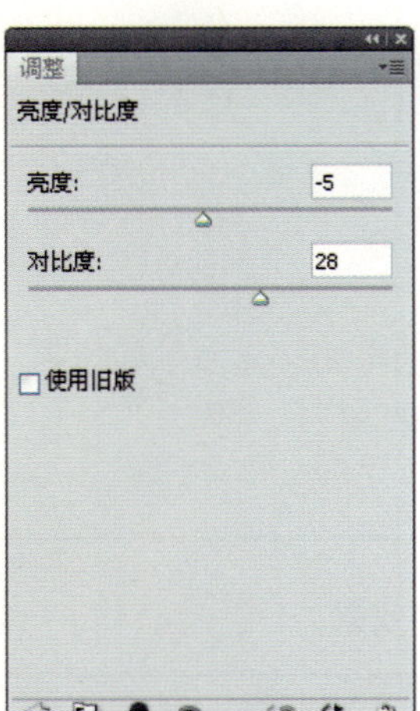

图2.85

图2.86

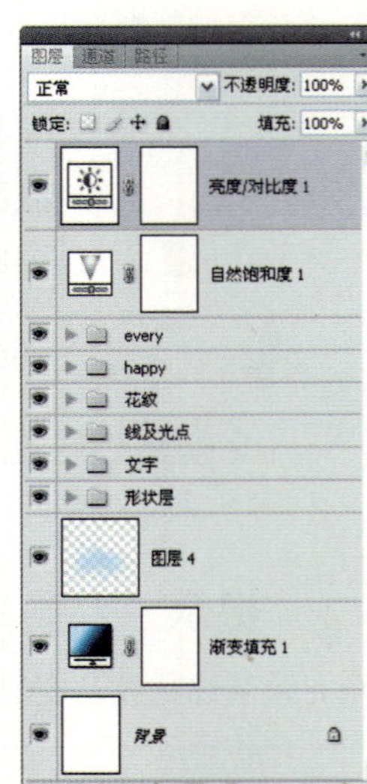

图2.87

提示

本例最终效果文件见随书所附光盘（光盘文件路径为“第2章\2.4\2.4.psd”）。

第3章

紊乱风格

“紊乱”不等于“散乱”，后者给人以“乱”的感觉，而前者则是将“乱”以一定的形式表现出来，或者说，是在一个即定的框架内“乱”，这个框架就是设计师想要表现的主题。此类风格的作品通常都很耐人寻味，画面中存在的海量元素，可以使观者在不同角度、不同区域中得到完全不同的视觉感受。

3.1 紊乱风格概述

本章讲解的紊乱风格与上一章讲解的简约风格刚好相反，画面以承受性较强的复杂图像、特效图像等元素作为装饰或主体，整体呈现出无规则的分布或摆放形式，通常画面中不会出现对主体或视线流程的明确指引。

当然，不明确指引主体，并不一定代表画面中不存在主体，紊乱风格的作品多是将主体融于复杂的元素之间，如图3.1所示。

图3.1

某些紊乱风格的作品，如抽象画一般，并非为了表现某一个绝对的主体，而仅仅是为了成就一种美感，甚至只是对某一时刻、某一情绪的随性记录和表达。当然，即使没有主体，其内容也需要符合一定的画面构成规则，从而形成视觉上的美感，如图3.2所示。

图3.2

需要注意的是，紊乱风格中的“乱”只是一种视觉表现手法，应该“乱”得漂亮，而不是令人看过之后觉得杂乱无章。读者可以结合本章实例及前面展示的大量示例，仔细思考这一问题。

3.2 啤酒宣传广告

例前导读：

本例是以啤酒为主题的宣传广告设计作品。在制作过程中，设计师将一个醒目的啤酒瓶置于画面的中心，以吸引观者的视线。另外，啤酒瓶周围充满个性色彩的装饰元素，也使画面主题得以进一步提升。

核心技能：

- 结合【画笔工具】及特殊画笔素材绘制图像。
- 应用【旋转扭曲】滤镜制作扭曲的图像效果。
- 应用调整图层调整图像的色彩、亮度等属性。
- 利用剪贴蒙版限制图像的显示范围。
- 盖印图层以合并可见图层中的图像。
- 应用【变形】命令制作图像的变形效果。
- 结合路径及“画笔描边路径”功能中的【模拟压力】选项，制作两端细、中间粗的图像效果。

操作步骤：

步骤1 打开随书所附光盘中的素材文件（光盘文件路径为“第3章\3.2\素材1.psd”），将其作为本例的制作文件，效果如图3.3所示。

提示

在本步骤打开的文件中，其中的背景图像是以图层组的形式给出的，读者可以参考本例随书所附光盘中的最终效果文件进行参数的设置，展开图层组即可观看到操作的过程。另外，用到的特殊画笔为随书所附光盘“第3章\3.2\素材2”文件夹中的相关文件。下面制作啤酒瓶后面的装饰效果。

步骤2 选择图层组“背景”，将其作为当前的操作对象。新建图层，得到“图层1”。设置前景色的颜色值为“f9001d”，打开随书所附光盘中的素材文件（光盘文件路径为“第3章\3.2\素材3.abr”），选择【画笔工具】，在制作文件的画布中单击鼠标右键，在弹出的【画笔预设选取器】面板中选择刚刚打开的画笔，在画布中原位点击两次，效果如图3.4所示。

步骤3 按Ctrl+T组合键调出自由变换控制框，将刚绘制的画笔效果逆时针旋转25°左右并调整其位置，按Enter键确认操作，效果如图3.5所示。

图3.3

图3.4

图3.5

步骤4 按照步骤2～步骤3的操作方法，结合【画笔工具】及画笔素材等，制作啤酒瓶后面的彩色装饰效果，效果如图3.6所示，此时的【图层】面板如图3.7所示。图3.8所示为单独显示步骤2～步骤4操作效果时的图像状态。

图3.6

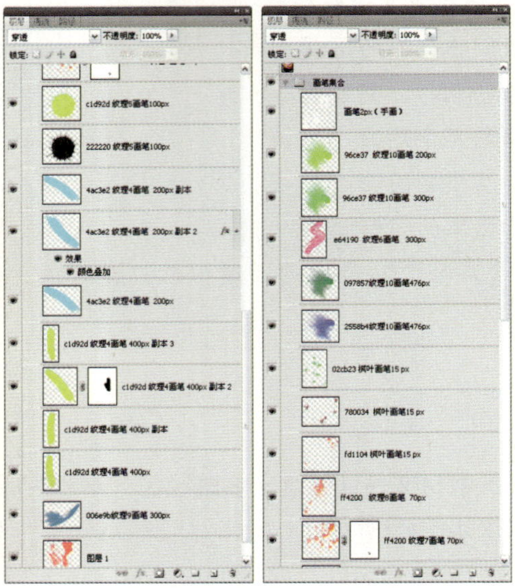

图3.7

图3.8

提示

本步骤中所应用到的画笔为随书所附光盘“第3章\3.2\素材4”文件夹中的相关文件。关于装饰效果的颜色值、应用的画笔以及画笔大小等设置，在本例随书所附光盘最终效果文件的图层名称上都有相应的文字信息。

提示

在制作本步骤效果的过程中用到了图层蒙版。方法为：选择目标图层，在【图层】面板中单击【添加图层蒙版】按钮；设置前景色为黑色，选择【画笔工具】，在其工具选项栏中设置适当的画笔大小及【不透明度】数值，在图层蒙版中进行涂抹，将不需要的图像隐藏起来。

提示

在制作本步骤效果的过程中还用到了【颜色叠加】图层样式。方法为：选择目标图层，在【图层】面板中单击【添加图层样式】按钮 fx，在弹出的菜单中选择【颜色叠加】命令，然后在弹出的对话框中设置参数，如图3.9所示，其中，色块的颜色值为“96ce37”。

提示

在制作本步骤效果的过程中还进行了图层复制。方法为：选择目标图层，将其拖动至【图层】面板中的【创建新图层】按钮上。下面继续制作抽象的图像效果。

步骤5 收拢图层组“画笔集合”，选择【椭圆工具】，在其工具选项栏中单击【路径】按钮，按住Shift键，在制作文件中瓶颈的右侧绘制如图3.10所示的路径。在【图层】面板中单击【创建新的填充或调整图层】按钮，在弹出的菜单中选择【渐变】命令，在弹出的对话框中设置参数，如图3.11所示，单击【确定】按钮退出对话框，隐藏路径后的效果如图3.12所示，同时得到图层“渐变填充1”。

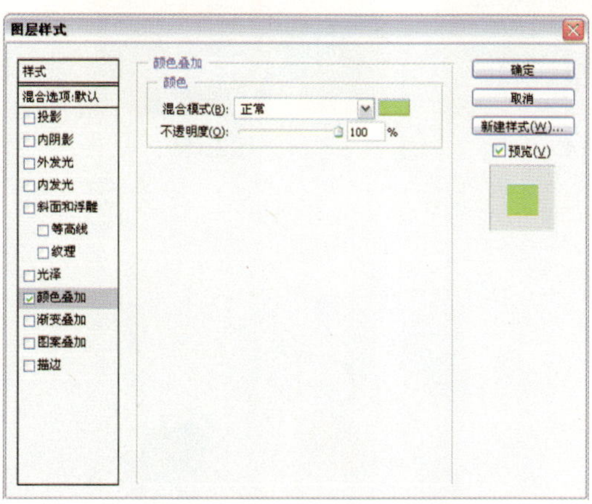

图3.9

图3.10

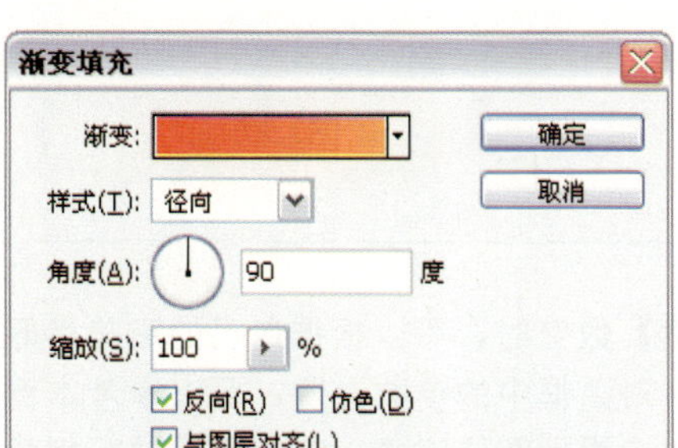

图3.11

图3.12

提示

在【渐变填充】对话框中，渐变颜色值从左至右分别为“fc8f2a”、“fd1104”。

步骤 6 执行【滤镜】|【扭曲】|【旋转扭曲】命令，在弹出的提示框中直接单击【确定】按钮退出提示框，然后在弹出的对话框中设置【角度】为“-938°”，单击【确定】按钮退出对话框，效果如图3.13所示；利用自由变换控制框调整图像的大小、角度及位置，效果如图3.14所示。

步骤 7 按照上面所讲解的操作方法，结合路径、渐变填充、旋转扭曲、图层复制以及图层样式等，制作多个抽象图像效果，效果如图3.15所示，此时的【图层】面板如图3.16所示。图3.17所示为单独显示本步骤操作效果时的图像状态。

图3.13

图3.14

图3.15

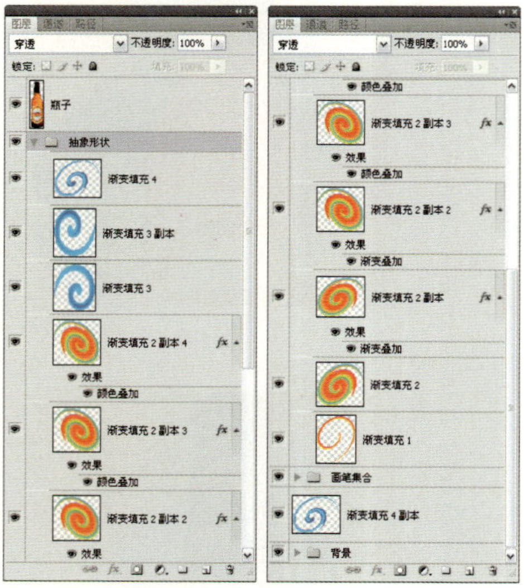

图3.16

图3.17

提示

本步骤在设置【旋转扭曲】对话框中的【角度】数值时，可以根据自己的审美喜好自行设置，不必刻意追求相同的效果。关于【图层样式】对话框中的参数设置，可以参考本例随书所附光盘中的最终效果文件。在下面的操作中会多次应用到图层样式，笔者不再进行相关参数设置的提示。另外，在制作过程中，还需要注意各图层间的顺序。下面制作羽毛效果。

步骤8 收拢图层组“抽象形状”，打开随书所附光盘中的素材文件（光盘文件路径为“第3章\3.2\素材5.psd”），使用【移动工具】，将其中的图像拖动至制作文件中，得到“图层2”。按Ctrl+T组合键调出自由变换控制框，按住Shift键向内拖动控制手柄以缩小“图层2”中的图像，然后调整该图像的角度及位置（瓶底右侧），按Enter键确认操作，效果如图3.18所示。

步骤9 在【图层】面板中单击【创建新的填充或调整图层】按钮，在弹出的菜单中选择【色彩平衡】命令，在弹出的面板中设置参数，如图3.19～图3.21所示，得到图层“色彩平衡1”，按Ctrl+Alt+G组合键创建剪贴蒙版，效果如图3.22所示。

步骤10 在【图层】面板中单击【创建新的填充或调整图层】按钮，在弹出的菜单中选择【亮度/对比度】命令，在弹出的面板中设置参数，如图3.23所示，得到图层“亮度/对比度1”，按Ctrl+Alt+G组合键创建剪贴蒙版，效果如图3.24所示。

图3.18

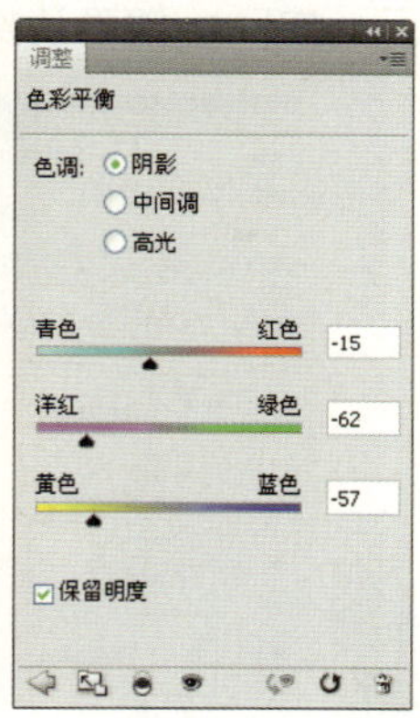

图3.19

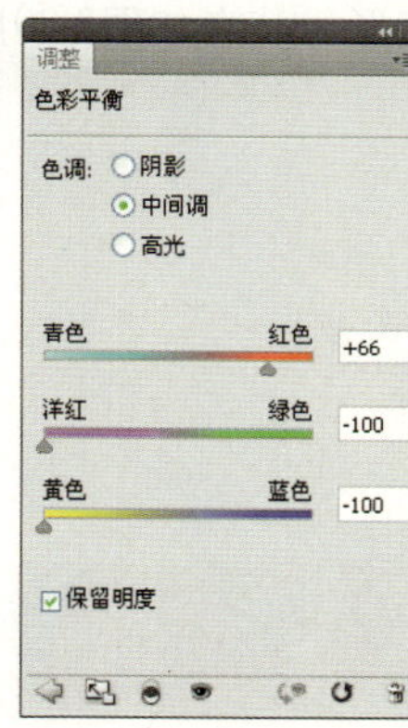

图3.20

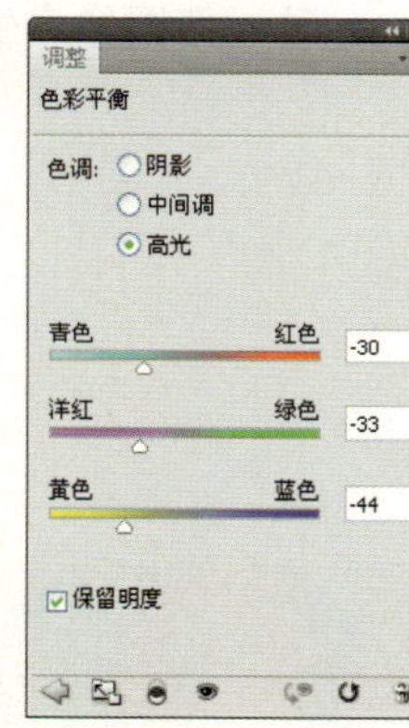

图3.21

图3.22

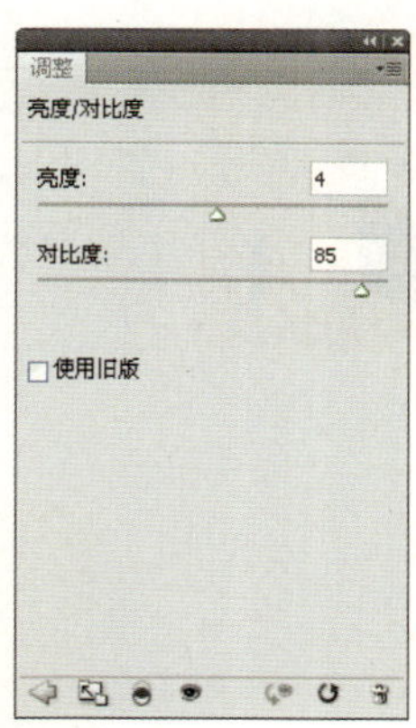

图3.23

图3.24

步骤11 选择“图层2”～图层“亮度/对比度1”，按Ctrl+Alt+E组合键盖印图层，将选中图层中的图像合并至新图层中，并将其重命名为“图层3”。利用自由变换控制框调整“图层3”中图像的角度及位置，效果如图3.25所示。

步骤12 按照上面所讲解的操作方法，打开随书所附光盘中的素材文件（光盘文件路径为“第3章\3.2\素材6.psd”），结合图层样式、调整图层、剪贴蒙版以及图层复制等，添加啤酒瓶后的羽毛效果，效果如图3.26所示，此时的【图层】面板如图3.27所示。图3.28所示为单独显示步骤8～步骤12操作效果时的图像状态。

提示

本步骤中关于【调整】面板中的参数设置，请参考本例随书所附光盘中的最终效果文件。下面制作瓶颈处的羽毛效果。

步骤13 在【图层】面板中，按住Alt键将“图层4副本”拖动至其下方，得到“图层4副本3”。将“图层4副本3”的图层样式删除，在此图层的名称上单击鼠标右键，在弹出的菜单中选择【转换为智能对象】命令，将其转换为智能对象。在下面将对该图层中的图像进行变形操作，而智能对象则可以记录下所有的变形参数设置，以便于进行反复调整。

步骤14 按Ctrl+T组合键调出自由变换控制框，调整图像的大小、角度及位置，在自由变换控制框内单击鼠标右键，在弹出的菜单中选择【变形】命令，在自由变换控制框内进行拖动，使图像产生变形，状态如图3.29所示，按Enter键确认操作。

图3.25

图3.26

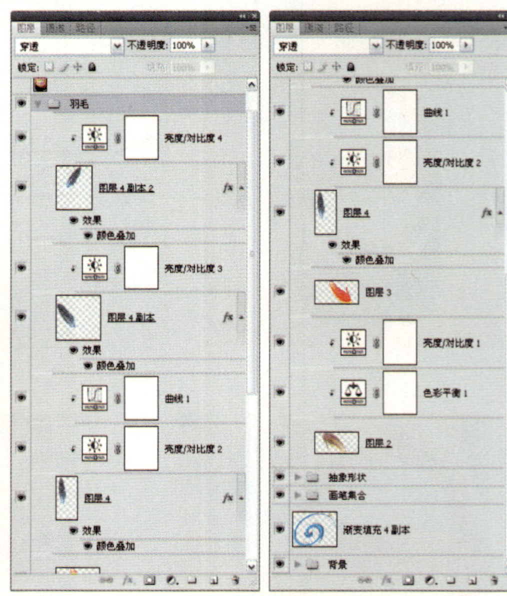
图3.27

图3.28

图3.29

步骤15 结合图层复制及图层样式等，调整羽毛的颜色并制作瓶颈左侧的羽毛效果，效果如图3.30所示，同时得到“图层4副本4”。

提示

至此，羽毛效果已经制作完成。下面制作小装饰物元素。

步骤16 收拢图层组“羽毛”，打开随书所附光盘中的素材文件（光盘文件路径为“第3章\3.2\素材7.psd”），按住Shift键，使用【移动工具】将其中的图像拖动至制作文件中，效果如图3.31所示，同时得到图层组“小装饰物”。

提示

下面结合路径及“画笔描边路径”功能，制作线条效果。

步骤17 选择图层“瓶子”，选择【钢笔工具】，在其工具选项栏中单击【路径】按钮，在制作文件中瓶子的上方绘制如图3.32所示的路径。

图3.30

图3.31

图3.32

步骤18 新建图层，得到“图层5”。设置前景色的颜色值为“b4ff00”，打开随书所附光盘中的素材文件（光盘文件路径为“第3章\3.2\素材8.abr”），选择【画笔工具】，在制作文件的画布中单击鼠标右键，在弹出的【画笔预设选取器】面板中选择刚刚打开的画笔，切换至【路径】面板，按住Alt键，单击【用画笔描边路径】按钮，在弹出的对话框中选择【模拟压力】选项，单击【确定】按钮退出对话框，隐藏路径后的效果如图3.33所示。

步骤19 按照步骤17～步骤18的操作方法，结合路径及“画笔描边路径”功能，制作其他彩色虚线效果，效果如图3.34所示，此时的【图层】面板如图3.35所示。

提示

本步骤中关于图像的颜色值、应用的画笔、画笔大小以及参考的路径名称等，在本例随书所附光盘中最终效果文件的图层名称上都有相应的文字信息。另外，对于图层名称上未标有“模拟压力”文字的图层，表示在描边过程中未选择此选项。用到的其他两个画笔，请参见本例随书所附光盘“第3章\3.2\素材9”文件夹中的文件。下面制作瓶身左下方的花纹效果。

图3.33

图3.34

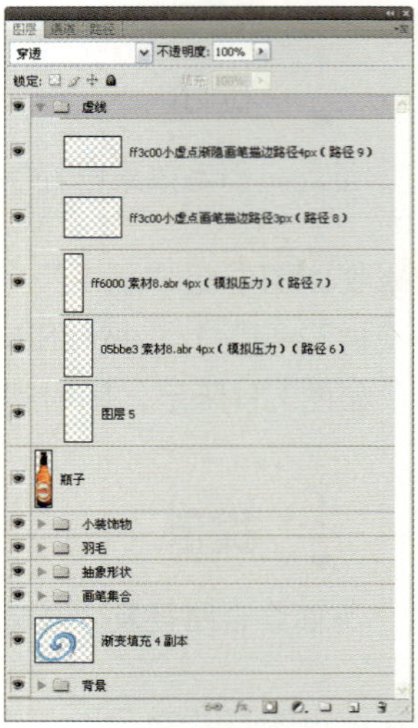

图3.35

步骤20 收拢图层组“虚线”，设置前景色的颜色值为“9bc53f”，选择【钢笔工具】，在其工具选项栏中单击【形状图层】按钮，在制作文件中瓶子的左下方绘制如图3.36所示的形状，得到图层“形状1”。

提示

在绘制完成第一个形状后，会得到一个对应的形状图层。为了保证下面所绘制的形状都是在该形状图层中进行，在绘制其他形状时，需要在工具选项栏中选择适当的运算模式，例如【添加到形状区域】或【从形状区域减去】等。

步骤21 选择图层“形状1”的矢量蒙版缩览图，使路径处于未选中的状态。设置前景色的颜色值为“e9371b”，使用【钢笔工具】在制作文件中的绿色图像元素上绘制如图3.37所示的红色形状，得到图层“形状2”，按Ctrl+Alt+G组合键创建剪贴蒙版，并将此图层转换为智能对象。

图3.36

图3.37

提示

转换为智能对象的目的，在于下面在对图层“形状2”中的图像进行模糊操作时，智能对象可以记录下所有的参数设置，以便于进行反复调整。

步骤22 执行【滤镜】|【模糊】|【动感模糊】命令，在弹出的对话框中设置参数，如图3.38所示，单击【确定】按钮退出对话框，效果如图3.39所示。

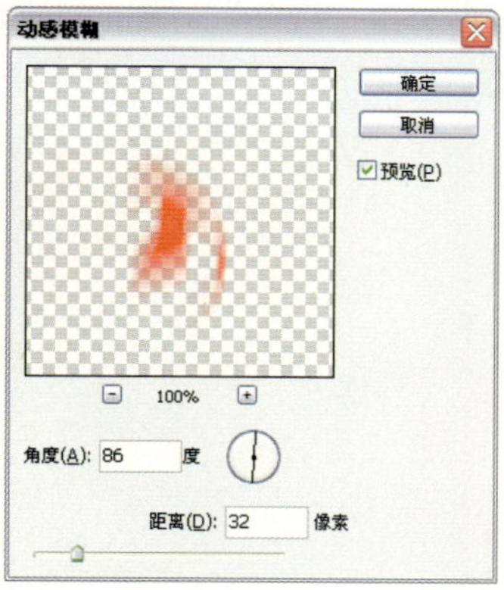

图3.38

图3.39

步骤23 选择智能蒙版缩览图，设置前景色为黑色，选择【画笔工具】，在其工具选项栏中设置适当的画笔大小及【不透明度】数值，在图层蒙版中进行涂抹，将两端的模糊效果隐藏起来，效果如图3.40所示。

步骤24 按照上面所讲解的操作方法，结合形状绘制类工具、【动感模糊】滤镜及图层蒙版等，完善画布左下方的花纹效果，效果如图3.41所示，此时的【图层】面板如图3.42所示。

提示

在本步骤的操作过程中，笔者没有给出图像的颜色值，读者可以按照自己的审美喜好进行颜色的搭配。下面继续制作装饰线条效果。

图3.40

图3.41

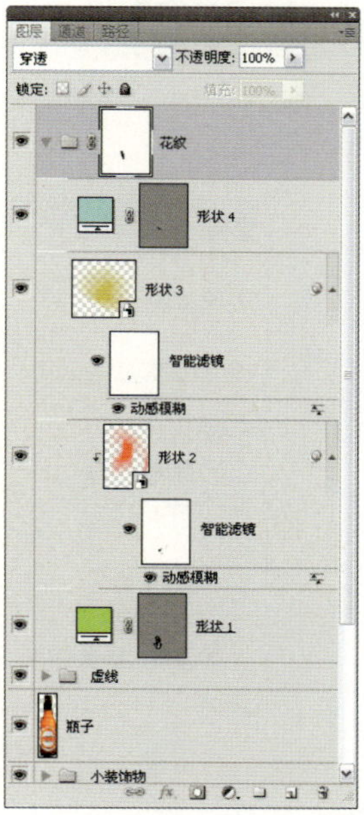

图3.42

步骤25 收拢图层组“花纹”，打开随书所附光盘中的素材文件（光盘文件路径为“第3章\3.2\素材10.psd”），按住Shift键，使用【移动工具】将其中的图像拖动至制作文件中，效果如图3.43所示，同时得到图层组“装饰条”和图层组“线条”。图3.44所示为单独显示本步骤操作效果及图层组“背景”时的图像状态。

图3.43

图3.44

提示

下面结合盖印图层及【置换】滤镜扭曲图像以完成制作。

步骤26 按Ctrl+Alt+Shift+E组合键盖印图层，将当前所有可见的图像合并至新图层中，得到“图层6”，将此图层转换为智能对象。

步骤27 执行【滤镜】|【扭曲】|【置换】命令，在弹出的对话框中设置参数，如图3.45所示，单击【确定】按钮，在接下来弹出的对话框中选择随书所附光盘中的素材文件（光盘文件路径为“第3章\3.2\素材11.psd”），单击【打开】按钮后，效果如图3.46所示。

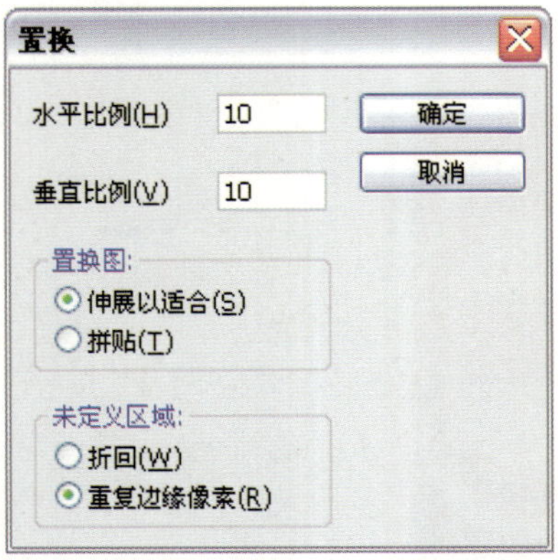

图3.45

图3.46

步骤28 按照步骤23的操作方法，使用【画笔工具】编辑智能蒙版，将瓶身的扭曲状态恢复为正常，最终效果如图3.47所示，此时的【图层】面板如图3.48所示。

图3.47

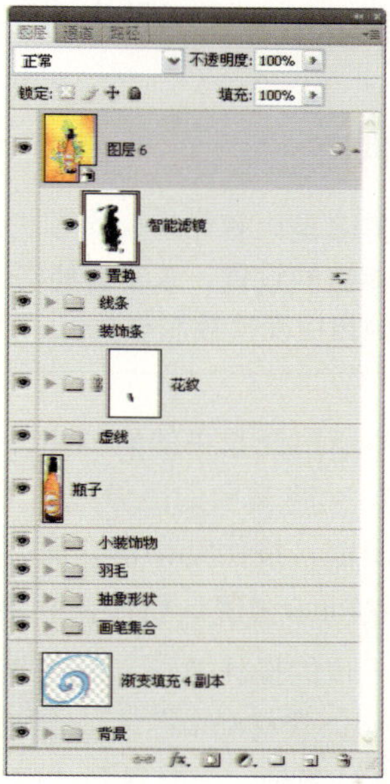

图3.48

提示

本例最终效果文件见随书所附光盘（光盘文件路径为“第3章\3.2\3.2.psd”）。

3.3 犀利雕光主题视觉表现

例前导读：

本例是以犀利雕光为主题的视觉表现作品。在制作过程中，设计师以一幅紊乱效果的图像作为底图，将具有犀利效果的三只雕头置于画面的中心，雕头上方的两道彩条突出了雕眼的锐利。同时，雕头上方的装饰花纹等图像元素也起到了很好的装饰作用。

核心技能：

- 设置图层属性以混合图像。
- 利用图层蒙版隐藏不需要的图像。
- 应用“色彩平衡”调整图层调整图像的色彩。
- 使用【画笔工具】及特殊画笔素材绘制图像。
- 结合路径以及“渐变填充”图层制作图像的渐变效果。
- 使用形状绘制类工具绘制形状。
- 利用图像变换，调整图像的大小、角度及位置。

操作步骤：

步骤 1 打开随书所附光盘中的素材文件（光盘文件路径为“第3章\3.3\素材1.psd”），将其作为本例的制作文件，效果如图3.49所示。

提示

本步骤笔者是以智能对象的形式给出的素材，读者可以参考本例随书所附光盘中的最终效果文件进行参数的设置，双击智能对象缩览图即可观看到操作的过程，智能对象控制框的操作方法与普通的自由变换控制框类似。下面制作雕头。

步骤2 打开随书所附光盘中的素材文件（光盘文件路径为“第3章\3.3\素材2.psd”），使用【移动工具】将其中的图像拖动至制作文件中，得到“图层1”。按Ctrl+T组合键调出自由变换控制框，按住Shift键，向内拖动控制手柄以缩小“图层1”中的图像并调整该图像的位置，按Enter键确认操作，效果如图3.50所示。

步骤3 按照上一步的操作方法，利用随书所附光盘中的素材文件（光盘文件路径为“第3章\3.3\素材3.psd、素材4.psd”），结合【移动工具】及图像变换等，制作另外两只雕头，效果如图3.51所示，同时得到“图层2”和“图层3”。

图3.49

图3.50

图3.51

步骤4 选择“图层1”～“图层3”，按Ctrl+G组合键将选中的图层进行编组，得到“组1”，并将其重命名为“雕”，设置此图层组的混合模式为【正常】，使该图层组中的所有调整图层及其混合模式只针对该图层组内的图像起作用。

提示

在此对制作雕头的图层进行了图层编组，在下面的操作中笔者也将对各部分进行图层编组，在步骤中不再叙述。

步骤5 在【图层】面板中选择“图层3”，然后单击【创建新的填充或调整图层】按钮，在弹出的菜单中选择【色彩平衡】命令，在弹出的面板中设置参数，如图3.52和图3.53所示，效果如图3.54所示，得到图层“色彩平衡1”。

步骤6 设置图层“色彩平衡1”的图层混合模式为【叠加】，效果如图3.55所示。

步骤7 在【图层】面板中单击【添加图层蒙版】按钮，为图层组“雕”添加图层蒙版。设置前景色为黑色，选择【画笔工具】，打开随书所附光盘中的素材文件（光盘文件路径为“第3章\3.3\素材5.abr”），在制作文件的画布中单击鼠标右键，在弹出的【画笔预设选取器】面板中选择刚刚打开的画笔，在图层蒙版中进行涂抹，将雕的部分图像效果隐藏起来，直至效果如图3.56所示，此时图层蒙版中的状态如图3.57所示，此时的【图层】面板如图3.58所示。

提示

至此，雕头效果已经制作完成。下面制作彩条效果。

步骤 8 收拢图层组“雕”，选择图层“背景”，将其作为当前操作图层。设置前景色的颜色值为“7bb7af”，选择【钢笔工具】，在其工具选项栏中单击【形状图层】按钮，在制作文件中画布的上方绘制如图3.59所示的形状，得到图层“形状1”。

步骤 9 按住Alt键将图层“形状1”拖动至其下方，得到图层“形状1副本”，双击其图层缩览图，在弹出的对话框中设置颜色值为“f7f7f5”，单击【确定】按钮退出对话框，然后利用自由变换控制框调整形状的大小、角度及位置，效果如图3.60所示。

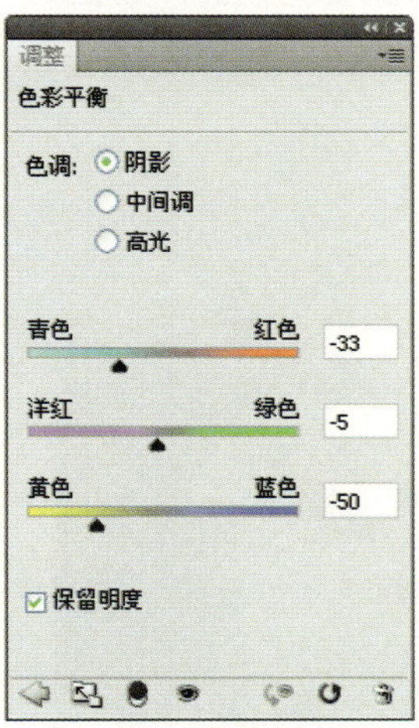

图3.52

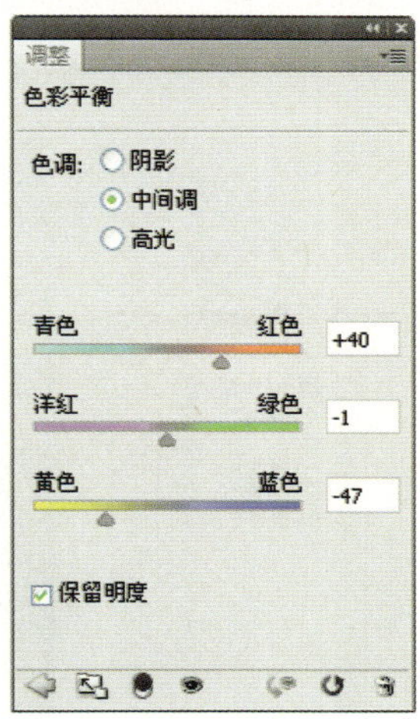

图3.53

图3.54

图3.55

图3.56

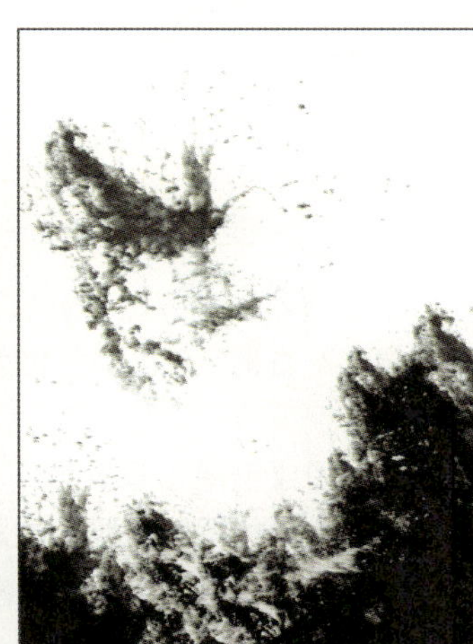
图3.57

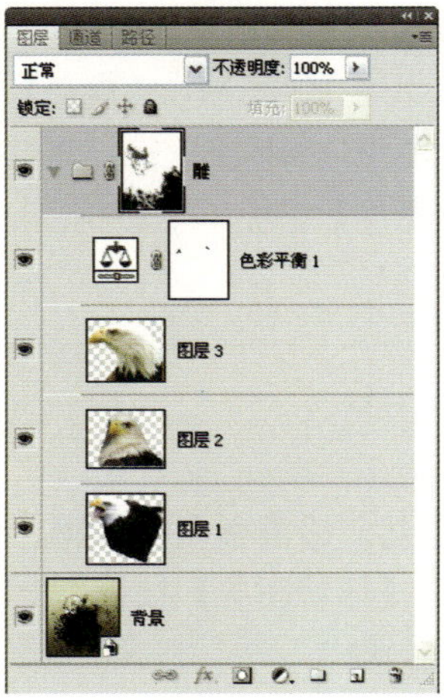

图3.58

图3.59

图3.60

步骤10 在【图层】面板中单击【添加图层样式】按钮，在弹出的菜单中选择【斜面和浮雕】命令，在弹出的对话框中设置参数，如图3.61所示，单击【确定】按钮退出对话框，效果如图3.62所示。

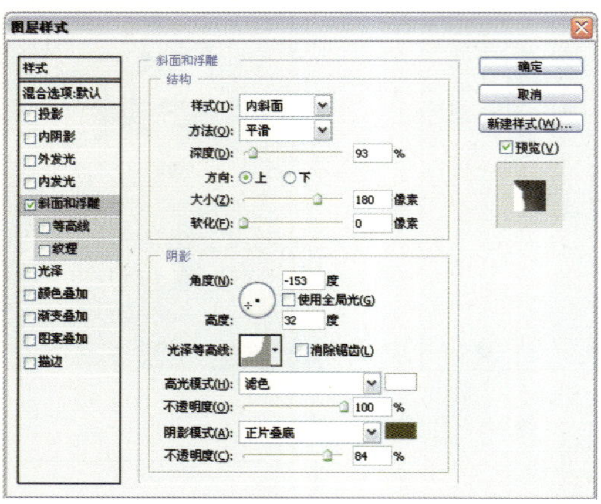

图3.61

图3.62

提示

在【斜面和浮雕】参数设置中，【光泽等高线】的对话框设置如图3.63所示。另外，【阴影模式】右侧色块的颜色值为“5d5c1a”。

步骤11 选择【钢笔工具】，在其工具选项栏中单击【路径】按钮，在制作文件中画布的上方绘制如图3.64所示的路径。在【图层】面板中选择图层“形状1”，单击【创建新的填充或调整图层】按钮，在弹出的菜单中选择【渐变】命令，在弹出的对话框中设置参数，如图3.65所示，单击【确定】按钮退出对话框，隐藏路径后的效果如图3.66所示，同时得到图层“渐变填充1”。

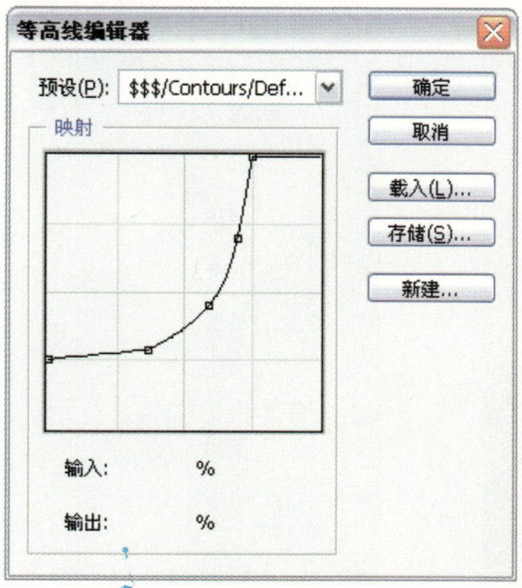

图3.63

图3.64

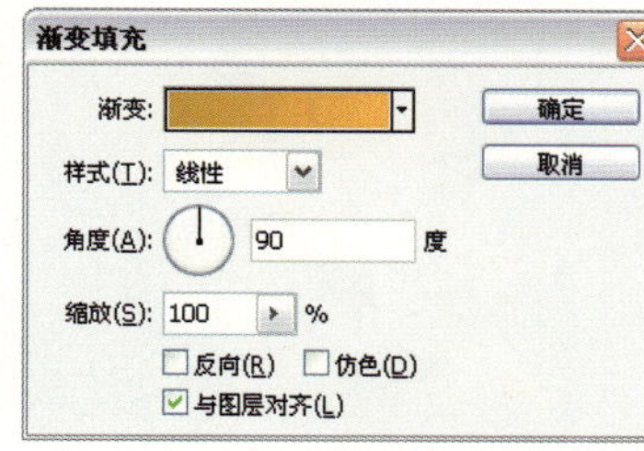

图3.65

提示

在【渐变填充】对话框中，渐变颜色值从左到右分别为“be7f0d”、“e6960a”。

步骤12 按照上一步的操作方法，结合路径及渐变填充等操作，制作右侧的彩条效果，参数设置及效果如图3.67所示，同时得到图层“渐变填充2”。

提示

在【渐变填充】对话框中，渐变颜色值从左到右分别为“b0a805”、“e6960a”、“e3d920”。

图3.66

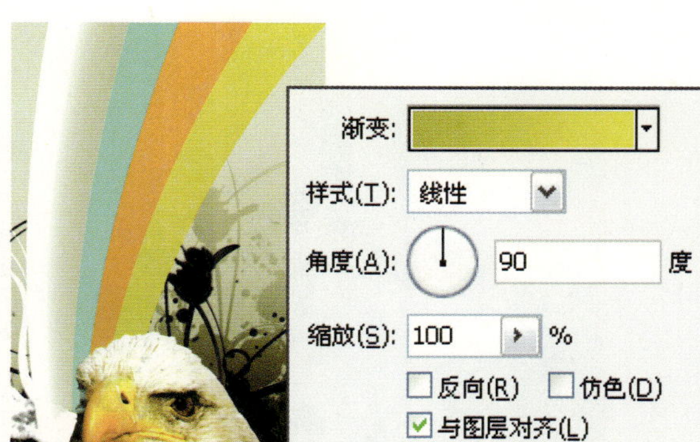

图3.67

步骤13 选择图层“形状1副本”～图层“渐变填充2”，按Ctrl+Alt+E组合键盖印图层，将选中图层中的图像合并至新图层中，并将其重命名为“图层4”。利用自由变换控制框，将“图层4”中的图像进行水平翻转、旋转角度及调整位置等操作，效果如图3.68所示。

步骤14 按照上面所讲解的操作方法，打开随书所附光盘中的素材文件（光盘文件路径为“第3章\3.3\素材6.psd”），结合图层蒙版及图层属性等，制作彩条上的花纹效果，效果如图3.69所示，同时得到“图层5”，此时的【图层】面板如图3.70所示。

图3.68

图3.69

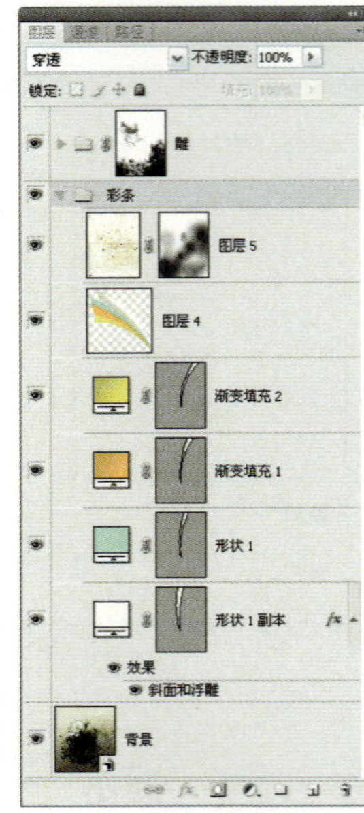

图3.70

提示

在本步骤中，设置“图层5”的图层混合模式为【颜色加深】。下面制作雕头上层的装饰效果。

步骤15 收拢图层组“彩条”，选择图层组“雕”，将其作为当前操作对象。打开随书所附光盘中的素材文件（光盘文件路径为“第3章\3.3\素材7.psd”），按住Shift键，使用【移动工具】将其中的图像拖动至制作文件中，最终效果如图3.71所示，此时的【图层】面板如图3.72所示。

图3.71

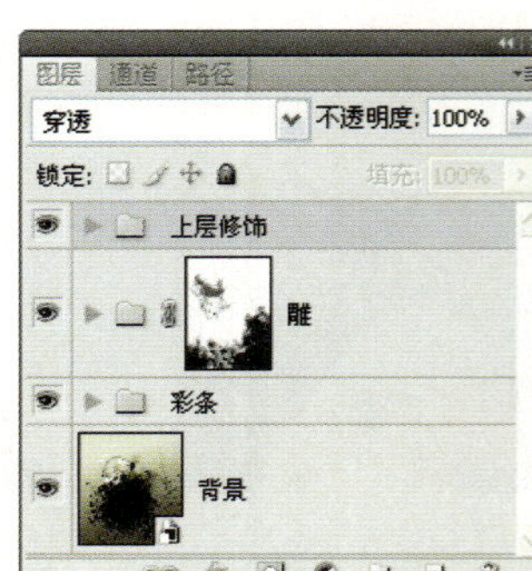

图3.72

提示

在本步骤给出的素材文件中，主要结合了形状绘制类工具、【画笔工具】以及画笔素材的使用等。其中的画笔素材为随书所附光盘中的素材文件（光盘文件路径为“第3章\3.3\素材8.abr”）。

提示

本例最终效果文件见随书所附光盘（光盘文件路径为“第3章\3.3\3.3.psd”）。

3.4 涂鸦风格汽车主题海报

例前导读：

本例制作的是一个涂鸦风格的海报作品。这种一反常规的商业海报风格越来越能够迎合时下年轻人“非主流”的审美倾向。不规则的边框及各类喷溅笔触形成了一种无规律的美感，给观者以无拘无束的奔放感，围绕文字的红色与黄色笔触有效地将视觉中心集中在文字上。

核心技能：

- 使用【渐变工具】绘制渐变效果。
- 设置图层属性以混合图像。
- 利用剪贴蒙版限制图像的显示范围。
- 使用形状绘制类工具绘制形状。
- 使用【阈值】调整图层将图像轮廓化。
- 使用【画笔工具】及画笔素材绘制涂鸦效果。

操作步骤：

步骤1 打开随书所附光盘中的素材文件（光盘文件路径为“第3章\3.4\素材1.psd”），将其作为本例的制作文件，此时的【图层】面板如图3.73所示。

步骤2 设置前景色的颜色值为“c2be98”，设置背景色的颜色值为“eae6b7”，选择【渐变工具】，在其工具选项栏中单击【线性渐变】按钮，然后选择渐变预设“前景色到背景色渐变”，从制作文件中画布的上方向下绘制渐变，效果如图3.74所示。

步骤3 显示图层“素材1”，将其重命名为“图层1”。使用【移动工具】将“图层1”中的图像拖动至画布下方如图3.75所示的位置。设置“图层1”的图层混合模式为【正片叠底】，效果如图3.76所示。

提示

下面利用调整图层来制作壁画效果。

步骤4 在【图层】面板中单击【创建新的填充或调整图层】按钮，在弹出的菜单中选择【阈值】命令，在弹出的面板中设置【阈值色阶】为“139”，得到图层“阈值1”，按Ctrl+Alt+G组合键创建剪贴蒙版，效果如图3.77所示。

步骤5 新建图层，得到“图层2”，按Ctrl+Alt+G组合键创建剪贴蒙版。设置前景色的颜色值为“755c1d”，按Alt+Delete组合键填充前景色，设置此图层的图层混合模式为【线性减淡（添加）】，效果如图3.78所示。

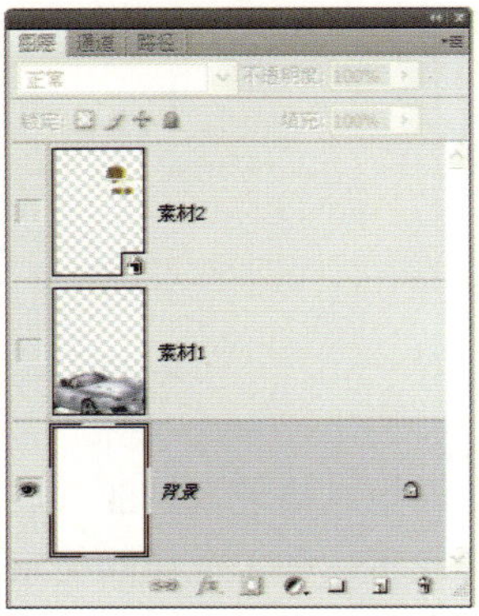

图3.73

图3.74

图3.75

图3.76

图3.77

图3.78

步骤6 显示图层“素材2”，将其重命名为“图层3”，按Ctrl+T组合键调出自由变换控制框，按住Shift键成比例缩小“图层3”中的图像，并将其拖动至制作文件中画布的右上方位置，效果如图3.79所示，按Enter键确认操作，此时的【图层】面板如图3.80所示。

步骤7 选择“图层2”，将其作为当前操作图层。设置前景色的颜色值为“6b521c”，选择【椭圆工具】，在其工具选项栏中单击【形状图层】按钮，按住Shift键，在制作文件中卡通人物的下方绘制如图3.81所示的正圆形状，同时得到图层“形状 1”。

图3.79

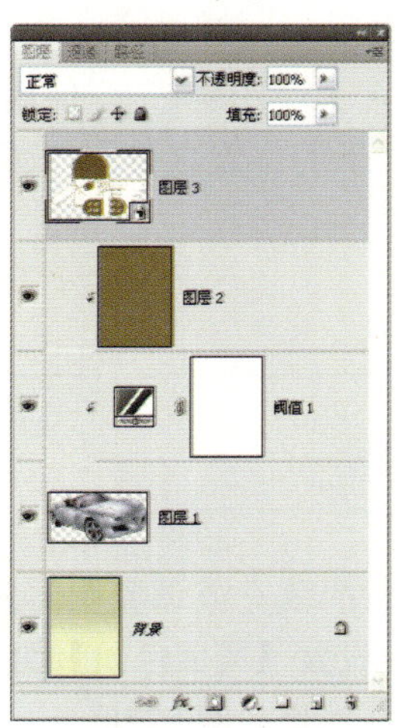

图3.80

图3.81

提示

下面使用本例随书所附光盘中的画笔素材文件，为卡通人物制作特效墨点装饰效果。

步骤8 新建图层，得到“图层4”。设置前景色为白色，选择【画笔工具】，打开随书所附光盘中的画笔素材文件（光盘文件路径为“第3章\3.4\素材2.abr”）。

步骤9 在【画笔】面板中选择上一步骤打开的【主直径】为“524px”的画笔，并将其【主直径】改为“600px”，在制作文件中卡通人物的下方单击，效果如图3.82所示。

步骤10 新建图层，得到“图层5”。设置前景色的颜色值为“ff4e1c”，继续选择【画笔工具】，调出【画笔】面板，选择【主直径】为“270px”的画笔，在制作文件中卡通人物的下方单击，效果如图3.83所示。

图3.82

图3.83

步骤11 新建图层，得到“图层6”。设置前景色的颜色值为“f9b548”，选择【画笔工具】，调出【画笔】面板，选择【主直径】为“590px”的画笔，在制作文件中卡通人物的下方单击，效果如图3.84所示，此时的【图层】面板如图3.85所示。

步骤12 选择【钢笔工具】，在其工具选项栏中单击【路径】按钮，在制作文件中卡通人物的左侧绘制如图3.86所示的路径，按Ctrl+Enter组合键将路径转换为选区。

图3.84

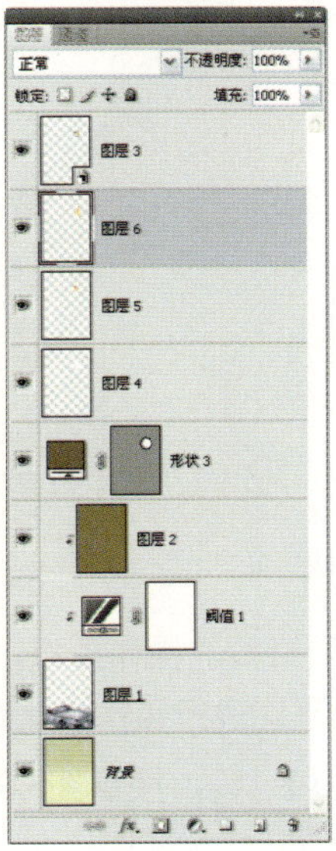

图3.85

图3.86

步骤13 新建图层，得到“图层7”，将其拖动至“图层3”的上方。设置前景色的颜色值为“ff4e1c”，选择【画笔工具】，调出【画笔】面板，在面板中选择【主直径】为“736px”的画笔，然后选择【画笔笔尖形状】选项，并设置其参数，如图3.87所示，按照图3.88所示的流程图进行绘制，按Ctrl+D组合键取消选区。

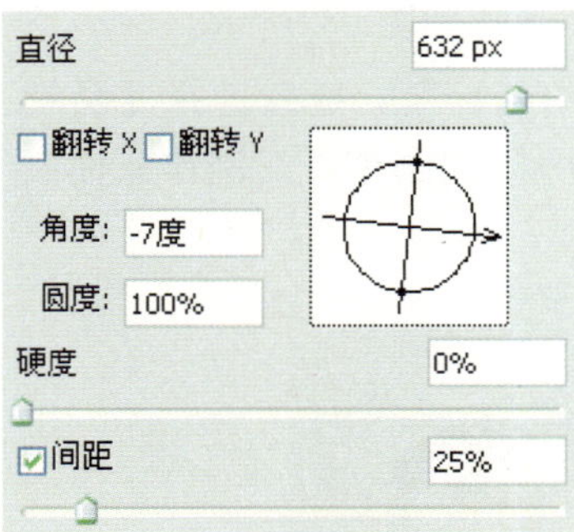

图3.87

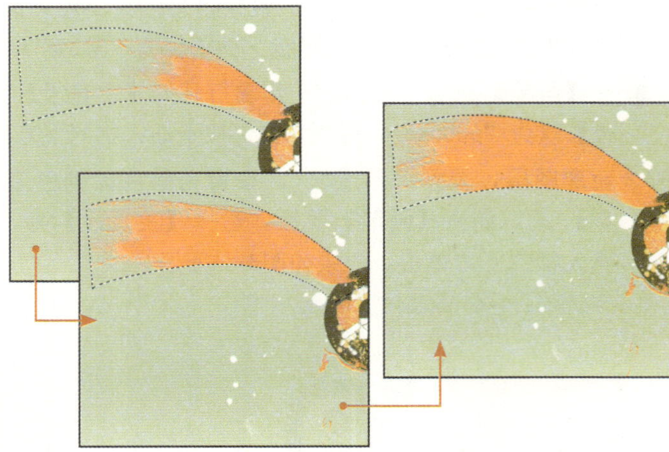

图3.88

步骤14 保持前景色的设置，选择步骤11所选择的画笔，降低【主直径】数值，按照图3.89所示的效果绘制墨点，以使其硬化的边缘完整。

步骤15 新建图层，得到“图层8”。设置前景色的颜色值为“705924”，选择【画笔工具】，在【画笔】面板中选择步骤8打开的【主直径】为“524px”的画笔，然后在【画笔笔尖形状】参数设置中调整【主直径】及【角度】数值，按照图3.90所示的流程图进行绘制。

图3.89

图3.90

步骤16 在下面的操作中对于画笔的应用和上面所讲解的操作类似，请尽量利用随书所附光盘中所提供的画笔素材文件，按照图3.91所示的流程图进行操作，此时的【图层】面板如图3.92所示。

步骤17 使用【矩形工具】和【横排文字工具】，按照图3.93所示的效果输入文字，得到相应的文字图层和形状图层，完成作品的制作。

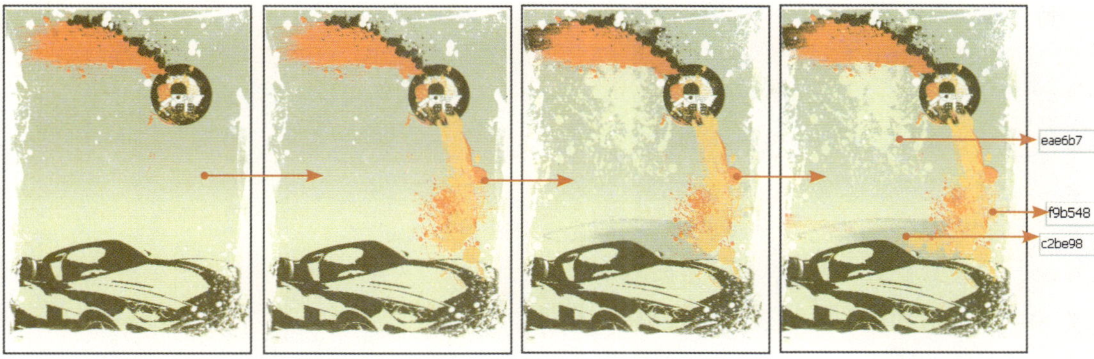

图3.91

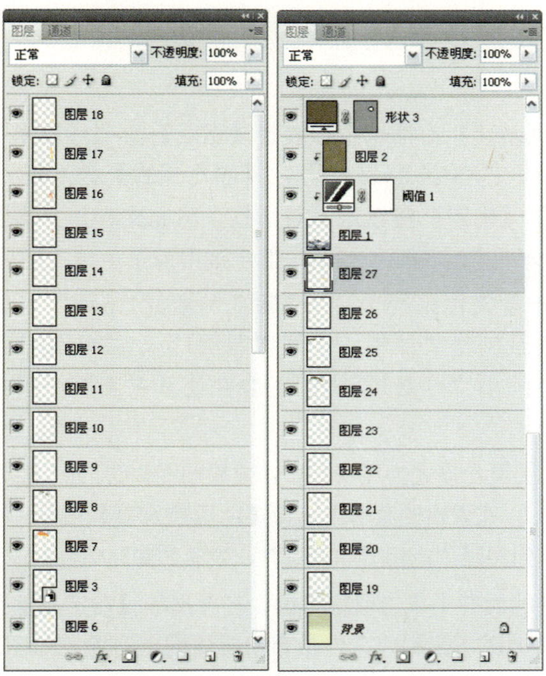

图3.92

图3.93

提示

本例最终效果文件见随书所附光盘（光盘文件路径为“第3章\3.4\3.4.psd”）。

3.5 新装开业购物宣传海报

例前导读：

同样是宣传海报，很明显，本例效果与上例效果的视觉体验完全不同。本例主要吸引的是年轻、时尚的女孩，养眼的色调、摩登的楼群、直率的语言使其充满了诱惑力。混合模式的运用与特效残缺字体的制作是本例的核心内容。

核心技能：

- 设置图层属性以混合图像。
- 使用【自定形状工具】绘制路径。
- 应用“色相/饱和度”调整图层调整图像的色相及饱和度。
- 添加【投影】图层样式，制作图像的投影效果。
- 结合选区及【描边】命令，为所绘制的选区进行描边。
- 结合通道及滤镜，创建特殊形状的选区。

操作步骤：

第一部分　制作背景图案

步骤1 按Ctrl+N组合键新建文件，在弹出的【新建】对话框中，设置【宽度】为“10厘米”，【高度】为“14厘米”，【分辨率】为“200像素/英寸”，【颜色模式】为“RGB颜色”，【背景内容】为“白色”，单击【确定】按钮退出对话框，将此文件作为本例的制作文件。设置前景色的颜色值为“cee972”，按Alt+Delete组合键用前景色填充图层。

步骤2 打开随书所附光盘中的素材文件（光盘文件路径为“第3章\3.5\素材1.psd”），使用【移动工具】将其中的图像拖动至制作文件中，得到“图层1”。按Ctrl+T组合键调出自由变换控制框，按住Shift键缩小“图层1”中的图像并使其充满整个画布，效果如图3.94所示，按Enter键确认操作。

步骤3 在【图层】面板中，设置“图层1”的图层混合模式为【强光】，效果如图3.95所示；然后单击【创建新的填充或调整图层】按钮，在弹出的菜单中选择【色相/饱和度】命令，在弹出的面板中设置参数，如图3.96所示，得到图层“色相/饱和度1”，效果如图3.97所示。

步骤4 选择【自定形状工具】，在制作文件的画布中单击鼠标右键，在弹出的【自定形状拾色器】面板中选择形状“靶心”，按住Shift键，在制作文件画布中楼房的上方绘制如图3.98所示的路径，按Ctrl+Enter组合键将路径转换为选区。

图3.94

图3.95

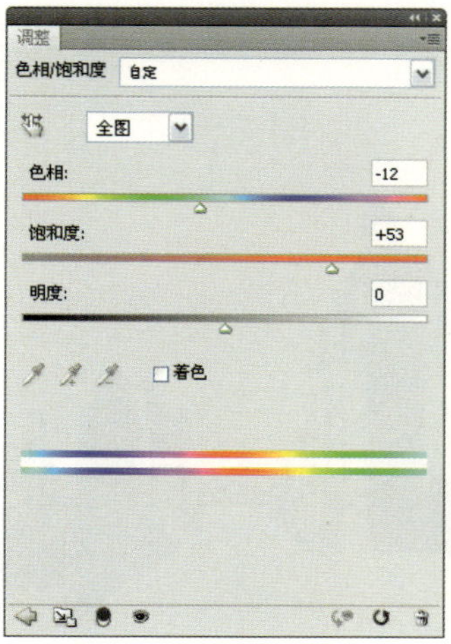

图3.96

图3.97

图3.98

步骤5 新建图层，得到“图层2”。设置前景色的颜色值为“e31c2a”，按Alt+Delete组合键用前景色填充选区，按Ctrl+D组合键取消选区，效果如图3.99所示。设置“图层2”的图层混合模式为【颜色加深】，效果如图3.100所示。

图3.99

图3.100

步骤6 新建图层，得到“图层3”。选择【自定形状工具】，在制作文件的画布中单击鼠标右键，在弹出的【自定形状拾色器】面板中选择形状“靶标2”，重复步骤4～步骤5的操作，效果如图3.101所示。

步骤7 新建图层，得到“图层4”。选择【自定形状工具】，在制作文件的画布中单击鼠标右键，在弹出的【自定形状拾色器】面板中选择形状“星爆”，重复步骤4～步骤5的操作，效果如图3.102所示。

步骤8 复制“图层2”，得到“图层2副本”。按Ctrl+T组合键调出自由变换控制框，按住Shift键，缩小“图层2副本”中的图像，并将其向下拖动至如图3.103所示的位置，按Enter键确定操作，设置“图层2副本”的图层混合模式为【亮光】，效果如图3.104所示。

步骤9 按照步骤8的操作，连续复制多个图层，并设置其图层混合模式，效果类似图3.105所示。

图3.101

图3.102

图3.103

图3.104

图3.105

提示

复制后的图层可以尝试多种图层混合模式，以产生不同的效果。

步骤10 选择“图层4”，新建图层，得到“图层5”。选择【椭圆选框工具】，在如图3.106所示的位置绘制一个选区。执行【编辑】|【描边】命令，在弹出的【描边】对话框中设置参数，如图3.107所示，单击【确定】按钮退出对话框，效果如图3.108所示。

图3.106

步骤11 执行【选择】|【变换选区】命令，按住Shift+Alt组合键，调出变换选区控制框，将变换选区控制框中的选区调整至如图3.109所示的大小及位置，按Enter键确认操作。重复步骤10的

操作，执行【描边】命令，效果如图3.110所示。

步骤12 连续重复步骤10的操作，绘制多个小环，按Ctrl+D组合键取消选区，效果如图3.111所示。设置“图层5”的图层混合模式为【叠加】，效果如图3.112所示。

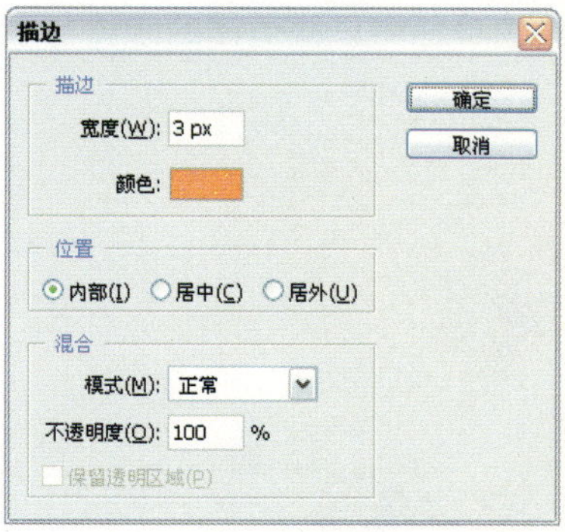

图3.107

图3.108

图3.109

图3.110

图3.111

图3.112

步骤13 重复步骤8的操作，复制出多个圆环，分别设置其大小、颜色及所在图层的图层样式，效果如图3.113所示，此时的【图层】面板如图3.114所示。

图3.113

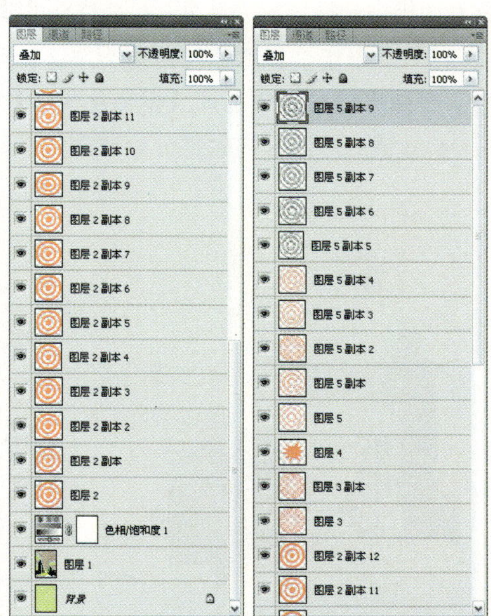

图3.114

步骤14 按Ctrl+Alt+A组合键，选择除图层“背景”以外的所有图层，然后按住Ctrl键单击“图层1”和图层“色相/饱和度1”的图层名称以将其排除选择，按Ctrl+G组合键进行图层编组，得到新的图层组“组1”，此时的【图层】面板如图3.115所示。

步骤15 设置前景色为白色，选择【横排文字工具】T，在其工具选项栏中设置适当的字体与字号，在制作文件中输入如图3.116所示的文字。

图3.115

图3.116

提示

文字效果需要设置适当的基线偏移，具体的参数设置可以按照自己的感觉。

步骤16 按Ctrl+T组合键调出自由变换控制框，逆时针旋转文字35°，并将其拖动至如图3.117所示的位置，按Enter键确认操作。在【图层】面板中单击【添加图层样式】按钮 fx，在弹出的菜单中选择【投影】命令，在弹出的对话框中设置参数，如图3.118所示，单击【确定】按钮退出对话框，效果如图3.119所示。

步骤17 选择【自定形状工具】，在制作文件的画布中单击鼠标右键，在弹出的【自定形状拾色器】面板中选择形状“溅泼”，按住Shift键，在文字的上方绘制如图3.120所示的路径。

步骤18 按Ctrl+Enter组合键将路径转换为选区，用鼠标右键单击步骤15得到的文字图层的图层名称，在弹出的菜单中选择【栅格化文字】命令，将栅格化后的图层重命名为“图层6”，按Delete键删除选区内的部分，效果如图3.121所示。

图3.117

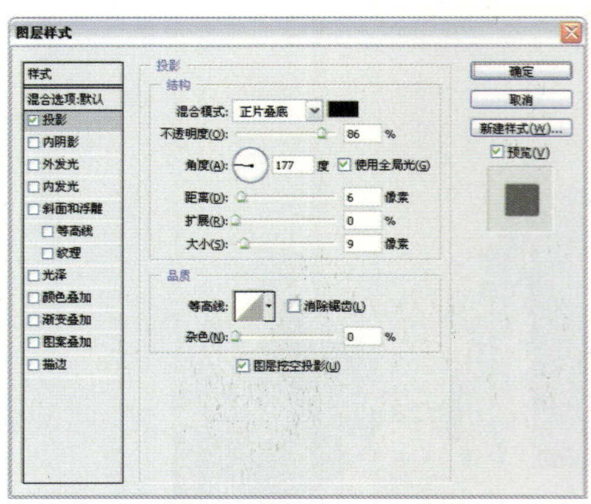

图3.118

图3.119

图3.120

图3.121

步骤19 选择【椭圆选框工具】，将选区向其他位置处进行拖动，再按Delete键删除选区内的部分，效果如图3.122所示，重复本步骤的操作，直至效果如图3.123所示。

图3.122

图3.123

步骤20 按住Ctrl键单击“图层6”的图层缩览图以载入其选区，切换至【通道】面板，新建通道，得到通道“Alpha1”，按Alt+Delete组合键用前景色填充选区，按Ctrl+D组合键取消选区。

步骤21 执行【滤镜】|【画笔描边】|【成角的线条】命令，在弹出的【成角的线条】对话框中设置参数，如图3.124所示，单击【确定】按钮退出对话框。

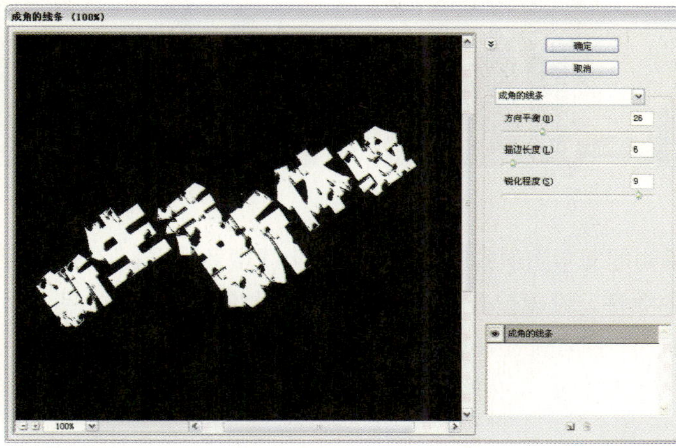

图3.124

步骤22 设置前景色为白色，按住Ctrl键单击通道“Alpha1”的通道缩览图以载入其选区，按Ctrl+Shift+I组合键反向选区。返回至【图层】面板，选择“图层6”，将其作为当前操作图层，按Delete键删除选区内的部分，效果如图3.125所示。

步骤23 选择【横排文字工具】T，在其工具选项栏中设置适当的字体与字号。设置前景色的颜色值为“f71616”，在制作文件中特效文字的右上方输入文字“天天新折扣 天天有惊喜”，重复类似步骤15～步骤22的操作，效果如图3.126所示，然后将文字图层命名为“图层7”。

图3.125

图3.126

步骤24 选择【横排文字工具】T，在其工具选项栏中设置适当的字体与字号。设置前景色为黑色，在制作文件中文字“新生活 新体验”的右侧，输入如图3.127所示的文字，并得到相应的文字图层。按Ctrl+T组合键调出自由变换控制框，将文字顺时针旋转80°并将其调整至如图3.128所示的位置，按Enter键确认操作。

图3.127

图3.128

步骤25 设置上一步得到的文字图层的图层混合模式为【颜色加深】，效果如图3.129所示。

步骤26 按照步骤24的操作，设置前景色为黑色，在制作文件中特效文字“天天新折扣 天天有惊喜”的下方输入文字，并利用自由变换控制框旋转文字至与特效文字“新生活 新体验”平行的角度，效果如图3.130所示。

步骤27 选择【钢笔工具】，在制作文件中文字的上方绘制如图3.131所示的路径，按

Ctrl+Enter组合键将路径转换为选区。在【图层】面板中，按住Alt键单击【添加图层蒙版】按钮，为文字图层添加图层蒙版，效果如图3.132所示。

图3.129

图3.130

图3.131

图3.132

步骤28 设置前景色为黑色，分别在制作文件中画布的最右侧和特效文字“新生活 新体验”的下方输入文字“时尚名品折扣店”和“天天新折扣　天天有惊喜”，效果如图3.133所示，并得到相应的文字图层，此时的【图层】面板如图3.134所示。

图3.133

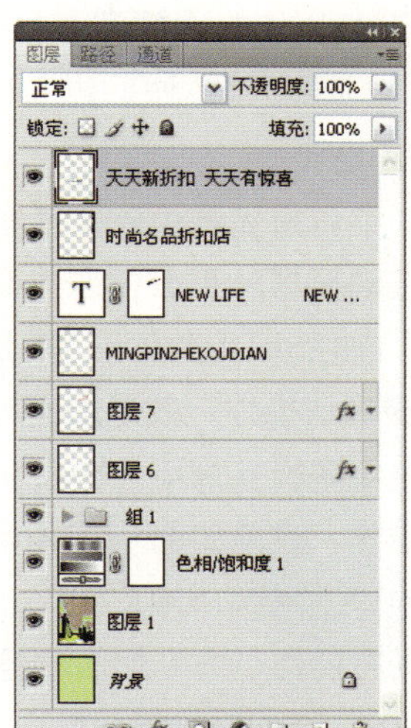

图3.134

第二部分 添加细节

步骤1 打开随书所附光盘中的素材文件（光盘文件路径为“第3章\3.5\素材2.psd”），将其中的图像拖动至第一部分的制作文件中，得到“图层8”。按Ctrl+T组合键调出自由变换控制框，按住Shift键缩小“图层8”中的图像并将其拖动至制作文件中画布的左下角，效果如图3.135所示，按Enter键确认操作。

步骤2 复制“图层8”，得到“图层8副本”，将其拖动至“图层8”的下方。按Ctrl+T组合键调出自由变换控制框，按住Ctrl键拖动各个控制手柄，直至图像效果如图3.136所示，按Enter键确认操作。

步骤3 设置前景色为黑色，在【图层】面板中单击【锁定透明像素】按钮，按Alt+Delete组合键填充前景色。设置“图层8副本”的【不透明度】为“40%”，效果如图3.137所示。

图3.135

图3.136

图3.137

步骤4 选择“图层8”，打开随书所附光盘中的素材文件（光盘文件路径为“第3章\3.5\素材3.psd”），将其中的图像拖动至第一部分的制作文件中，得到“图层9”。重复本部分步骤1～步骤3的操作，效果如图3.138所示，得到“图层9副本”，此时的【图层】面板如图3.139所示。

步骤5 打开随书所附光盘中的素材文件（光盘文件路径为“第3章\3.5\素材4.psd”），将其中的图像拖动至第一部分的制作文件中，得到“图层10”。按Ctrl+T组合键调出自由变换控制框，按住Shift键缩小“图层10”中的图像并将其拖动至制作文件中画布的中下方，按Enter键确认操作，效果如图3.140所示。

步骤6 打开随书所附光盘中的素材文件（光盘文件路径为“第3章\3.5\素材5.psd”），重复上一步的操作，效果如图3.141所示，得到“图层11”。

步骤7 新建图层，得到“图层12”。设置前景色为黑色，使用【矩形工具】，分别在制作文件中画布的最下方和最右侧绘制矩形，效果如图3.142所示。

步骤8 新建图层，得到“图层13”。设置前景色的颜色值为“10875e”，使用【矩形工具】，在本部分步骤7绘制的矩形的上方绘制如图3.143所示的边框。

图3.138

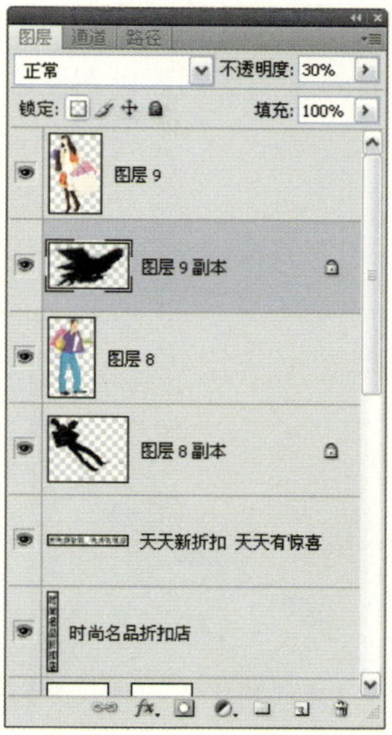

图3.139

图3.140

图3.141

图3.142

图3.143

步骤 9 选择【横排文字工具】T，设置前景色为黑色，在制作文件中输入如图3.144所示的文字，此时的【图层】面板如图3.145所示。

图3.144

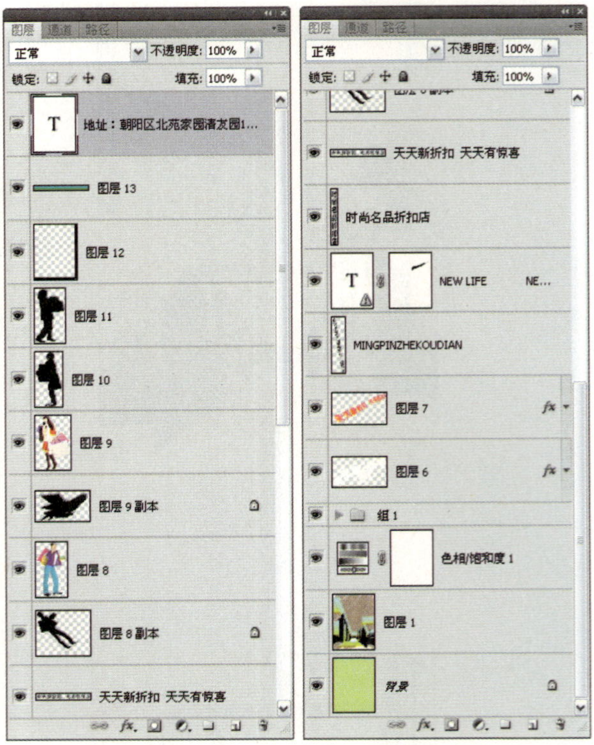

图3.145

提示

本例最终效果文件见随书所附光盘（光盘文件路径为“第3章\3.5\3.5.psd”）。

第4章

藏酷风格

顾名思义，此类风格的作品以表现“酷”的视觉感受为主，画面通常较为简洁且主体突出，多是以大面积的黑色作为背景，将画面主体处理成为高亮、高饱和度的色彩，从而给观者以强烈的视觉突击力，多用于表现深沉、震撼人心的主题。

4.1 藏酷风格概述

简单地说，藏酷风格是将大部分图像内容隐藏于简单的背景中，而将其中最显眼的部分充分展现出来。藏酷风格的画面相对比较简洁，因此能够更大程度地激发对观者视觉的冲击力，从而给观者留下深刻的视觉印象，藏酷风格作品如图4.1所示。

图4.1

在暗调背景的藏酷风格作品中，高光区域虽然所占面积较小，但在暗调背景的衬托下显得极为抢眼，再配以适当的图像元素及色彩等，可以深深地吸引观者的目光，而光的运用就成为了在暗调背景中突出表现对象的最佳选择。

例如，图4.2所示的作品即以正常的环境光为基础，然后进行适当的艺术处理。

图4.2

图4.3所示的作品则是对光进行变形处理后的典型效果，同样也表现出了藏酷风格的视觉特征。

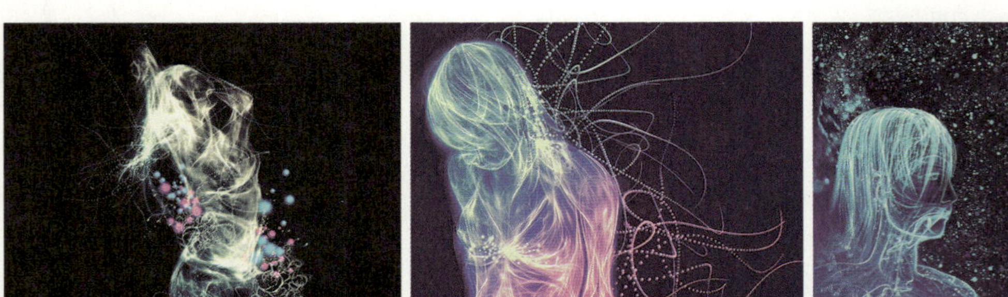

图4.3

图4.4所示的藏酷作品是对光进行特殊处理后的效果。

图4.4

当然，以暗调背景配合各种特效光来表现藏酷风格，虽然十分常见但并非是唯一的手段。藏酷风格的精髓是将“酷”的感觉藏于画面之中，因此也可以尝试其他表现形式，例如以浅色为背景、以喷溅效果为主要表现元素等，效果如图4.5所示。

图4.5

4.2 炫酷光人视觉表现

例前导读：

本例是以炫酷光人为主题的视觉表现作品。在制作过程中，主要以制作人物身后的炫酷光以及人物的结构为核心内容，需要重点把握的是各种光线间的协调及过渡；最后再结合画笔素材制作各种不同颜色、不同大小的装饰点元素，为整体画面增添活跃的氛围。

核心技能：

- 使用形状绘制类工具绘制形状。
- 添加【外发光】图层样式，制作图像的发光效果。
- 利用“再次变换并复制”功能制作规则的图像效果。
- 结合路径及“渐变填充”图层，制作图像的渐变效果。
- 利用剪贴蒙版限制图像的显示范围。
- 设置图层属性以混合图像。
- 结合【画笔工具】及特殊画笔素材绘制图像。
- 利用图层蒙版隐藏不需要的图像。

操作步骤：

步骤1 按Ctrl+N组合键新建文件，在弹出的【新建】对话框中设置【宽度】为“768像素”，【高度】为“1024像素”，【分辨率】为“72像素/英寸”，【颜色模式】为“RGB颜色”，【背景内容】为“白色”，单击【确定】按钮退出对话框，将此新建的文件作为本例的制作文件，按Ctrl+I组合键将背景反相为黑色。

提示

下面结合形状绘制类工具及图层样式，制作人物的外轮廓。

步骤2 设置前景色为黑色，选择【钢笔工具】，在其工具选项栏中单击【形状图层】按钮，在制作文件的画布中绘制如图4.6所示的形状，得到图层“形状1”。

步骤3 在【图层】面板中单击【添加图层样式】按钮，在弹出的菜单中选择【外发光】命令，在弹出的对话框中设置参数，如图4.7所示，单击【确定】按钮退出对话框，效果如图4.8所示。

提示

在【外发光】参数设置中，色块的颜色值为“001a63”。下面制作发射光线效果。

步骤4 切换至【路径】面板，新建路径，得到“路径1”。选择【钢笔工具】，在其工具选项栏中单击【路径】按钮，在制作文件中人物的头部绘制如图4.9所示的路径。按Ctrl+Alt+T组合键调出自由变换并复制控制框，将控制框内的中心参考点移至控制框的下方，将路径旋转10°，效果如图4.10所示，按Enter键确认操作。按Alt+Ctrl+Shift+T组合键多次执行再次变换并复制操作，效果如图4.11所示。

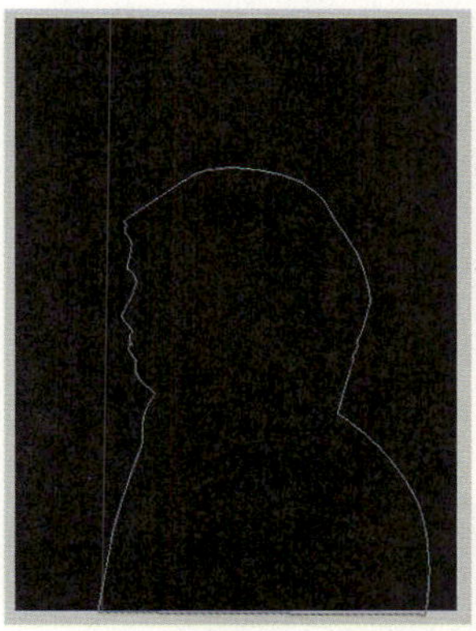

图4.6

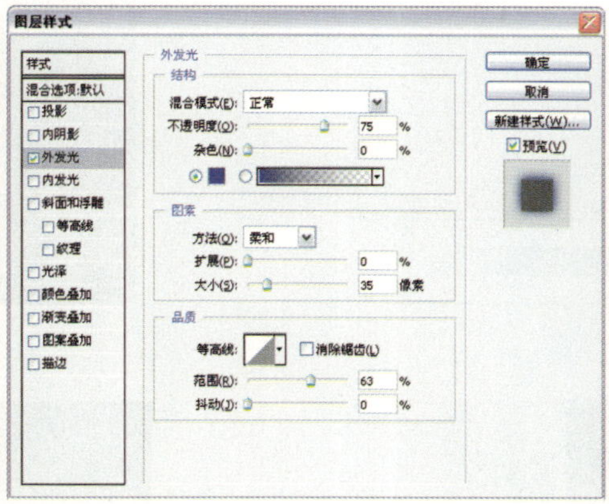

图4.7

图4.8

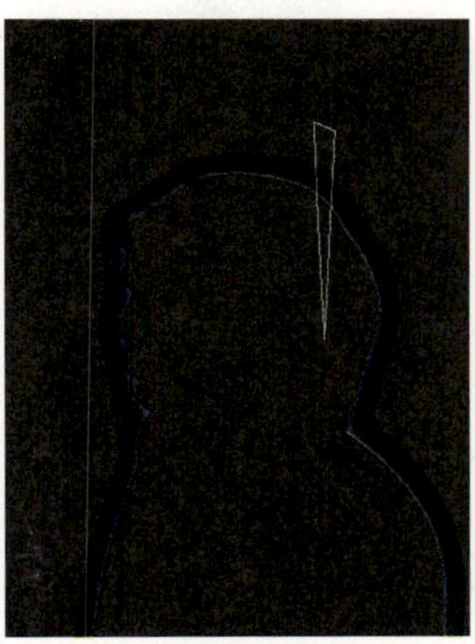

图4.9

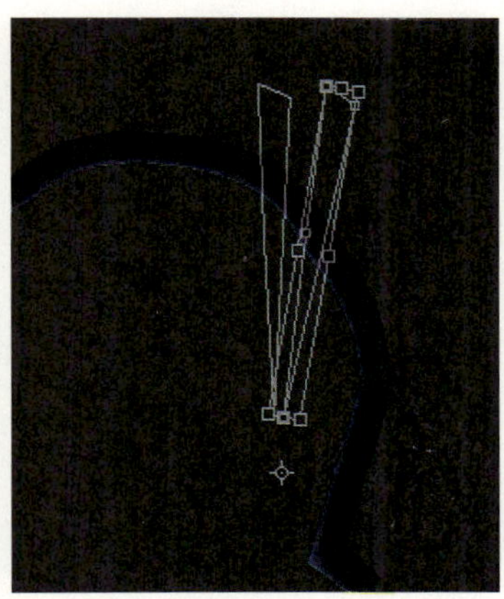

图4.10

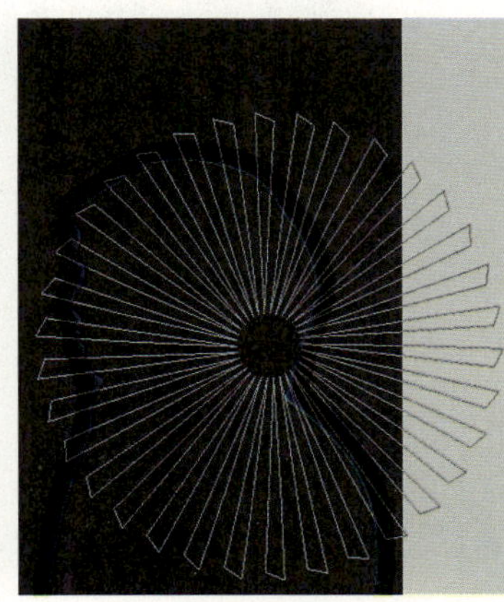

图4.11

步骤5 切换回【图层】面板，选择图层“背景”，将其作为当前操作图层；然后单击【创建新的填充或调整图层】按钮，在弹出的菜单中选择【渐变】命令，在弹出的对话框中设置参数，如图4.12所示，单击【确定】按钮退出对话框，隐藏路径后的效果如图4.13所示，同时得到图层“渐变填充1”。

提示

在【渐变填充】对话框中，渐变颜色值从左至右分别为“0c2159”、“0c2159”和“9cd5fe”。

步骤6 在【路径】面板中显示“路径1”，使用【路径选择工具】框选制作文件画布中的所有路径，并向下调整路径的位置，效果如图4.14所示。按照上一步的操作，创建“渐变填充”图层，参数设置及效果如图4.15所示。

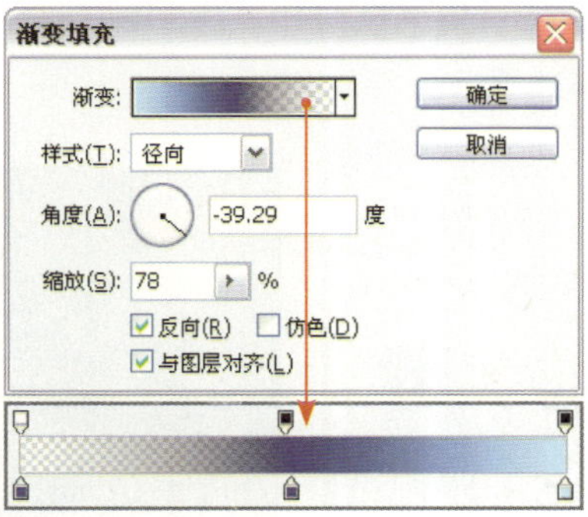

图4.12

图4.13

图4.14

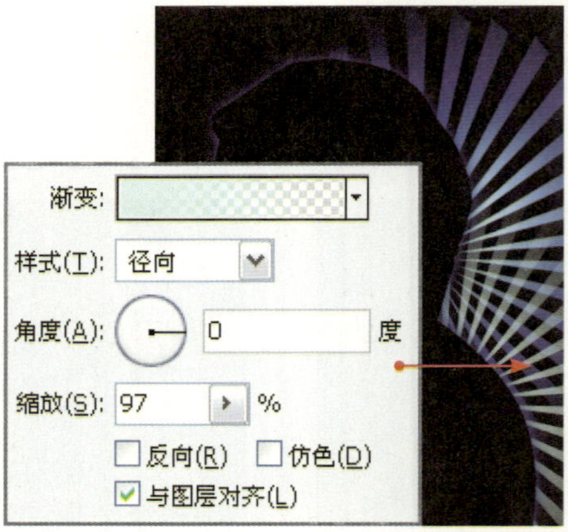

图4.15

提示

在【渐变填充】对话框中，渐变颜色为从“cbede9”到透明。

步骤7 选择图层“背景”，将其作为当前操作图层。按照上面所讲解的操作方法，结合路径及“渐变填充”图层，制作发射线底层的渐变效果，效果如图4.16所示，同时得到图层“渐变填充3”。

提示

本步骤中关于【渐变填充】对话框中的参数设置，请参考本例随书所附光盘中的最终效果文件。在下面的操作中，会多次应用到填充图层，笔者不再进行相关参数设置的提示。

步骤8 选择图层“渐变填充1”，按Ctrl+Alt+G组合键创建剪贴蒙版，并设置当前图层的图层混合模式为【线性减淡（添加）】，效果如图4.17所示。

步骤9 在【图层】面板中单击【添加图层蒙版】按钮，为图层“渐变填充1”添加图层蒙版。设置前景色为黑色，选择【渐变工具】，在其工具选项栏中单击【线性渐变】按钮，在制作文件的画布中单击鼠标右键，在弹出的【渐变拾色器】面板中选择渐变预设“前景色到透明渐变”，在图层蒙版中绘制渐变，将下方的图像隐藏起来，效果如图4.18所示。

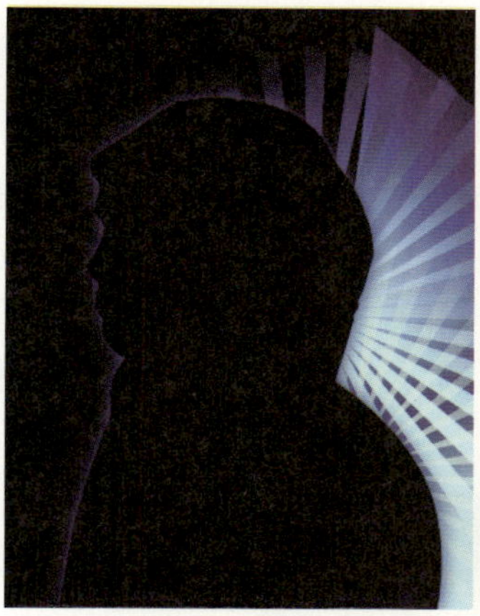
图4.16

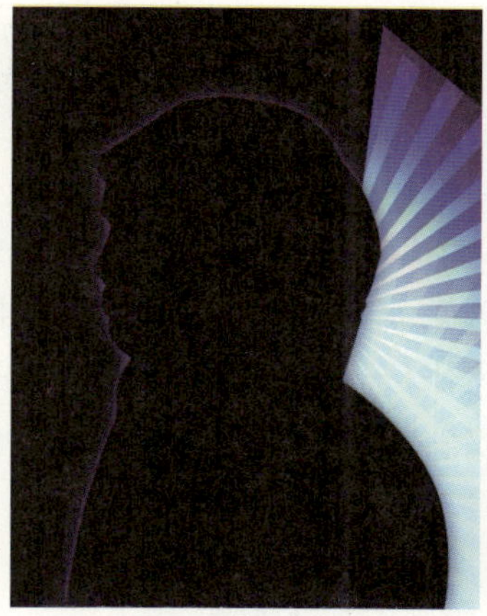
图4.17

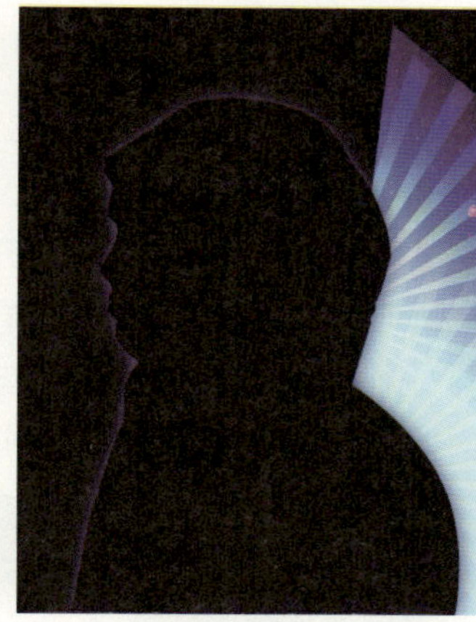
图4.18

步骤10 在【图层】面板中单击【添加图层蒙版】按钮，为图层“渐变填充3”添加图层蒙版。设置前景色为黑色，选择【画笔工具】，在其工具选项栏中设置适当的画笔大小及【不透明度】数值，在图层蒙版中进行涂抹，将上方的图像隐藏起来，直至效果如图4.19所示。

步骤11 设置图层“渐变填充2”的图层混合模式为【滤色】，效果如图4.20所示，此时的【图层】面板如图4.21所示。

图4.19

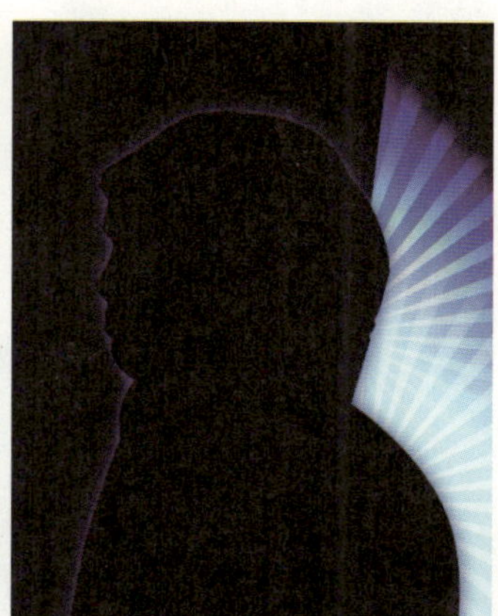
图4.20

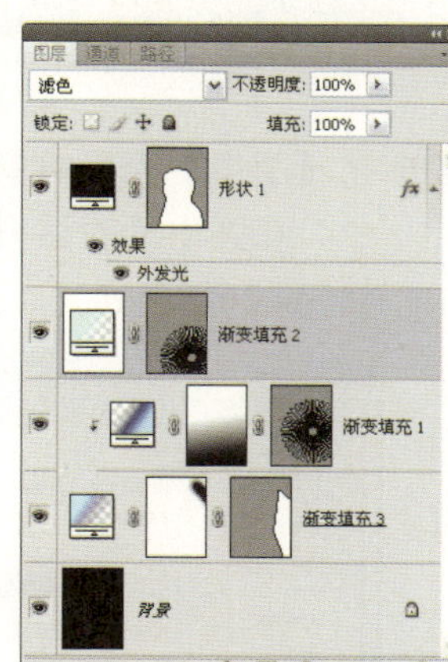

图4.21

提示

至此，人物后方的发射线条效果已经制作完成。下面制作人物身上的光线效果。

步骤12 按住Alt键将图层“渐变填充2”拖动至图层“形状1”的上方，得到图层“渐变填充2副本”，按Ctrl+Alt+G组合键创建剪贴蒙版。双击副本图层的图层缩览图，在弹出的对话框中更改渐变颜色为从“4f81ff”到透明，其他参数不变，单击【确定】按钮退出对话框，效果如图4.22所示。

步骤13 按照步骤10的操作，为图层“渐变填充2副本”添加图层蒙版。使用【画笔工具】在图层蒙版中进行涂抹，将大部分图像效果隐藏起来，效果如图4.23所示。

> **提示**
>
> 下面结合【画笔工具】、画笔素材以及图层样式，制作人物背后的发光效果。

步骤14 选择图层“渐变填充2”，将其作为当前的操作图层。新建图层，得到“图层1”。设置前景色为白色，打开随书所附光盘中的素材文件（光盘文件路径为“第4章\4.2\素材1.abr”）。选择【画笔工具】，在制作文件的画布中单击鼠标右键，在弹出的【画笔预设选取器】面板中选择刚刚打开的画笔，并设置【主直径】为“60px”，在制作文件中人物的背部进行涂抹，效果如图4.24所示。

图4.22

图4.23

图4.24

步骤15 在【图层】面板中单击【添加图层样式】按钮，在弹出的菜单中选择【外发光】命令，在弹出的对话框中设置参数，如图4.25所示，单击【确定】按钮退出对话框，效果如图4.26所示。

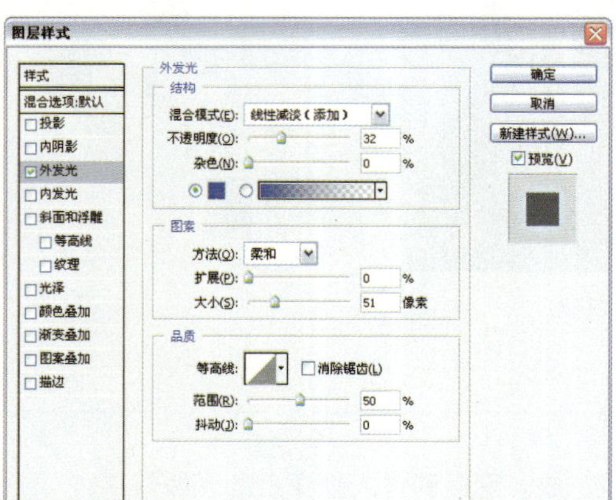

图4.25

图4.26

> **提示**
>
> 在【外发光】参数设置中，色块的颜色值为“003078”。

步骤16 选择图层“渐变填充2”，将其作为当前的操作图层。设置前景色的颜色值为“070b13”，按照步骤2的操作，使用【钢笔工具】，在制作文件中人物的背部绘制如图4.27所示的线条，得到图层“形状2”，此时的【图层】面板如图4.28所示。

图4.27

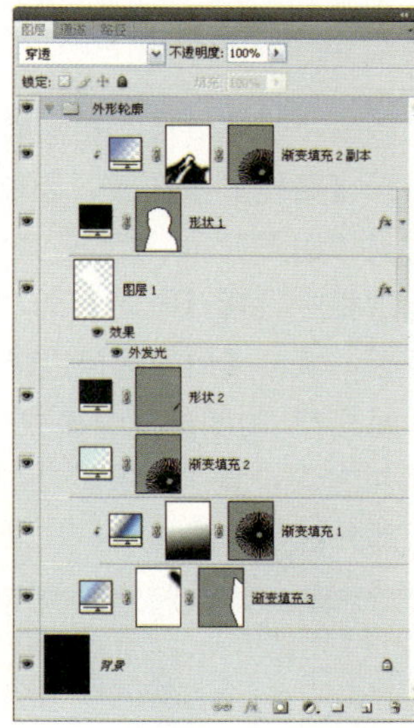

图4.28

提示

本步骤中为了方便管理图层，将制作外形轮廓的图层选中，然后按Ctrl+G组合键进行图层编组，得到“组1”，并将其重命名为“外形轮廓”。在下面的操作中，笔者也将对各部分进行图层编组，在步骤中不再叙述。下面制作人物的头部、衣服等轮廓结构。

步骤17 收拢图层组“外形轮廓”，按照上面所讲解的操作方法，结合形状绘制类工具、【画笔工具】、图层样式、图层蒙版、路径、渐变填充以及图层属性等，制作人物的头部及衣服结构，效果如图4.29所示。图4.30所示为隐藏图层组“外形轮廓”时的图像状态，恢复显示图层组“外形轮廓”后的【图层】面板如图4.31所示。

图4.29

图4.30

提示

本步骤中关于图像的颜色值、图层样式以及图层属性的设置等，请参考本例随书所附光盘中的最终效果文件。在下面的操作中，笔者不再进行相关提示。下面制作人物衣服上的线条效果。

步骤18 收拢图层组“头部结构”和图层组“衣服结构”，选择【钢笔工具】，在其工具选项栏中单击【路径】按钮，在制作文件中人物的面前绘制如图4.32所示的路径。新建图层，得到“图层2”，设置前景色的颜色值为“033376”，选择【画笔工具】，在其工具选项栏中设置【画笔】为“尖角2像素”，【不透明度】为“100%”。切换至【路径】面板，单击【用画笔描边路径】按钮，隐藏路径后的效果如图4.33所示。

步骤19 设置“图层2”的图层混合模式为【线性减淡（添加）】，效果如图4.34所示。按照步骤10的操作方法，为“图层2”添加图层蒙版，使用【画笔工具】在图层蒙版中进行涂抹，将部分线条隐藏起来，效果如图4.35所示。

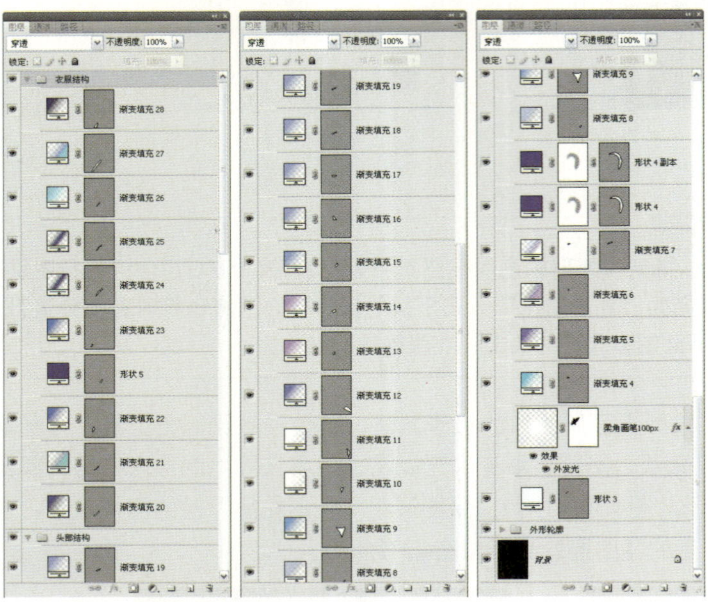

图4.31

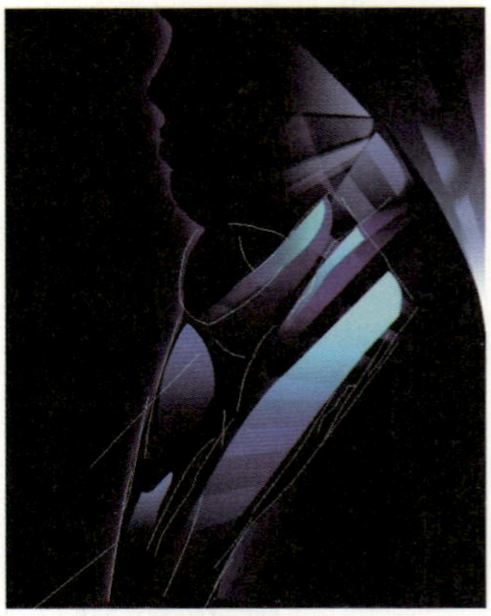

图4.32

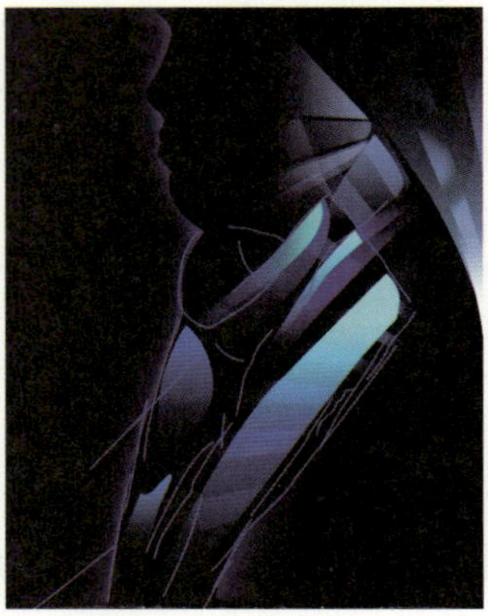

图4.33

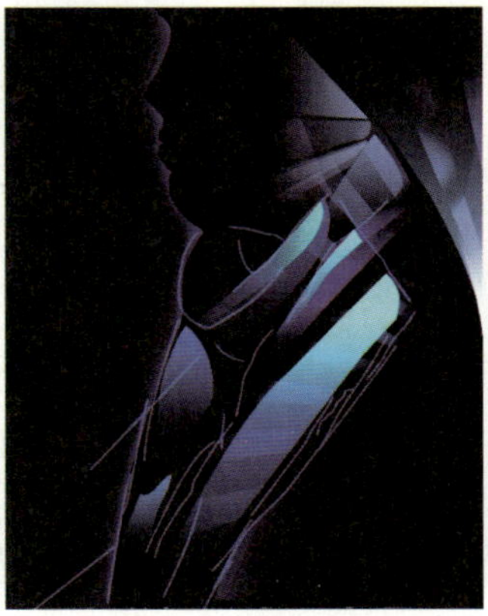

图4.34

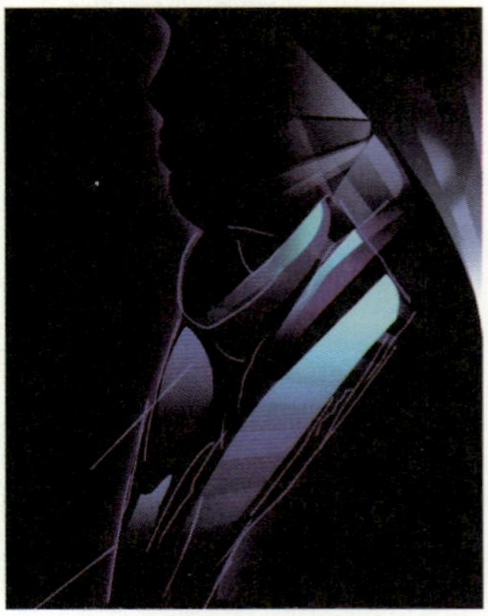

图4.35

步骤20 按照步骤18～步骤19的操作，结合路径、“画笔描边路径”功能、图层属性以及图层蒙版等，完善人物衣服上的线条，效果如图4.36所示，此时的【图层】面板如图4.37所示。

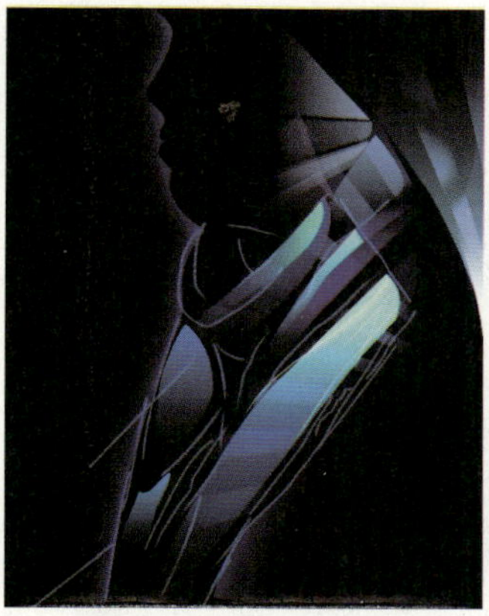

图4.36

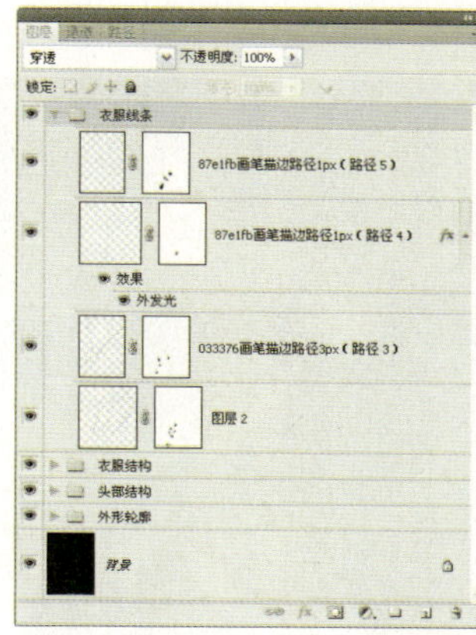

图4.37

提示

本步骤中关于图像的颜色值、画笔大小以及对应的路径名称，请参见本例随书所附光盘中最终效果文件图层名称上的相关文字信息。下面制作人物脸部的结构及线条效果。

步骤21 收拢图层组“衣服线条”，按照上面所讲解的操作方法，结合路径、渐变填充、图层蒙版、【画笔工具】、图层属性、路径及“画笔描边路径”功能等，制作人物脸部的结构及线条效果，效果如图4.38所示，此时的【图层】面板如图4.39所示。

图4.38

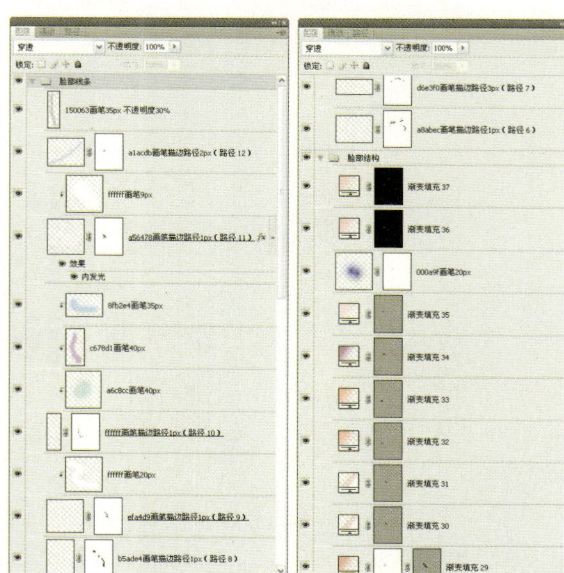

图4.39

提示

至此，人物结构及线条效果已经制作完成。下面制作装饰线及点等图像元素。

步骤22 收拢图层组“脸部结构”和图层组“脸部线条”，按照上面所讲解的操作方法，结合填充图层、形状绘制类工具、图层属性、图层蒙版、【画笔工具】、画笔素材以及图层样式等，制作装饰线及点等图像元素，效果如图4.40所示。图4.41所示为单独显示本步骤操作效果及图层“背景”时的图像状态，此时的【图层】面板如图4.42所示。

图4.40

图4.41

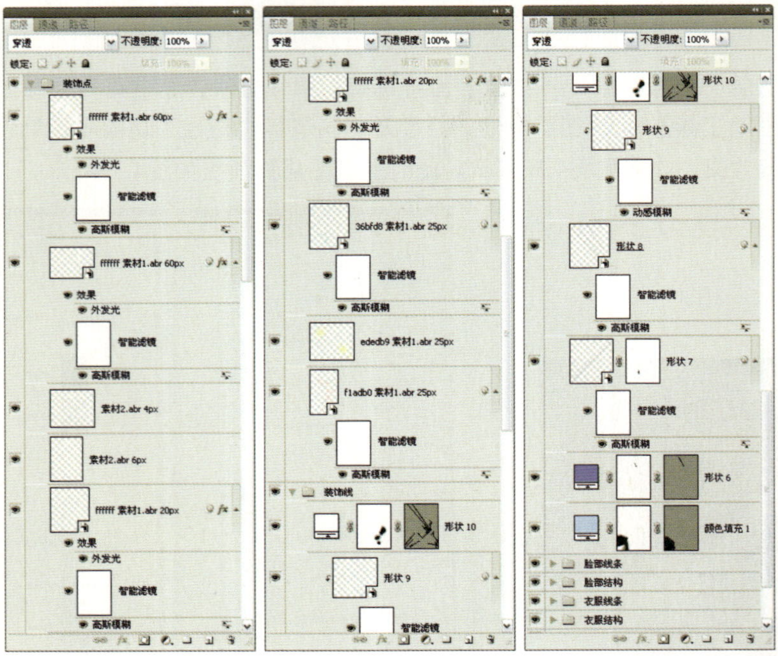

图4.42

提示

本步骤在制作过程中还对部分图层中的图像进行了模糊处理，为了方便读者查看参数设置，笔者将相应的图层转换为智能对象，双击本例随书所附光盘中最终效果文件图层名称中的滤镜效果名称即可进行查看。另外，笔者还对个别智能蒙版进行了适当的编辑，编辑方法同图层蒙版。

提示

本步骤中所用到的画笔素材文件为随书所附光盘中的素材文件（光盘文件路径为“第4章\4.2\素材2.abr”）。下面对整体图像进行调整以完成制作。

步骤23 收拢图层组“装饰线”和图层组“装饰点”，按Ctrl+Alt+Shift+E组合键盖印图层，将当前所有可见的图像合并至新图层中，得到“图层3”。

步骤24 执行【滤镜】|【模糊】|【高斯模糊】命令，在弹出的对话框中设置【半径】数值为“1.5”，单击【确定】按钮退出对话框，效果如图4.43所示。

步骤25 设置“图层3”的图层混合模式为【滤色】，【不透明度】为“60%”，最终效果如图4.44所示，此时的【图层】面板如图4.45所示。

图4.43

图4.44

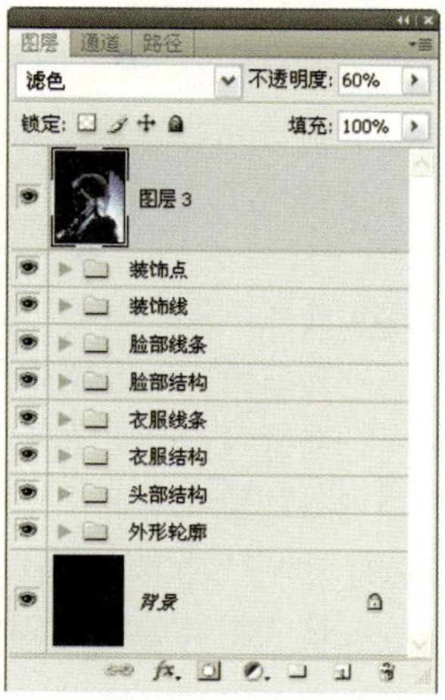

图4.45

提示

本例最终效果文件见随书所附光盘（光盘文件路径为“第4章\4.2\4.2.psd”）。

4.3 藏酷炫紫视觉表现

例前导读：

本例是以藏酷炫紫为主题的视觉表现作品。在制作过程中，主要是以处理人物周围的紫光效果为核心内容。超酷的紫光效果变幻万端、神秘莫测，能够吸引观者的目光，为观者开启广阔的想象空间。

核心技能：

- 结合【画笔工具】及特殊画笔素材绘制图像。

■ 利用图层蒙版隐藏不需要的图像。
■ 设置图层属性以混合图像。
■ 应用【变形】命令使图像变形。
■ 应用调整图层调整图像的色彩、亮度等属性。
■ 利用剪贴蒙版限制图像的显示范围。
■ 应用滤镜制作图像的艺术效果。

操作步骤：

步骤1 打开随书所附光盘中的素材文件（光盘文件路径为“第4章\4.3\素材1.psd”），将其作为本例的制作文件，效果如图4.46所示。

提示

在本步骤打开的素材文件中，其中的人物图像是以图层组的形式给出的。在制作过程中，主要结合了调整图层、路径以及渐变填充等。下面制作人物头部的喷溅效果。

步骤2 选择图层“背景”，将其作为当前的操作图层。新建图层，得到“图层1”，设置前景色为白色，打开随书所附光盘中的素材文件（光盘文件路径为“第4章\4.3\素材2.abr”），选择【画笔工具】，在制作文件的画布中单击鼠标右键，在弹出的【画笔预设选取器】面板中选择刚刚打开的画笔，在制作文件中人物的面部单击，效果如图4.47所示。

步骤3 复制“图层1”，得到“图层1副本”，按Ctrl+T组合键调出自由变换控制框，逆时针旋转“图层1副本”中的图像110°左右并调整其位置，效果如图4.48所示。

图4.46

图4.47

图4.48

步骤4 在【图层】面板中单击【添加图层蒙版】按钮，为“图层1副本”添加图层蒙版。设置前景色为黑色，选择【画笔工具】，在其工具选项栏中设置适当的画笔大小及【不透明度】数值，在图层蒙版中进行涂抹，将人物右侧的图像效果隐藏起来，直至效果如图4.49所示。

步骤5 按照步骤3～步骤4的操作，结合图层复制及图层蒙版等，制作人物头顶部的喷溅效果，效果如图4.50所示，此时的【图层】面板如图4.51所示。

图4.49

图4.50

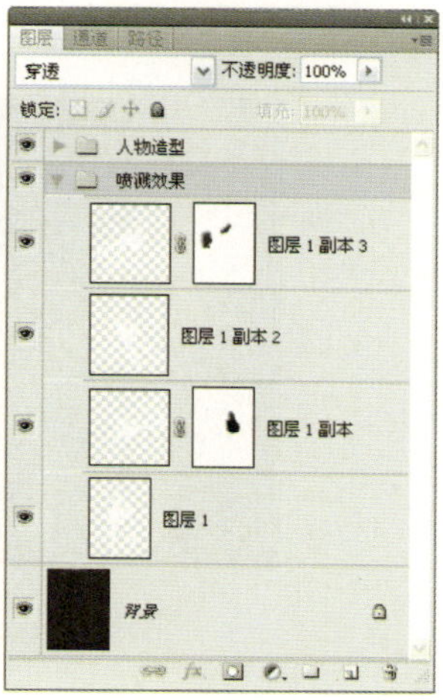

图4.51

提示

本步骤中为了方便管理图层，在此将制作喷溅效果的图层选中，按Ctrl+G组合键进行图层编组，得到“组1”，并将其重命名为“喷溅效果”。在下面的操作中，笔者也将对各部分进行图层编组，在步骤中不再叙述。下面制作人物左侧的炫光效果。

步骤 6 打开随书所附光盘中的素材文件（光盘文件路径为“第4章\4.3\素材3.psd”），使用【移动工具】将其中的图像拖动至制作文件中，得到“图层2”，在此图层的名称上单击鼠标右键，在弹出的菜单中选择【转换为智能对象】命令，将其转换成为智能对象。在下面将对该图层中的图像进行变形操作，而智能对象则可以记录下所有的变形参数设置，以便于进行反复调整。

步骤 7 按Ctrl+T组合键调出自由变换控制框，按住Shift键向内拖动控制手柄以缩小“图层2”中的图像及调整图像的位置，在控制框内单击鼠标右键，在弹出的菜单中选择【变形】命令，在变形网格内进行拖动以使图像变形，状态如图4.52所示，按Enter键确认操作。

步骤 8 按照步骤4的操作，为“图层2”添加图层蒙版，使用【画笔工具】在图层蒙版中进行涂抹，将左下方的图像效果隐藏起来，效果如图4.53所示。

步骤 9 在【图层】面板中单击【创建新的填充或调整图层】按钮，在弹出的菜单中选择【色彩平衡】命令，在弹出的面板中设置参数，如图4.54～图4.56所示，得到图层“色彩平衡1”，按Ctrl+Alt+G组合键创建剪贴蒙版，效果如图4.57所示。

步骤 10 选择“图层2”和图层“色彩平衡1”，按Ctrl+Alt+E组合键盖印图层，将选中图层中的图像合并至新图层中，并将其重命名为“图层3”。利用自由变换控制框调整“图层3”中图像的角度及位置，效果如图4.58所示。

步骤 11 设置“图层3”的图层混合模式为【滤色】，效果如图4.59所示。按照步骤4的操作，为“图层3”添加图层蒙版，使用【画笔工具】在图层蒙版中进行涂抹，将左下方及右侧的图像效果隐藏起来，效果如图4.60所示。

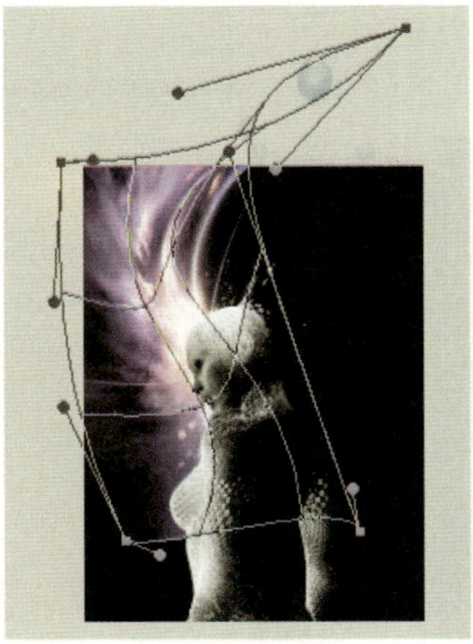

图4.52

图4.53

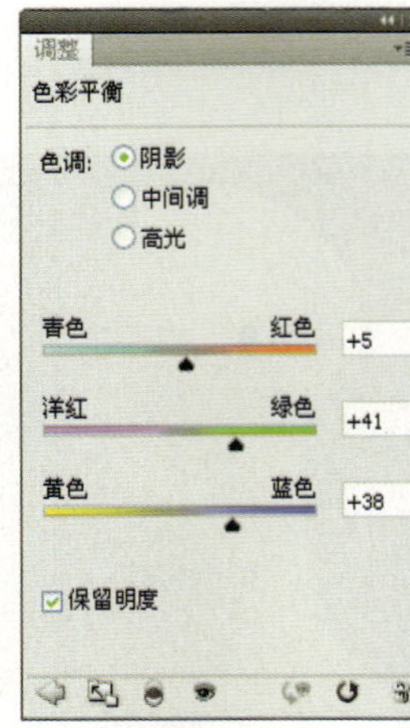

图4.54

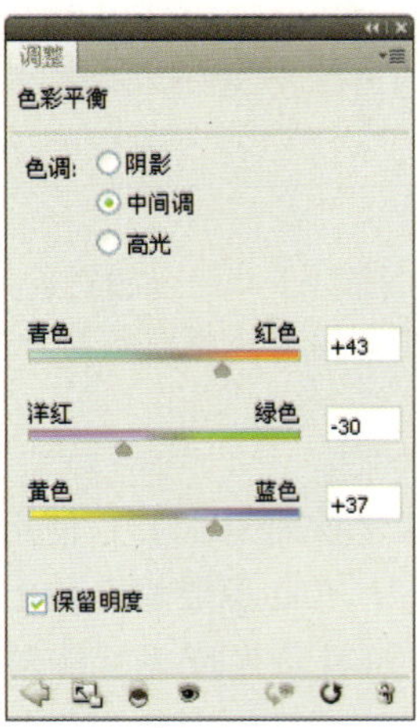

图4.55

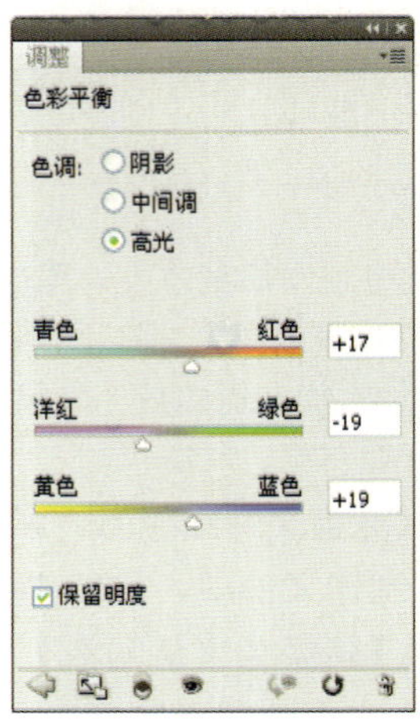

图4.56

图4.57

图4.58

图4.59

图4.60

步骤12 按照上面所讲解的操作方法，利用随书所附光盘中的素材文件（光盘文件路径为“第4章\4.3\素材4.psd～素材8.psd”），结合图像变换、图层蒙版、图层属性、图层复制、调整图层以及图层盖印等，完善画布左侧的炫光效果，效果如图4.61所示，此时的【图层】面板如图4.62所示。图4.63所示为单独显示步骤6～步骤12的操作效果以及图层“背景”时的图像状态。

图4.61

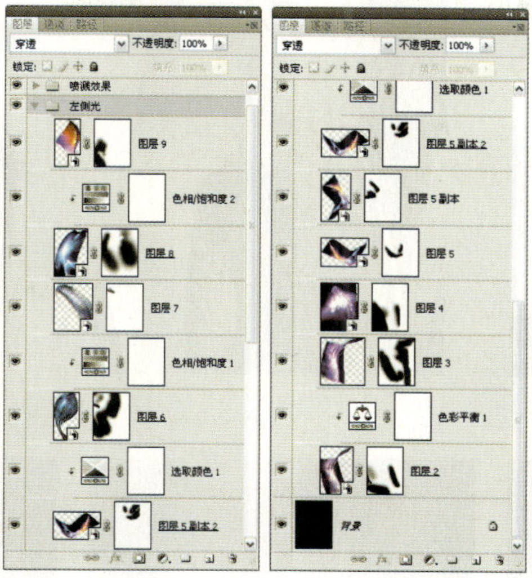

图4.62

图4.63

提示

本步骤中设置“图层4”～“图层9”（除调整图层）的图层混合模式为【滤色】，其中还设置“图层8”的【不透明度】为“70%”。“图层7”是通过盖印“图层6”和图层“色相/饱和度1”得来的。

提示

关于【调整】面板中的参数设置，请参考本例随书所附光盘中的最终效果文件。在下面的操作中会多次应用到调整图层，笔者不再进行相关参数设置的提示。下面继续制作人物左下方的炫光效果。

步骤13 收拢图层组“左侧光”，打开随书所附光盘中的素材文件（光盘文件路径为“第4章\4.3\素材9.psd”），使用【移动工具】将其中的图像拖动至制作文件中，得到“图层10”，利用自由变换控制框调整“图层10”中图像的大小及位置，效果如图4.64所示。

步骤14 执行【滤镜】|【扭曲】|【极坐标】命令，在弹出的对话框中单击【极坐标到平面坐标】单选按钮，单击【确定】按钮退出对话框，效果如图4.65所示；然后执行【滤镜】|【扭曲】|【旋转扭曲】命令，在弹出的对话框中设置【角度】为“167度”，单击【确定】按钮退出对话框，效果如图4.66所示。

步骤15 再次利用自由变换控制框调整“图层10”中图像的大小及位置，效果如图4.67所示。设置“图层10”的图层混合模式为【柔光】，效果如图4.68所示。

步骤16 按照步骤4的操作，为“图层10”添加图层蒙版，使用【画笔工具】在图层蒙版中进行涂抹，将上、下方及左侧的图像效果隐藏起来，效果如图4.69所示。

图4.64

图4.65

图4.66

图4.67

图4.68

图4.69

提示

至此，人物左侧的炫光效果已经制作完成。下面制作人物右侧的炫光效果。

步骤 17 选择图层组“喷溅效果”，按照制作人物左侧炫光效果的方法，制作人物右侧的炫光效果，效果如图4.70所示，此时的【图层】面板如图4.71所示。

提示

本步骤使用的素材文件为随书所附光盘中的素材文件（光盘文件路径为“第4章\4.3\素材10.psd、素材11.psd”）。另外，设置“图层11”及其副本图层以及“图层12”的图层混合模式为【滤色】。下面制作人物身上的彩光效果。

步骤 18 收拢图层组“右侧光”，选择图层组“人物造型”作为当前的操作对象。新建图层，得到“图层13”，设置此图层的图层混合模式为【滤色】。设置前景色的颜色值为“c91fb3”，选择【画笔工具】，在其工具选项栏中设置适当的画笔大小及【不透明度】数值，在画布中人物的左侧及右侧进行涂抹，效果如图4.72所示。

图4.70

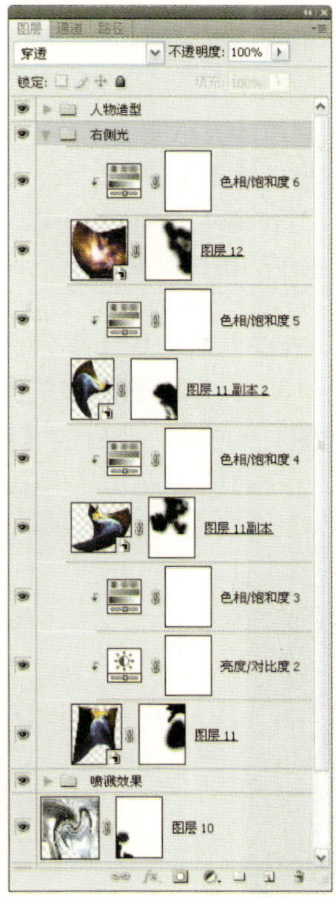

图4.71

图4.72

步骤19 按照上面所讲解的操作方法，结合【画笔工具】、图层属性、图层蒙版以及调整图层等，完善人物身上的彩光效果，效果如图4.73所示，此时的【图层】面板如图4.74所示。图4.75所示为单独显示本步骤操作效果时的图像状态。

图4.73

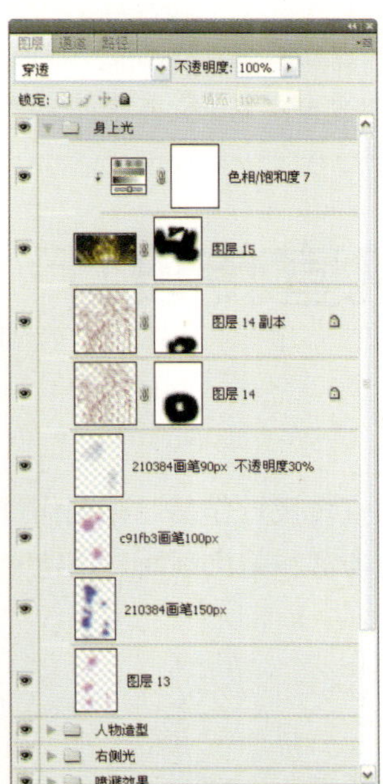

图4.74

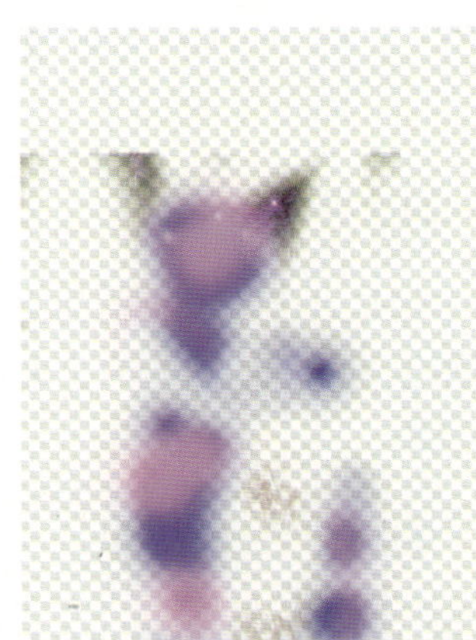

图4.75

提示

本步骤中关于图像的颜色值、画笔的大小及【不透明度】数值的设置，在本例随书所附光盘最终效果文件的图层名称上都有相应的文字信息。本步骤中应用到的素材文件为随书所附光盘中的素材文件（光盘文件路径为“第4章\4.3\素材12.psd、素材13.psd”）。另外，关于图层属性的设置，请参考本例随书所附光盘中的最终效果文件。下面对整体图像进行调整。

步骤20 收拢图层组“身上光”，按Ctrl+Alt+Shift+E组合键盖印图层，将当前所有可见的图像合并至新图层中，得到“图层16”。设置此图层的图层混合模式为【滤色】，【不透明度】为“20%”，最终效果如图4.76所示，此时的【图层】面板如图4.77所示。

图4.76

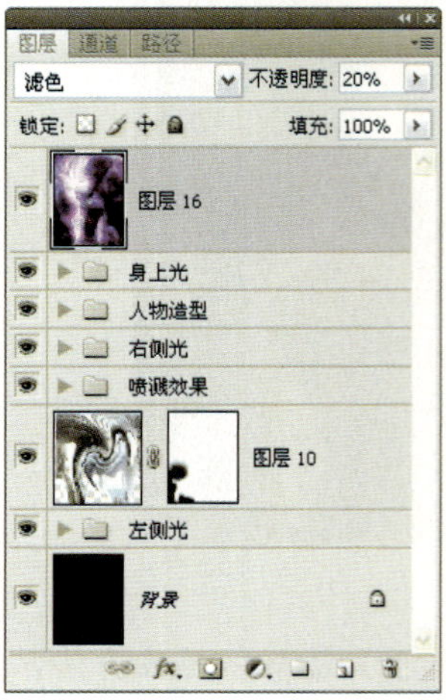

图4.77

提示

本例最终效果文件见随书所附光盘（光盘文件路径为“第4章\4.3\4.3.psd”）。

4.4 iPhone手机宣传设计

例前导读：

本例是以iPhone手机为主题的宣传设计作品。在制作过程中，主要是以处理手机各侧面的装饰图像为核心内容。为了更好地丰富和美化画面，还特意制作了多组优美的曲线和星光效果作为点缀。

核心技能：

- 利用剪贴蒙版限制图像的显示范围。
- 利用智能对象保留变形信息以便于反复编辑。

- 设置图层属性以混合图像。
- 利用图层蒙版隐藏不需要的图像。
- 添加图层样式，制作图像的投影、发光等效果。
- 利用调整图层调整图像的亮度、色彩等属性。
- 结合【画笔工具】及特殊画笔素材绘制图像。

操作步骤：

步骤1 按Ctrl+N组合键新建文件，在弹出的对话框中设置参数，如图4.78所示，单击【确定】按钮退出对话框，将新建文件作为本例的制作文件，按Ctrl+I组合键将背景反相为黑色。

提示

下面结合素材图像、【画笔工具】等，制作手机图像。

步骤2 打开随书所附光盘中的素材文件（光盘文件路径为“第4章\4.4\素材1.psd”），按住Shift键，使用【移动工具】将其中的图像拖动至制作文件中，效果如图4.79所示，同时得到图层“手机”。

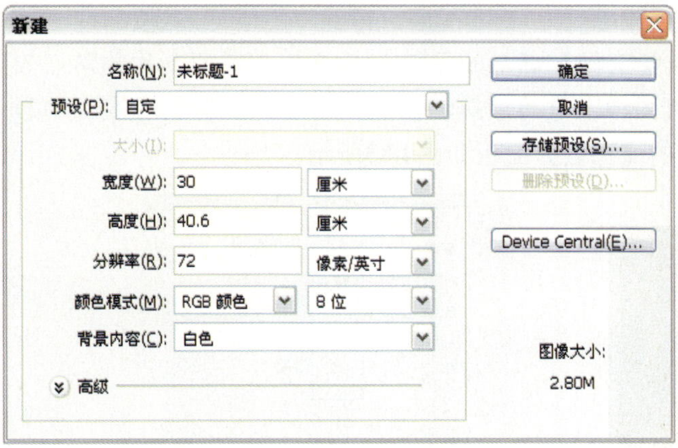

图4.78

图4.79

提示

本步骤笔者是以智能对象的形式给出的素材，读者可以参考本例随书所附光盘中的最终效果文件进行参数的设置，双击智能对象的图层缩览图即可观看到操作过程，智能对象控制框的操作方法与普通的自由变换控制框类似。下面制作手机周围的彩点效果。

步骤3 选择图层“背景”，将其作为当前的操作图层。新建图层，得到“图层1”，设置前景色的颜色值为“00f1fa”，选择【画笔工具】，在其工具选项栏中设置适当的画笔大小，在制作文件中手机的左下侧单击，效果如图4.80所示。

步骤4 分别设置前景色的颜色值为“f5c800”、“9d0082”、“ad0600”和“1cdb00”，按照上一步的操作方法，使用【画笔工具】在制作文件中手机的其他侧面进行涂抹，效果如图4.81所示。

提示

下面根据彩点效果的颜色及位置，制作反射到手机表面的彩光效果。

图4.80

图4.81

步骤5 选择图层“手机”作为当前的操作图层，新建图层，得到“图层2”，按Ctrl+Alt+G组合键创建剪贴蒙版。选择【吸管工具】，分别在制作文件中前面制作的彩点效果上单击以吸取颜色，然后在手机图像上进行涂抹，以制作各彩点反射到手机上的彩光效果，效果如图4.82所示，此时的【图层】面板如图4.83所示。

图4.82

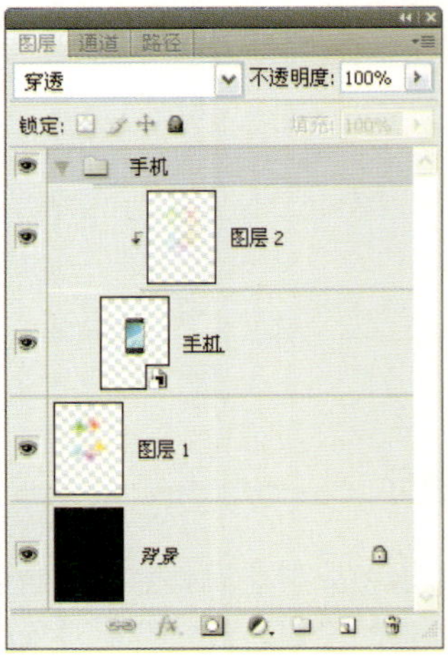

图4.83

提示

本步骤中为了方便管理图层，在此将制作手机的图层选中，按Ctrl+G组合键进行图层编组，得到“组1”，并将其重命名为“手机”。在下面的操作中，笔者也将对各部分进行图层编组，在步骤中不再叙述。下面制作手机左下侧的装饰效果。

步骤6 收拢图层组“手机”，选择图层“背景”作为当前的操作图层，打开随书所附光盘中的素材文件（光盘文件路径为“第4章\4.4\素材2.psd”），效果如图4.84所示。使用【移动工具】将其中的图像拖动至制作文件中，得到“图层3”。在此图层的名称上单击鼠标右键，在弹出的菜单中选择【转换为智能对象】命令，将其转换为智能对象。

提示

转换为智能对象的目的，是在下面将对“图层3”中的图像进行变形操作，而智能对象则可以记录下所有的变形参数设置，以便于进行反复的调整。

步骤7 按Ctrl+T组合键调出自由变换控制框，按住Shift键向外拖动控制手柄以放大图像及调整图像的位置，状态如图4.85所示。

图4.84

图4.85

步骤8 保持上一步的变换控制框不变，在控制框内单击鼠标右键，在弹出的菜单中选择【变形】命令，然后在其工具选项栏中设置【变形】为【扭转】，再按照图4.86所示设置其他参数，此时图像的状态如图4.87所示，按Enter键确认操作。

步骤9 按照步骤6的操作，再次将“图层3”转换为智能对象，然后执行【编辑】|【变换】|【变形】命令，调出变形网格，对图像进行变形处理，状态如图4.88所示，按Enter键确认操作。

图4.86

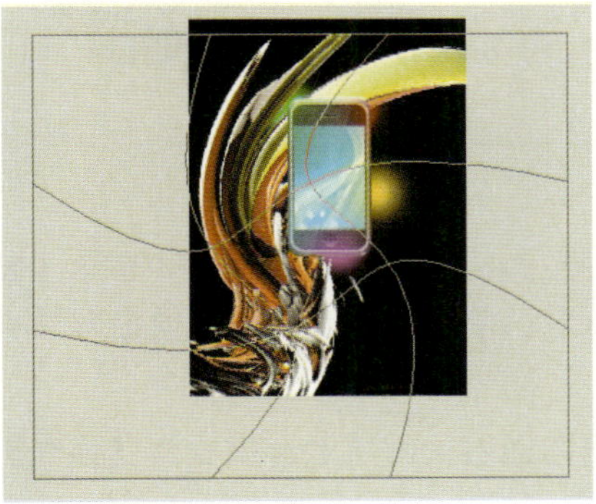

图4.87

图4.88

提示

再次转换为智能对象的目的，是当图像变形到一定的程度时，再反复对其进行变形，则很难达到所需要的效果；当重新转换成智能对象后，就可以继续对其进行变形操作了。

步骤10 再次按Ctrl+T组合键调出自由变换控制框，将“图层3”中的图像缩小并进行旋转，然后将其放置在制作文件中手机的后面，按Enter键确认操作，效果如图4.89所示。设置“图层3”的图层混合模式为【正片叠底】，效果如图4.90所示。

图4.89

图4.90

步骤11 在【图层】面板中单击【添加图层蒙版】按钮，为“图层3”添加图层蒙版。设置前景色为黑色，选择【画笔工具】，在其工具选项栏中设置适当的画笔大小，在图层蒙版中进行涂抹，将制作文件画布左上方及手机右侧的图像隐藏起来，直至效果如图4.91所示，此时图层蒙版中的状态如图4.92所示。

图4.91

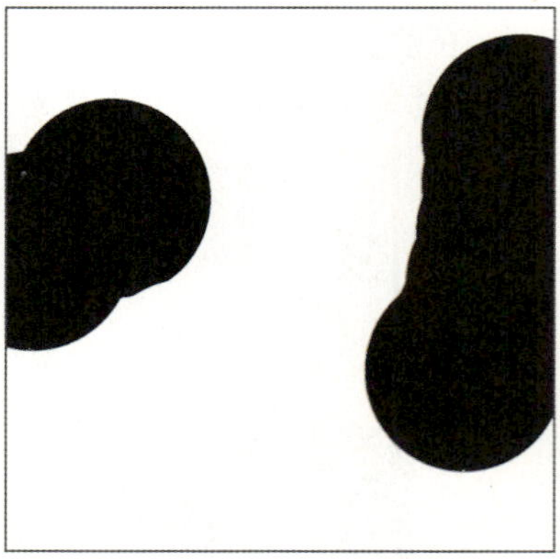

图4.92

步骤12 在【图层】面板中单击【添加图层样式】按钮，在弹出的菜单中选择【投影】命令，在弹出的对话框中设置参数，如图4.93所示，单击【确定】按钮退出对话框，效果如图4.94所示。

步骤13 复制“图层3”，得到“图层3副本”，更改当前图层的图层混合模式为【强光】，【不透明度】为“70%”，效果如图4.95所示。

提示

此时可以看出，画布左下方的亮度过于强烈。下面继续通过编辑图层蒙版来处理这个问题。

步骤14 在“图层3副本”的图层蒙版缩览图被激活的状态下，设置前景色为黑色，选择【画笔工具】，在其工具选项栏中设置适当的画笔大小及【不透明度】数值，在图层蒙版中进行涂抹，将过亮的图像区域渐隐起来，效果如图4.96所示，此时图层蒙版中的状态如图4.97所示。

提示

下面结合选区及调整图层，进一步调整局部图像的色彩。

步骤15 按住Ctrl键单击“图层3”的图层缩览图以载入其选区，按Ctrl+Alt+Shift组合键单击“图层3”的图层蒙版缩览图以得到相减后的选区，效果如图4.98所示。

步骤16 保持选区，在【图层】面板中单击【创建新的填充或调整图层】按钮，在弹出的菜单中选择【色彩平衡】命令，在弹出的面板中设置参数，如图4.99和图4.100所示，得到图层“色彩平衡1”，效果如图4.101所示。

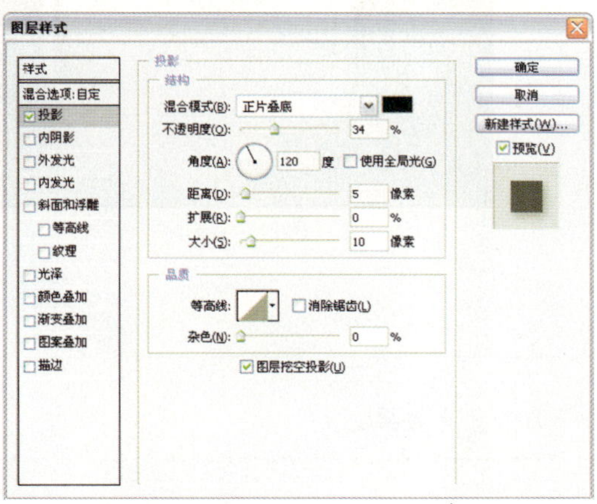

图4.93

图4.94

图4.95

图4.96

图4.97

图4.98

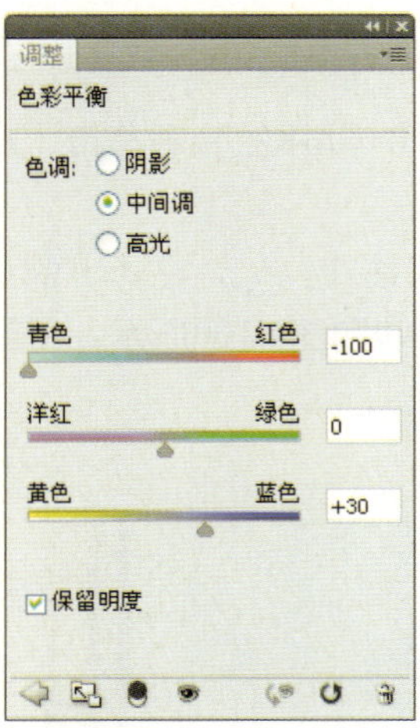

图4.99

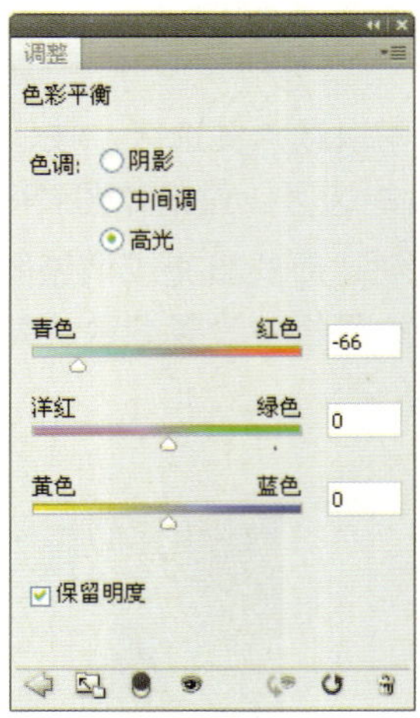

图4.100

图4.101

提示

下面利用【画笔工具】制作装饰图像上、下方的蓝光效果。

步骤17 新建图层，得到“图层4”。按照步骤5的操作方法，使用【吸管工具】在制作文件中手机左侧的蓝点效果上单击以吸取颜色；选择【画笔工具】，在其工具选项栏中设置适当的画笔大小及【不透明度】数值，在制作文件中装饰图像的上、下方进行涂抹，效果如图4.102所示。

提示

可以看出，装饰图像左上方的蓝光过亮。下面利用【画笔工具】来处理这个问题。

步骤18 新建图层，得到“图层5”。设置前景色为黑色，选择【画笔工具】，在其工具选项栏中设置适当的画笔大小及【不透明度】数值，在制作文件中装饰图像的左上方进行涂抹，效果如图4.103所示，此时的【图层】面板如图4.104所示。图4.105所示为单独显示本步骤操作效果时的图像状态。

图4.102

图4.103

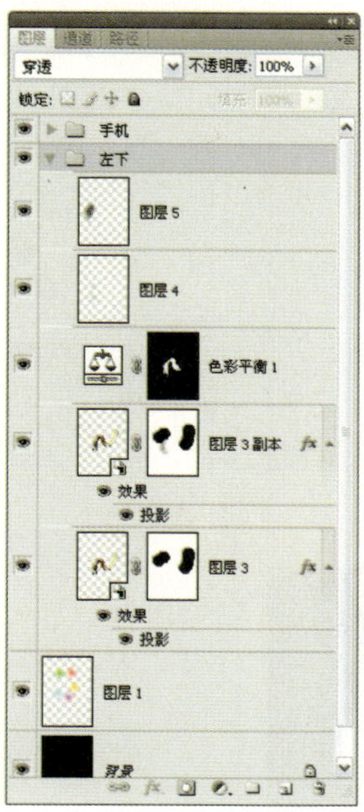

图4.104

图4.105

提示

到此为止，笔者已经将本例中用到的技术基本讲解完毕。在下面的操作过程中，几乎就是反复利用图像变形及图层蒙版等对图像进行处理，只是在不同的区域使用不同的素材图像而已。从实际操作上来看，笔者即使将每幅图像变形网格的状态一一列出，读者也未必能够调整出相同的状态（事实上也不可能调整出完全相同的状态，读者只需要调整至相似的状态即可），所以在下面的讲解中，笔者将主要讲解各部分图像的处理思路以及一些比较特殊的处理方法，至于具体的变形设置，读者可以打开本例随书所附光盘中的最终效果文件来进行查看。下面制作其他侧面的装饰效果。

步骤19 收拢图层组“左下”，按照上面所讲解的操作方法，结合素材图像、图层蒙版、图像变形、图层样式、图层属性、图层复制、调整图层以【画笔工具】等，制作手机右侧、左上方、底部以及右上方的装饰效果，效果如图4.106所示，此时的【图层】面板如图4.107所示。图4.108所示为隐藏图层组“手机”时的图像状态。

图4.106

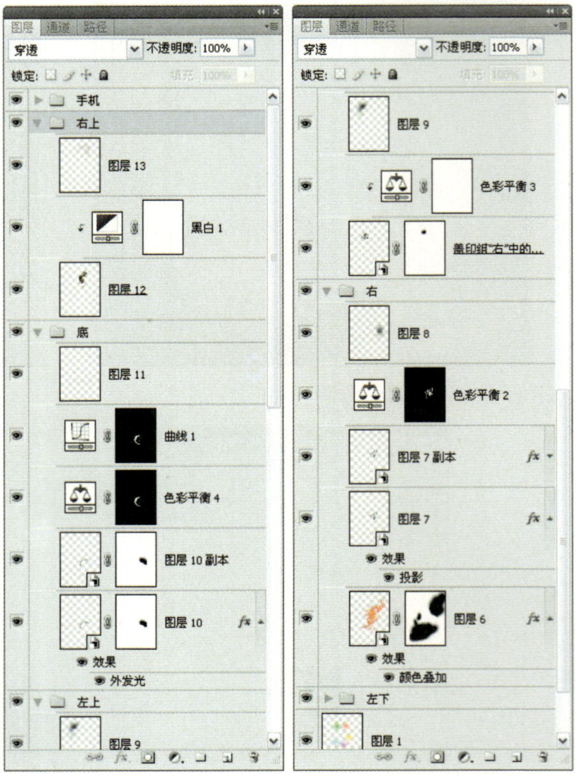

图4.107

图4.108

提示

本步骤中应用到的素材文件为随书所附光盘中的素材文件（光盘文件路径为“第4章\4.4\素材3.psd～素材6.psd”）。在制作过程中，具体的参数设置请读者参考本例随书所附光盘中的最终效果文件。下面如果有类似操作，笔者不再进行相关参数设置的提示。

步骤20 收拢上一步得到的图层组，选择图层组“右上”。新建图层，将其重命名为“色彩融合”。按照步骤5的操作方法，结合【吸管工具】及【画笔工具】，扩大各彩点的光晕效果，效果如图4.109所示。图4.110所示为单独显示本步骤操作效果时的图像状态。

提示

在步骤19效果的制作过程中还执行了盖印图层的操作。方法为：选中要盖印的图层，按Ctrl+Alt+E组合键，此时会得到一个新图层（在本例中对此图层的位置进行了调整，在本例随书所附光盘最终效果文件图层组“左上”中图层的图层名称上附有相关的文字信息）。

图4.109

图4.110

提示

下面结合【画笔工具】及画笔素材制作各种光点效果，以美化画面。

步骤21 新建图层，得到“图层14”。设置前景色的颜色值为“fff600”，打开随书所附光盘中的素材文件（光盘文件路径为“第4章\4.4\素材7.abr”），选择【画笔工具】，在制作文件的画布中单击鼠标右键，在弹出的【画笔预设选取器】面板中选择刚刚打开的画笔，在制作文件中手机的右侧进行涂抹，效果如图4.111所示。图4.112所示为给刚绘制的图像效果添加【外发光】图层样式的参数设置及效果。

图4.111

图4.112

步骤22 按照上面所讲解的操作方法，结合【画笔工具】、画笔素材、图层蒙版、图层样式以及图层属性等，继续完善制作文件中手机周围的装饰效果，效果如图4.113所示，此时的【图层】面板如图4.114所示。图4.115所示为单独显示步骤21～步骤22的操作效果以及图层“背景”时的图像状态。

图4.113

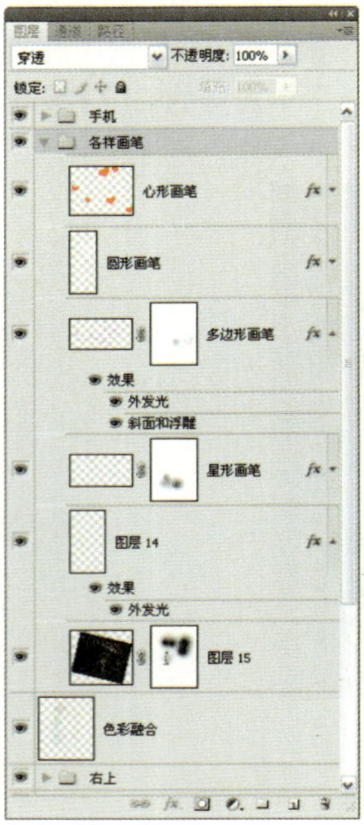

图4.114

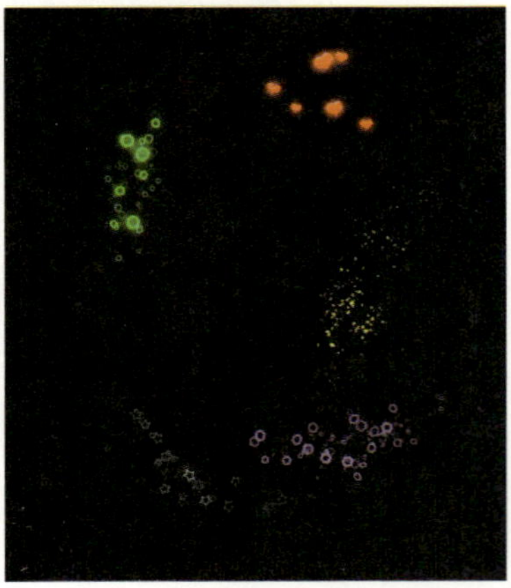

图4.115

提示

本步骤中所应用到的画笔素材文件为随书所附光盘中“第4章\4.4\素材8”文件夹中的相关文件（画笔名称与本例随书所附光盘最终效果文件图层名称上的文字信息相同）；制作“图层15”中的效果（即手机左下方的蓝色光点）时所应用的素材文件为随书所附光盘中的素材文件（光盘文件路径为“第4章\4.4\素材9.psd”）。另外，在制作过程中，还需要注意各图层间的顺序。下面制作线条效果。

步骤23 收拢图层组“各样画笔”，打开随书所附光盘中的素材文件（光盘文件路径为“第4章\4.4\素材10.psd”），结合【移动工具】及图像变换等，制作画布中类似迷宫的图像效果，效果如图4.116所示，同时得到“图层16”。

步骤24 设置“图层16”的图层混合模式为【颜色减淡】，【填充】为“70%”，效果如图4.117所示。

步骤25 在【图层】面板中单击【创建新的填充或调整图层】按钮，在弹出的菜单中选择【黑白】命令，在弹出的面板中设置参数，如图4.118所示，得到图层“黑白2”，按Ctrl+Alt+G组合键创建剪贴蒙版，效果如图4.119所示。

提示

至此，装饰线条效果已经制作完成。下面对整体图像进行调整以完成制作。

图4.116

图4.117

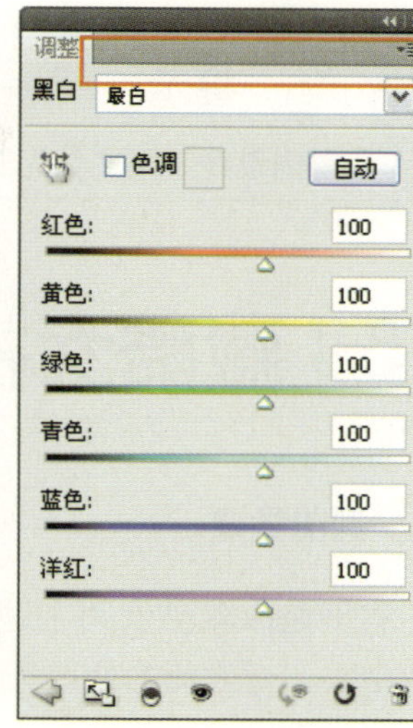

图4.118

步骤26 选择图层组“手机”，打开随书所附光盘中的素材文件（光盘文件路径为“第4章\4.4\素材11.psd”），按住Shift键，使用【移动工具】将其中的图像拖动至制作文件中，最终效果如图4.120所示，此时的【图层】面板如图4.121所示。

图4.119

图4.120

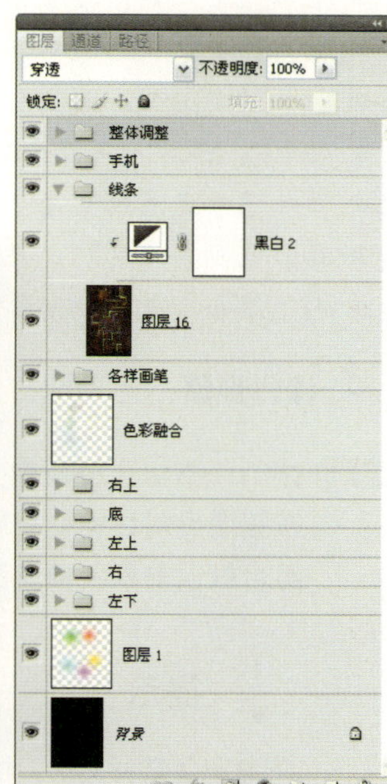

图4.121

提示

本步骤笔者是以图层组的形式给出的素材，在制作过程中主要结合了图层盖印、滤镜、图层蒙版、图层属性及图层样式等技术，读者可以参考本例随书所附光盘中的最终效果文件进行参数的设置，展开图层组即可观看到操作的过程。

提示

本例最终效果文件见随书所附光盘（光盘文件路径为“第4章\4.4\4.4.psd”）。

4.5 藏酷女视觉表现

例前导读：

本例是以藏酷女为主题的视觉表现作品。在制作过程中，设计师将一个女孩图像置于画面的中心，对人物的处理可谓巧妙。另外，人物肌肤的层次细节丰富，成为吸引观者目光的焦点，同时突出了作品的主题。

核心技能：

- 设置图层属性以混合图像。
- 应用滤镜，制作图像的艺术效果。
- 利用图层蒙版隐藏不需要的图像。
- 应用调整图层，调整图像的亮度、色彩等属性。
- 结合路径及“画笔描边路径”功能中的【模拟压力】选项，制作两端细、中间粗的图像效果。
- 添加【外发光】及【内发光】图层样式，制作图像的发光效果。
- 结合【画笔工具】及特殊画笔素材绘制图像。
- 利用混合颜色带融合图像。

操作步骤：

步骤 1 按Ctrl+N组合键新建文件，在弹出的对话框中设置参数，如图4.122所示，单击【确定】按钮退出对话框，将新建的文件作为本例的制作文件。设置前景色为黑色，按Alt+Delete组合键以前景色填充图层“背景”。

提示

下面利用素材文件，结合滤镜、图层属性及图层蒙版等，制作人物图像效果。

步骤 2 新建图层组，得到“组1”，将其重命名为“人物”，设置此图层组的混合模式为【正常】，使该图层组中的所有调整图层及混合模式只针对该组内的图像起作用。

步骤 3 打开随书所附光盘中的素材文件（光盘文件路径为“第4章\4.5\素材1.psd”），使用【移动工具】将其中的图像拖动至制作文件中，得到“图层1”。按Ctrl+T组合键调出自由变换控制框，按住Shift键向内拖动控制手柄以缩小“图层1”中的图像并调整图像的位置，按Enter键确认操作，效果如图4.123所示。

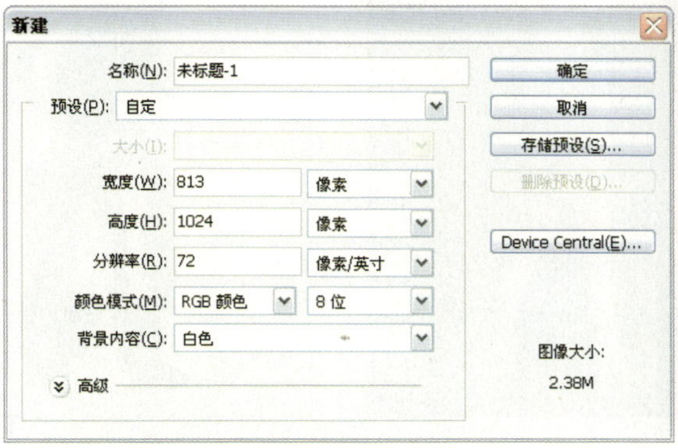

图4.122

图4.123

步骤4 复制“图层1”，得到“图层1副本”，在此图层的名称上单击鼠标右键，在弹出的菜单中选择【转换为智能对象】命令，将其转换为智能对象。在下面将对该图层中的图像执行滤镜操作，而智能对象可以记录下所有参数设置，以便于进行反复调整。

步骤5 执行【滤镜】|【风格化】|【照亮边缘】命令，在弹出的对话框中设置参数，如图4.124所示，调整效果请参见图4.124左侧的预览区域。设置“图层1副本”的图层混合模式为【滤色】，效果如图4.125所示。

步骤6 在【图层】面板中单击【添加图层蒙版】按钮，为“图层1副本”添加图层蒙版。设置前景色为黑色，选择【画笔工具】，在其工具选项栏中设置适当的画笔大小及【不透明度】数值，在图层蒙版中进行涂抹，将除人物刘海儿及人物腿部以外的图像效果隐藏起来，直至效果如图4.126所示，此时图层蒙版中的状态如图4.127所示。

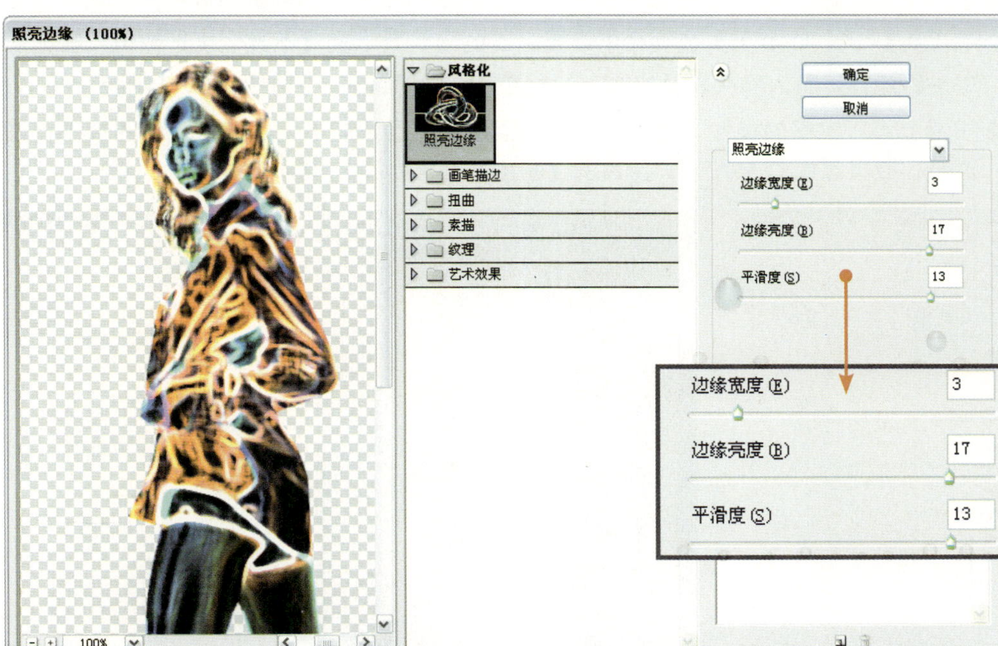

图4.124

图4.125

图4.126

图4.127

提示

下面结合调整图层及图层蒙版等调整人物图像效果。

步骤7 在【图层】面板中单击【创建新的填充或调整图层】按钮，在弹出的菜单中选择【黑白】命令，在弹出的面板中设置参数，如图4.128所示，效果如图4.129所示，得到图层“黑白1”。

步骤8 在【图层】面板中单击【创建新的填充或调整图层】按钮，在弹出的菜单中选择【色彩平衡】命令，在弹出的面板中设置参数，如图4.130～图4.132所示，效果如图4.133所示，得到图层“色彩平衡1”。

步骤9 在图层“色彩平衡1”的图层蒙版缩览图被激活的状态下，设置前景色为黑色，选择【画笔工具】，在其工具选项栏中设置适当的画笔大小及【不透明度】数值，在图层蒙版中进行涂抹，将人物头发及衣服上的色彩效果隐藏起来，效果如图4.134所示。

步骤10 按照上面所讲解的操作方法，结合调整图层及图层蒙版等，继续对人物图像进行细致的调整，效果如图4.135所示，此时的【图层】面板如图4.136所示。

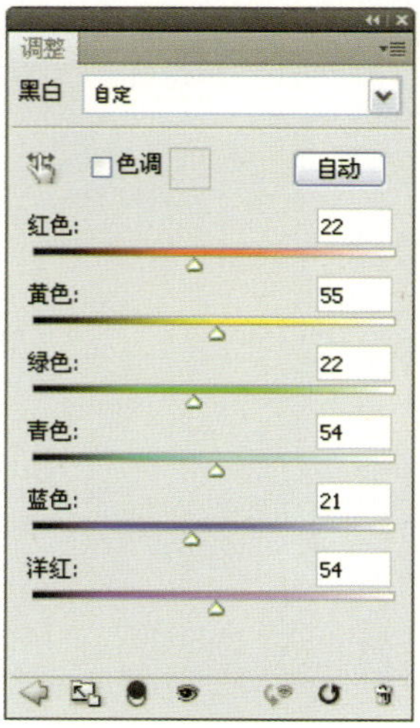

图4.128

图4.129

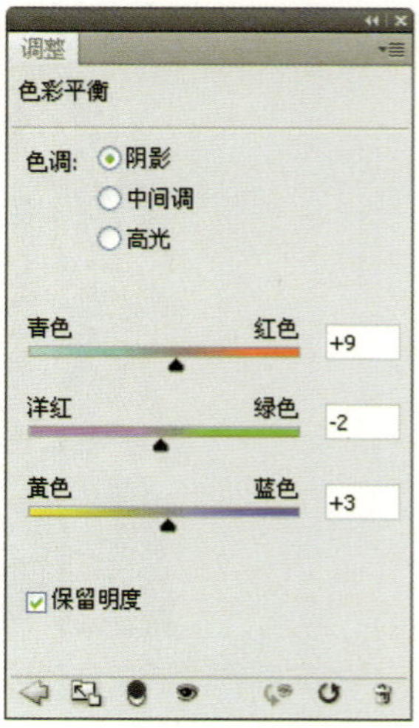

图4.130

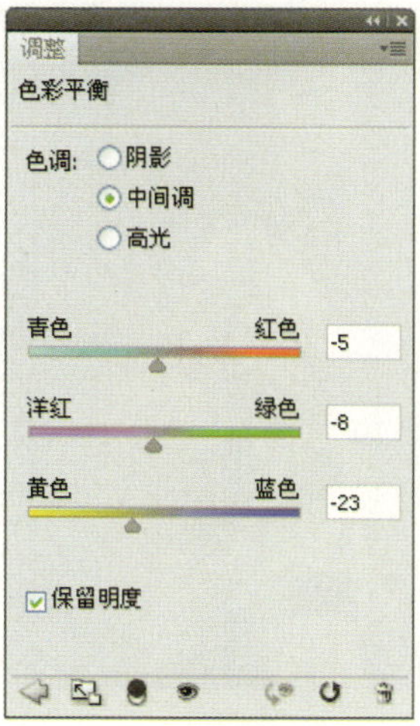

图4.131

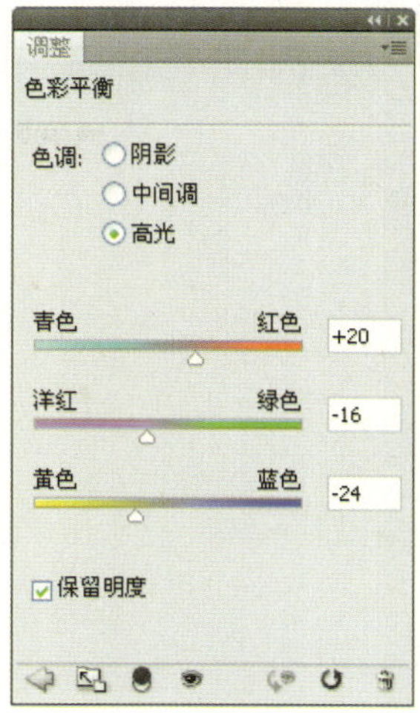

图4.132

图4.133

图4.134

图4.135

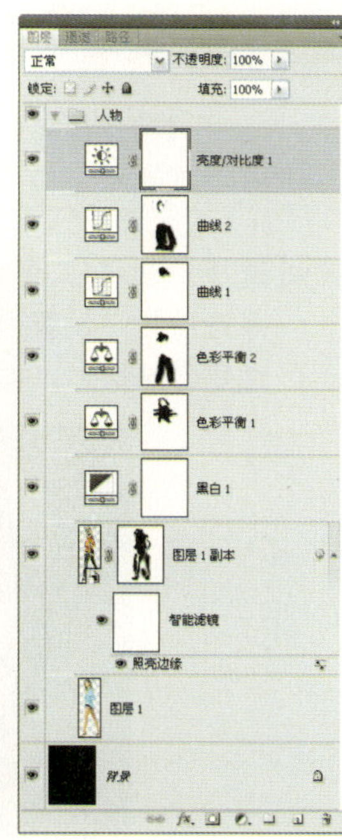

图4.136

提示

本步骤中关于【调整】面板中的参数设置，请参考本例随书所附光盘中的最终效果文件。此时放大图像可以看出，人物图像存在大量杂点，影响了整体效果的美观。下面结合【去斑】及【特殊模糊】滤镜来处理这个问题。

步骤11 选择“图层1”，按照步骤4的操作方法，将“图层1”转换为智能对象。执行【滤镜】|【杂色】|【去斑】命令，效果如图4.137所示。执行【滤镜】|【模糊】|【特殊模糊】命令，在弹出的对话框中设置参数，如图4.138所示，单击【确定】按钮退出对话框，效果如图4.139所示。

图4.137

图4.138

图4.139

提示

应用【特殊模糊】滤镜后，所有图像都模糊了。下面通过编辑智能蒙版，恢复人物面部区域的本来效果。

步骤12 选择“图层1”的智能蒙版缩览图，设置前景色为黑色，选择【画笔工具】，在其工具选项栏中设置适当的画笔大小及【不透明度】数值，在人物额头、眼睛以及鼻子等区域进行涂抹，以恢复其本来的效果，效果如图4.140所示。

编辑智能蒙版前的状态

编辑智能蒙版后的状态

图4.140

提示

至此，人物图像效果已经制作完成。下面制作人物背后的光线效果。

步骤13 收拢图层组“人物”，选择图层“背景”作为当前的操作图层，选择【钢笔工具】，在其工具选项栏中单击【路径】按钮，在制作文件中人物的肩部位置绘制如图4.141所示的路径。

步骤14 新建图层，得到“图层2”。设置前景色为白色，选择【画笔工具】，在其工具选项栏中设置【画笔】为“尖角4像素”，【不透明度】为“100%”。切换至【路径】面板，按住Alt键单击【用画笔描边路径】按钮，在弹出的对话框中选择【模拟压力】选项，单击【确定】按钮退出对话框，隐藏路径后的效果如图4.142所示。

图4.141

图4.142

提示

选择【模拟压力】选项的目的，在于使描边路径后得到的线条具有两端细、中间粗的效果。需要注意的是，此时必须在【画笔】面板的【形状动态】区域中设置【大小抖动】下方的【控制】为【钢笔压力】，否则无法得到需要的效果。

步骤15 切换回【图层】面板，单击【添加图层样式】按钮，在弹出的菜单中选择【外发光】命令，在弹出的对话框中设置参数，如图4.143所示；然后在【图层样式】对话框中继续选择【内发光】选项，设置其参数，如图4.144所示，单击【确定】按钮退出对话框，效果如图4.145所示。

提示

在【外发光】和【内发光】参数设置中，色块的颜色值为“cf3d28”。

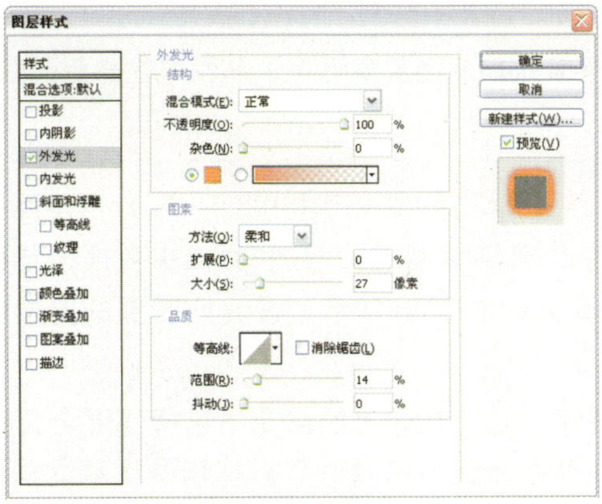

图4.143

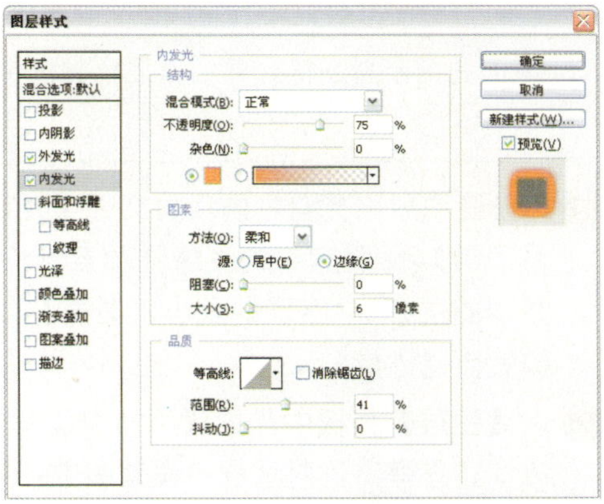

图4.144

图4.145

步骤16 新建图层，得到“图层3”。设置前景色为白色，选择【画笔工具】，在其工具选项栏中设置适当的画笔大小及【不透明度】数值，在制作文件中人物左侧的发梢处单击，效果如图4.146所示。图4.147所示是为其添加【外发光】图层样式的参数设置及效果。

图4.146

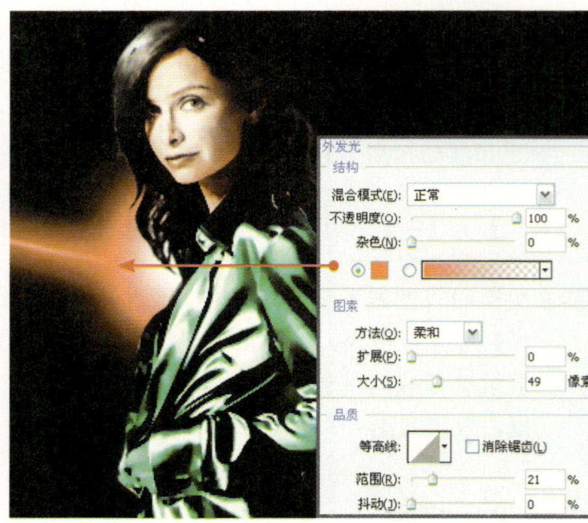

图4.147

提示

下面利用素材图像，并结合混合颜色带、图层蒙版以及图层属性等，制作人物身后的炫光效果。

步骤17 打开随书所附光盘中的素材文件（光盘文件路径为“第4章\4.5\素材2.psd”），使用【移动工具】将其中的图像拖动至制作文件中，得到“图层4”。利用自由变换控制框调整“图层4”中图像的大小、角度及位置，效果如图4.148所示，设置此图层的图层混合模式为【滤色】。

步骤18 在【图层】面板中单击【添加图层样式】按钮 *fx*，在弹出的菜单中选择【混合选项】命令，在弹出的对话框中设置参数，如图4.149所示，单击【确定】按钮退出对话框，效果如图4.150所示。

提示

在设置【混合选项】下方的【混合颜色带】参数区参数时，按住Alt键可分开三角滑块。

步骤19 按照步骤6的操作方法，为“图层4”添加图层蒙版。使用【画笔工具】在图层蒙版中进行涂抹，将多余的炫光隐藏起来，效果如图4.151所示。

图4.148

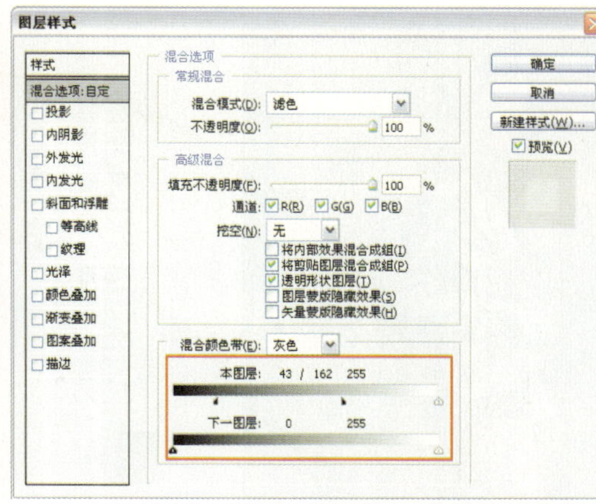

图4.149

图4.150

图4.151

步骤20 按照上面所讲解的操作方法，打开随书所附光盘中的素材文件（光盘文件路径为“第4章\4.5\素材3.psd”），结合图层属性、混合颜色带、图层蒙版以及调整图层等，继续制作人物左侧发梢处的炫光效果，效果如图4.152所示，此时的【图层】面板如图4.153所示。

提示

本步骤中设置“图层5”的图层混合模式为【滤色】；另外，关于【混合颜色带】以及【调整】面板中的参数设置，请参考本例随书所附光盘中的最终效果文件。下面制作人物前面的线条效果。

步骤21 收拢图层组“背后光”，按照上面所讲解的操作方法，结合路径、“画笔描边路径”功能、图层样式、滤镜、图层蒙版、图层属性以及【画笔工具】等，制作人物上身及腿部的线条、红色光点等效果，效果如图4.154所示，此时的【图层】面板如图4.155所示。图4.156所示为隐藏图层组“人物”时的图像状态。

图4.152

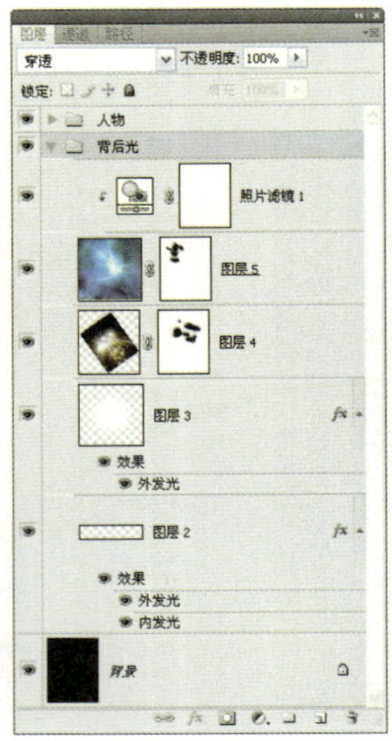

图4.153

图4.154

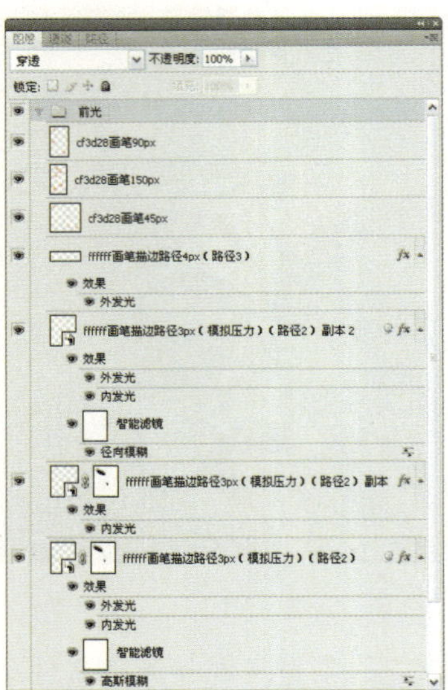

图4.155

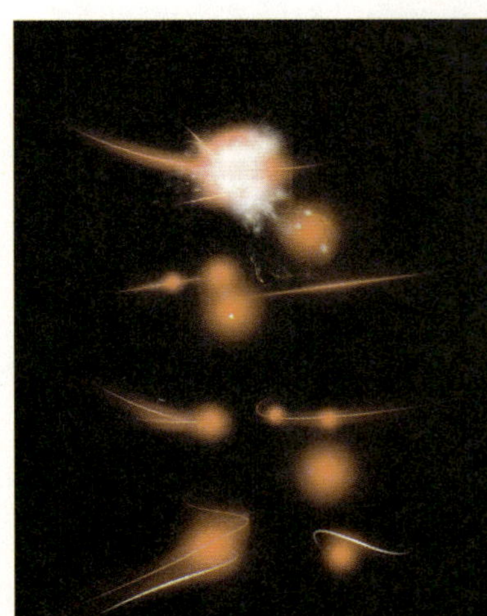

图4.156

提示

在制作本步骤效果的过程中，所设置的参数请参考本例随书所附光盘中的最终效果文件。另外，关于图像的颜色值、画笔的大小以及对应的路径名称，在最终效果文件的图层名称上都有相应的文字信息。下面制作人物腿部、线条上的装饰点效果以及整体图像的动感效果。

步骤22 收拢图层组“前光”，新建图层，得到“图层6”。设置前景色为白色，打开随书所附光盘中的素材文件（光盘文件路径为“第4章\4.5\素材4.abr”），选择【画笔工具】，在制作文件的画布中单击鼠标右键，在弹出的【画笔预设选取器】面板中选择刚刚打开的画笔，在制作文件中人物的腿部及线条效果上进行涂抹，效果如图4.157所示。

步骤23 设置“图层6”的图层混合模式为【叠加】。复制“图层6”，得到“图层6副本”，效果如图4.158所示。

图4.157

图4.158

步骤24 按Ctrl+Alt+Shift+E组合键盖印图层，将当前所有可见的图像合并至新图层中，得到“图层7”。按照上面所讲解的操作方法，结合滤镜、图层蒙版以及图层属性等，制作整体图像的动感效果，效果如图4.159所示，此时的【图层】面板如图4.160所示。

图4.159

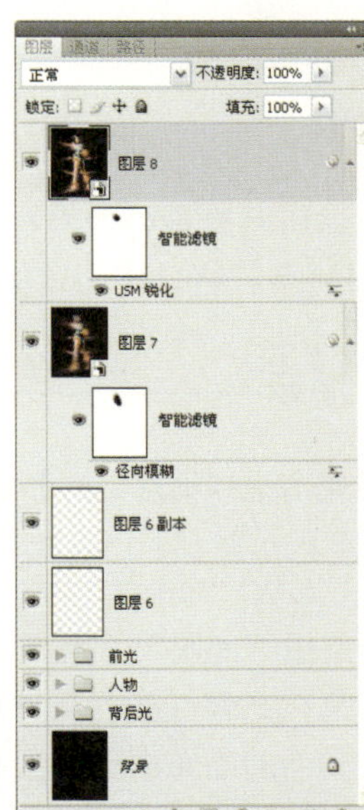

图4.160

提示

本步骤中关于滤镜对话框的参数设置，请参考本例随书所附光盘中的最终效果文件。“图层8”是通过盖印其下方所有图层得来的。

提示

本例最终效果文件见随书所附光盘（光盘文件路径为“第4章\4.5\4.5.psd”）。

4.6 藏酷创意表现

例前导读：

本例是以藏酷为主题的创意表现作品。在制作过程中，主要以处理画面中的水墨效果为核心内容，灰色背景、紫色光晕搭配黑色的水墨效果，可以产生一种酷酷的感觉；画面左侧的麦克风与右下方的线条及飘忽的蓝光，既起到了装饰的作用，又烘托了主体图像。

核心技能：

- 结合【画笔工具】及特殊画笔素材绘制图像效果。
- 利用图层蒙版隐藏不需要的图像。
- 盖印图层以合并可见图层中的图像。
- 结合路径及“画笔描边路径”功能，为所绘制的路径进行描边。
- 使用形状绘制类工具绘制形状。
- 应用【动感模糊】滤镜制作图像的模糊效果。

操作步骤：

步骤 1 打开随书所附光盘中的素材文件（光盘文件路径为“第4章\4.6\素材1.psd”），效果如图4.161所示，将其作为本例的制作文件。

提示

本步骤笔者是以图层组的形式给出的素材，读者可以参考本例随书所附光盘中的最终效果文件进行参数的设置，展开图层组即可观看到操作过程。下面制作人物腿部左侧的水墨效果。

步骤 2 选择图层组“底图”，新建图层，得到“图层1”。设置前景色为黑色，打开随书所附光盘中的素材文件（光盘文件路径为“第4章\4.6\素材2.abr”），选择【画笔工具】，在制作文件的画布中单击鼠标右键，在弹出的【画笔预设选取器】面板中选择刚刚打开的画笔，在人物的左侧单击，效果如图4.162所示。

步骤 3 复制“图层1”，得到“图层1副本”。使用【移动工具】将“图层1副本”中的图像向左移动少许，效果如图4.163所示。按照本步骤的操作方法，结合图层复制以及【移动工具】继续添加水墨效果，效果如图4.164所示，同时得到“图层1副本2”和“图层1副本3”。

步骤 4 选择“图层1”及其副本图层，按Ctrl+G组合键进行图层编组，得到“组1”。在【图层】面板中单击【添加图层蒙版】按钮，为当前的图层组添加图层蒙版。设置前景色为黑色，选择【画笔工具】，打开并选择随书所附光盘中的素材文件“第4章\4.6\素材3.abr”），在图层蒙版中进行涂抹，将左侧及下方的部分图像效果隐藏起来，直至效果如图4.165所示。

图4.161

图4.162

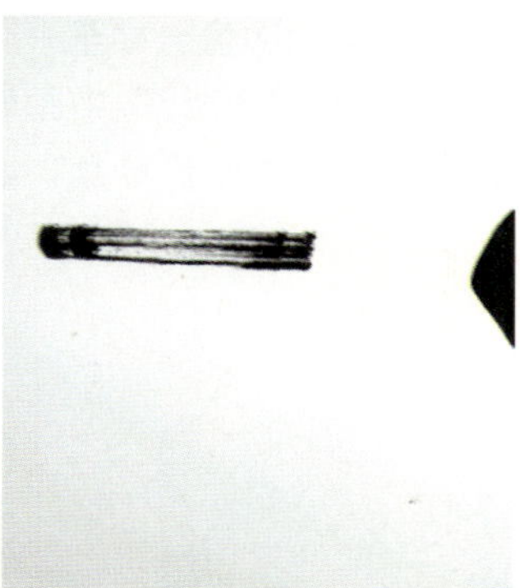

图4.163

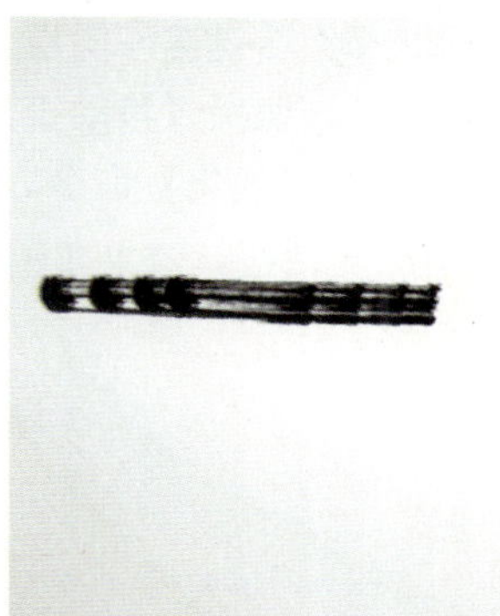

图4.164

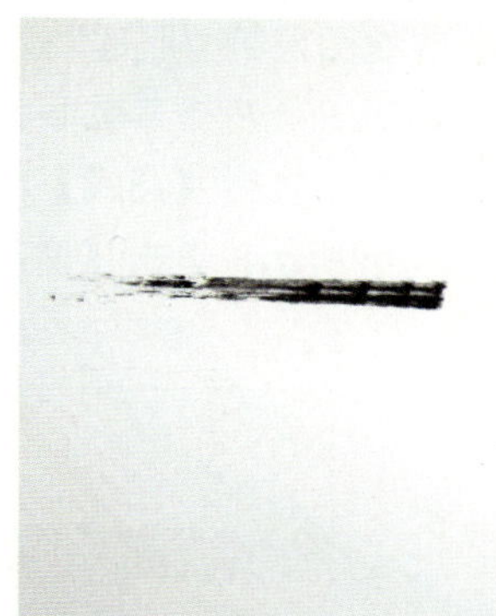

图4.165

提示

在涂抹的过程中，要随时调整画笔的大小，以得到所需要的图像效果。另外，本步骤中对制作水墨效果的图层进行了图层编组。在下面的操作中，笔者也将对各部分进行图层编组，在步骤中不再赘述。

步骤 5 按照上面所讲解的操作方法，结合【画笔工具】、画笔素材以及图层蒙版等，继续制作画布中人物左侧的水墨效果，效果如图4.166所示，此时的【图层】面板如图4.167所示。图4.168所示为单独显示本步骤操作效果时的图像状态。

提示

本步骤使用的画笔为随书所附光盘中的素材文件（光盘文件路径为“第4章\4.6\素材4.abr、素材5.abr”）；在图层蒙版中进行涂抹的过程中，还需要在【画笔】面板中调整画笔的角度；在本例随书所附光盘最终效果文件的图层名称上标有相应的素材名称。下面制作另外一组水墨效果。

图4.166

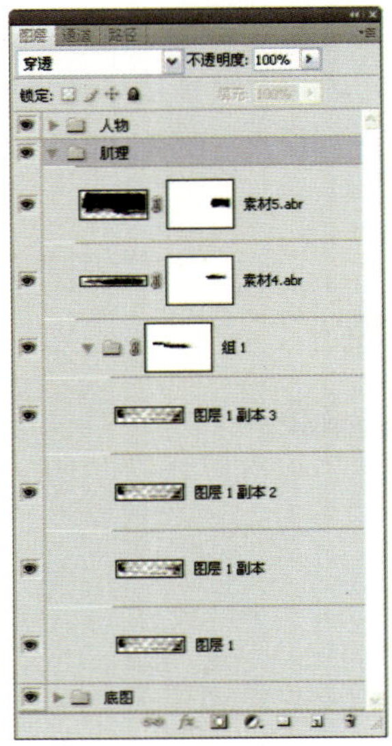

图4.167

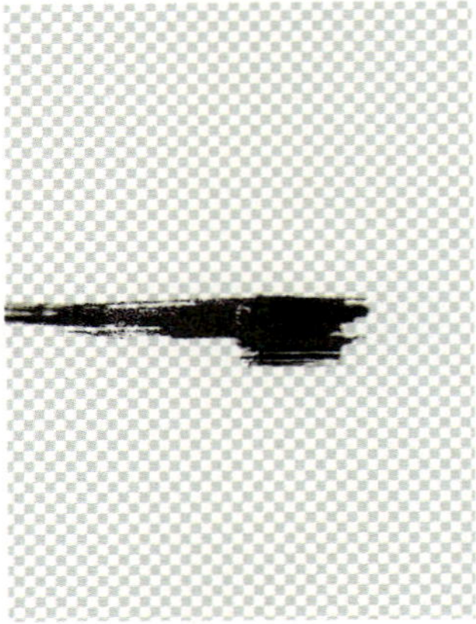
图4.168

步骤6 收拢图层组“肌理”，按Ctrl+Alt+E组合键盖印图层，将选中图层中的图像合并至一个新图层中，并将其重命名为“图层2”。使用【移动工具】向上调整“图层2”中图像的位置，执行【滤镜】|【锐化】|【USM锐化】命令，在弹出的对话框中设置参数，如图4.169所示，单击【确定】按钮退出对话框，效果如图4.170所示。

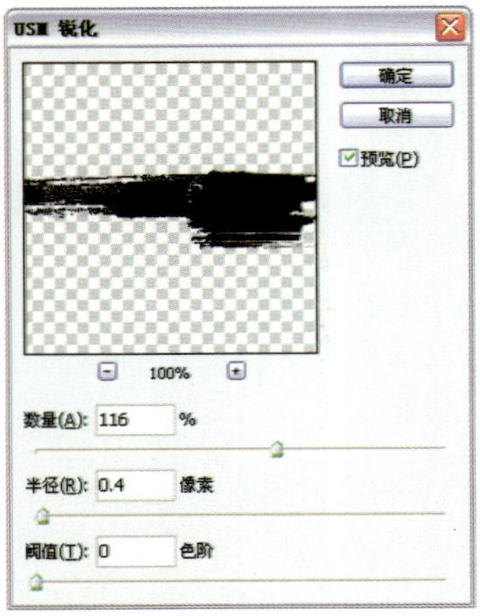

图4.169

图4.170

步骤7 按照上面所讲解的操作方法，结合【画笔工具】、画笔素材、图层蒙版以及图层盖印等，制作人物左腿及右侧的水墨效果，效果如图4.171所示，此时的【图层】面板如图4.172所示。图4.173所示为隐藏图层组“人物”时的图像状态。

提示

本步骤在制作过程中，还进行了图像变换。方法为：按Ctrl+T组合键调出自由变换控制框，对图像进行缩放、角度旋转及位置调整等操作，然后按Enter键进行确认。本步骤应用到的画笔素材文件为随书所附光盘“第4章\4.6\素材6”文件夹中的相关文件。

提示

本步骤对“组2”还进行了隐藏操作。下面制作人物左侧的墨枝效果以及右下方的线条效果。

步骤 8 收拢图层组“水墨”，在所有图层的上方新建图层，得到“图层3”。设置前景色为黑色，选择【画笔工具】，打开并选择随书所附光盘中的素材文件（光盘文件路径为“第4章\4.6\素材7.abr”），在制作文件画布中人物左侧的腰部进行涂抹，效果如图4.174所示。

图4.171

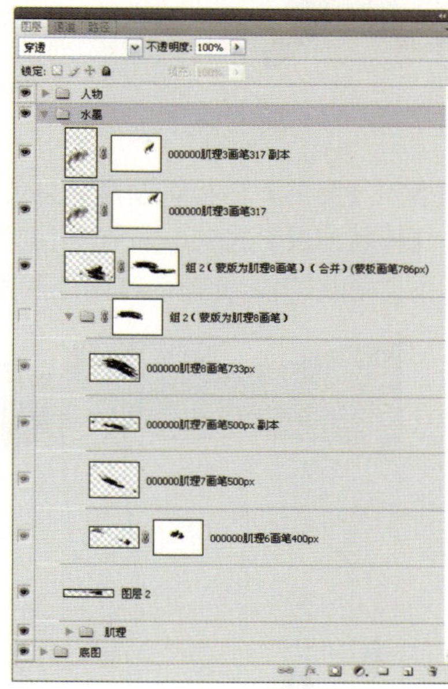

图4.172

图4.173

图4.174

步骤 9 选择【钢笔工具】，在其工具选项栏中单击【路径】按钮以及【添加到路径区域】按钮，在制作文件中人物右手的下方绘制如图4.175所示的路径。新建图层，得到“图层4”，设置前景色为黑色，选择【画笔工具】，在其工具选项栏中设置【画笔】为“尖角1像素”，【不透明度】为“100%”。切换至【路径】面板，单击【用画笔描边路径】按钮，隐藏路径后的效果如图4.176所示。

图4.175

图4.176

步骤10 切换回【图层】面板，设置前景色为黑色，选择【钢笔工具】，在其工具选项栏中单击【形状图层】按钮，在制作文件中线条效果的左侧绘制如图4.177所示的形状，得到图层“形状2”，此时的【图层】面板如图4.178所示。

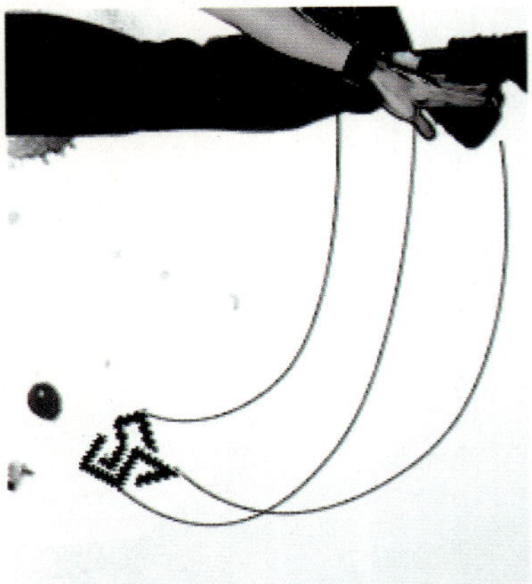

图4.177

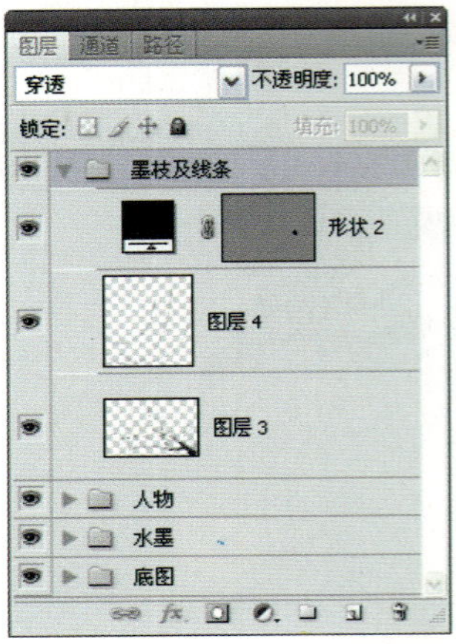

图4.178

提示

至此，墨枝及线条效果已经制作完成。下面制作麦克风效果。

步骤11 收拢图层组“墨枝及线条”，选择图层组“人物”，打开随书所附光盘中的素材文件（光盘文件路径为“第4章\4.6\素材8.psd”），使用【移动工具】将其中的图像拖动至制作文件中，并将其放置在画布的左侧，效果如图4.179所示，同时得到“图层5”。

步骤12 按住Alt键，将“图层5”拖动至其下方，得到“图层5副本”。在此图层的名称上单击鼠标右键，在弹出的菜单中选择【转换为智能对象】命令，将其转换为智能对象。在下面将对该图层中的图像进行模糊操作，而智能对象则可以记录下所有的参数设置，以便于进行反复调整。

步骤13 使用【移动工具】将上一步得到的图像向右移动少许。执行【滤镜】|【模糊】|【动感模糊】命令，在弹出的对话框中设置参数，如图4.180所示，单击【确定】按钮退出对话框，效果如图4.181所示。

图4.179

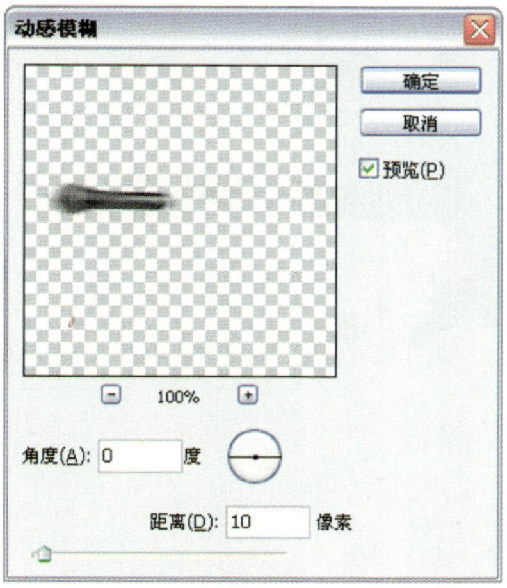

图4.180

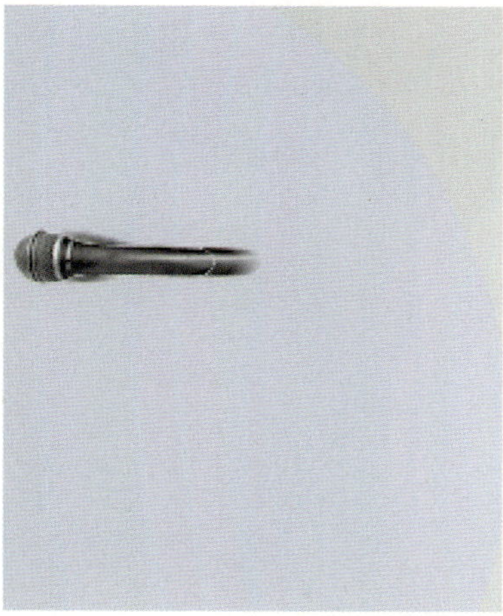

图4.181

步骤14 选择“图层5”作为当前操作图层，按照上面所讲解的操作方法，结合路径、“画笔描边路径”功能、【动感模糊】滤镜及图层蒙版等，完善麦克风效果，效果如图4.182所示，此时的【图层】面板如图4.183所示。

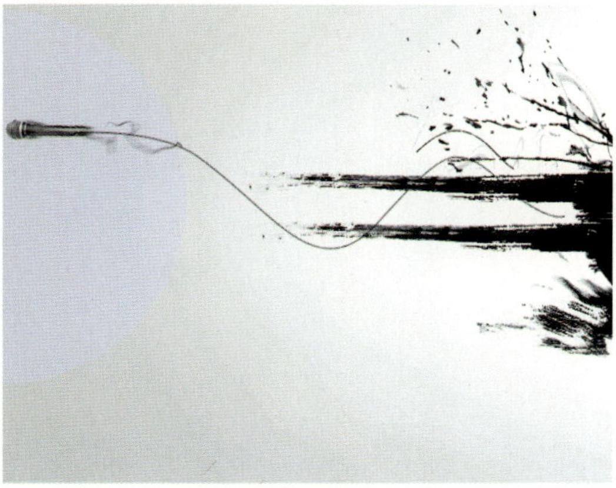

图4.182

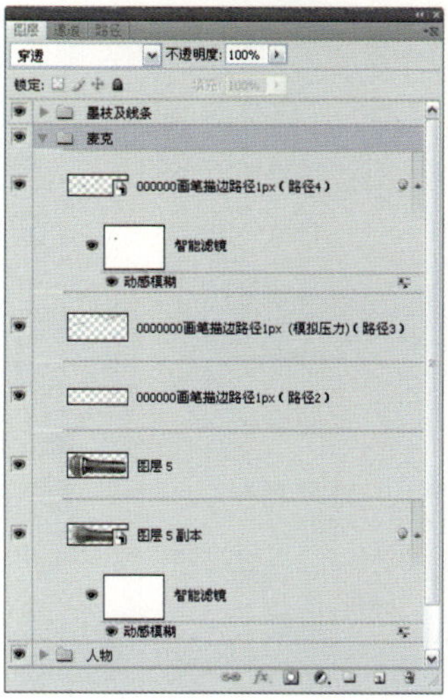

图4.183

提示

本步骤中关于【动感模糊】对话框中的参数设置，请参考本例随书所附光盘中的最终效果文件，编辑智能蒙版与编辑图层蒙版的方法相同。下面制作装饰效果及蓝光效果。

步骤15 收拢图层组“麦克”，选择图层组“人物”，结合画笔素材、形状绘制类工具、图层盖印、图层蒙版、路径、“画笔描边路径”功能、滤镜及图层样式等，制作人物左侧的装饰圆、墨枝以及画面中的蓝光效果，效果如图4.184所示，此时的【图层】面板如图4.185所示。图4.186所示为单独显示本步骤操作效果及图层“背景”时的图像状态。

图4.184

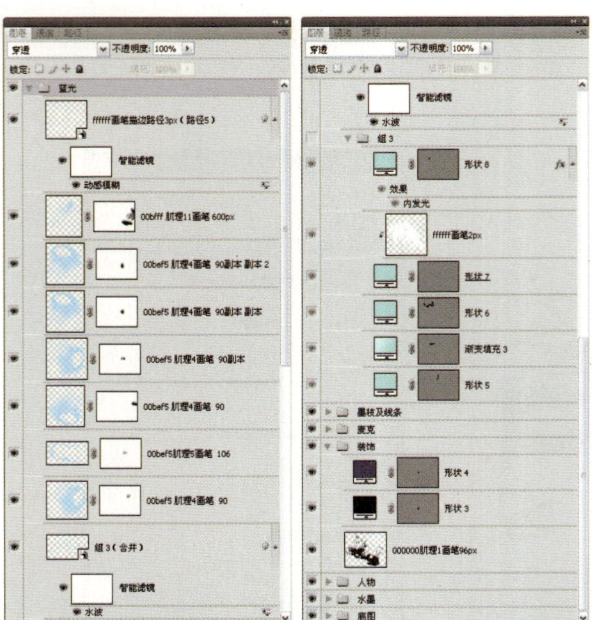

图4.185

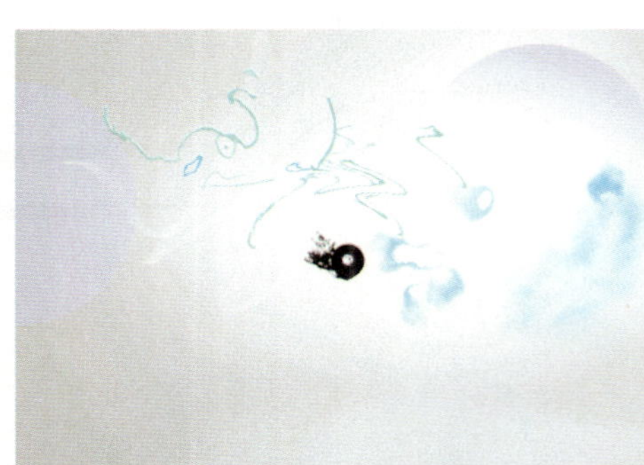

图4.186

提示

本步骤中所用到的画笔素材为随书所附光盘“第4章\4.6\素材9”文件夹中的相关文件。关于制作过程中的参数设置，请参考本例随书所附光盘中的最终效果文件。在制作过程中，需要注意各图层间的顺序。

提示

图层“渐变填充3”中图像的制作方法为：使用【钢笔工具】绘制路径，然后在【图层】面板中单击【创建新的填充或调整图层】按钮，在弹出的菜单中选择【渐变】命令，然后在弹出的对话框中设置参数，再单击【确定】按钮退出对话框。

提示

按Ctrl+Alt+G组合键创建剪贴蒙版，可以限制图像的显示范围。例如，图层“形状7”上方的普通图层。

提示

图层“形状8”中图像发光效果的制作方法为：在【图层】面板中选择该图层，单击【添加图层样式】按钮 fx，在弹出的菜单中选择【内发光】命令，在弹出的对话框中设置参数，再单击【确定】按钮退出对话框。下面制作小飞机及装饰效果以完成制作。

步骤16 收拢图层组“装饰”及图层组“蓝光”。打开随书所附光盘中的素材文件（光盘文件路径为“第4章\4.6\素材10.psd”），按住Shift键，使用【移动工具】将其中的图像拖动至制作文件中，并将图层组“小飞机”拖动至图层组“水墨”的下方，最终效果如图4.187所示，此时的【图层】面板如图4.188所示。

图4.187

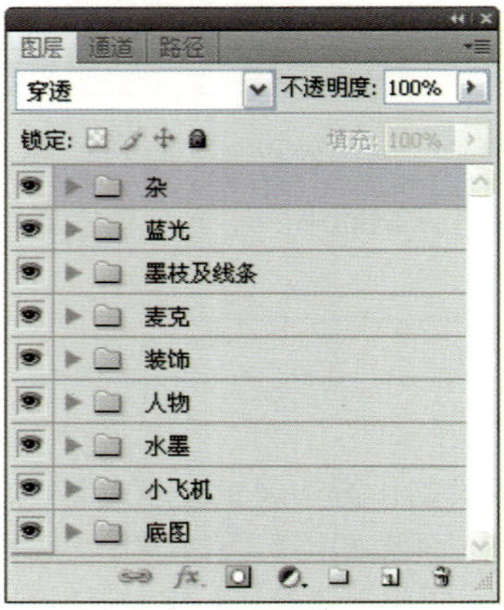

图4.188

提示

本例最终效果文件见随书所附光盘（光盘文件路径为“第4章\4.6\4.6.psd”）。

第5章

唯美风格

此类风格的作品多是以表现“美”为重心，有时甚至会采用超现实的表现手法，将画面所表现的美感发挥到极致。可以通过“轻灵”与“大气”这两种形式来表现此类风格，前者的色彩比较轻，后者则倾向于厚重的色彩。

5.1 唯美风格概述

“唯美主义”（Aestheticism）一词源于希腊文“aistheta”，意为“可感觉到的东西”。1750年，现代美学之父鲍姆嘉通(A.T.Baumgartem)发表了《Aesthetica》（《美学》）一书，“Aesthetic”一词于是逐渐用于对趣味、事物美丑的评价，也就是人们常说的“审美”。后来，“Aesthetic”一词被冠以后缀“ism”（主义），用以表示一种追求纯粹美的意趣和倾向。

在这里引用“唯美”概念的目的不是深究其意，而是为其常用的颜色、图形等寻求根源。很多人认为应该选择纯粹、安静、量感轻的色调，配合梦幻的场景、柔美的实物来表现唯美风格。实际上，这仅仅是表现唯美风格的重要形式之一。通过对场景的美化、对意境的营造，无论是使用轻或是重的色调，都可以表现出唯美的视觉效果，只不过前者给观者以轻灵、美妙的感觉，而后者给观者更多的是沉稳、大气的感觉。因此，很难界定二者孰优孰劣，关键还是依据要表现的场景及含义而定。

5.1.1 轻灵的唯美

在设计此类唯美风格的作品时，应注意给画面以充足的光线、明朗的色彩，且画面中的元素也应以较轻的质感为主，尤其是要慎重使用较粗糙的质感（如裂纹、金属等）。图5.1所示是整体感觉比较轻灵的唯美风格设计作品。

图5.1

5.1.2 大气的唯美

此类唯美风格的设计作品在用色上较重，经常会用到木材、金属等纹理，较少用到裂纹及燃烧的痕迹等纹理——毕竟唯美的事物很少能与它们联系在一起。另外，此类唯美风格的设计作品更注重整体气氛的渲染，配合色彩、细节及装饰元素等方面的精心处理，给观者以唯美、大气的心理感受。图5.2所示就是这样一类典型作品。

图5.2

5.2 唯美水姿视觉表现

例前导读：

本例是以唯美水姿为主题的视觉表现作品。在制作过程中，主要以处理画面中的水及水果为核心内容。重点需要把握的是水的质感——透彻、层次感丰富。另外，画面中的草莓、葡萄以及香蕉等水果也起着很好的装饰作用。

核心技能：

- 应用调整图层调整图像的亮度、色彩等属性。
- 利用剪贴蒙版限制图像的显示范围。
- 利用图层蒙版隐藏不需要的图像。

■ 结合【画笔工具】及特殊画笔素材绘制图像。
■ 应用【变形】命令制作变形的图像效果。
■ 设置图层属性以混合图像。

操作步骤：

步骤1 打开随书所附光盘中的素材文件（光盘文件路径为“第5章\5.2\素材1.psd”），效果如图5.3所示，将其作为本例的制作文件。

提示

本步骤笔者是以图层组的形式给出的素材，读者可以参考本例随书所附光盘中的最终效果文件进行参数的设置，展开图层组即可观看到操作的过程。下面制作草莓效果。

步骤2 打开随书所附光盘中的素材文件（光盘文件路径为“第5章\5.2\素材2.psd”），使用【移动工具】将其中的图像拖动至制作文件中，得到“图层1”。按Ctrl+T组合键调出自由变换控制框，按住Shift键向内拖动控制手柄以缩小“图层1”中的图像，然后将其逆时针旋转1°左右并调整其位置，按Enter键确认操作，效果如图5.4所示。

图5.3

图5.4

步骤3 在【图层】面板中单击【创建新的填充或调整图层】按钮，在弹出的菜单中选择【曲线】命令，在弹出的面板中设置参数，如图5.5所示，得到图层“曲线1”，按Ctrl+Alt+G组合键创建剪贴蒙版，效果如图5.6所示。

步骤4 在图层“曲线1”的图层蒙版缩览图被激活的状态下，设置前景色为黑色，选择【画笔工具】，在其工具选项栏中设置适当的画笔大小及【不透明度】数值，在制作文件中草莓的左侧及下方进行涂抹，直至效果如图5.7所示。

步骤5 按照步骤3～步骤4的操作方法，结合调整图层及图层蒙版等，调整制作文件中草莓左下方的高光，参数设置及效果如图5.8所示，得到图层“亮度/对比度1”，此时的【图层】面板如图5.9所示。

提示

本步骤中为了方便管理图层，在此将制作草莓的图层选中，按Ctrl+G组合键进行图层编组，得到“组1”，将其重命名为“草莓”。在下面的操作中，笔者也将对各部分进行图层编组，在步骤中不再叙述。下面制作水的效果。

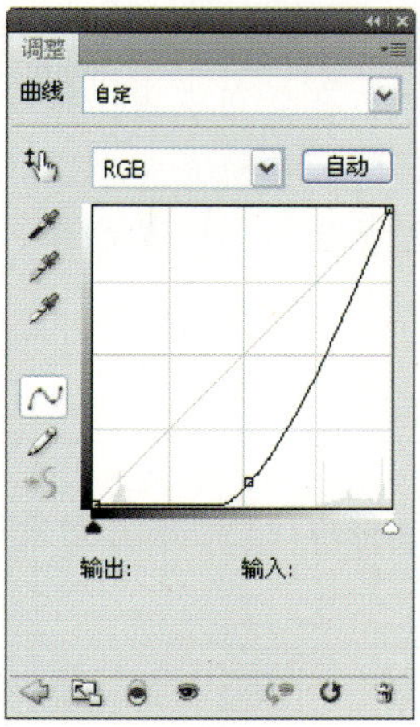

图5.5

图5.6

图5.7

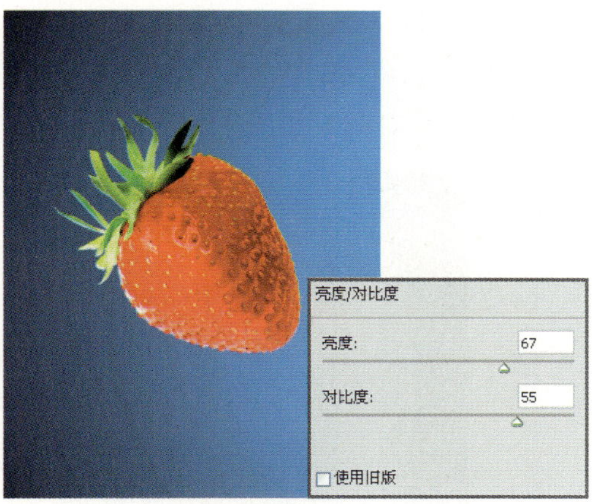

图5.8

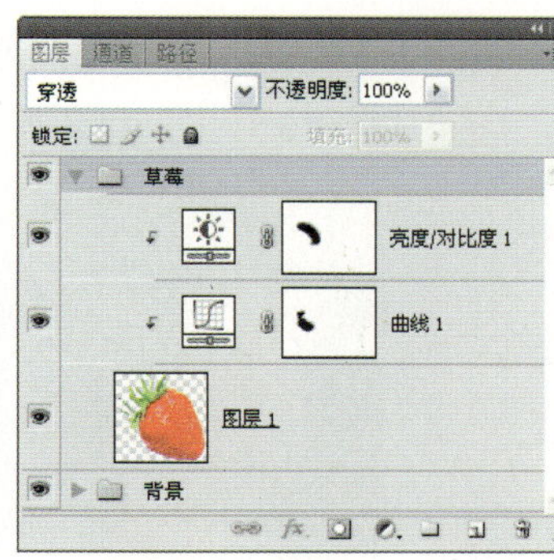

图5.9

步骤6 打开随书所附光盘中的素材文件（光盘文件路径为“第5章\5.2\素材3.psd”），使用【移动工具】将其中的图像拖动至制作文件中，并将其放置在画布的上方，效果如图5.10所示，同时得到“图层2”。

步骤7 在【图层】面板中单击【添加图层蒙版】按钮，为“图层2”添加图层蒙版。设置前景色为黑色，选择【画笔工具】，在其工具选项栏中设置适当的画笔大小及【不透明度】数值，在图层蒙版中进行涂抹，将“图层2”中图像左上方及右下方的区域隐藏起来，直至效果如图5.11所示。

图5.10

图5.11

步骤8 新建图层，得到“图层3”。设置前景色为白色，打开随书所附光盘中的素材文件（光盘文件路径为“第5章\5.2\素材4.abr”），选择【画笔工具】，在画布中单击鼠标右键，在弹出的【画笔预设选取器】面板中选择刚刚打开的画笔，然后在画布中单击，再在当前图层的名称上单击鼠标右键，在弹出的菜单中选择【转换为智能对象】命令，将其转换为智能对象。

提示

转换成智能对象的目的，在于在下面将对“图层3”中的图像进行变形操作，而智能对象可以记录下所有的变形参数设置，以便于进行反复调整。

步骤9 按Ctrl+T组合键调出自由变换控制框，将“图层3”中的图像拖动至制作文件中画布的左上方，在控制框内单击鼠标右键，在弹出的菜单中选择【变形】命令，在变形网格内进行拖动，使图像产生变形，状态如图5.12所示，按Enter键确认操作。

步骤10 按照步骤7的操作方法，为“图层3”添加图层蒙版。使用【画笔工具】在图层蒙版中进行涂抹，将“图层3”中右侧的图像区域隐藏起来，效果如图5.13所示。

图5.12

图5.13

步骤11 按照上面所讲解的操作方法，打开随书所附光盘中的素材文件（光盘文件路径为“第5章\5.2\素材5.psd～素材7.psd”），结合图像变形及图层蒙版等，添加水的效果，并将制作文件中草莓的部分叶子隐藏起来，效果如图5.14所示，此时的【图层】面板如图5.15所示。图5.16所示为隐藏“图层2”和“图层3”时的图像状态。

图5.14

提示

关于图像变形的状态，请参看本例随书所附光盘中的最终效果文件。另外，在制作过程中还用到了图层复制等操作。下面对水的质感进行调整。

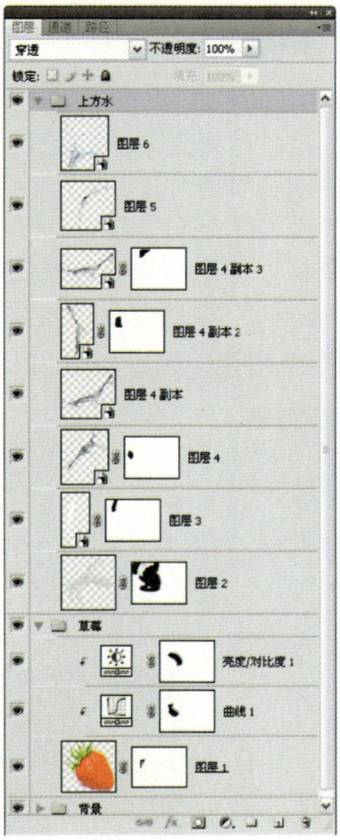

图5.15

图5.16

步骤12 设置图层组“上方水”的混合模式为【正常】，使该组中所有调整图层及混合模式只针对该组内的图像起作用。选择“图层6”，在【图层】面板中单击【创建新的填充或调整图层】按钮 ，在弹出的菜单中选择【曝光度】命令，在弹出的面板中设置参数，如图5.17所示，效果如图5.18所示，得到图层“曝光度1”。

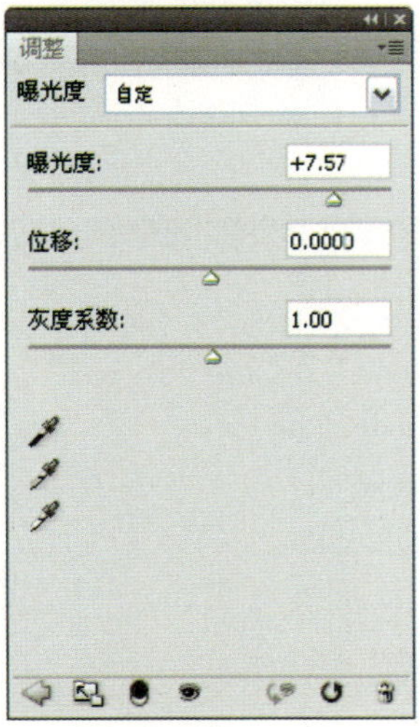

图5.17

图5.18

步骤13 收拢图层组“草莓”，按照上面所讲解的操作方法，结合素材图像、图层蒙版、图层复制、图层蒙版以及图像变换等，制作草莓下方的水效果，效果如图5.19所示，此时的【图层】面板如图5.20所示。

提示

本步骤中应用到的素材图像为随书所附光盘中的素材文件（光盘文件路径为“第5章\5.2\素材8.psd、素材9.psd”）。另外，设置图层组“下方水”的混合模式为【正常】。

步骤14 选择图层组“草莓”，按Ctrl+Alt+E组合键盖印图层，将选中图层中的图像合并至一个新图层中，并将其重命名为“图层9”；然后将“图层9”拖动至所有图层的上方，利用自由变换控制框调整“图层9”中图像的大小、角度及位置，效果如图5.21所示。

图5.19

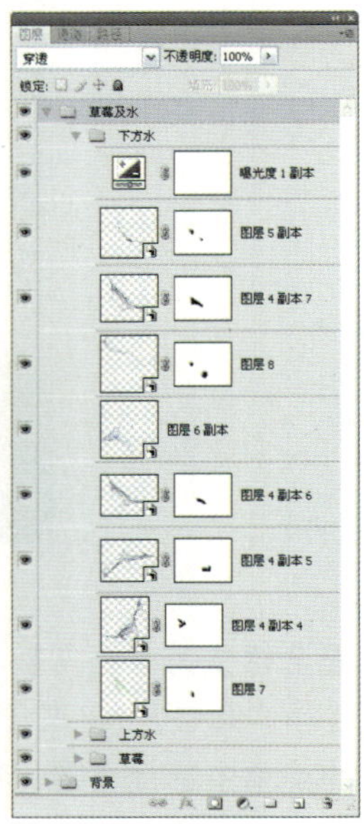

图5.20

图5.21

步骤15 按照上面所讲解的操作方法，结合图层复制、剪贴蒙版、素材图像、调整图层、混合模式以及图像变换等，制作其他水果及溅起的水的效果，效果如图5.22所示，此时的【图层】面板如图5.23所示。

图5.22

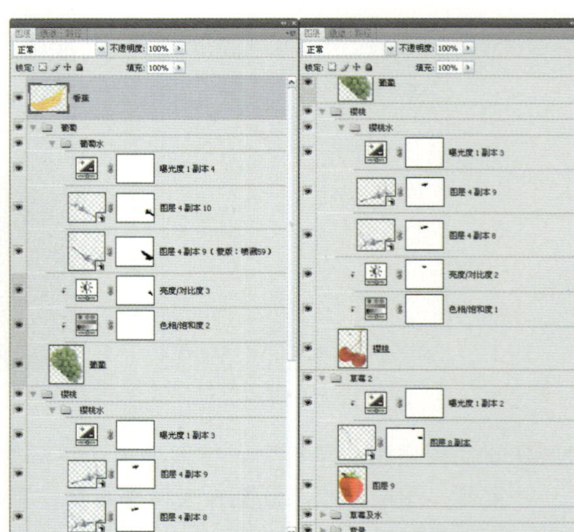

图5.23

提示

本步骤中所应用到的素材文件为随书所附光盘中的素材文件（光盘文件路径为“第5章\5.2\素材10.psd～素材12.psd”）；关于混合模式及【调整】面板中的参数设置，请参考本例随书所附光盘中的最终效果文件。另外，最终效果文件【图层】面板中标有灰色的图层，是在下面操作过程中需要盖印的图层。下面制作水珠、水果景深以及花的效果，以完成制作。

步骤16 选择图层“香蕉”，打开随书所附光盘中的素材文件（光盘文件路径为“第5章\5.2\素材13.psd”），按住Shift键，使用【移动工具】将其中的图像拖动至制作文件中，并将图层组“水珠”拖动至图层组“背景”的上方，最终效果如图5.24所示，此时的【图层】面板如图5.25所示。

图5.24

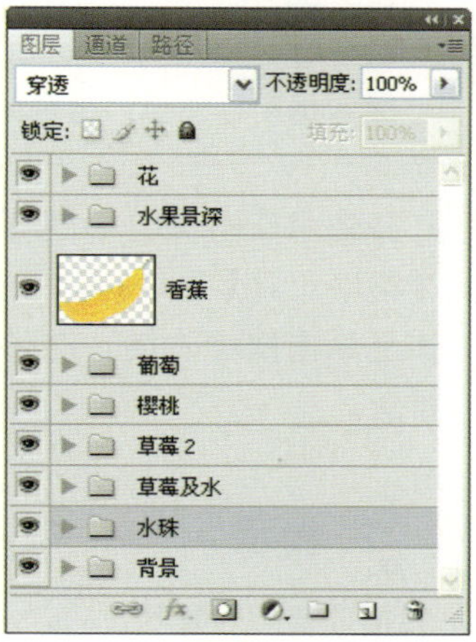

图5.25

提示

本例最终效果文件见随书所附光盘（光盘文件路径为“第5章\5.2\5.2.psd”）。

5.3 夜光创意表现

例前导读：

本例是以夜光为主题的创意表现作品。在制作过程中，主要以制作夜空中的月光、星光以及流星雨为核心内容。另外，对整个夜色的调整也是本例需要掌握的重点。

核心技能：

- 使用图像变形制作特殊的图像效果。
- 利用图层蒙版隐藏不需要的图像。

■ 添加图层样式制作图像的渐变、发光等效果。
■ 应用调整图层调整图像的亮度、对比度等属性。
■ 应用【高斯模糊】滤镜制作图像的模糊效果。
■ 设置图层属性以混合图像。
■ 结合路径及“画笔描边路径”功能中的【模拟压力】选项，制作两端细、中间粗的图像效果。

操作步骤：

步骤 1 打开随书所附光盘中的素材文件（光盘文件路径为“第5章\5.3\素材1.psd”），效果如图5.26所示，将其作为本例的制作文件。

提示

下面利用素材图像，结合图层样式以及调整图层等，制作水中的路。

步骤 2 打开随书所附光盘中的素材文件（光盘文件路径为“第5章\5.3\素材2.psd”），使用【移动工具】将其中的图像拖动至制作文件中，得到“图层1”。在“图层1”的名称上单击鼠标右键，在弹出的菜单中选择【转换为智能对象】命令，将其转换为智能对象。

提示

转换成智能对象的目的，在于在下面将对“图层1”中的图像进行变形操作，而智能对象可以记录下所有的变形参数设置，以便于进行反复调整。

步骤 3 按Ctrl+T组合键调出自由变换控制框，按住Shift键向内拖动控制手柄以缩小“图层1”中的图像并调整该图像的位置，在控制框内单击鼠标右键，在弹出的菜单中选择【变形】命令，在变形网格内进行拖动以使图像变形，状态如图5.27所示，按Enter键确认操作。

图5.26

图5.27

步骤 4 在【图层】面板中单击【添加图层蒙版】按钮，为“图层1”添加图层蒙版。设置前景色为黑色，选择【画笔工具】，在其工具选项栏中设置适当的画笔大小及【不透明度】数值，在图层蒙版中进行涂抹，将“图层1”中上方的图像效果隐藏起来，模拟融入到草地中的效果，如图5.28所示。

图5.28

步骤 5 在【图层】面板中单击【添加图层样式】按钮 fx，在弹出的菜单中选择【渐变叠加】命令，在弹出的对话框中设置参数，如图5.29所示，单击【确定】按钮退出对话框，效果如图5.30所示。

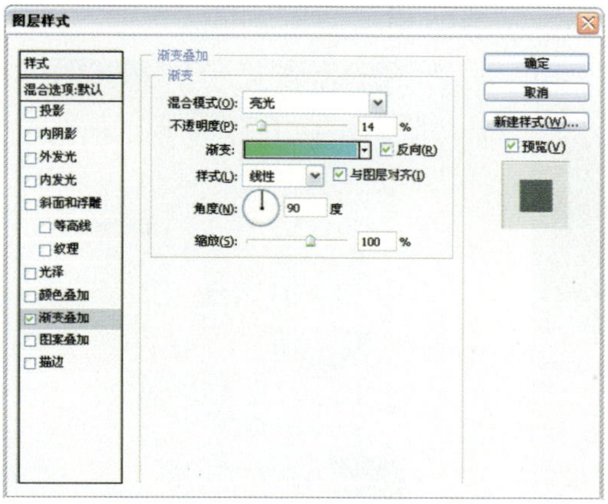

图5.29

图5.30

提示

在【渐变叠加】参数设置中，渐变颜色值从左至右分别为“00a8c6”、“00a267”。下面制作路面的高光效果。

步骤 6 在【图层】面板中单击【创建新的填充或调整图层】按钮，在弹出的菜单中选择【曲线】命令，在弹出的面板中设置参数，如图5.31所示，得到图层“曲线1”，按Ctrl+Alt+G组合键创建剪贴蒙版，效果如图5.32所示。

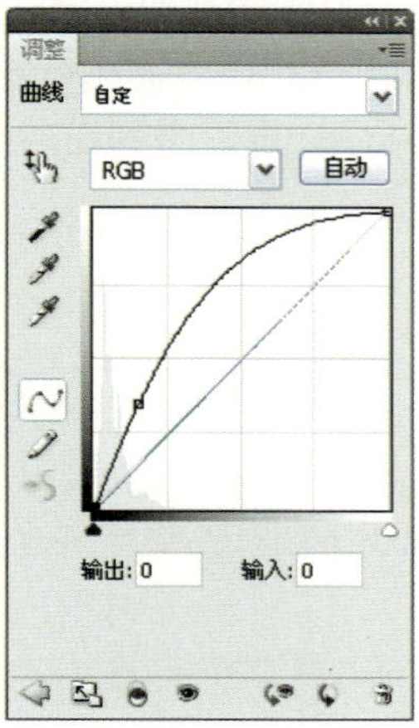

图5.31

图5.32

步骤7 在图层“曲线1”的图层蒙版被激活的状态下，设置前景色为黑色，选择【画笔工具】，在其工具选项栏中设置适当的画笔大小及【不透明度】数值，在图层蒙版中进行涂抹，将部分高光效果隐藏起来，效果如图5.33所示。

步骤8 按照步骤6～步骤7的操作方法，创建调整图层并编辑图层蒙版，以调整图像的对比度，效果如图5.34所示，此时的【图层】面板如图5.35所示。

图5.33

图5.34

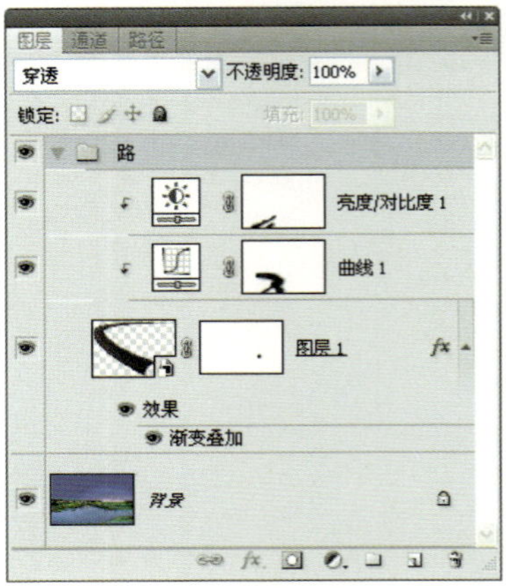

图5.35

提示

本步骤中为了方便管理图层，在此将制作水路的图层选中，按Ctrl+G组合键进行图层编组，得到“组1”，将其重命名为“路”。在下面的操作中，笔者也将对各部分进行图层编组，在步骤中不再叙述。下面制作楼体效果。

步骤9 收拢图层组“路”，根据上面所讲解的操作方法，打开随书所附光盘中的素材文件（光盘文件路径为“第5章\5.3\素材3.psd”），结合图层样式、图层蒙版、调整图层以及剪贴蒙版等，制作水面前方的楼体图像，效果如图5.36所示，同时得到图层“曲线2”和“图层2”。

提示

本步骤中【渐变叠加】图层样式以及“曲线”调整图层中的参数设置，如图5.37和图5.38所示。在【渐变叠加】参数设置中，渐变颜色为从“c5b32b”到透明。下面制作楼体以及周围的高光效果。

步骤10 按住Alt键将“图层2”拖动至图层“曲线2”的上方，得到“图层2副本”，删除其图层样式，设置此图层的图层混合模式为【滤色】，【不透明度】为“87%”，效果如图5.39所示。

图5.36

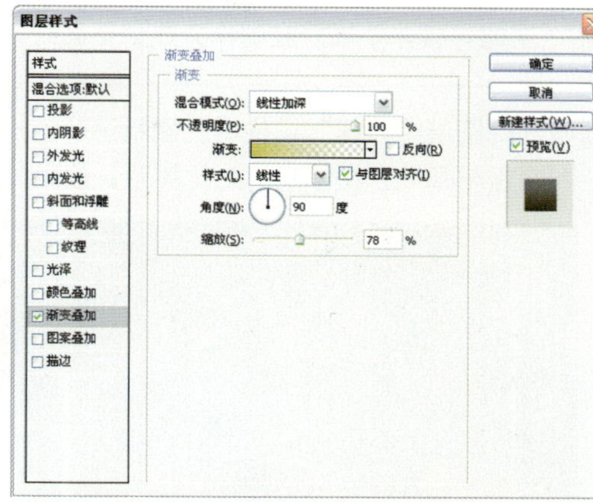

图5.37

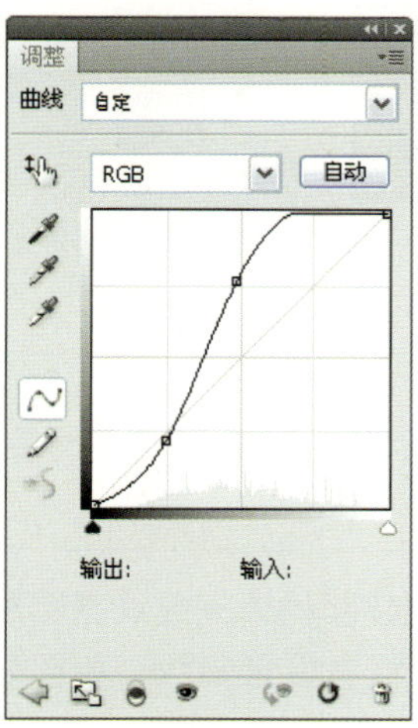

图5.38

图5.39

步骤11 选择“图层2副本”的图层缩览图，执行【滤镜】|【模糊】|【高斯模糊】命令，在弹出的对话框中设置【半径】数值为“4.9”，单击【确定】按钮退出对话框，效果如图5.40所示，此时的【图层】面板如图5.41所示。

图5.40

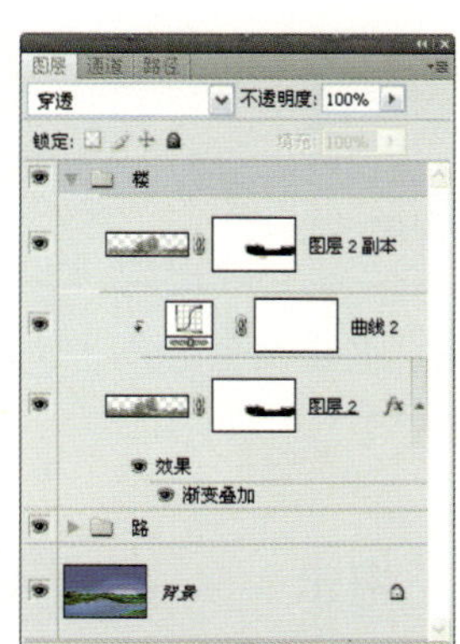

图5.41

提示

至此，楼体效果已经制作完成。下面对整体图像进行调整。

步骤12 收拢图层组“楼”，根据上面所讲解的操作方法，结合调整图层及图层蒙版等，调整天空、水面与草地、楼体间的对比关系，效果如图5.42所示，此时的【图层】面板如图5.43所示。

图5.42

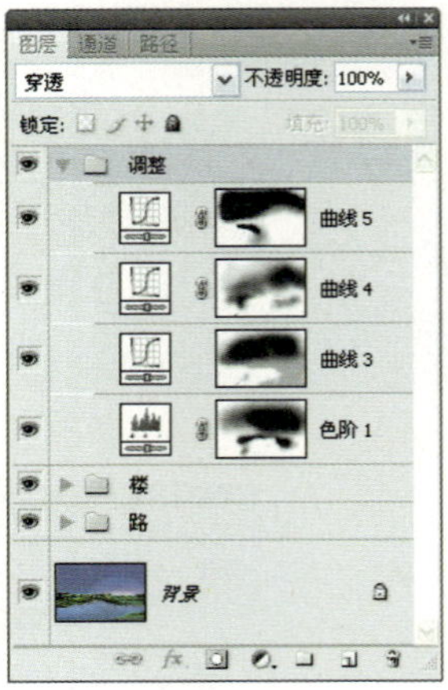

图5.43

提示

本步骤中关于【调整】面板中的参数设置，请参考本例随书所附光盘中的最终效果文件。下面继续调整画布左右两侧的亮度。

步骤13 在【图层】面板中选择图层“曲线5”，再单击【创建新的填充或调整图层】按钮，在弹出的菜单中选择【渐变】命令，在弹出的对话框中设置参数，如图5.44所示，单击【确定】按钮退出对话框，效果如图5.45所示，同时得到图层“渐变填充1”。

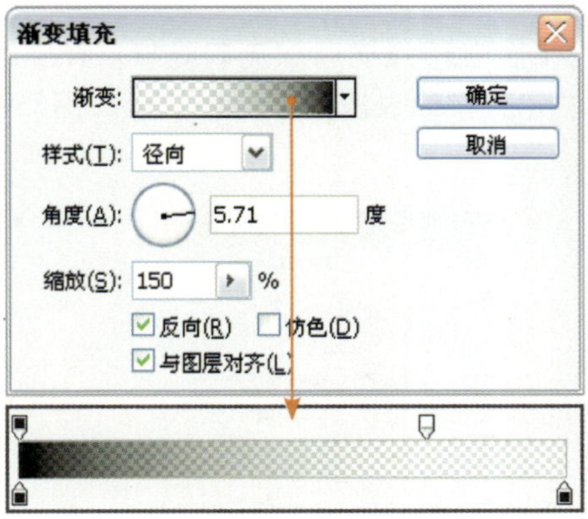

图5.44

图5.45

提示

下面利用素材图像并结合图层样式、滤镜等，制作月亮效果。

步骤14 收拢图层组“调整”，打开随书所附光盘中的素材文件（光盘文件路径为“第5章\5.3\素材4.psd”），结合【移动工具】及图像变换等，制作画布左侧的月亮效果，效果如图5.46所示，同时得到“图层3”。

步骤15 在【图层】面板中单击【添加图层样式】按钮，在弹出的菜单中选择【外发光】命令，在弹出的对话框中设置参数，如图5.47所示，单击【确定】按钮退出对话框，效果如图5.48所示。

图5.46

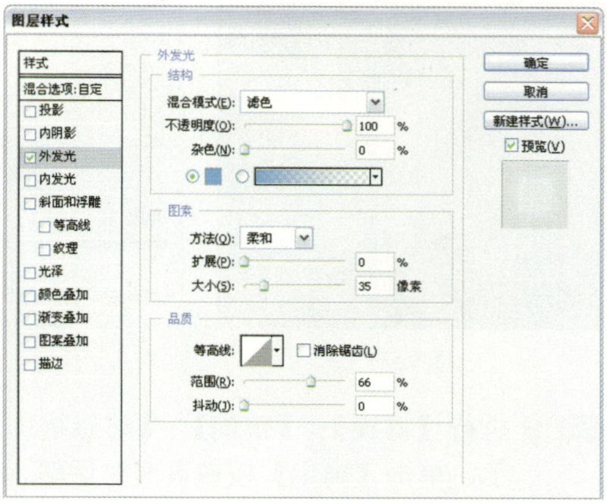

图5.47

提示

在【外发光】参数设置中，色块的颜色值为“2d7ab1”。下面制作水中月的效果。

步骤16 复制“图层3”，得到“图层3副本”，将其图层样式删除。利用自由变换控制框调整“图层3副本”中图像的大小及位置，效果如图5.49所示。设置当前图层的图层混合模式为【叠加】，效果如图5.50所示。

图5.48

图5.49

图5.50

步骤17 执行【滤镜】|【模糊】|【高斯模糊】命令，在弹出的对话框中设置【半径】数值为“4.9”，单击【确定】按钮退出对话框，效果如图5.51所示。

步骤18 执行【滤镜】|【扭曲】|【波纹】命令，在弹出的对话框中设置参数，如图5.52所示，单击【确定】按钮退出对话框，效果如图5.53所示。

图5.51

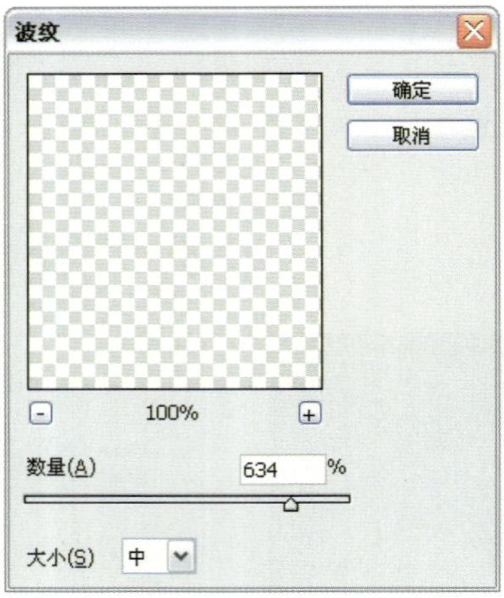

图5.52

图5.53

步骤19 执行【滤镜】|【模糊】|【动感模糊】命令，在弹出的对话框中设置参数，如图5.54所示，单击【确定】按钮退出对话框，效果如图5.55所示。

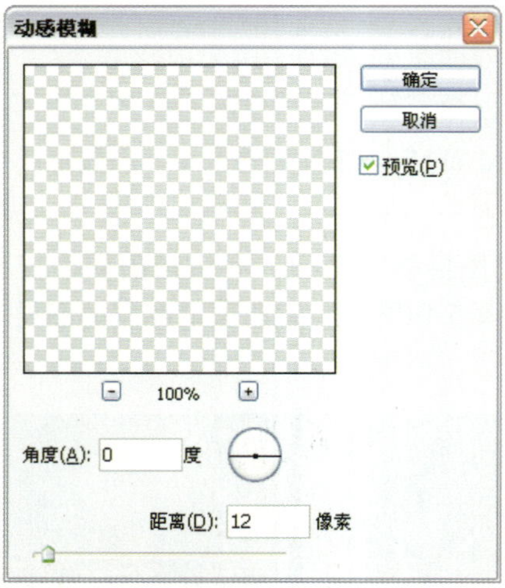

图5.54

图5.55

提示

至此，月亮及其倒影的效果已经制作完成。下面制作楼体上方的星光效果。

步骤20 新建图层，得到“图层4”。设置前景色的颜色值为“a5e0ff”，打开随书所附光盘中的素材文件（光盘文件路径为“第5章\5.3\素材5.abr”）。选择【画笔工具】，在制作文件的画布中单击鼠标右键，在弹出的【画笔预设选取器】面板中选择刚刚打开的画笔，并设置【主直径】为“6px”，在制作文件中楼体的上方进行点击，效果如图5.56所示。利用【外发光】图层样式制作星星的发光效果，参数设置及效果如图5.57所示。

图5.56

图5.57

提示

在【外发光】参数设置中，色块的颜色值为“5e90e1”。

步骤21 保持前景色不变，按照上一步的操作方法，结合【画笔工具】、画笔素材以及图层样式等，模拟完美的星光效果，效果如图5.58所示，此时的【图层】面板如图5.59所示。

图5.58

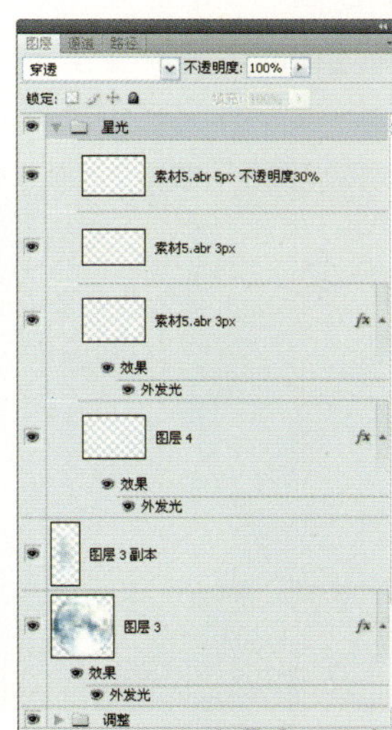

图5.59

提示

本步骤中所使用的画笔类型、画笔大小及【不透明度】数值的设置，请参见本例随书所附光盘最终效果文件图层名称上的相关文字信息。另外，在此设置最上方图层的【不透明度】为“30%”。关于【外发光】图层样式的参数设置，请参考本例随书所附光盘中的最终效果文件。下面制作流星雨效果。

步骤22 收拢图层组“星光”，新建图层，得到“图层5”。设置前景色的颜色值为“316cad”，选择【画笔工具】，在其工具选项栏中设置【画笔】为“柔角8像素”，【不透明度】为“100%”，在制作文件中的天空位置多次点击，效果如图5.60所示。

步骤23 选择【涂抹工具】，在其工具选项栏中设置【画笔】为“尖角13像素”，【强度】为“80%”，在制作文件中上一步得到的每个点的位置处进行拖动，效果如图5.61所示。

图5.60

图5.61

步骤24 在【图层】面板中单击【添加图层蒙版】按钮，为“图层5”添加图层蒙版。设置前景色为黑色，选择【画笔工具】，在其工具选项栏中设置适当的画笔大小及【不透明度】数值，在图层蒙版中进行涂抹以减淡图像效果，直至效果如图5.62所示。

步骤25 选择【钢笔工具】，在其工具选项栏中单击【路径】按钮及【添加到路径区域】按钮，在制作文件中上一步得到的效果位置处绘制如图5.63所示的路径。

图5.62

图5.63

步骤26 新建图层，得到“图层6”。设置前景色为白色，选择【画笔工具】，在其工具选项栏中设置【画笔】为“尖角1像素”，【不透明度】为“100%”。切换至【路径】面板，按住Alt键单击【用画笔描边路径】按钮，在弹出的对话框中选择【模拟压力】选项，单击【确定】按钮退出对话框，隐藏路径后的效果如图5.64所示。

提示

选择【模拟压力】选项的目的，在于使描边路径后得到的线条具有两端细、中间粗的效果。需要注意的是，此时必须在【画笔】面板的【形状动态】区域中，设置【大小抖动】下方的【控制】为【钢笔压力】，否则无法得到这样的效果。

步骤27 切换回【图层】面板，复制“图层6”，得到“图层6副本”，隐藏“图层6副本”，选择“图层6”。执行【滤镜】|【模糊】|【高斯模糊】命令，在弹出的对话框中设置【半径】数值为“0.8”，单击【确定】按钮退出对话框。设置“图层6”的【不透明度】为“50%”，效果如图5.65所示。

图5.64

图5.65

步骤28 选择并显示“图层6副本”，结合图层蒙版以及图层属性等增强图像效果，效果如图5.66所示。

提示

本步骤中设置“图层6副本”的【不透明度】为“80%”。下面进一步完善流星雨效果以完成制作。

步骤29 选择“图层5”～“图层6副本”，按Ctrl+Alt+E组合键盖印图层，将选中图层中的图像合并至新图层中，并将其重命名为“图层7”。隐藏“图层5”～“图层6副本”。

步骤30 执行【滤镜】|【模糊】|【高斯模糊】命令，在弹出的对话框中设置【半径】数值为“1”，单击【确定】按钮退出对话框，效果如图5.67所示，最终整体效果如图5.68所示，此时的【图层】面板如图5.69所示。

提示

本例最终效果文件见随书所附光盘（光盘文件路径为“第5章\5.3\5.3.psd”）。

图5.66

图5.67

图5.68

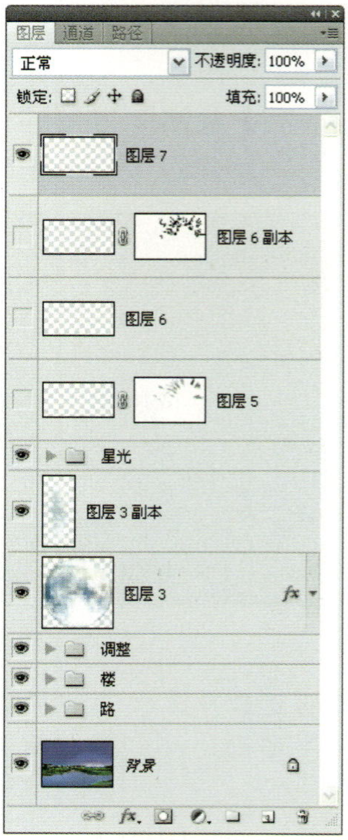

图5.69

5.4 旷野怡心视觉表现

例前导读：

本例是以旷野怡心为主题的视觉表现作品。在制作过程中，通过拼合素材图像，制作出一幅令人心旷神怡的美景；通过制作发光效果，将天与地的色调融合起来，使画面看上去更加和谐；通过组合树、热气球、飞鸟等元素，使作品的主题更加鲜明，并加强了设计的美感。

核心技能：

- 使用【色相/饱和度】调整命令，调整图像的色相及饱和度。
- 利用剪贴蒙版限制图像的显示范围。
- 使用【画笔工具】绘制图像。
- 设置图层属性以混合图像。
- 利用图层蒙版隐藏不需要的图像。
- 添加【外发光】图层样式，制作图像的发光效果。

操作步骤：

步骤1 按Ctrl+N组合键新建文件，在弹出的对话框中设置参数，如图5.70所示，单击【确定】

按钮退出对话框，将此新建文件作为本例的制作文件。

提示

下面结合素材图像、调整命令以及【画笔工具】等，制作云彩及草地效果。

步骤 2 打开随书所附光盘中的素材文件（光盘文件路径为“第5章\5.4\素材1.psd”），按住Shift键，使用【移动工具】将其中的图像拖动至制作文件中，效果如图5.71所示，同时得到“图层1”。

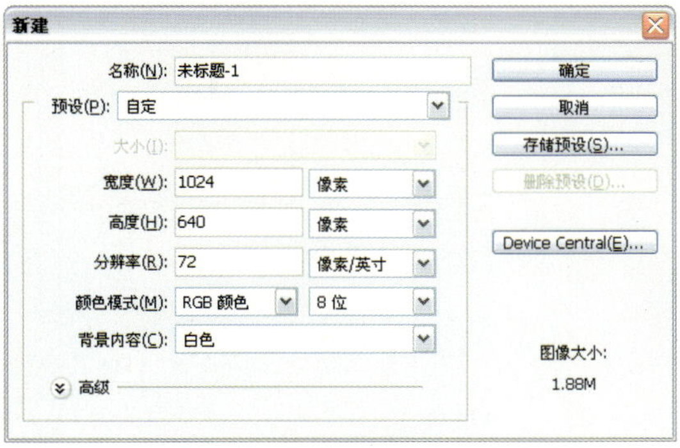

图5.70

图5.71

步骤 3 按Ctrl+U组合键执行【色相/饱和度】命令，在弹出的对话框中设置参数，如图5.72所示，单击【确定】按钮退出对话框，效果如图5.73所示。

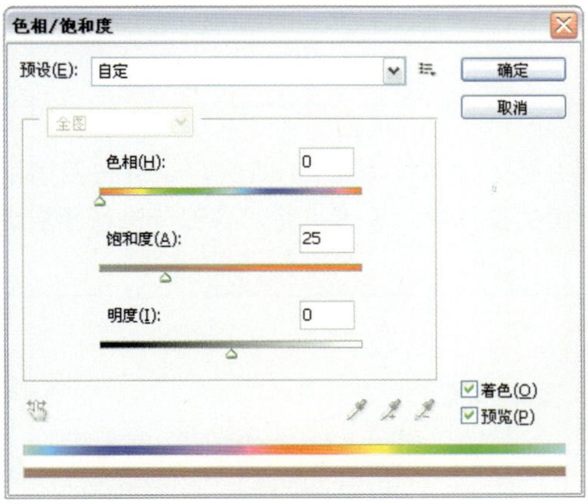

图5.72

图5.73

步骤 4 按照步骤2的操作方法，打开随书所附光盘中的素材文件（光盘文件路径为“第5章\5.4\素材2.psd”），并使用【移动工具】将其中的图像拖动至制作文件中画布的下方，效果如图5.74所示，同时得到“图层2”。

步骤 5 新建图层，得到“图层3”，按Ctrl+Alt+G组合键创建剪贴蒙版。设置前景色的颜色值为“ffffbe”，选择【画笔工具】，在其工具选项栏中设置适当的画笔大小及【不透明度】数值，在制作文件中的草地位置处进行涂抹，效果如图5.75所示。

步骤 6 设置“图层3”的图层混合模式为【滤色】，【填充】为“63%”，效果如图5.76所示，此时的【图层】面板如图5.77所示。

图5.74

图5.75

图5.76

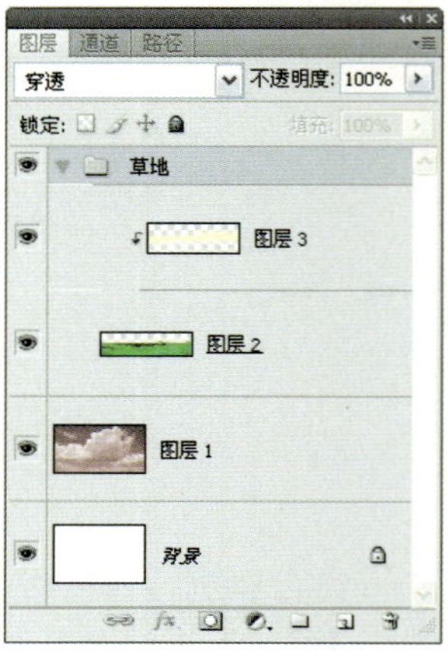

图5.77

提示

本步骤中为了方便管理图层，在此将制作草地的图层选中，按Ctrl+G组合键进行图层编组，得到“组1”，并将其重命名为“草地”。在下面的操作中，笔者也将对各部分进行图层编组，在步骤中不再叙述。下面对整体色彩进行调整。

步骤 7 在【图层】面板中收拢图层组“草地”，然后单击【创建新的填充或调整图层】按钮，在弹出的菜单中选择【渐变】命令，在弹出的对话框中设置参数，如图5.78所示，单击【确定】按钮退出对话框，得到图层“渐变填充1”。设置此图层的图层混合模式为【叠加】，【不透明度】为“60%”，效果如图5.79所示。

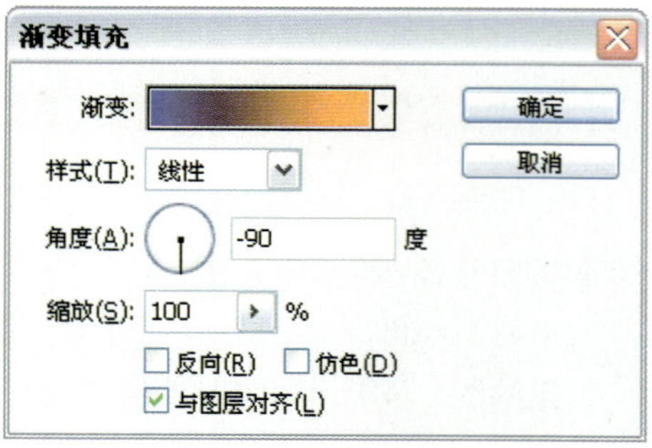

图5.78

提示

在【渐变填充】对话框中，渐变颜色值为“290a59”、“ff7c00”。

步骤 8 新建图层，得到“图层4”，设置此图层的图层混合模式为【颜色】。设置前景色的颜色值为“ffe300”，选择【画笔工具】，在其工具选项栏中设置适当的画笔大小及【不透明度】数值，在制作文件中的草地位置处进行涂抹，效果如图5.80所示。

图5.79

图5.80

提示

至此，整体色调已经调整完毕。下面制作树的效果。

步骤 9 选择图层组“草地”，打开随书所附光盘中的素材文件（光盘文件路径为“第5章\5.4\素材3.psd”），使用【移动工具】将其中的图像拖动至制作文件中，并将其放置在画布下方的草地位置处，效果如图5.81所示，同时得到“图层5”。设置此图层的图层混合模式为【正片叠底】，效果如图5.82所示。

图5.81

图5.82

步骤 10 复制“图层5”，得到“图层5副本”，更改此图层的图层混合模式为【正常】，此时的图像状态如图5.83所示。在【图层】面板中单击【添加图层蒙版】按钮，为当前图层添加图层蒙版。设置前景色为黑色，选择【画笔工具】，在其工具选项栏中设置适当的画笔大小及【不透明度】数值，在图层蒙版中进行涂抹，将下方的图像效果隐藏起来，直至效果如图5.84所示。

步骤 11 按照上面所讲解的操作方法，结合【画笔工具】以及图层属性等，制作树的投影效果，效果如图5.85所示，同时得到“图层6”，此时的【图层】面板如图5.86所示。

图5.83

图5.84

图5.85

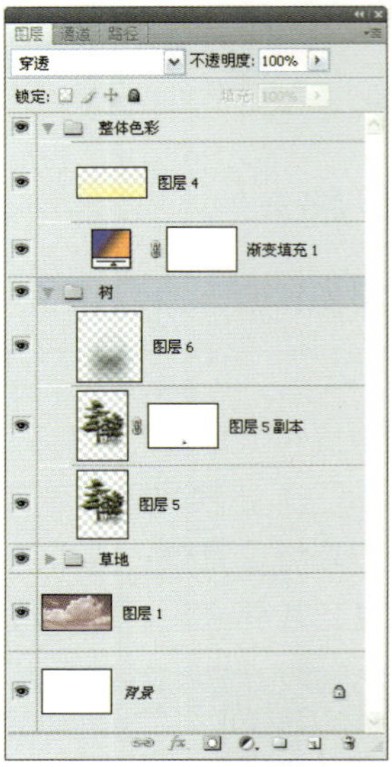

图5.86

提示

本步骤中设置“图层6”的图层混合模式为【正片叠底】，【不透明度】为“70%”。下面制作发光效果。

步骤12 收拢图层组“树”和图层组“整体色彩”，选择“图层1”，按照上面所讲解的操作方法，结合渐变填充、【画笔工具】及图层属性等，制作地平线上的发光效果，效果如图5.87所示，同时得到图层“渐变填充2”、“图层7”和“图层8”。图5.88所示为单独显示本步骤操作效果时的图像状态。

提示

本步骤中关于图像颜色值、图层属性以及【渐变填充】对话框中参数的设置，请参考本例随书所附光盘中的最终效果文件。下面如果有类似操作，也不再进行相关提示。下面制作彩虹效果。

图5.87

图5.88

步骤13 选择“图层8”，设置前景色为白色，选择【椭圆工具】，在其工具选项栏中单击【形状图层】按钮，按住Shift键在制作文件中画布的下方绘制如图5.89所示的形状，得到图层“形状1”。

图5.89

步骤14 在【图层】面板中设置图层“形状1”的【填充】为“0%”，然后单击【添加图层样式】按钮，在弹出的菜单中选择【外发光】命令，在弹出的对话框中设置参数，如图5.90所示，单击【确定】按钮退出对话框，效果如图5.91所示。

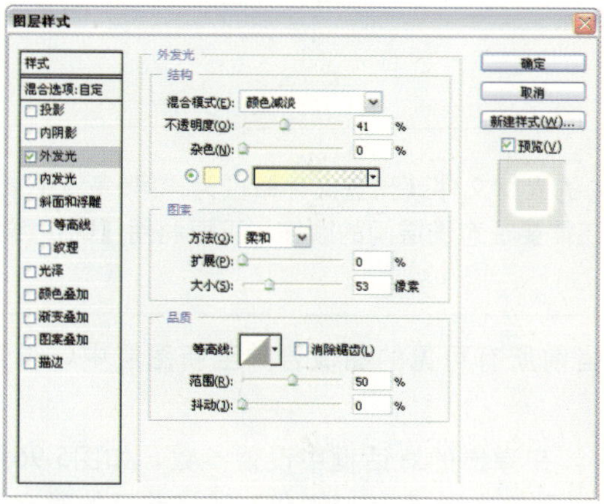

图5.90

图5.91

提示

在【外发光】参数设置中，色块的颜色值为“ffffbe”。

步骤15 执行【滤镜】|【模糊】|【高斯模糊】命令，在弹出的提示框中直接单击【确定】按钮退出提示框，然后在弹出的对话框中设置【半径】数值为“8.7”，单击【确定】按钮退出对话框，效果如图5.92所示，此时的【图层】面板如图5.93所示。

图5.92

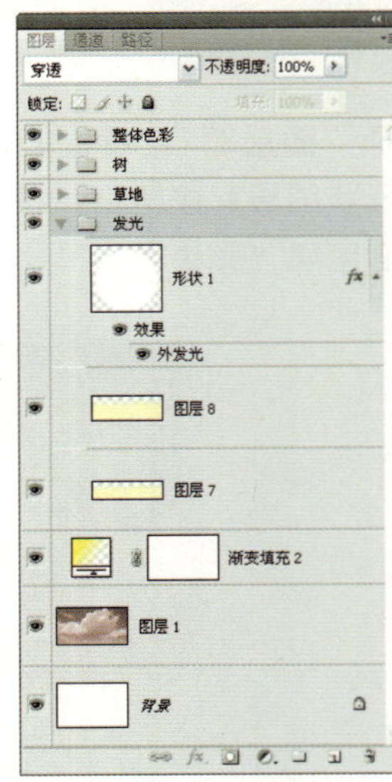

图5.93

提示

至此，彩虹效果已经制作完成。下面制作热气球、飞鸟以及四周的阴影效果。

步骤16 收拢图层组“发光”，按照上面所讲解的操作方法，结合素材图像、图层复制、图层属性以及【画笔工具】等，制作画布下方的热气球、飞鸟以及四周的阴影效果，效果如图5.94所示，此时的【图层】面板如图5.95所示。

提示

本步骤中应用到的素材文件为随书所附光盘中的素材文件（光盘文件路径为“第5章\5.4\素材4.psd、素材5.psd”）。另外，在制作过程中，还需要注意图层间的顺序。下面利用【USM锐化】滤镜锐化图像的细节以完成制作。

步骤17 按Ctrl+Alt+Shift+E组合键盖印图层，将当前所有可见的图像合并至新图层中，得到“图层12”。

步骤18 执行【滤镜】|【锐化】|【USM锐化】命令，在弹出的对话框中设置参数，如图5.96所示，单击【确定】按钮退出对话框，图5.97所示为应用【USM锐化】滤镜前后的对比效果，本例最终整体效果如图5.98所示，此时的【图层】面板如图5.99所示。

图5.94

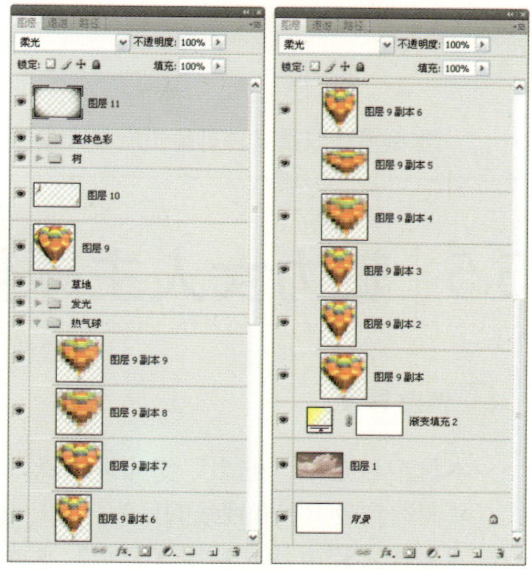

图5.95

图5.96

应用滤镜前　　应用滤镜后

图5.97

图5.98

图5.99

提示

本例最终效果文件见随书所附光盘（光盘文件路径为“第5章\5.4\5.4.psd”）。

5.5 魅力女人主题化妆品广告

例前导读：

本例广告是以“魅力”作为诉求点，在画面的处理上设计师选择了梦幻、唯美的表达方式，从而达到吸引观者视线的目的。

在制作过程中，先利用【云彩】滤镜制作出随机化的异彩图像效果，再通过设置混合模式，将其叠加在人物的身体上，从而得到丰富的色彩效果；然后结合图层蒙版及相关滤镜，为人物的左半部分制作飘散的特殊效果，以更好地衬托出梦幻的气氛；最后，使用环绕于人物身体的光线及大小不一的光点来装饰整体画面。

核心技能：

- 使用【渐变工具】绘制渐变效果。
- 设置图层属性以混合图像。
- 利用图层蒙版隐藏不需要的图像。
- 利用滤镜制作艺术化的图像效果。
- 结合路径及“画笔描边路径”功能，为所绘制的路径进行描边。
- 使用形状绘制类工具绘制形状。
- 利用图像变换，调整图像的大小、角度及位置。

操作步骤：

步骤1 打开随书所附光盘中的素材文件（光盘文件路径为“第5章\5.5\素材.psd”），将其作为本例的制作文件。该文件包括两个素材图像图层，在下面的操作中将一一用到，其【图层】面板如图5.100所示。按住Alt键单击图层“背景”左侧的图标以隐藏其他图层。

步骤2 选择【渐变工具】，在其工具选项栏中单击【线性渐变】按钮，单击渐变预览框，在弹出的【渐变编辑器】对话框中设置参数，如图5.101所示，单击【确定】按钮退出对话框。使用【渐变工具】在制作文件中画布的左侧向右侧绘制渐变，效果类似图5.102所示。

提示

在【渐变编辑器】对话框中，各色标的颜色值从左至右依次为“b0b2c6”、“ffffff”和“b0b2c6”。至此，背景基本元素已经制作完成。下面对人物图像进行处理。

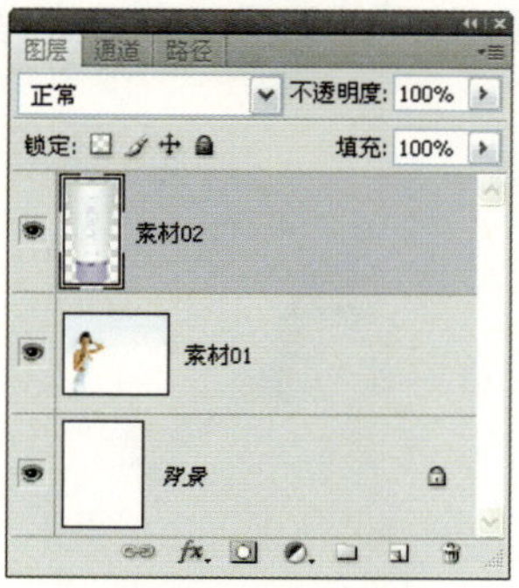

图5.100

图5.101

图5.102

步骤3 显示图层“素材01”，将其重命名为“图层1”。按Ctrl+T组合键调出自由变换控制框，按住 Shift键放大“图层1”中的图像并调整该图像的位置，按Enter键确认变换操作，效果类似图5.103所示。

步骤4 按Ctrl+Shift+U组合键执行去色操作，并设置“图层1”的图层混合模式为【线性加深】，效果如图5.104所示。

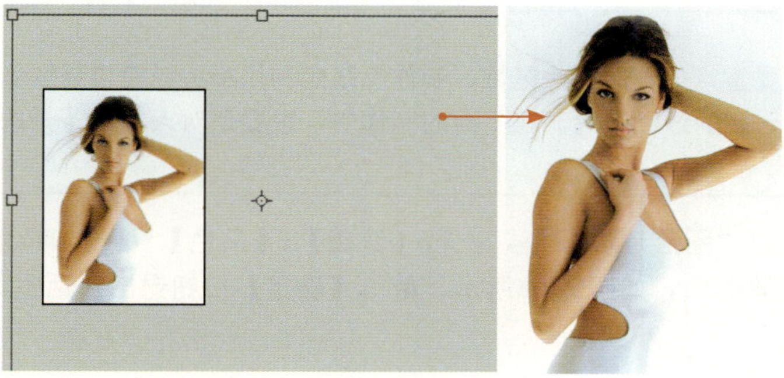

图5.103

图5.104

提示

下面利用图层蒙版，将人物图像的左侧与背景融合起来。

步骤5 在【图层】面板中单击【添加图层蒙版】按钮，为“图层1”添加图层蒙版。设置前景色为黑色，选择【画笔工具】，在其工具选项栏中设置适当的画笔大小，在制作文件中人物的左侧进行涂抹以隐藏图像效果，效果如图5.105所示。

提示

由于上面执行了图像的放大操作，人物看起来有点虚，下面结合【高斯模糊】滤镜及图层混合模式，对人物图像进行柔光处理。这样除了可以改善图像的质量外，还可以得到更加柔美的艺术效果。

步骤6 复制“图层1”，得到“图层1副本”，在该副本图层的图层蒙版缩览图上单击鼠标右键，在弹出的菜单中选择【删除图层蒙版】命令。

步骤7 执行【滤镜】|【模糊】|【高斯模糊】命令，在弹出的对话框中设置【半径】为“7”，单击【确定】按钮退出对话框，效果如图5.106所示。设置“图层1”的图层混合模式为【滤色】，效果如图5.107所示。

图5.105

图5.106

图5.107

提示

人物左侧的区域是下面将要重点处理的图像区域，制作思路是利用相关滤镜增强图像的艺术美感，使其与背景之间产生一定的过渡效果。在下面的制作中，主要是对人物与背景的过渡区域进行杂点化处理。

步骤8 复制“图层1副本”，得到“图层1副本2”，执行【滤镜】|【杂色】|【添加杂色】命令，在弹出的对话框中设置参数，如图5.108所示，单击【确定】按钮退出对话框，效果如图5.109所示。

提示

此时观察图像可以看出，由于画布左侧人物与背景之间的过渡区域太亮，导致杂色无法显示出来；相反，画布右侧不需要杂色的区域则显示出了杂色。对于这些问题，仔细分析可以想到，画布左侧的效果主要是由“图层1副本”中的图像内容混合得到的，所以只需要使用图层蒙版隐藏该部分效果，恢复下面淡蓝色的图像内容，即可解决过渡区域过亮的问题；而对于画布右侧多余的杂点，同样可以使用图层蒙版进行隐藏。

步骤9 选择“图层1副本”，为其添加图层蒙版。设置前景色为黑色，选择【画笔工具】，在其工具选项栏中设置适当的画笔大小，在制作文件中画布左侧的过渡区域进行涂抹，以显示出下面的淡蓝色图像内容，效果如图5.110所示。可以看出，左侧的杂点已经显示出来了。

步骤10 选择“图层1副本2”，同样为其添加图层蒙版，并按照上面讲解的操作方法，使用【画笔工具】在图层蒙版的右侧进行涂抹以隐藏图像内容，从而得到右侧若有若无的杂点效果，效果如图5.111所示，此时对应的图层蒙版状态如图5.112所示。

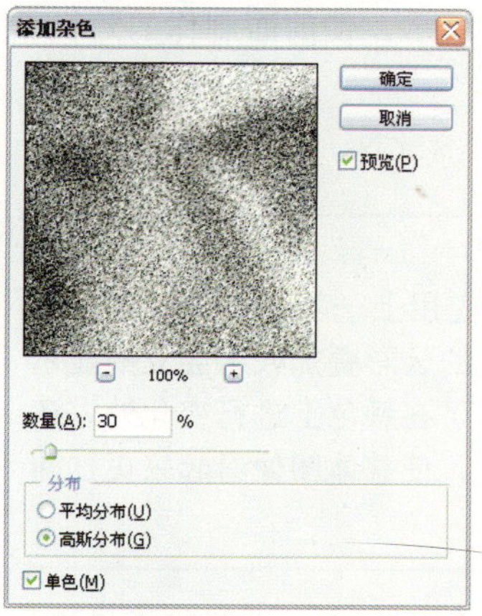

图5.108

图5.109

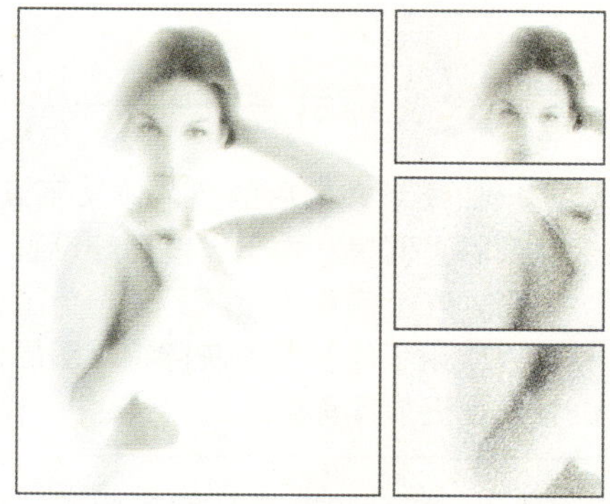

图5.110

图5.111

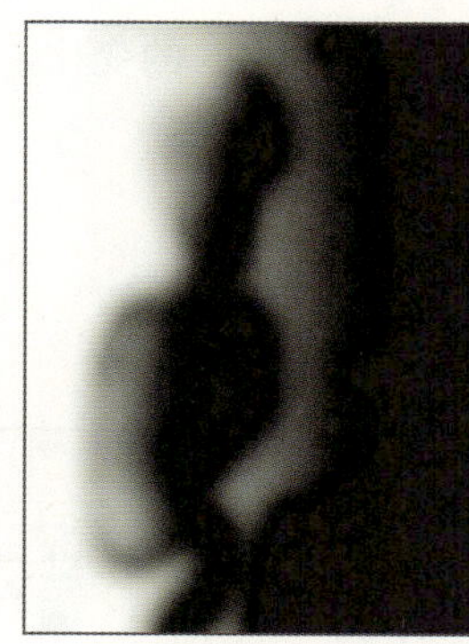

图5.112

提示

下面继续上一步骤的操作，在人物与背景之间增加过渡效果。略有不同的是，下面将制作发散度更强烈的扭曲效果。

步骤 11 按住Alt键向上拖动“图层1副本”至“图层1副本2”的上方，释放鼠标，复制得到“图层1副本3”，删除该副本图层的图层蒙版。执行【滤镜】|【扭曲】|【海洋波纹】命令，在弹出的对话框中设置参数，单击【确定】按钮退出对话框，参数设置及效果如图5.113所示。

步骤 12 在【图层】面板中单击【添加图层蒙版】按钮，为“图层1副本3”添加图层蒙版。设置前景色为黑色，选择【画笔工具】，在其工具选项栏中设置适当的画笔大小，将右半部分的图像效果隐藏起来，效果如图5.114所示。

提示

下面为人物图像叠加一种随机性的色彩效果。在此，【云彩】滤镜是一个非常理想的选择。

步骤 13 设置前景色的颜色值为“ff00ad”，背景色的颜色值为“12a4f8”。新建图层，得到“图层2”。执行【滤镜】|【渲染】|【云彩】命令，效果类似图5.115所示。

步骤14 设置“图层2”的图层混合模式为【叠加】，效果如图5.116所示，使前面制作的随机云彩效果叠加于人物图像上。

提示

如果对叠加后的颜色效果不满意，可以按Ctrl+F组合键重复应用上一次使用的滤镜——【云彩】滤镜。由于当前已经设置了【叠加】图层混合模式，得到的云彩叠加效果会立刻显示出来，直至满意为止。另外，为了使叠加的颜色显得更加随意，除了在颜色上进行变化外，还可以使用不同程度的灰色编辑图层蒙版，从而得到深浅不同的颜色，使整体图像看起来更加随性，也更加具有美感。

步骤15 为“图层2”添加图层蒙版，设置前景色为黑色，选择【画笔工具】，在其工具选项栏中设置适当的【不透明度】数值，在制作文件中人物的脸部等位置进行涂抹，使色彩产生深浅不一的变化，效果如图5.117所示。

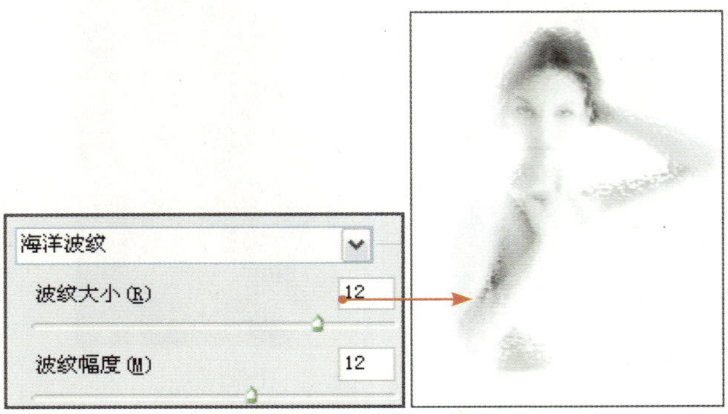

图5.113

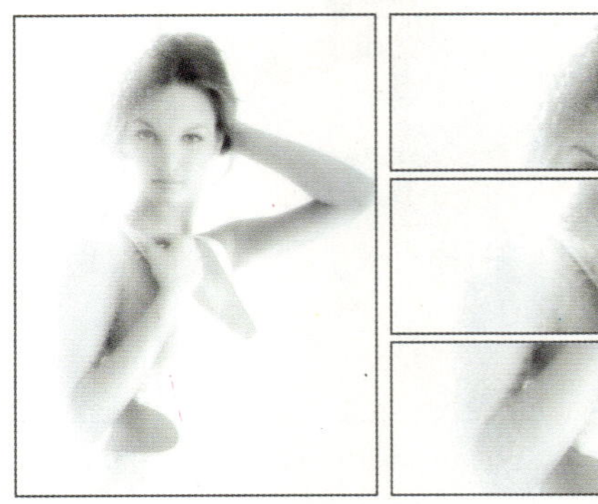

图5.114

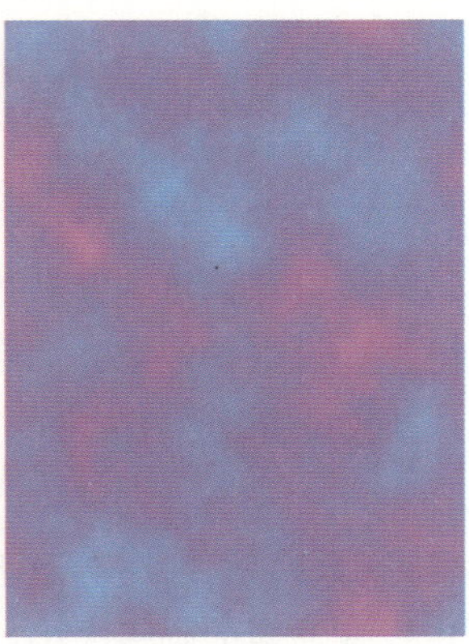

图5.115

图5.116

图5.117

提示

下面为人物增加一些装饰用的环绕光线，在操作时使用了为路径描边的方法。对于能够熟练使用鼠标绘画或使用手写板绘画的读者，也可以尝试直接使用【画笔工具】进行光线的绘制。

步骤16 选择【钢笔工具】，在其工具选项栏中单击【路径】按钮及【添加到路径区域】按钮，在制作文件中绘制环绕人体的路径，效果如图5.118所示。

步骤17 新建图层，得到“图层3”。设置前景色为白色，选择【画笔工具】，在其工具选项栏中设置适当的画笔大小，单击【路径】面板中的【用画笔描边路径】按钮，隐藏路径后的效果如图5.119所示。

图5.118

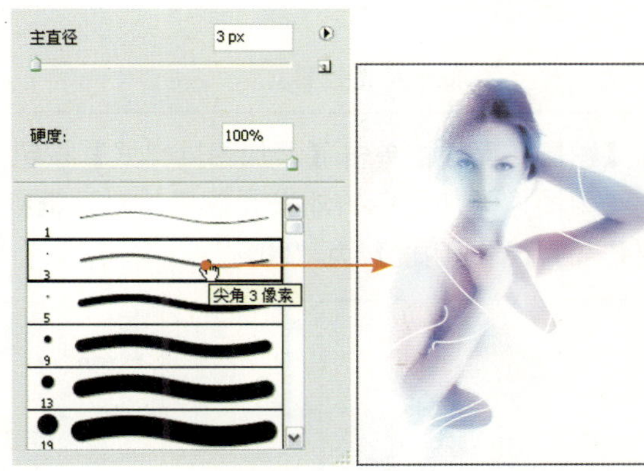

图5.119

提示

由于描边后的各曲线端点处效果非常生硬，下面使用图层蒙版，对其进行渐隐效果的处理。

步骤18 在【图层】面板中单击【添加图层蒙版】按钮，为“图层3”添加图层蒙版。设置前景色为黑色，选择【画笔工具】，在其工具选项栏中设置适当的柔角画笔参数，在制作文件中人物的腋下、腰部及手臂等位置的曲线端点处进行涂抹，使其具有渐隐效果，效果如图5.120所示。

步骤19 在【图层】面板中单击【添加图层样式】按钮，在弹出的菜单中选择【外发光】命令，在弹出的对话框中设置参数，如图5.121所示，单击【确定】按钮退出对话框，效果如图5.122所示。

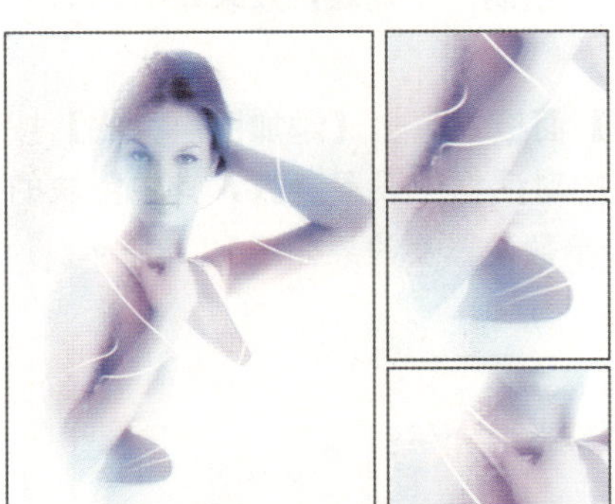

图5.120

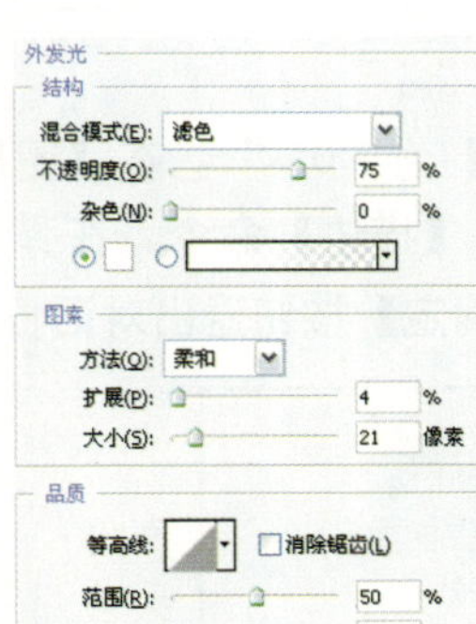

图5.121

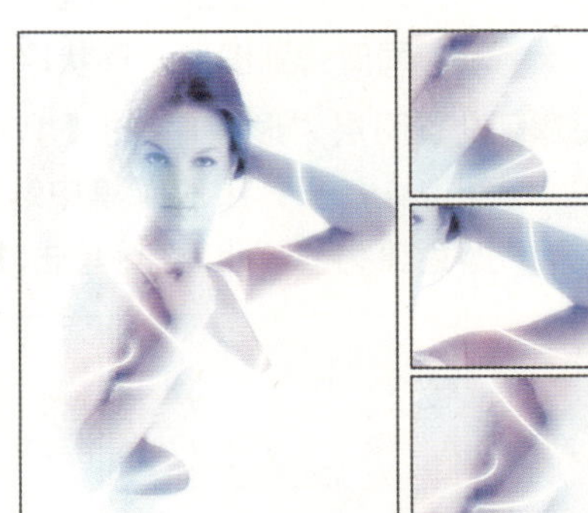

图5.122

提示

下面为画面添加装饰光点，以美化图像效果。

步骤20 新建图层，得到“图层4”。设置前景色为白色，选择【画笔工具】，在其工具选项栏中设置适当的柔角画笔参数，然后结合“[”键和“]”键放大和缩小画笔，在制作文件中随意点击以添加几个光点。为便于观看，笔者暂时将所添加的白色光点变为黑色，效果如图5.123所示。

> **提示**
>
> 下面为光点添加外发光效果。

步骤21 在【图层】面板中单击【添加图层样式】按钮，在弹出的菜单中选择【外发光】命令，为图像添加蓝色的外发光效果，对话框参数设置及效果如图5.124所示。设置“图层4”的【不透明度】为“50%”。

图5.123

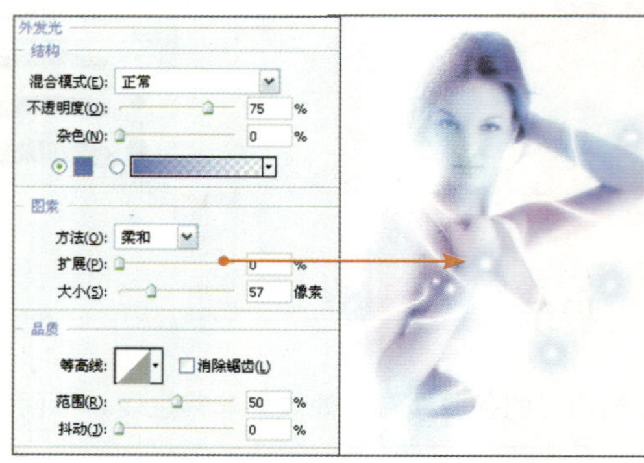

图5.124

步骤22 按照上面讲解的操作方法，新建图层，得到“图层5”。使用【画笔工具】在制作文件的画布中绘制几个光点，并为“图层5”添加【外发光】图层样式，其中色块的颜色值为“f800ff”；图层的【不透明度】为“50%”，参数设置及效果如图5.125所示。

步骤23 选择【自定形状工具】，在其工具选项栏中载入预设形状“自然”，在制作文件的画布中单击鼠标右键，在弹出的【自定形状拾色器】面板中选择形状“蝴蝶”，如图5.126所示。结合自由变换控制框，在制作文件中画布的上半部分绘制两个蝴蝶，效果如图5.127所示，同时得到图层“形状1”。

步骤24 设置图层“形状1”的【填充】为“0%”。在【图层】面板中单击【添加图层样式】按钮，在弹出的菜单中选择【描边】命令，在弹出的对话框中设置参数，其中色块的颜色值为“e7abff”，单击【确定】按钮退出对话框，参数设置及效果如图5.128所示。

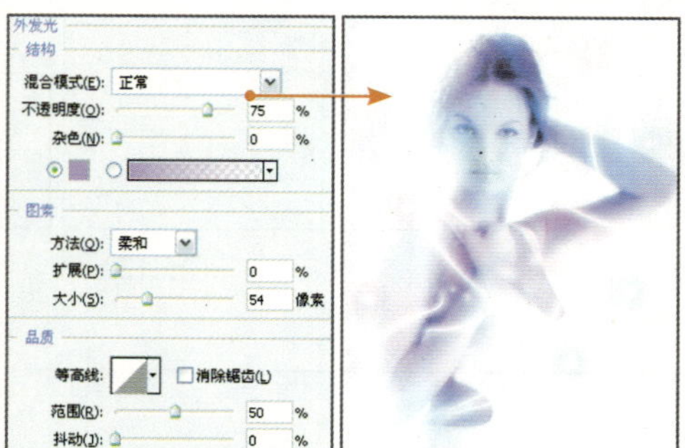

图5.125

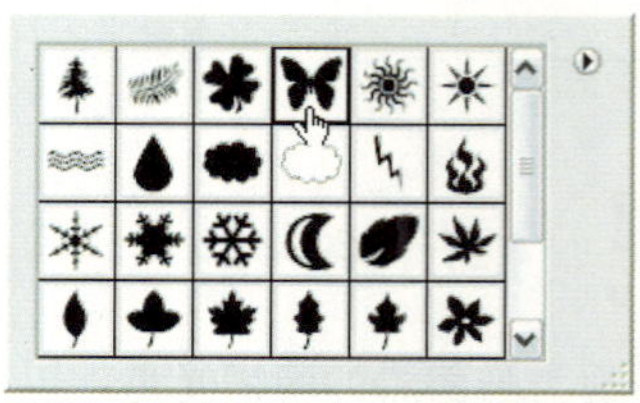

图5.126

图5.127

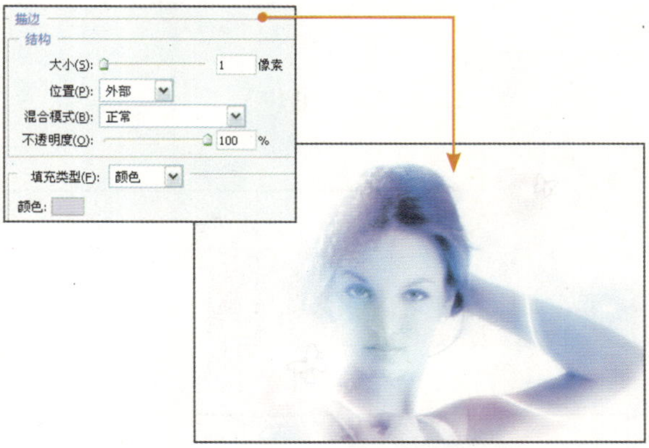

图5.128

步骤25 设置前景色的颜色值为“e7abff”，选择【钢笔工具】，在其工具选项栏中单击【形状图层】按钮，然后在制作文件画布的底部绘制如图5.129所示的形状，同时得到图层“形状2”。设置前景色的颜色值为“b041a6”，按照上面讲解的操作方法，再绘制一个曲线部分略向下收缩的形状，以露出下面形状的部分边缘，效果如图5.130所示。

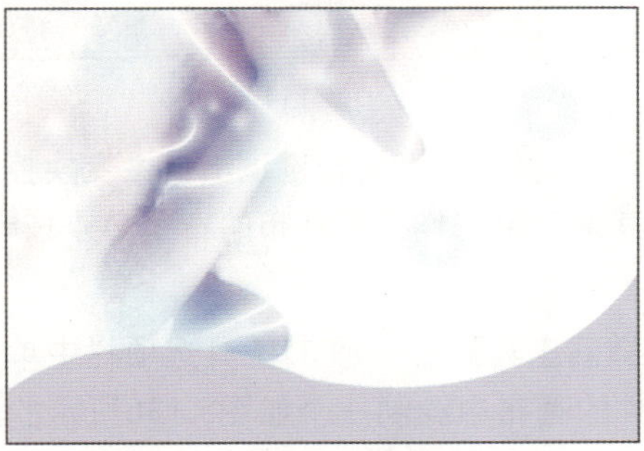

图5.129

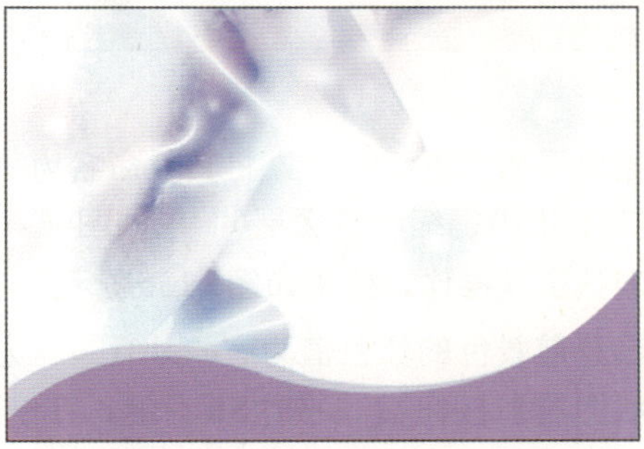

图5.130

提示

下面结合文字输入及文字变形等操作，在上一步绘制的曲线形状的上方制作带有相同曲线效果的文字。

步骤26 设置前景色的颜色值为“db7dff”，选择【横排文字工具】，在其工具选项栏中设置适当的字体和字号，在制作文件中曲线形状的上方输入文字“芳香四溢，风韵撩人”，效果如图5.131所示，同时得到对应的文字图层。

步骤27 使用【横排文字工具】选择上一步骤输入的文字，单击工具选项栏中的【创建文字变形】按钮，在弹出的对话框中设置参数，如图5.132所示，单击【确定】按钮退出对话框，效果如图5.133所示。利用自由变换控制框，将文字顺时针旋转一定的角度，使其与原曲线边缘的孤度保持一致，效果如图5.134所示。

提示

至此，文字效果已经制作完成。下面添加化妆品包装及圆环效果。

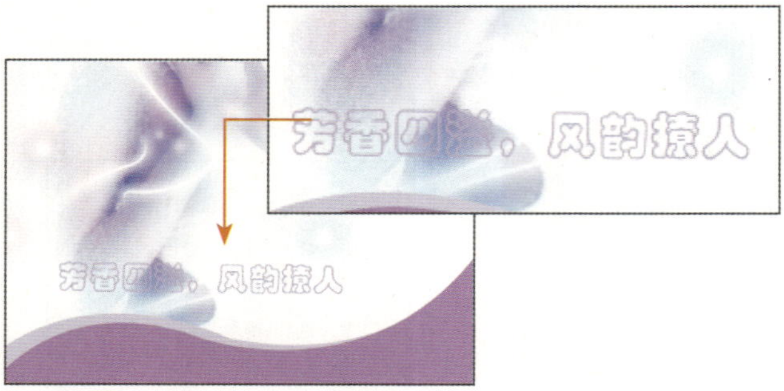

图5.131

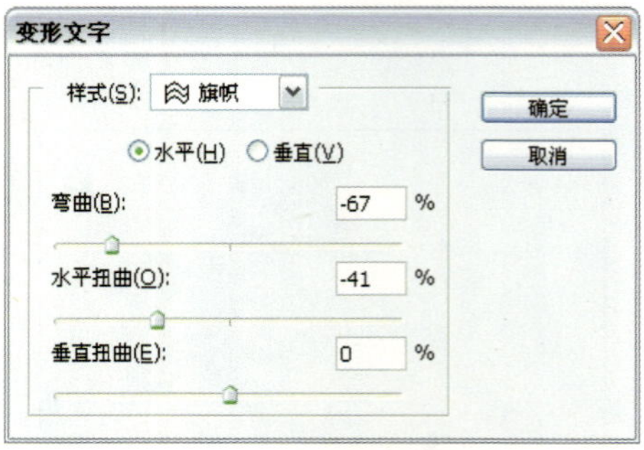

图5.132

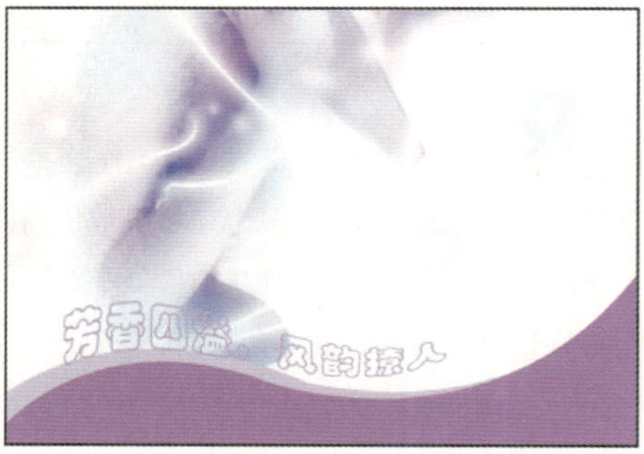

图5.133

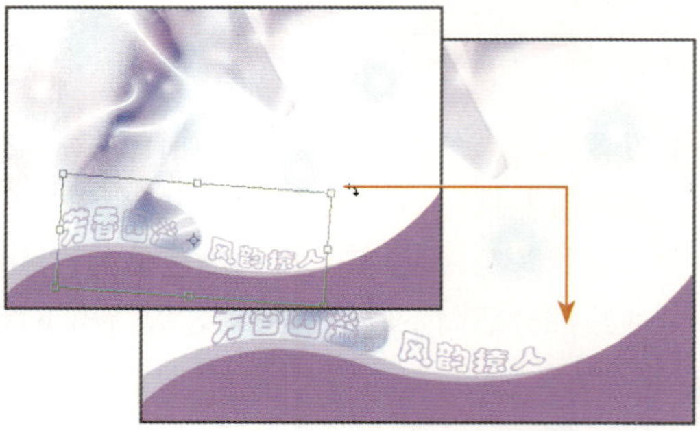

图5.134

步骤28 显示图层“素材02”，将其重命名为“图层6”。按Ctrl+T组合键调出自由变换控制框，按住Shift键缩小“图层6”中的图像，并将其拖动至制作文件画布的右下角，按Enter键确认变换操作，效果如图5.135所示。

步骤29 设置前景色的颜色值为“e7abff”，选择【椭圆工具】，在其工具选项栏中单击【形状图层】按钮，按住Shift键，在制作文件的画布中绘制一个如图5.136所示的正圆形状，同时得到图层“形状4”。

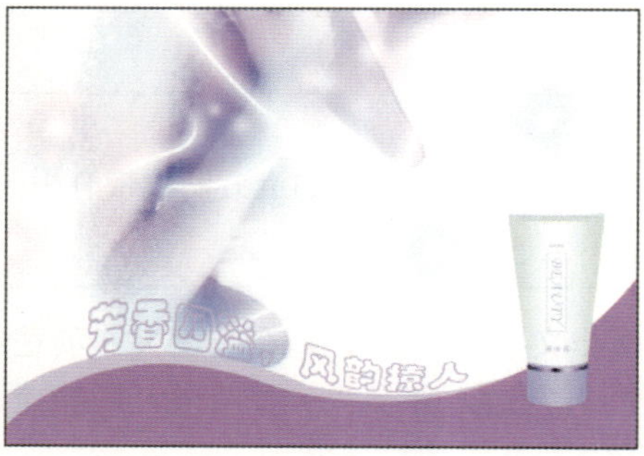

图5.135

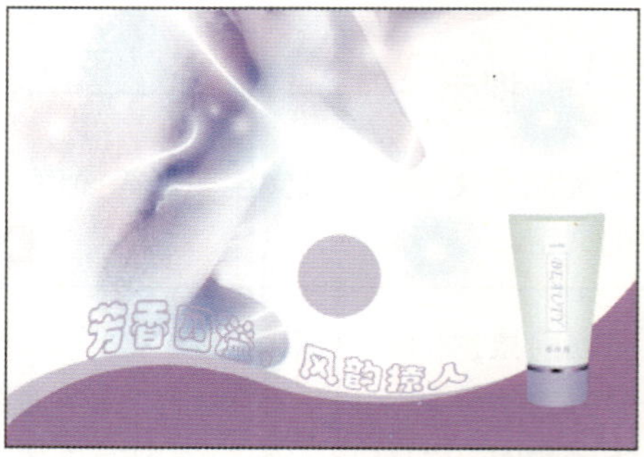

图5.136

步骤30 使用【路径选择工具】选择图层“形状4”中的路径，按Ctrl+Alt+T组合键调出自由变换并复制控制框，按住Alt+Shift组合键，向中心拖动控制手柄以缩小路径，按Enter键确认变换操作，并在工具选项栏中单击【从形状区域减去】按钮，效果如图5.137所示。

提示

使用【路径选择工具】选中上面制作的圆环路径，并单击工具选项栏中的【组合】按钮，将二者进行组合，以便于在下面进行选择和复制操作。

步骤31 使用【路径选择工具】选中上面合并后的圆环路径，按Ctrl+Alt+T组合键调出自由变换并复制控制框，按住Shift键缩放路径，重复此操作多次，在画布底部复制得到多条圆环路径，按照图5.138所示的方式摆放路径的位置。

图5.137

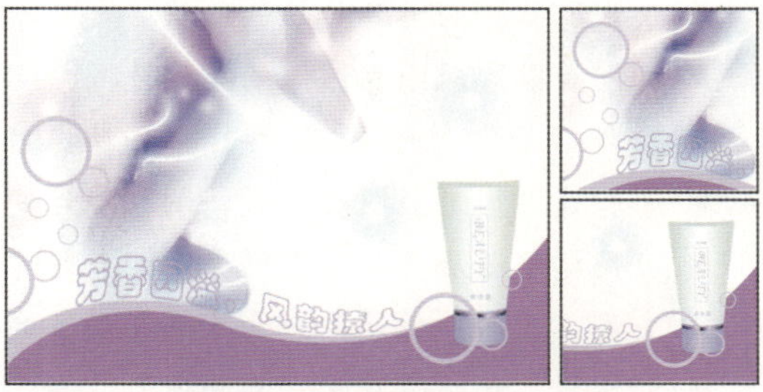

图5.138

步骤32 设置前景色为白色，选择【横排文字工具】T，在其工具选项栏中设置适当的字体和字号，在制作文件画布的左下角输入文字“BEAUTY　魅力女人”，最终效果如图5.139所示，此时的【图层】面板如图5.140所示。

图5.139

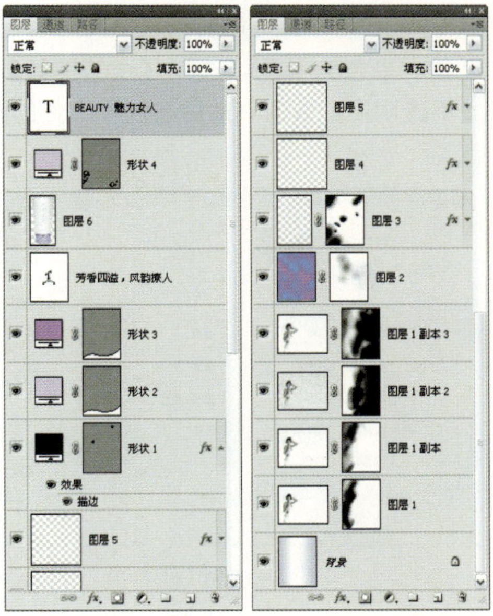

图5.140

提示

本例最终效果文件见随书所附光盘（光盘文件路径为“第5章\5.5\5.5.psd”）。

5.6 护发产品创意广告

例前导读：

本例是以护发产品为主题的创意广告设计作品。在制作过程中，主要以处理瓶子下方的蝴蝶图像为核心内容。值得一提的是，蝴蝶图像的制作完全是用手工拼合而成的。

核心技能：

- 使用形状绘制类工具绘制形状。
- 利用剪贴蒙版限制图像的显示范围。
- 结合路径及“画笔描边路径”功能，为所绘制的路径进行描边。
- 添加【内发光】图层样式，制作图像的发光效果。
- 应用调整图层调整图像的亮度、色彩等属性。
- 应用“盖印”功能，合并可见图层中的图像。
- 利用图层蒙版隐藏不需要的图像。

操作步骤：

步骤1 按Ctrl+N组合键新建文件，在弹出的对话框中设置参数，如图5.141所示，单击【确定】按钮退出对话框，将此文件作为本例的制作文件。设置前景色的颜色值为“438345”，按Alt+Delete组合键以前景色填充图层“背景”。

步骤2 设置前景色为白色，选择【画笔工具】，在其工具选项栏中设置适当的画笔大小及【不透明度】数值，然后在制作文件的画布中进行涂抹，效果如图5.142所示。

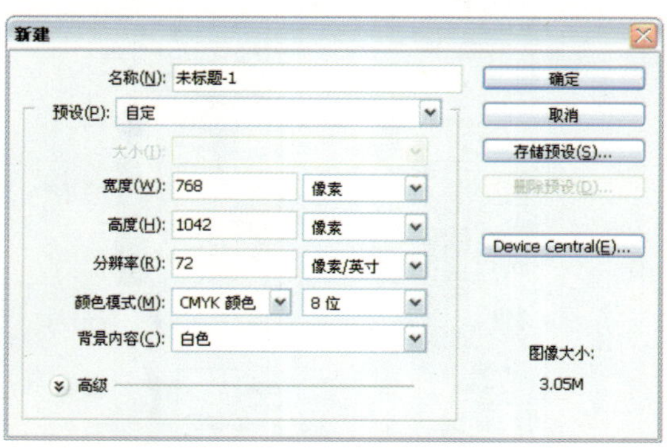

图5.141

图5.142

> **提示**
>
> 至此，背景中的基本内容已经制作完成。下面制作主体图像。

步骤3 打开随书所附光盘中的素材文件（光盘文件路径为“第5章\5.6\素材1.psd”），使用【移动工具】将其中的图像拖动至制作文件中，得到“图层1”。按Ctrl+T组合键调出自由变换控制框，按住Shift键向内拖动控制手柄以缩小“图层1”中的图像并调整图像的位置，按Enter键确认操作，效果如图5.143所示。

> **提示**
>
> 下面制作投影效果。

步骤4 设置前景色的颜色值为“331d41”，选择【椭圆工具】，在其工具选项栏中单击【形状图层】按钮，在制作文件中瓶子的下方绘制如图5.144所示的形状，得到图层“形状1”。

步骤5 执行【滤镜】|【模糊】|【高斯模糊】命令，在弹出的提示框中直接单击【确定】按钮退出提示框，然后在弹出的对话框中设置【半径】数值为“10”，单击【确定】按钮退出对话框，效果如图5.145所示。

图5.143

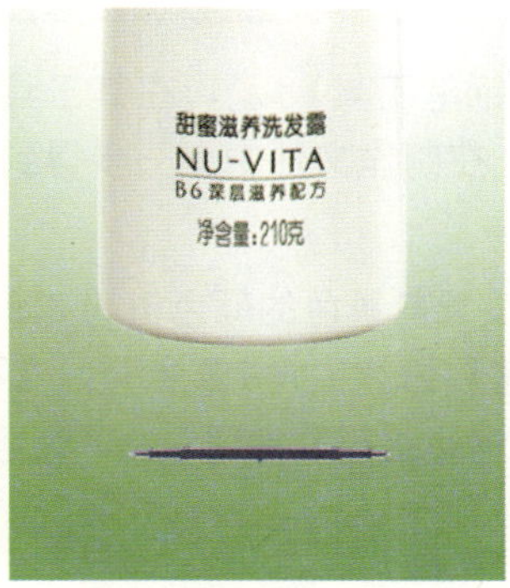

图5.144

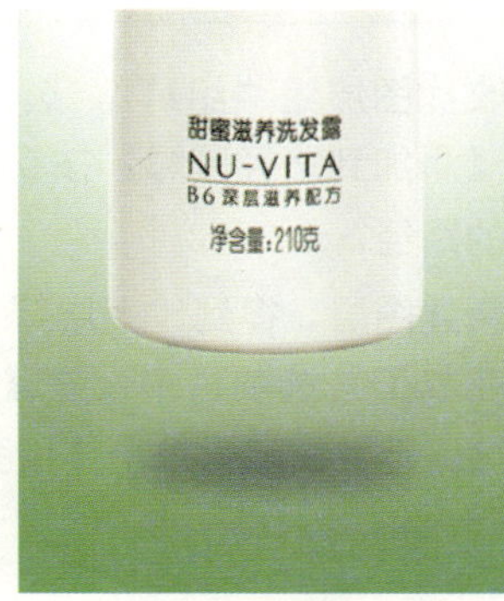

图5.145

提示

下面制作瓶子下方的花蝴蝶效果 。首先制作左侧的一半效果。

步骤6 选择图层“背景”作为当前的操作图层。设置前景色的颜色值为“ef8c21”，选择【钢笔工具】，在其工具选项栏中单击【形状图层】按钮，在制作文件中瓶子的左侧绘制如图5.146所示的形状，得到图层“形状2”。

步骤7 新建图层，得到“图层2”，按Ctrl+Alt+G组合键创建剪贴蒙版。设置前景色的颜色值为“fed600”，选择【画笔工具】，在其工具选项栏中设置适当的画笔大小及【不透明度】数值，在制作文件中上一步得到的形状位置处进行涂抹，以制作出形状间的层次感，效果如图5.147所示。

步骤8 选择图层“背景”，按照步骤6～步骤7的操作方法，结合形状绘制类工具、【画笔工具】以及剪贴蒙版等，制作另外几组形状效果，效果如图5.148所示，此时的【图层】面板如图5.149所示。

图5.146

图5.147

图5.148

提示

本步骤中为了方便管理图层，在此将制作翅膀轮廓的图层选中，按Ctrl+G组合键进行图层编组，得到“组1”。在下面的操作中，笔者也将对各部分进行图层编组，在步骤中不再叙述。下面制作翅膀轮廓中的线条效果。

步骤 9 收拢图层组“组1”，选择【钢笔工具】，在其工具选项栏中单击【路径】按钮及【添加到路径区域】按钮，在制作文件中上一步得到的形状位置处绘制如图5.150所示的路径。

步骤 10 新建图层，得到“图层7”。设置前景色的颜色值为“a9ab2b”，选择【画笔工具】，在其工具选项栏中设置【画笔】为“尖角4像素”，【不透明度】为“100%”。切换至【路径】面板，单击【用画笔描边路径】按钮，隐藏路径后的效果如图5.151所示。

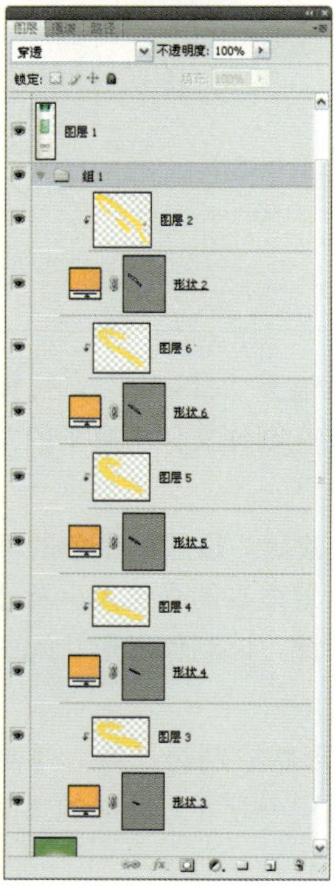

图5.149

图5.150

图5.151

步骤 11 在【图层】面板中单击【添加图层样式】按钮，在弹出的菜单中选择【内发光】命令，在弹出的对话框中设置参数，如图5.152所示，单击【确定】按钮退出对话框，效果如图5.153所示。

提示

在【内发光】参数设置中，色块的颜色值为“eedb7a”。

步骤 12 按照步骤9～步骤11的操作方法，结合路径、“画笔描边路径”功能以及【内发光】图层样式等，制作其他线条效果，效果如图5.154所示，此时的【图层】面板如图5.155所示。

提示

本步骤中关于【内发光】图层样式的参数设置，请参考本例随书所附光盘中的最终效果文件。另外，关于图像的颜色值、画笔大小以及对应的路径名称，在最终效果文件的图层名称上都标有相应的文字信息。下面制作线条左端的花朵效果。

步骤13 打开随书所附光盘中的素材文件（光盘文件路径为“第5章\5.6\素材2.psd”），结合【移动工具】及图像变换等，制作线条左端的花朵效果，效果如图5.156所示，同时得到“图层8”。

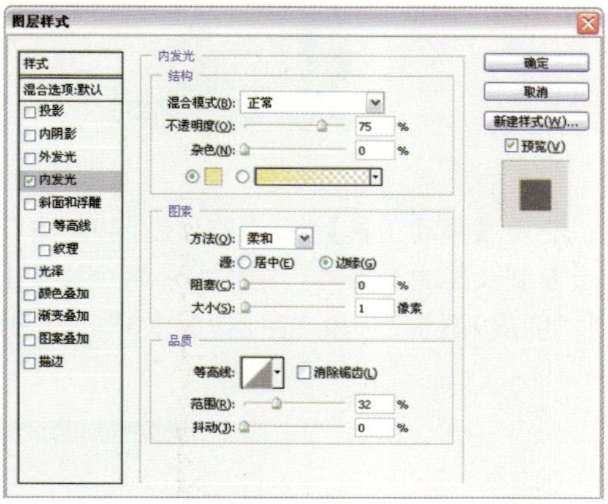

图5.152

图5.153

图5.154

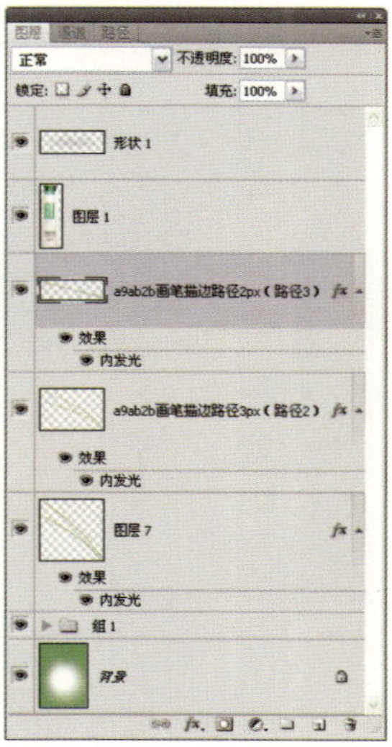

图5.155

图5.156

步骤14 在【图层】面板中单击【创建新的填充或调整图层】按钮，在弹出的菜单中选择【亮度/对比度】命令，在弹出的面板中设置参数，如图5.157所示，得到图层“亮度/对比度1”，按Ctrl+Alt+G组合键创建剪贴蒙版，效果如图5.158所示。

步骤15 选择“图层8”和图层“亮度/对比度1”，按Ctrl+Alt+E组合键盖印图层，将选中图层中的图像合并至新图层中，并将其重命名为“图层9”。利用自由变换控制框调整图像的大小及位置，效果如图5.159所示。

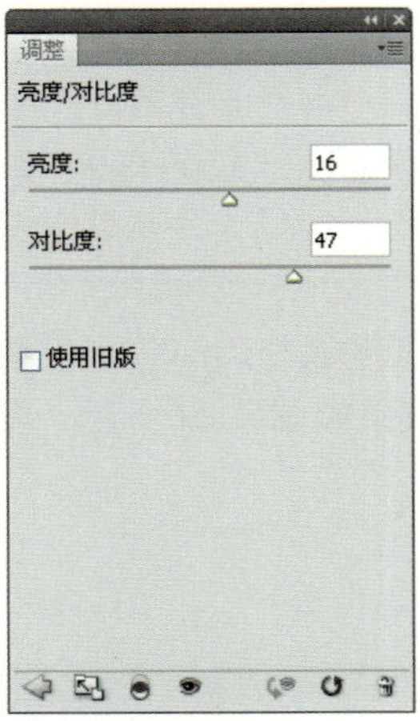

图5.157

图5.158

图5.159

步骤16 复制“图层9”，得到“图层9副本”。使用【移动工具】调整“图层9副本”中图像的位置，效果如图5.160所示。结合图层复制及图像变换等，制作另外两个线条上的花朵效果，效果如图5.161所示，同时得到“图层9副本2”和“图层9副本3”，此时的【图层】面板如图5.162所示。

图5.160

图5.161

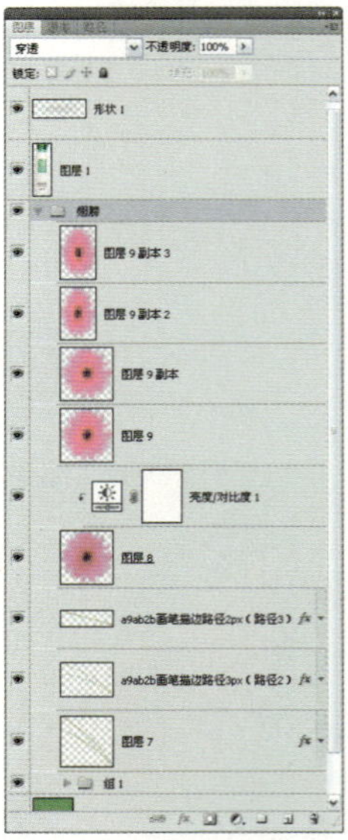

图5.162

步骤17 收拢图层组“翅膀”，按Ctrl+Alt+E组合键盖印图层，将选中图层中的图像合并至新图层中，并将其重命名为“图层10”。利用自由变换控制框对“图层10”中的图像进行垂直翻转，并调整该图像的大小、角度及位置，效果如图5.163所示。

提示

至此，翅膀效果已经制作完成。下面制作蝴蝶其他部分的效果。

步骤18 打开随书所附光盘中的素材文件（光盘文件路径为“第5章\5.6\素材3.psd”），结合【移动工具】及图像变换等，制作翅膀与瓶子间的花朵效果，效果如图5.164所示，同时得到“图层11”。

步骤19 在【图层】面板中单击【添加图层蒙版】按钮，为“图层11”添加图层蒙版。设置前景色为黑色，选择【画笔工具】，在其工具选项栏中设置适当的画笔大小及【不透明度】数值，在图层蒙版中进行涂抹，将制作文件中翅膀上的花朵效果隐藏起来，直至效果如图5.165所示。

图5.163

图5.164

图5.165

步骤20 按照上面所讲解的操作方法，结合调整图层、剪贴蒙版、形状绘制类工具、素材图像、图层样式以及图层盖印等，完善蝴蝶左侧的整体效果，效果如图5.166所示，此时的【图层】面板如图5.167所示。

图5.166

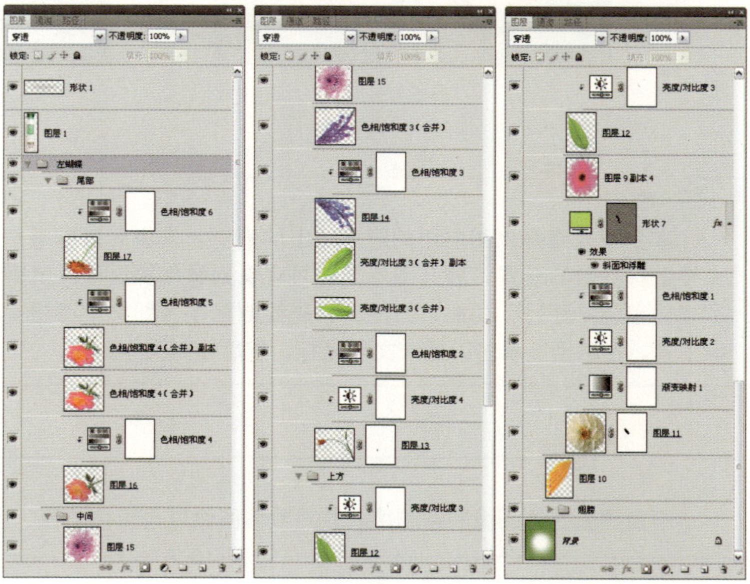

图5.167

提示

本步骤中使用到的素材文件为随书所附光盘中的素材文件（光盘文件路径为“第5章\5.6\素材4.psd～素材9.psd”）。关于【调整】面板以及【图层样式】对话框中的参数设置，请参考本例随书所附光盘中的最终效果文件。

步骤21 收拢图层组“左蝴蝶”，按Ctrl+Alt+E组合键盖印图层，将选中图层中的图像合并至新图层中，并将其重命名为“图层18”。利用自由变换控制框，对“图层18”中的图像进行水平翻转并调整其位置，效果如图5.168所示。

提示

至此，蝴蝶效果已经制作完成。下面制作文字及装饰元素。

步骤22 打开随书所附光盘中的素材文件（光盘文件路径为“第5章\5.6\素材10.psd”），按住Shift键，使用【移动工具】将其中的图像拖动至制作文件中，效果如图5.169所示，同时得到图层组“文字及装饰”。

图5.168

图5.169

提示

本步骤笔者是以图层组的形式给出的素材，读者可以参考本例随书所附光盘中的最终效果文件进行参数的设置，展开图层组即可观看到操作的过程。值得一提的是，在制作文字时利用了“文字绕排路径”功能，方法为：先绘制路径（即文字将要变成的状态），再选择相关的文字工具，在路径上单击以插入文字光标，然后输入文字即可。

提示

下面调整整体图像的饱和度，并对整体图像进行锐化处理，以完成制作。

步骤23 在【图层】面板中选择图层“形状1”，然后单击【创建新的填充或调整图层】按钮，在弹出的菜单中选择【色相/饱和度】命令，在弹出的面板中设置参数，如图5.170所示，效果如图5.171所示，得到图层“色相/饱和度7”。

步骤24 按Ctrl+Alt+Shift+E组合键盖印图层，将当前所有可见的图像合并至新图层中，得到“图层19”。执行【滤镜】|【锐化】|【USM锐化】命令，对话框参数读者可根据需要自行

设置，单击【确定】按钮退出对话框，最终效果如图5.172所示，此时的【图层】面板如图5.173所示。

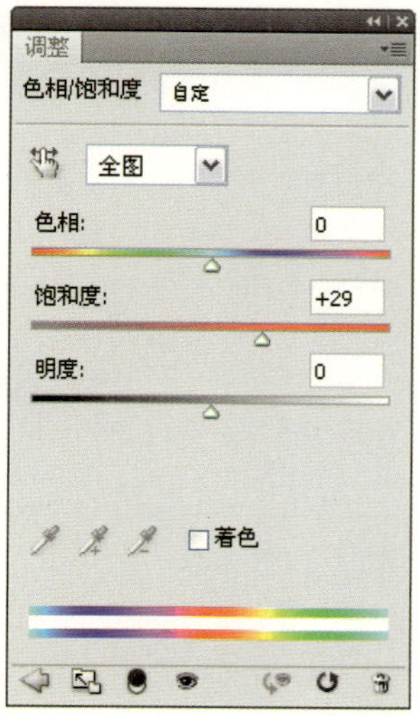

图5.170

图5.171

图5.172

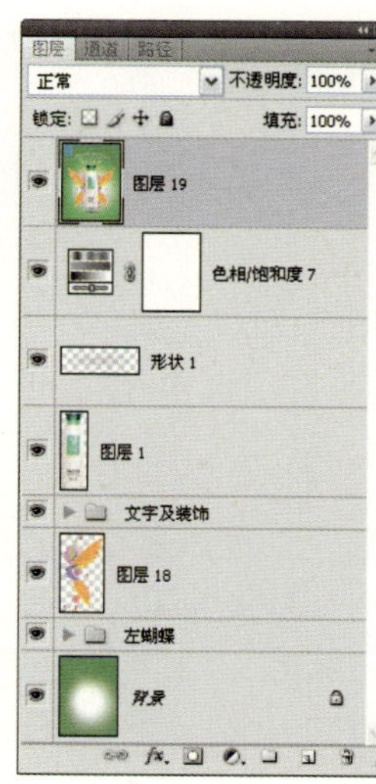

图5.173

提示

本例最终效果文件见随书所附光盘（光盘文件路径为“第5章\5.6\5.6.psd”）。

读书笔记

第6章

华丽风格

此类风格的作品适用于表现高贵、炫目、俏丽等感觉。在元素的使用上有很大的选择范围，各种花纹、炫光及线条等都适用于表现此类风格。在色彩的表现上，通常采用较高饱和度的色彩，色彩的层次也较为丰富。

6.1 华丽风格概述

华丽风格的设计作品多给观者以迷人、高贵、奢华、丰润、成熟的感觉。在进行具体表现时，可以从色彩与造型这两方面入手。

6.1.1 华丽风格的色彩

以色彩为主表现华丽风格时，往往是采用中调到暗调的色彩，配合少量的高光色彩，以保证整体画面的对比度，同时给观者以成熟、高贵且不花哨的感觉。通常是采用两种或更多主色相互搭配的形式，以烘托整体气氛。

另外，华丽风格的用色多偏向于使用暖色，如红色、紫色、橙色等。如果采用大面积的冷色调为主色，那么表现出来的很可能就是藏酷风格了。图6.1所示是一些典型的设计作品。

图6.1

6.1.2 华丽风格的造型

在利用图像元素的造型表现华丽风格时，元素本身要具有较强的视觉张力，这样才能表现出华丽风格的视觉效果。

提到华丽风格的图像元素，很多人容易联想到各种矢量风格的图形。不错，这正是表现华丽风格时非常常见的一种手法，即采用大量的装饰元素，通过合理的摆放与色彩调配，为主体以及整幅作品营造出一种华丽的气氛。图6.2所示是两幅典型的设计作品。

图6.2

除使用矢量图形外，结合星光、光晕及光线等光的表现形式，再辅以适当的色彩处理，也可以表现出华丽的视觉效果，如图6.3所示。

图6.3

通过观察上面的作品不难看出，即使是在线条轮廓非常明显的情况下，华丽风格的画面中也多采用的是曲线，而非直线或折线，读者在实际制作过程中需要注意这一点。

在上面的作品中，用于渲染华丽风格的元素多与主体图像一同出现或者本身就是画面的主体图像。由于一些装饰元素带有强烈的华丽视觉感受，在仅仅用于装饰点缀时，也能够为整体画面渲染出华丽的气氛。图6.4所示是一些作品中华丽风格元素的典型应用。

图6.4

6.2 显示器壁纸设计

例前导读：

本例是以显示器壁纸为主题的广告设计作品。在制作过程中，主要以处理环绕显示器的彩带效果为核心内容，显示器后面的彩色发光体也是本例需要掌握和学习的重点。另外，覆盖彩带的星光及炫光效果，可以令整体画面显得更加光彩夺目。

核心技能：

- 应用“渐变填充”图层制作图像的渐变效果。
- 应用“再次变换并复制”功能，制作规则的图像效果。
- 设置图层属性以混合图像。
- 利用图层蒙版隐藏不需要的图像。
- 应用【变形】命令使图像变形。
- 添加【颜色叠加】图层样式，更改图像的色彩。
- 结合【画笔工具】及特殊画笔素材绘制图像。

操作步骤：

步骤 1 按Ctrl+N组合键新建文件，在弹出的对话框中设置参数，如图6.5所示，单击【确定】按钮退出对话框，将此文件作为本例的制作文件，按Ctrl+I组合键将背景色反相为黑色。

步骤 2 在【图层】面板中单击【创建新的填充或调整图层】按钮，在弹出的菜单中选择【渐变】命令，在弹出的对话框中设置参数，如图6.6所示，单击【确定】按钮退出对话框，效果如图6.7所示，同时得到图层“渐变填充1”。

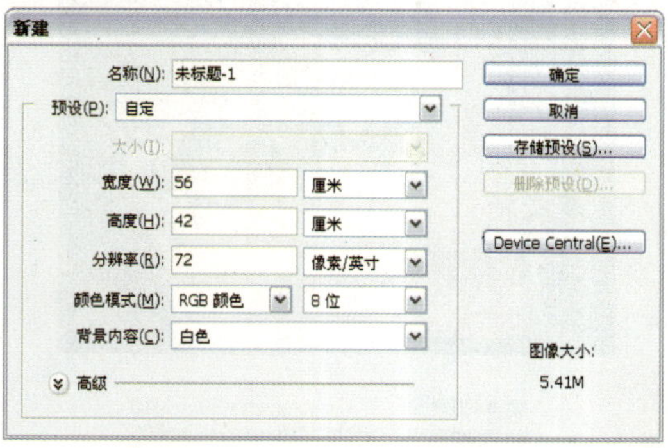

图6.5

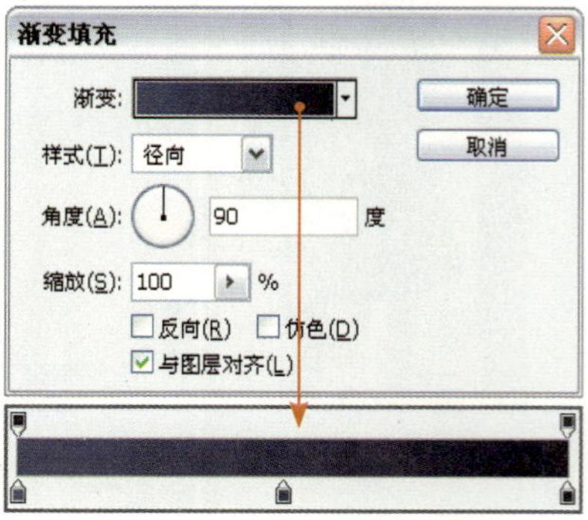

图6.6

提示

在【渐变填充】对话框中，渐变颜色值从左至右分别为“1b2652”、“1b223f”和“090e21”。如果对渐变效果的位置不满意，可以在未退出【渐变填充】对话框前应用【移动工具】在画布中进行调整。下面制作画布右侧的彩圈效果。

步骤3 在【图层】面板中单击【创建新的填充或调整图层】按钮，在弹出的菜单中选择【渐变】命令，在弹出的对话框中设置参数，如图6.8所示，在制作文件的画布中使用【移动工具】调整渐变效果的位置，单击【确定】按钮退出对话框，效果如图6.9所示，同时得到图层“渐变填充2”。

提示

在【渐变填充】对话框中，渐变颜色值从左至右分别为“d598e2”、“fffc00”、“95fab5”、“74eef9”、“c982f6”和“fbfbfb”。

步骤4 设置前景色为白色，选择【钢笔工具】，在其工具选项栏中单击【形状图层】按钮，在制作文件画布的右上方绘制如图6.10所示的形状，得到图层“形状1”。

图6.7

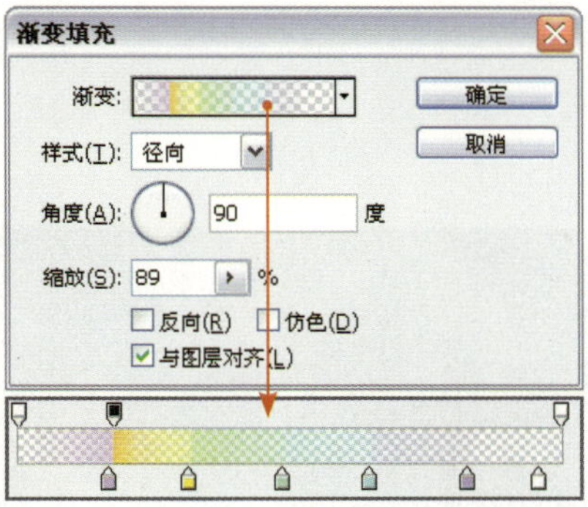

图6.8

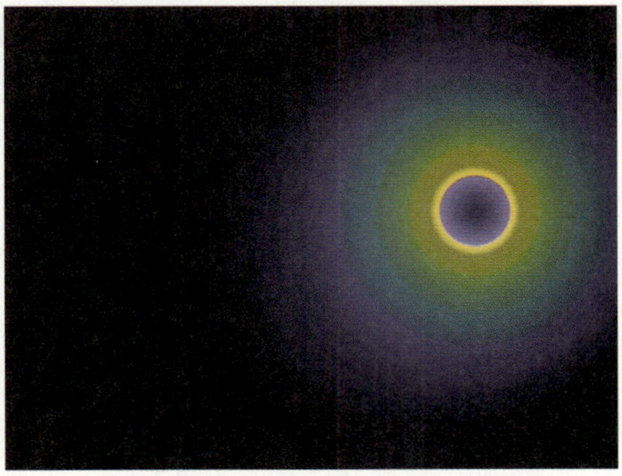

图6.9

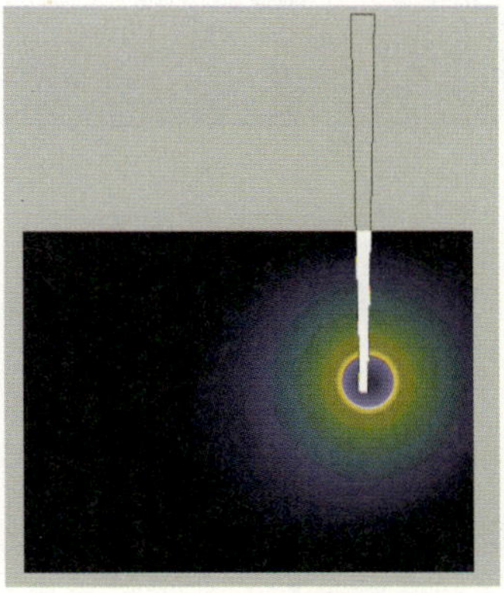

图6.10

步骤5 按Ctrl+Alt+T组合键调出自由变换并复制控制框，将控制框内的中心参考点拖动至控制框下方中间的控制手柄上，在工具选项栏中设置旋转的角度为15°，按Enter键确认操作。按Alt+Ctrl+Shift+T组合键多次执行再次变换并复制操作，效果如图6.11所示。

步骤6 设置图层“形状1”的图层混合模式为【叠加】，【不透明度】为“30%”，效果如图6.12所示；然后设置图层“渐变填充2”的图层混合模式为【强光】，效果如图6.13所示。

步骤7 在【图层】面板中单击【添加图层蒙版】按钮，为图层“形状1”添加图层蒙版。设置前景色为黑色，选择【渐变工具】，在其工具选项栏中单击【径向渐变】按钮，并选择【反向】选项，在制作文件的画布中单击鼠标右键，在弹出的【渐变拾色器】面板中选择渐变预设“前景色到透明渐变”，在图层蒙版中从渐变圆圈的中心至左侧边缘绘制渐变，效果如图6.14所示。

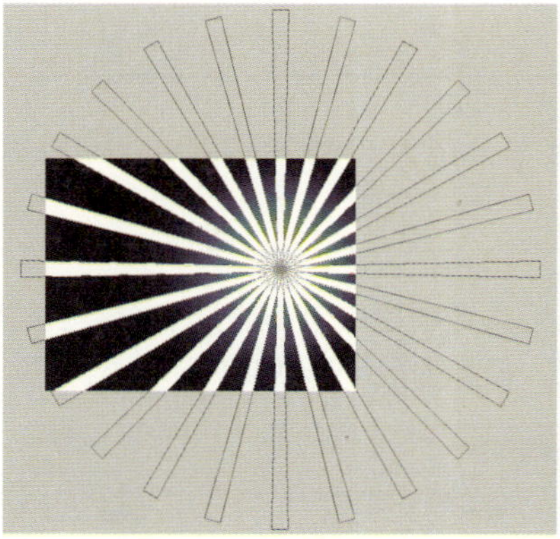

图6.11

图6.12

图6.13

图6.14

提示

下面结合【画笔工具】及图层属性等，制作渐变圆圈上的红光效果。

步骤 8 选择图层“渐变填充1”，新建图层，得到“图层1”，设置此图层的图层混合模式为【颜色减淡】。设置前景色的颜色值为“ff0000”，选择【画笔工具】，在其工具选项栏中设置适当的画笔大小及【不透明度】数值，在制作文件中的渐变圆圈处进行涂抹，直至效果如图6.15所示，此时的【图层】面板如图6.16所示。

提示

本步骤中为了方便管理图层，在此将制作发射光的图层选中，按Ctrl+G组合键进行图层编组，得到“组1”，并将其重命名为“发射光”。在下面的操作中，笔者也将对各部分进行图层编组，在步骤中不再叙述。下面添加显示器图像。

图6.15

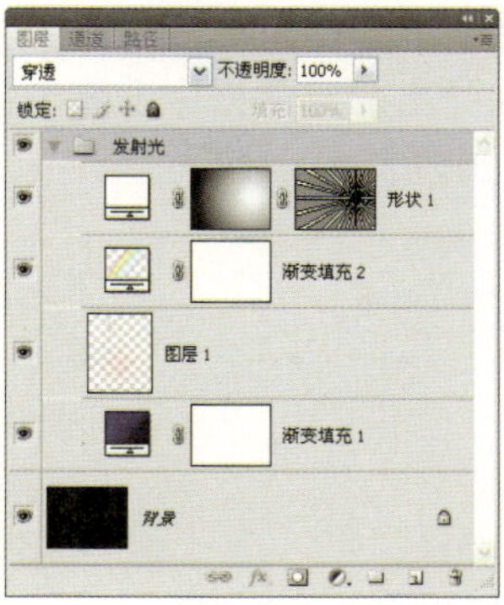

图6.16

步骤 9 收拢图层组“发射光”，打开随书所附光盘中的素材文件（光盘文件路径为“第6章\6.2\素材1.psd”），按住Shift键，使用【移动工具】将其中的图像拖动至制作文件中，效果如图6.17所示，同时得到图层组“显示器”。

提示

本步骤笔者是以图层组的形式给出的素材，读者可以参考本例随书所附光盘中的最终效果文件进行参数的设置，展开图层组即可观看到操作的过程。下面制作彩带效果。

步骤 10 打开随书所附光盘中的素材文件（光盘文件路径为“第6章\6.2\素材2.psd”），使用【移动工具】将其中的图像拖动至制作文件中，得到“图层2”。在“图层2”的图层名称上单击鼠标右键，在弹出的菜单中选择【转换为智能对象】命令，将其转换成为智能对象。

提示

转换为智能对象的目的，在于在下面将对“图层2”中的图像进行变形操作，而智能对象可以记录下所有的变形参数，以便于进行反复的调整。

步骤 11 按Ctrl+T组合键调出自由变换控制框，按住Shift键向内拖动控制手柄以缩小“图层2”中的图像并将其放置在制作文件中显示器图像的下方，在控制框内单击鼠标右键，在弹出的菜单中选择【垂直翻转】命令，再将图像顺时针旋转一定的角度，然后单击鼠标右键，在弹出的菜单中选择【变形】命令，在变形网格内进行拖动以使图像变形，状态如图6.18所示，按Enter键确认操作。

图6.17

图6.18

步骤12 在【图层】面板中单击【添加图层样式】按钮 fx，在弹出的菜单中选择【颜色叠加】命令，在弹出的对话框中设置参数，如图6.19所示，单击【确定】按钮退出对话框，效果如图6.20所示。

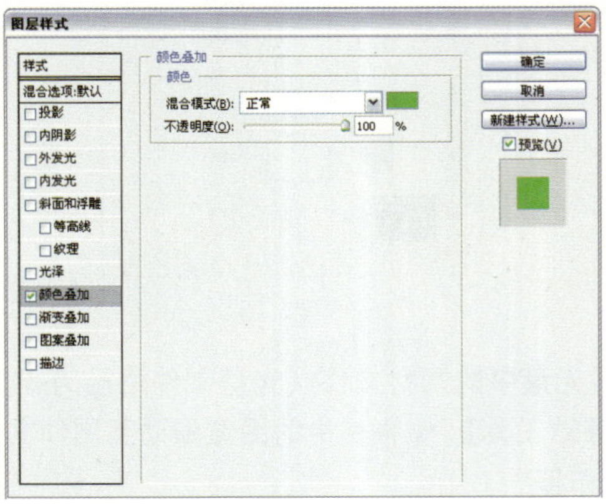

图6.19

图6.20

提示

在【颜色叠加】参数设置中，色块的颜色值为“48ff00”。

步骤13 复制“图层2”，得到“图层2副本”。按照步骤11的操作方法，应用自由变换控制框调整“图层2副本”中图像的大小、方向、位置以及外形状态，效果如图6.21所示。

提示

在本例随书所附光盘最终效果文件中，通过按Ctrl+T组合键调出自由变换控制框，在控制框内单击鼠标右键，在弹出的菜单中选择【变形】命令即可查看变形的状态。在下面的操作中，笔者也将变形图像所在的图层转换成了智能对象，在步骤中不再进行相关的提示。

步骤14 在【图层】面板中单击【添加图层蒙版】按钮，为“图层2副本”添加图层蒙版。设置前景色为黑色，选择【画笔工具】，在其工具选项栏中设置适当的画笔大小及【不透明度】数值，在图层蒙版中进行涂抹，将左上方的图像效果隐藏起来，直至效果如图6.22所示，此时的【图层】面板如图6.23所示。

步骤15 收拢图层组“绿”，按照上一步骤讲解的操作方法，为当前的图层组添加图层蒙版，使用【画笔工具】在图层蒙版中进行涂抹，将图像的边缘隐藏起来，效果如图6.24所示。

步骤16 选择图层组“显示器”，按照上面讲解的操作方法，结合素材图像、图像变形、图层样式、图层蒙版以及图层属性等，制作其他不同色彩的彩带效果，效果如图6.25所示，此时的【图层】面板如图6.26所示。

提示

本步骤中使用的素材文件为随书所附光盘中的素材文件（光盘文件路径为“第6章\6.2\素材3.psd、素材4.psd”）；在此设置“图层3”及其副本图层的图层混合模式为【颜色减淡】；关于【图层样式】对话框中的参数设置，请参考本例随书所附光盘中的最终效果文件。另外，在制作过程中，还需要注意各图层间的顺序。下面制作彩光效果。

图6.21

图6.22

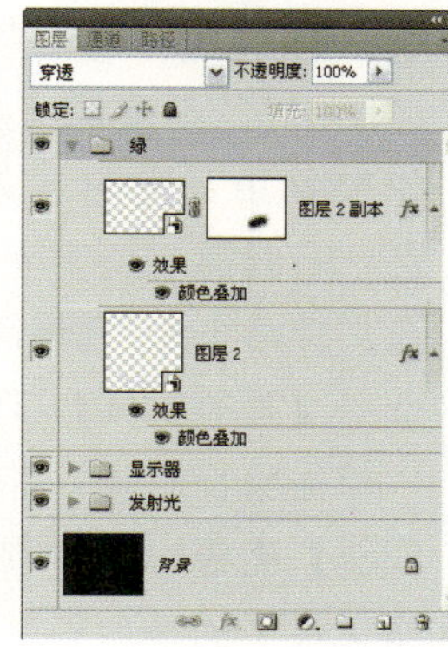

图6.23

图6.24

图6.25

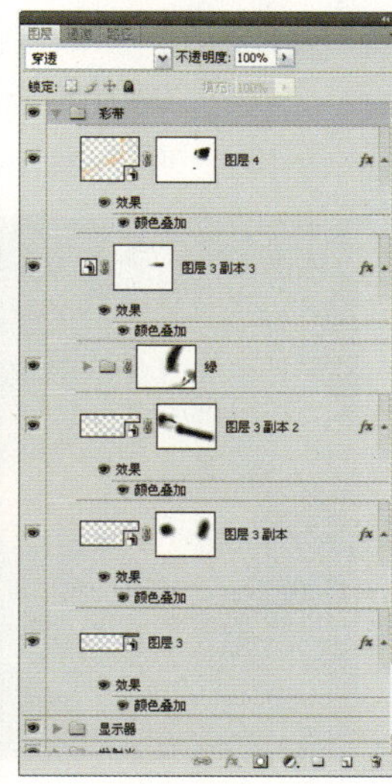

图6.26

步骤17 收拢图层组“彩带”，选择图层组“显示器”，按照步骤8的操作方法，结合【画笔工具】及图层属性等，制作显示器及其左侧的红黄彩光效果，效果如图6.27所示，同时得到“图层5”和“图层6”。图6.28所示为单独显示本步骤操作效果时的图像状态。

图6.27

图6.28

提示

本步骤中设置“图层5”和“图层6”的图层混合模式为【柔光】。在本步骤操作过程中，笔者没有给出图像的颜色值，读者可以按照自己的审美喜好进行颜色的搭配。在下面的操作中，笔者也不再进行颜色的相关提示。下面制作炫光效果。

步骤18 选择图层组“彩带”，新建图层，得到“图层7”。选择【吸管工具】，在制作文件中黄色彩带效果处单击以吸取颜色，打开随书所附光盘中的素材文件（光盘文件路径为“第6章\6.2\素材5.abr”），选择【画笔工具】，在制作文件的画布中单击鼠标右键，在弹出的【画笔预设选取器】面板中选择刚刚打开的画笔，在制作文件中的黄色彩带上进行涂抹，效果如图6.29所示。

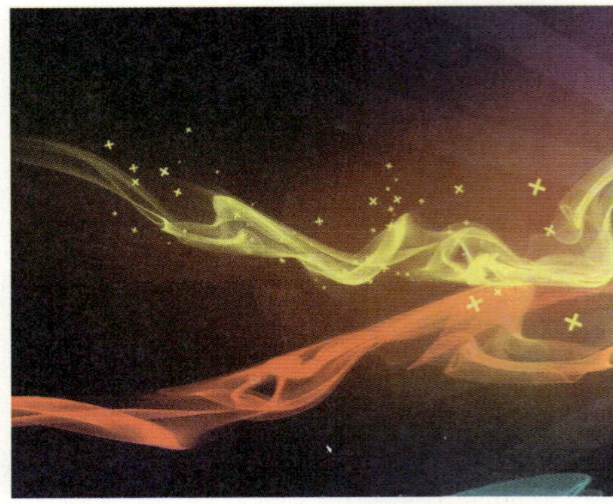
图6.29

步骤19 按照上一步的操作方法，使用【吸管工具】在制作文件中的其他彩带效果处单击以吸取颜色，并在相应的彩带效果处进行涂抹，效果如图6.30所示。图6.31所示为单独显示步骤18～步骤19操作效果及图层“背景”时的图像状态。

图6.30

图6.31

步骤20 在【图层】面板中单击【添加图层样式】按钮，在弹出的菜单中选择【外发光】命令，在弹出的对话框中设置参数，如图6.32所示，单击【确定】按钮退出对话框，效果如图6.33所示。

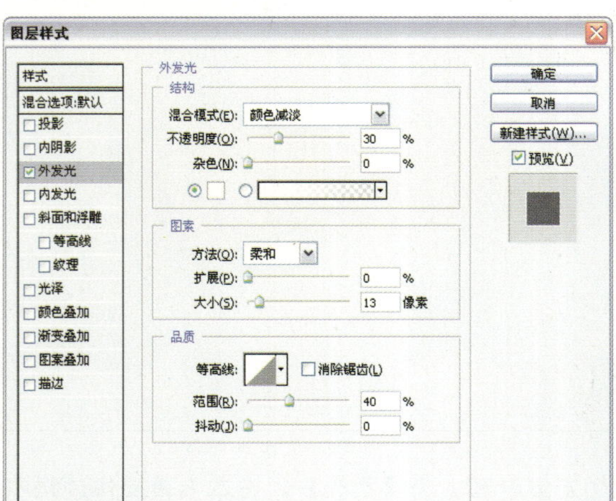

图6.32

图6.33

提示

至此，炫光效果已经制作完成。下面制作文字效果，并对整体图像进行调整以完成制作。

步骤21 分别设置前景色的颜色值为“dcc929”和“000000”，选择【横排文字工具】T，在其工具选项栏中设置适当的字体和字号，在制作文件中黄色彩带的上方及画布的左上角输入文字，效果如图6.34所示，得到相应的文字图层“KS L2245w”和“KS 显示器”。

步骤22 按Ctrl+Alt+Shift+E组合键盖印图层，将当前所有可见的图像合并至新图层中，得到“图层8”。执行【滤镜】|【模糊】|【高斯模糊】命令，在弹出的对话框中设置【半径】数值为“8”，单击【确定】按钮退出对话框，效果如图6.35所示。

图6.34

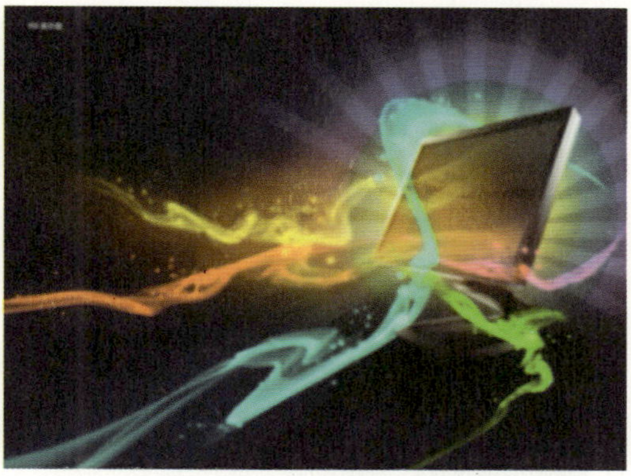

图6.35

步骤23 设置“图层8”的图层混合模式为【滤色】，【不透明度】为“40%”，效果如图6.36所示。复制“图层8”，得到“图层8副本”，更改此图层的图层混合模式为【柔光】，效果如图6.37所示。

图6.36

图6.37

步骤24 按Ctrl+Alt+Shift+E组合键盖印图层，得到“图层9”。执行【滤镜】|【锐化】|【USM锐化】命令，在弹出的对话框中设置参数，如图6.38所示，单击【确定】按钮退出对话框，图6.39所示为应用【USM锐化】滤镜前后的对比效果，最终整体效果如图6.40所示，此时的【图层】面板如图6.41所示。

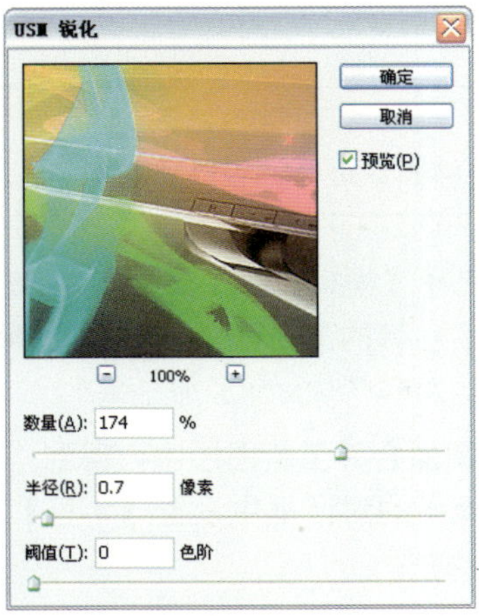

图6.38

应用滤镜前　　应用滤镜后

图6.39

图6.40

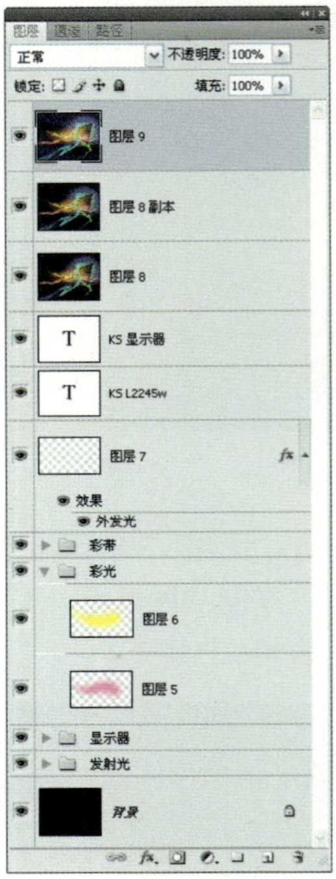

图6.41

提示

本例最终效果文件见随书所附光盘（光盘文件路径为“第6章\6.2\6.2.psd”）。

6.3 立体特效文字设计

例前导读：

本例将以文字“tito”为主题，设计一幅特效表现作品。在制作过程中，以立体的文字效果作为处理的核心内容，结合围绕在立体文字周围的炫光效果、烟雾效果，以表现画面的美感。

核心技能：

- 使用【钢笔工具】、"颜色填充"及"渐变填充"图层，制作立体文字效果。
- 使用【画笔工具】并设置图层属性，制作环境光效果。
- 利用素材图像及图层属性，绘制烟雾弥漫的效果。
- 结合【画笔工具】、【动感模糊】滤镜、图层蒙版及【变形】命令，制作炫光效果。
- 利用"亮度/对比度"调整图层，调整图像的整体效果 。

操作步骤：

步骤1 打开随书所附光盘中的素材文件（光盘文件路径为"第6章\6.3\素材1.tif"），效果如图6.42所示，将此文件作为本例的制作文件。

提示

下面制作立体文字"tito"，首先制作"t"的正面。

步骤2 选择【钢笔工具】，在其工具选项栏中单击【路径】按钮，在制作文件中绘制路径"t"，效果如图6.43所示。切换至【路径】面板，双击"工作路径"，在弹出的对话框中设置路径名称为"路径 1"，单击【确定】按钮退出对话框，切换至【图层】面板。

图6.42

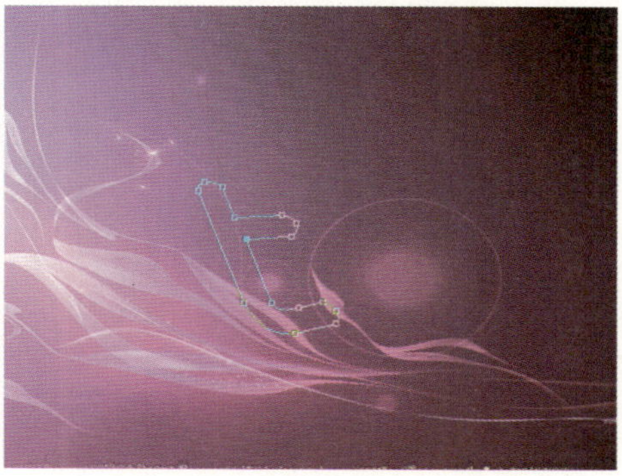

图6.43

提示

如果读者不想绘制此路径，也可以使用本例随书所附光盘最终效果文件【路径】面板中的"路径 1"。

步骤3 在【图层】面板中单击【创建新的填充或调整图层】按钮，在弹出的菜单中选择【纯色】命令，然后在弹出的【拾取实色】对话框中设置其颜色值为"fd7205"，单击【确定】按钮退出对话框，效果如图6.44所示，同时得到图层"颜色填充1"。

步骤4 选择图层"背景"，切换至【路径】面板，选择"路径1"，按Ctrl+T组合键调出自由变换控制框，按住Shift键，向控制框外部拖动控制手柄以等比例放大路径，按Enter键确认操作，直至路径效果如图6.45所示。

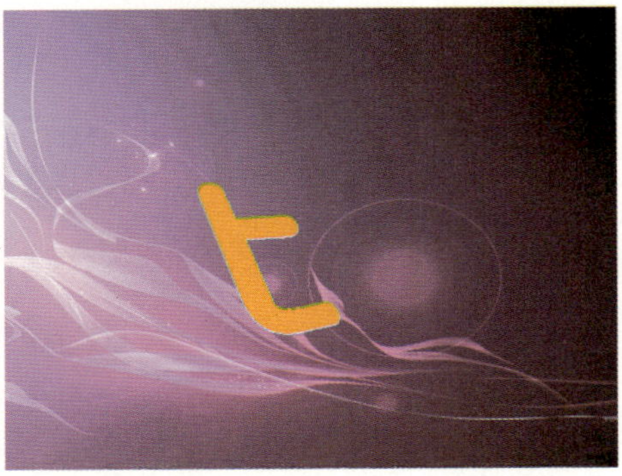

图6.44

图6.45

提示

下面在绘制路径时，读者均可以参考本例随书所附光盘最终效果文件【路径】面板中的相关路径；还有个别路径是在原有路径的基础上进行编辑的，编辑方法是使用【路径选择工具】、【直接选择工具】及自由变换控制框进行调整。在制作过程中，不再一一赘述。

步骤5 切换至【图层】面板，单击【创建新的填充或调整图层】按钮，在弹出的菜单中选择【渐变】命令，在弹出的对话框中设置参数，如图6.46所示，单击【确定】按钮退出对话框，效果如图6.47所示。

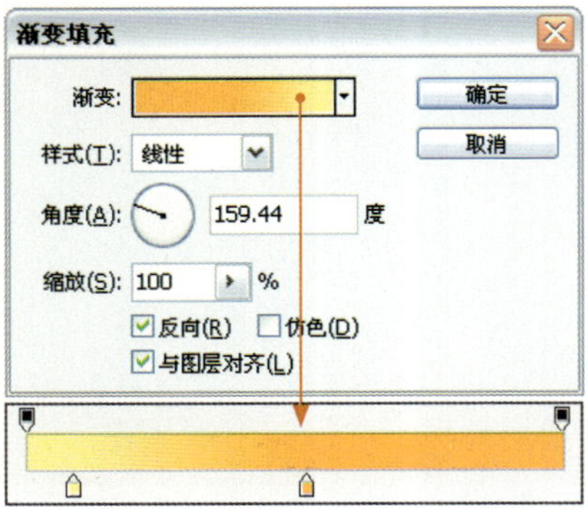

图6.46

图6.47

提示

在【渐变填充】对话框中，渐变颜色值从左至右分别为“fee48e”和“fe821e”。

步骤6 选择图层“背景”，按照步骤4的操作方法调整路径，效果如图6.48所示。按照步骤3的操作方法，创建“颜色填充”图层，设置颜色值为“fff7ad”，效果如图6.49所示，同时得到图层“颜色填充2”。

步骤7 选择图层“颜色填充1”，按照步骤4～步骤5的操作方法，制作文字的表面效果，效果如图6.50、图6.51所示，同时得到图层“渐变填充2”和图层“渐变填充3”，此时的【图层】面板如图6.52所示。

提示

在此为图层“渐变填充2”添加了【描边】图层样式，在【图层样式】对话框中设置参数，如图6.53所示，其中，色块的颜色值为“fffac8”。“t”的正面效果已经制作完毕，下面制作“t”的侧面效果。

图6.48

图6.49

图6.50

图6.51

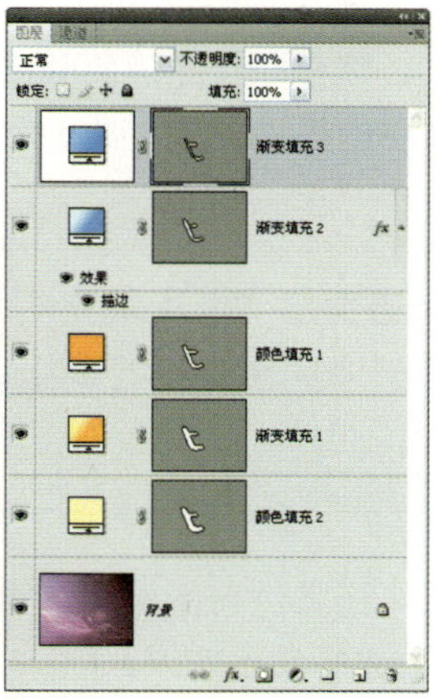

图6.52

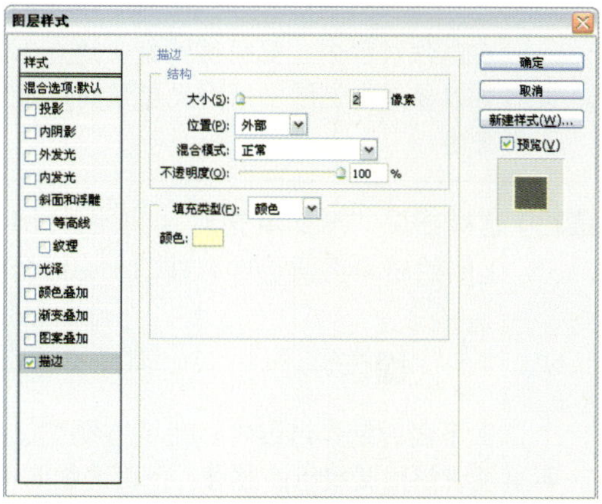

图6.53

步骤8 选择图层“背景”，按照上面讲解的操作方法，制作“t”的侧面效果及高光效果，效果如图6.54～图6.58所示，此时的【图层】面板如图6.59所示。

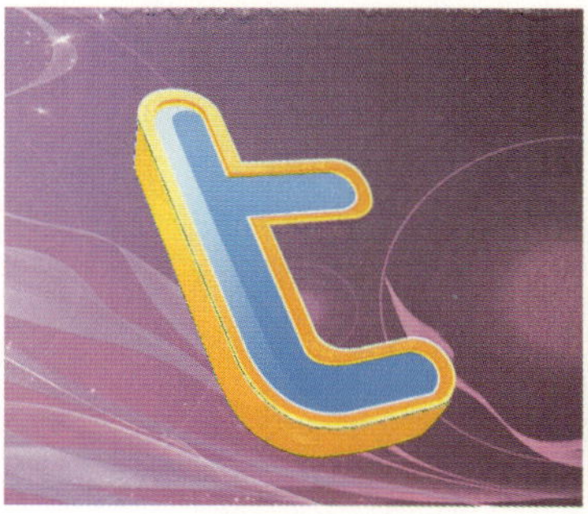

图6.54

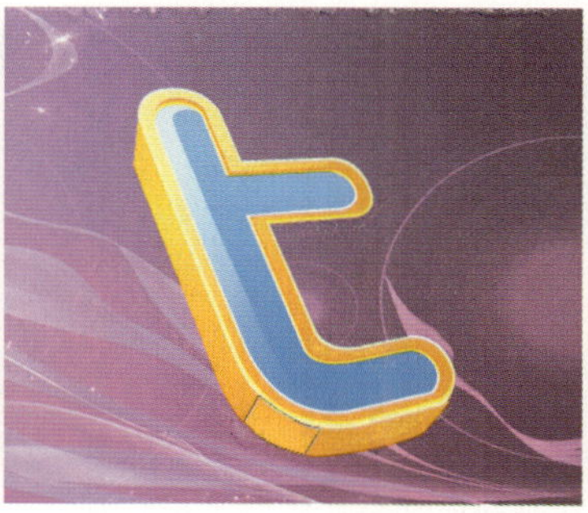

图6.55

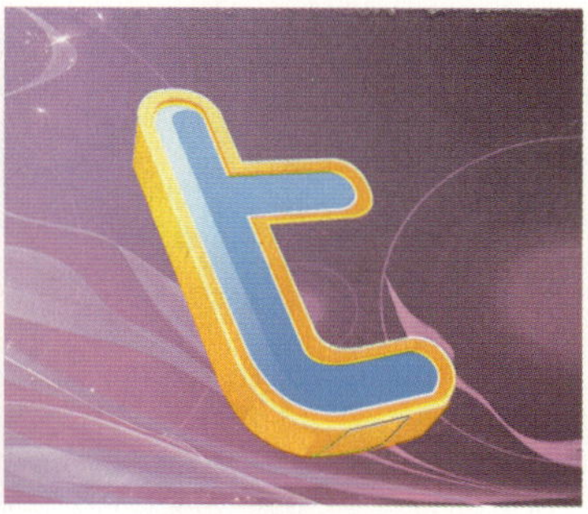

图6.56

图6.57

图6.58

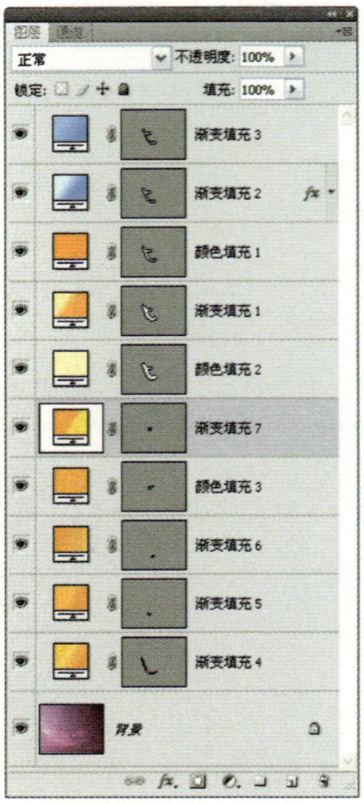

图6.59

提示

在制作过程中，要想得到真实的立体效果，需要注意图层的顺序以及各图层的颜色设置，读者可以参考本例随书所附光盘最终效果文件中的相关图层。由于制作方法与前面类似，在此不再赘述。

步骤9 选择图层“渐变填充3”，按住Shift键单击图层“渐变填充4”的图层名称，将二者及其之间的所有图层选中，按Ctrl+G组合键将选中的图层进行编组，得到“组1”。

提示

在下面的制作过程中，为了方便管理图层，还将进行图层编组操作，方法类似，故笔者不再重复讲解图层编组的过程。下面继续制作其他立体文字效果。

步骤10 按照上面制作文字“t”的正面效果、侧面效果及高光效果的操作方法，制作“i”、“t”、“o”等立体文字效果，效果如图6.60所示，此时的【图层】面板如图6.61所示，图6.62～图6.64所示为单独显示“i”、“t”、“o”文字时的效果。

图6.60

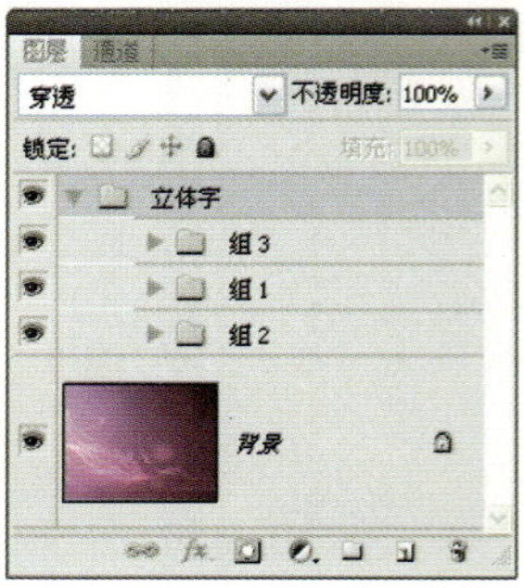

图6.61

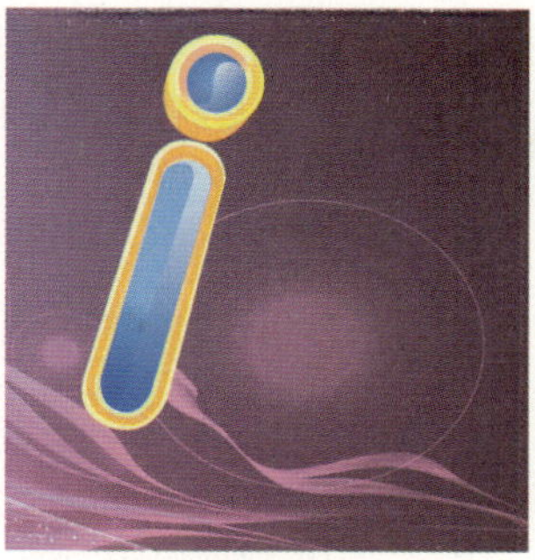

图6.62

图6.63

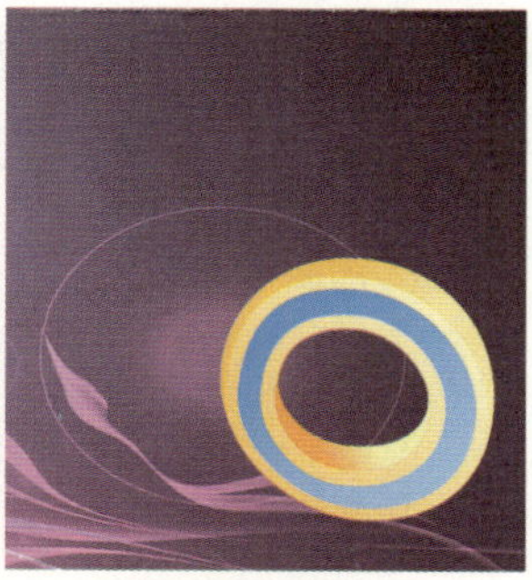

图6.64

提示

制作“i”、“t”、“o”等立体文字效果的图层，分别进行了图层编组操作，用到的颜色及图层顺序，读者可以查看本例随书所附光盘最终效果文件图层组中的相关图层，在此不再赘述。为了方便操作，使图层易于管理，也对文字图层进行了编组。下面为文字添加环境光效果。

步骤11 选择图层“背景”，新建图层，得到“图层1”。选择【画笔工具】，按F5键调出【画笔】面板，单击面板按钮，在弹出的菜单中选择【载入画笔】命令，在弹出的对话框中选择随书所附光盘中的素材文件（光盘文件路径为“第6章\6.3\素材2.abr”），单击【载入】按钮，然后选择载入的画笔。

步骤12 设置前景色的颜色值分别为“ffff00”和“fffe0”，在制作文件中文字的周围涂抹多次，直至效果如图6.65所示。执行【滤镜】|【模糊】|【高斯模糊】命令，在弹出的对话框中设置【半径】数值为“24”，单击【确定】按钮退出对话框，效果如图6.66所示。

图6.65

图6.66

步骤13 按Ctrl+J组合键复制“图层1”，得到“图层1副本”，将其拖动至“图层1”的下方。执行【滤镜】|【模糊】|【高斯模糊】命令，在弹出的对话框中设置【半径】数值为“66”，单击【确定】按钮退出对话框，效果如图6.67所示。

步骤14 设置“图层1副本”的图层混合模式为【滤色】，【不透明度】为“72%”，效果如图6.68所示，此时的【图层】面板如图6.69所示。

提示

下面利用素材图像，并结合图像变换及图层混合模式等，为画面添加装饰性的烟雾效果。

步骤15 选择“图层1”，打开随书所附光盘中的素材文件（光盘文件路径为“第6章\6.3\素材3.tif”），使用【移动工具】将其中的图像拖动至制作文件中画布最左侧“t”的左侧，得到“图层2”，结合自由变换控制框，将“图层2”中的图像顺时针调整19°左右，效果如图6.70所示。

图6.67

图6.68

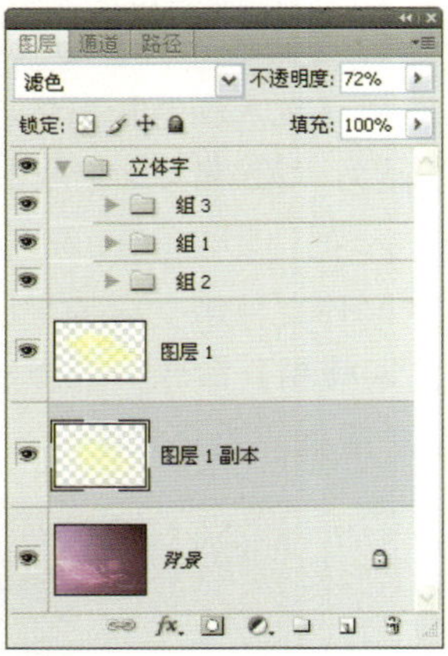

图6.69

图6.70

步骤16 设置“图层2”的图层混合模式为【滤色】，【填充】为“70%”，效果如图6.71所示。

步骤17 选择图层组“立体字”，打开随书所附光盘中的素材文件（光盘文件路径为“第6章\6.3\素材4.tif”），使用【移动工具】将其中的图像拖动至制作文件中“i”与“t”的中间位置，以制作烟雾缭绕的效果，得到“图层3”，结合自由变换控制框，将“图层3”中的图像逆时针旋转21°左右，效果如图6.72所示。

图6.71

图6.72

步骤18 设置“图层 3”的图层混合模式为【滤色】，效果如图6.73所示。

提示

下面使用【画笔工具】、【动感模糊】滤镜来制作炫光效果。

步骤19 设置前景色为白色，新建图层，得到“图层4”。选择【画笔工具】，在其工具选项栏中设置适当的画笔大小及【不透明度】数值，在制作文件的画布中进行涂抹，直至效果如图6.74所示。

图6.73

图6.74

提示

如果需要绘制直线，可以在画布中单击，然后按住Shift键在另一位置处单击，即可绘制出直线。为了方便读者观看效果，在此暂且隐藏除“图层4”及图层“背景”以外的所有图层。

步骤20 执行【滤镜】|【模糊】|【动感模糊】命令，在弹出的对话框中设置参数，单击【确定】按钮退出对话框，参数设置及效果如图6.75所示。

步骤21 结合自由变换控制框，将“图层4”中的图像逆时针旋转90°，然后向左侧拖动最右侧的控制手柄以压扁该图像，状态如图6.76所示，在控制框中单击鼠标右键，在弹出的菜单中选择【变形】命令，然后调整变形网格，直至状态如图6.77所示。

图6.75

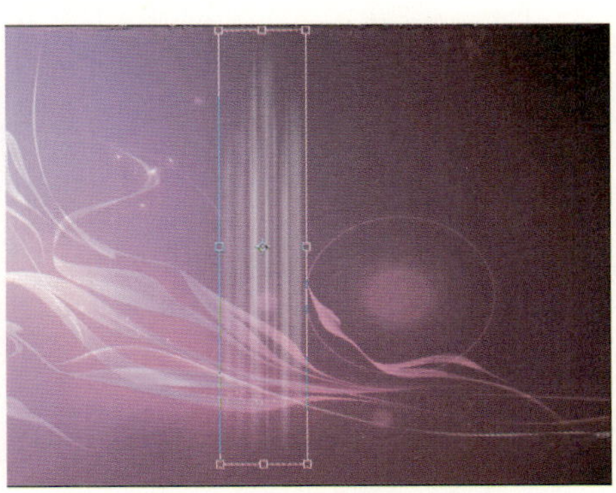
图6.76

步骤22 显示隐藏的图层，在制作文件中将炫光效果拖动至立体文字“o”的上面，效果如图6.78所示。在【图层】面板中单击【添加图层蒙版】按钮，为“图层4”添加图层蒙版。

设置前景色为黑色，选择【画笔工具】，在其工具选项栏中设置适当的画笔大小及【不透明度】数值，在制作文件中覆盖立体字“o”的炫光效果上面进行涂抹，将部分炫光效果隐藏起来，直至效果如图6.79所示。

图6.77

图6.78

步骤23 按Ctrl+J组合键复制“图层4”，得到“图层4副本”，将“图层4副本”中的图像稍稍向左侧移动少许，设置“图层4副本”的【不透明度】为“60%”，效果如图6.80所示。

图6.79

图6.80

步骤24 在【图层】面板中单击【创建新的填充或调整图层】按钮，在弹出的菜单中选择【亮度/对比度】命令，在弹出的面板中设置参数，如图6.81所示，得到图层“亮度/对比度 1”，最终效果如图6.82所示，此时的【图层】面板如图6.83所示，图6.84所示为尝试效果，读者可以自行尝试制作。

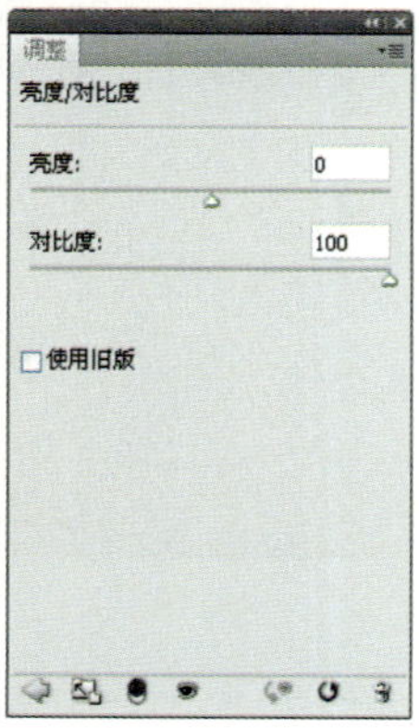

图6.81

图6.82

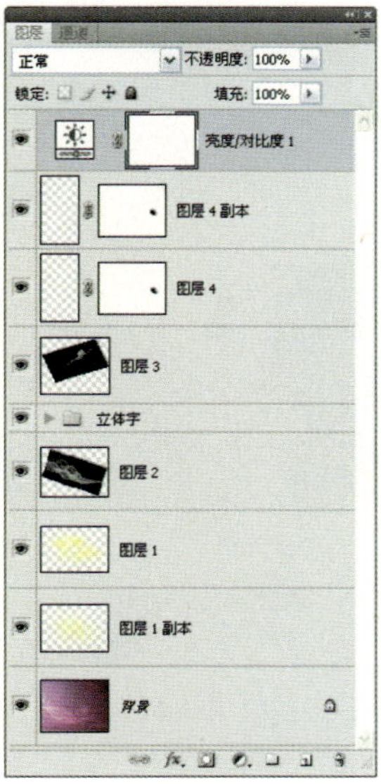

图6.83

图6.84

提示

本例最终效果文件见随书所附光盘（光盘文件路径为“第6章\6.3\6.3.psd、6.3-尝试效果.psd”）。

6.4 艺术彩绘视觉表现

例前导读：

本例是以艺术彩绘为主题的视觉表现作品。在制作过程中，主要以制作人物前后的艺术色彩效果为核心内容，色彩表现鲜艳、夺目，形式表现时尚、美观，结构层次感分明、近实远虚。

核心技能：

- 结合路径及“渐变填充”图层制作图像的渐变效果。
- 设置图层属性以混合图像。
- 应用“色相/饱和度”调整图层调整图像的色相及饱和度。
- 利用剪贴蒙版限制图像的显示范围。
- 结合【画笔工具】及特殊画笔素材绘制图像。
- 添加【描边】图层样式，制作图像的描边效果。
- 应用【变形】命令使图像变形。
- 结合路径及“画笔描边路径”功能，为所绘制的路径进行描边。

操作步骤：

步骤 1 打开随书所附光盘中的素材文件（光盘文件路径为“第6章\6.4\素材1.psd”），效果如

图6.85所示，将其作为本例的制作文件。选择【钢笔工具】，在其工具选项栏中单击【路径】按钮，在制作文件中画布的右下方绘制如图6.86所示的路径。

图6.85

图6.86

提示

本步骤笔者是以图层组的形式给出的素材，读者可以参考本例随书所附光盘中的最终效果文件进行参数的设置，展开图层组即可观看到操作的过程。下面制作画面右下方的装饰效果。

步骤 2 在【图层】面板中单击【创建新的填充或调整图层】按钮，在弹出的菜单中选择【渐变】命令，在弹出的对话框中设置参数，如图6.87所示，单击【确定】按钮退出对话框，隐藏路径后的效果如图6.88所示，同时得到图层“渐变填充1”。

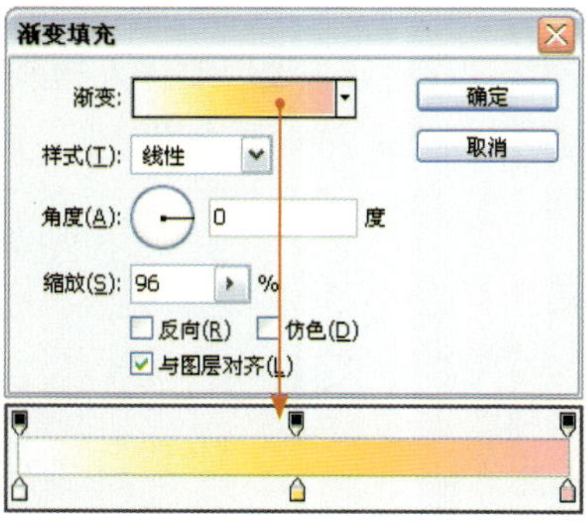

图6.87

图6.88

提示

在【渐变填充】对话框中，渐变颜色值从左至右分别为“f2f6fd”、“f3ca55”和“ff849b”。

步骤 3 设置图层“渐变填充1”的图层混合模式为【变暗】，效果如图6.89所示。按照上一步骤至本步骤的操作方法，结合路径、填充图层以及图层属性等，制作人物前方以及面部的装饰效果，效果如图6.90所示，此时的【图层】面板如图6.91所示。

图6.89

图6.90

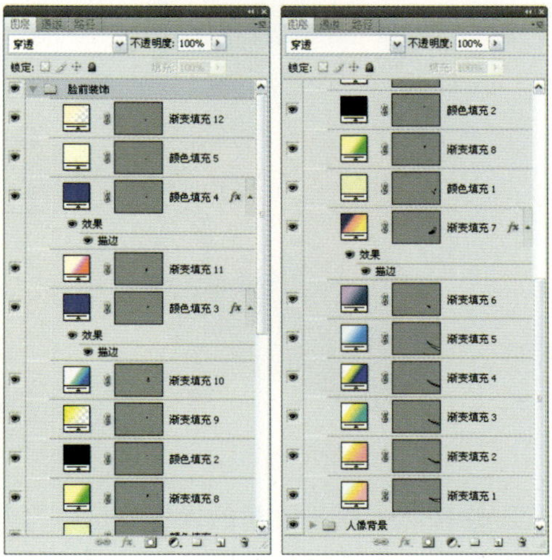

图6.91

提示

本步骤中关于填充图层以及图层属性的设置，请参考本例随书所附光盘中的最终效果文件。在下面的步骤中会多次应用到填充图层以及图层属性，笔者不再进行相关参数设置的提示。

提示

在制作本步骤效果的过程中，还用到了【描边】图层样式。方法为：选择目标图层，单击【添加图层样式】按钮，在弹出的菜单中选择【描边】命令，然后在弹出的对话框中设置参数，单击【确定】按钮退出对话框，以得到所需要的图像效果。

提示

本步骤中为了方便管理图层，在此将制作人物脸前装饰的图层选中，按Ctrl+G组合键进行图层编组，得到“组1”，并将其重命名为“脸前装饰”。在下面的操作中，笔者也将对各部分进行图层编组，在步骤中不再叙述。下面制作人物头部后面的装饰效果。

步骤4 收拢图层组“脸前装饰”，打开随书所附光盘中的素材文件（光盘文件路径为“第6章\6.4\素材2.psd”），使用【移动工具】将其中的图像拖动至制作文件中，得到“图层1”。按Ctrl+T组合键调出自由变换控制框，按住Shift键向内拖动控制手柄以缩小“图层1”中的图像及调整图像的位置（人物的头部），按Enter键确认操作，效果如图6.92所示。

步骤5 在【图层】面板中单击【创建新的填充或调整图层】按钮，在弹出的菜单中选择【色相/饱和度】命令，在弹出的面板中设置参数，如图6.93所示，得到图层“色相/饱和度1”，按Ctrl+Alt+G组合键创建剪贴蒙版，效果如图6.94所示。

图6.92

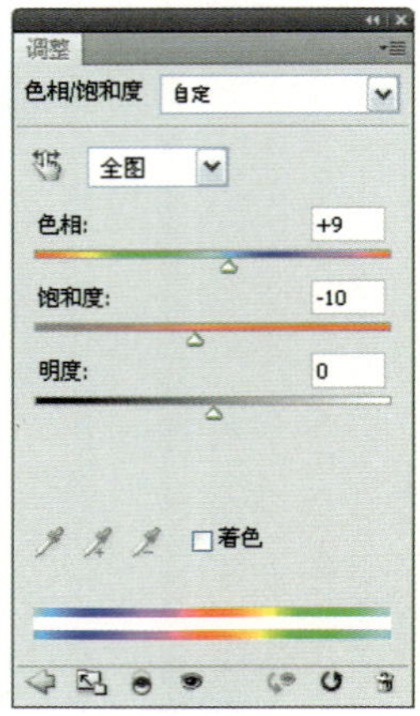

图6.93

图6.94

步骤 6 按照上面所讲解的操作方法，打开随书所附光盘中的素材文件（光盘文件路径为“第6章\6.4\素材3.psd”），结合图层属性、调整图层以及剪贴蒙版等，继续制作人物头部的花朵效果，效果如图6.95所示，同时得到“图层2”和图层“色相/饱和度2”。

提示

本步骤中设置“图层2”的图层混合模式为【颜色加深】。下面结合【画笔工具】及画笔素材等，制作特殊的肌理效果。

步骤 7 新建图层，得到“图层3”。设置前景色的颜色值为“dcc79a”，打开随书所附光盘中的素材文件（光盘文件路径为“第6章\6.4\素材4.abr”），选择【画笔工具】，在制作文件的画布中单击鼠标右键，在弹出的【画笔预设选取器】面板中选择刚刚打开的画笔，在制作文件中人物的头部单击，然后利用自由变换控制框调整图像的角度及位置，效果如图6.96所示。设置当前图层的图层混合模式为【正片叠底】，效果如图6.97所示。

步骤 8 复制“图层3”，得到“图层3副本”。利用自由变换控制框调整“图层3副本”中图像的角度及位置，并设置当前图层的【不透明度】为“60%”，效果如图6.98所示。

步骤 9 新建图层，得到“图层4”。设置前景色的颜色值为“1a3d4d”，结合【画笔工具】、“素材4.abr”画笔以及图层属性等，继续制作特殊的肌理效果，效果如图6.99所示。

图6.95

图6.96

图6.97

图6.98

图6.99

提示

本步骤中设置“图层4”的图层混合模式为【强光】，【不透明度】为“60%”。

步骤10 在【图层】面板中单击【添加图层蒙版】按钮，为“图层4”添加图层蒙版。设置前景色为黑色，选择【画笔工具】，在其工具选项栏中设置适当的画笔大小及【不透明度】数值，在图层蒙版中进行涂抹，将右上方的图像效果隐藏起来，直至效果如图6.100所示。

步骤11 按照步骤9～步骤10的操作方法，结合【画笔工具】、“素材4.abr”画笔、图层属性以及图层蒙版等，制作人物头部的红色肌理效果，效果如图6.101所示，同时得到“图层5”，此时的【图层】面板如图6.102所示。

图6.100

图6.101

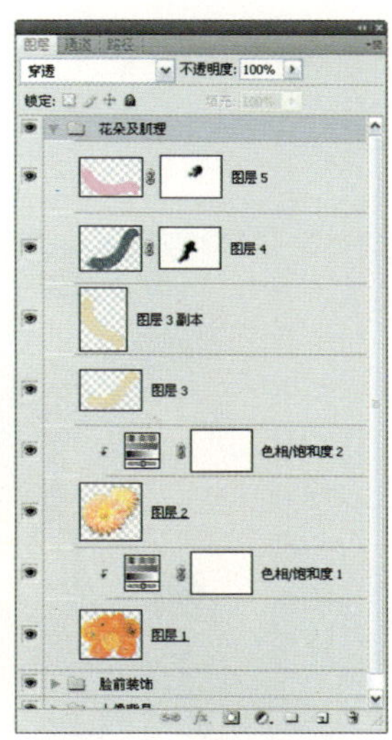

图6.102

提示

在本步骤操作过程中，笔者没有给出图像的颜色值，读者可以按照自己的审美喜好进行颜色的搭配。在下面的操作中，笔者不再进行颜色设置的相关提示。另外，在此设置“图层5”的图层混合模式为【线性加深】。下面制作色块效果。

步骤12 收拢图层组“花朵及肌理”，新建图层，得到“图层6”。设置前景色的颜色值为“ffe187”，选择【套索工具】，在制作文件中花朵的上方绘制选区，效果如图6.103所示，按Alt+Delete组合键以前景色填充选区，按Ctrl+D组合键取消选区，效果如图6.104所示。

步骤13 在【图层】面板中设置“图层6”的图层混合模式为【正片叠底】，然后单击【添加图层样式】按钮 fx，在弹出的菜单中选择【描边】命令，在弹出的对话框中设置参数，如图6.105所示，单击【确定】按钮退出对话框，效果如图6.106所示。

步骤14 按照步骤12～步骤13的操作方法，结合选区、图层属性以及图层样式等，制作另外三处彩色效果，效果如图6.107所示，此时的【图层】面板如图6.108所示。

图6.103

图6.104

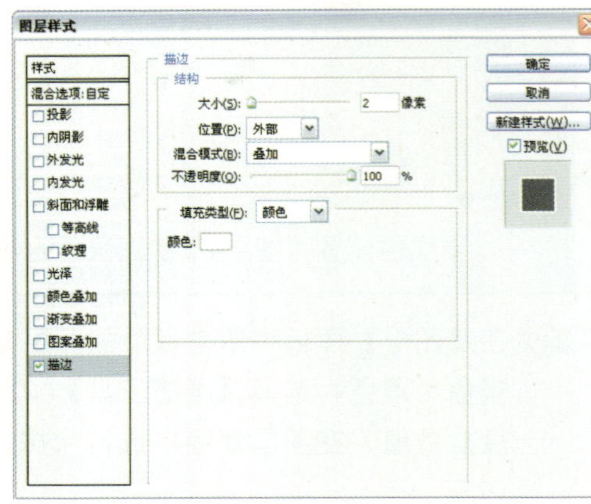

图6.105

图6.106

图6.107

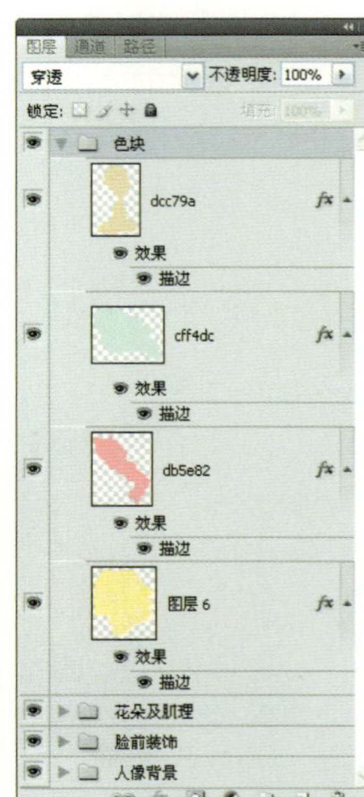

图6.108

提示

本步骤中关于【描边】图层样式的设置与步骤13相同。下面制作人物头部左侧的装饰效果。

步骤15 收拢图层组“色块”，展开图层组“脸前装饰”，选择图层“渐变填充1”～图层“渐变填充5”，按Ctrl+Alt+E组合键盖印图层，将选中图层中的图像合并至新图层中，并将其重命名为“图层7”。将此图层拖动至图层组“花朵及肌理”的上方，收拢图层组“脸前装饰”。

步骤16 在“图层7”的图层名称上单击鼠标右键，在弹出的菜单中选择【转换为智能对象】命令，将其转换为智能对象。在下面将对该图层中的图像进行变形操作，而智能对象可以记录下所有的变形参数，以便于进行反复调整。

步骤17 按Ctrl+T组合键调出自由变换控制框，在控制框内单击鼠标右键，在弹出的菜单中选择【水平翻转】命令，并将“图层7”中的图像移向画布中人物的左侧，然后再次单击鼠标右键，在弹出的菜单中选择【变形】命令，在变形网格内进行拖动以使图像变形，状态如图6.109所示，按Enter键确认操作。

步骤18 设置“图层7”的图层混合模式为【正片叠底】，效果如图6.110所示。结合【画笔工具】、“素材4.abr”画笔、剪贴蒙版以及图层属性等，制作彩条的肌理效果，效果如图6.111所示，同时得到“图层8”。

图6.109

图6.110

图6.111

步骤19 选择图层组“花朵及肌理”，按照上面所讲解的操作方法，结合路径、填充图层、【画笔工具】、图层属性以及图层样式等，完善画布左侧的装饰效果，效果如图6.112所示，此时的【图层】面板如图6.113所示。

图6.112

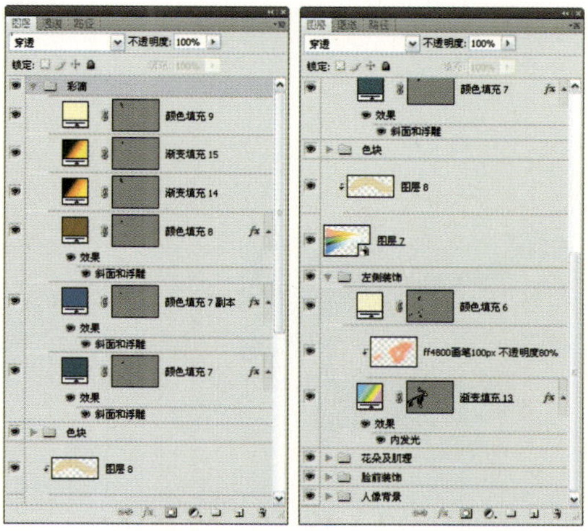

图6.113

提示

本步骤中关于图层样式的设置，请参考本例随书所附光盘中的最终效果文件。在下面的步骤中会多次应用到图层样式，笔者不再进行相关参数的提示。另外，在制作过程中，还需要注意各图层间的顺序。下面制作其他装饰效果以完成制作。

步骤20 收拢图层组“左侧装饰”和图层组“彩滴”，选择【钢笔工具】，在其工具选项栏中单击【路径】按钮及【添加到路径区域】按钮，在制作文件中人物的背后绘制如图6.114所示的路径。

步骤21 新建图层，得到“图层9”。设置前景色为白色，选择【画笔工具】，打开随书所附光盘中的素材文件（光盘文件路径为“第6章\6.4\素材5.abr”），切换至【路径】面板，单击【用画笔描边路径】按钮，隐藏路径后的效果如图6.115所示。

图6.114

图6.115

步骤22 按照上面所讲解的操作方法，结合路径、“画笔描边路径”功能、图层样式、填充图层、图层蒙版以及图层属性等，制作其他装饰元素及背景中的装饰效果，最终效果如图6.116所示，此时的【图层】面板如图6.117所示。图6.118所示为单独显示的本步骤操作效果。

图6.116

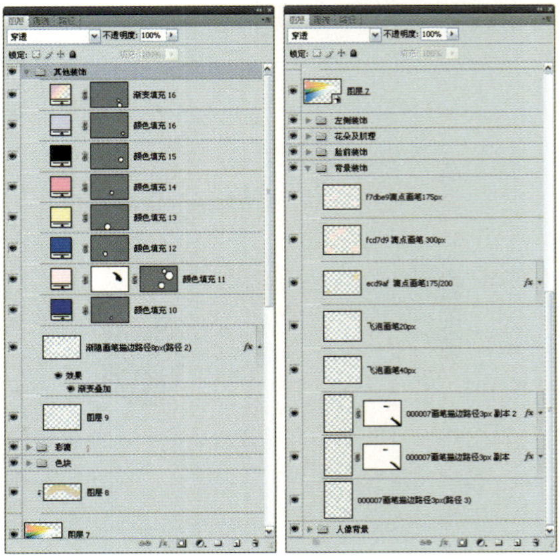

图6.117

图6.118

提示

本步骤中使用的画笔为随书所附光盘“第6章\6.4\素材6”文件夹中的相关文件。另外，在制作过程中，还需要注意各图层间的顺序。

提示

本例最终效果文件见随书所附光盘（光盘文件路径为“第6章\6.4\6.4.psd”）。

6.5 华丽尚彩视觉表现

例前导读：

本例是以华丽尚彩为主题的视觉表现作品。在制作过程中，设计师以一位时尚达人作为画面的兴趣中心，在其周围分布有大小、颜色各不相同的彩圆、线条等，并配以其他精美花纹，以起到强烈的装饰及美化作用。

核心技能：

- 应用滤镜制作艺术化的图像效果。
- 利用图层蒙版隐藏不需要的图像。
- 利用剪贴蒙版限制图像的显示范围。
- 应用调整图层调整图像的亮度、色彩等属性。
- 使用形状绘制类工具绘制形状。
- 利用“再次变换并复制”功能制作规则的图像效果
- 结合路径及“画笔描边路径”功能中的【模拟压力】选项，制作两端细、中间粗的图像效果。
- 结合路径以及“渐变填充”图层制作图像的渐变效果。

操作步骤：

步骤1 打开随书所附光盘中的素材文件（光盘文件路径为“第6章\6.5\素材1.psd”），效果如图

6.119所示，将其作为本例的制作文件。

提示

本步骤中笔者是以图层组的形式给出的素材，读者可以参考本例随书所附光盘中的最终效果文件进行参数的设置，展开图层组即可观看到操作的过程。下面制作人物图像。

步骤2 打开随书所附光盘中的素材文件（光盘文件路径为“第6章\6.5\素材2.psd”），使用【移动工具】将其中的图像拖动至制作文件中，得到“图层1”。在“图层1”的图层名称上单击鼠标右键，在弹出的菜单中选择【转换为智能对象】命令，将其转换为智能对象。

提示

转换成智能对象的目的，在于在下面将对“图层1”中的图像应用滤镜操作，而智能对象可以记录下所有的参数设置，以便于进行反复调整，与此同时还可以对智能蒙版进行编辑，以得到所需要的图像效果。

步骤3 按Ctrl+T组合键调出自由变换控制框，按住Shift键向内拖动控制手柄以缩小“图层1”中的图像，然后将图像逆时针旋转10°左右并调整图像的位置，按Enter键确认操作，效果如图6.120所示。

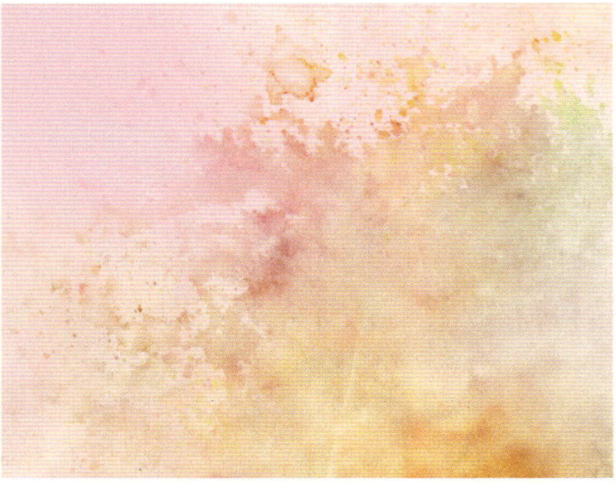

图6.119

图6.120

步骤4 执行【滤镜】|【扭曲】|【玻璃】命令，在弹出的对话框中设置参数，如图6.121所示，调整效果请参见对话框左侧的预览区域，单击【确定】按钮退出对话框。

步骤5 执行【滤镜】|【扭曲】|【波纹】命令，在弹出的对话框中设置参数，如图6.122所示，单击【确定】按钮退出对话框，效果如图6.123所示。

步骤6 选择智能蒙版缩览图，设置前景色为黑色，选择【画笔工具】，在其工具选项栏中设置适当的画笔大小及【不透明度】数值，在智能蒙版中进行涂抹，将制作文件中人物身上的滤镜效果隐藏起来，直至效果如图6.124所示，此时图层蒙版中的状态如图6.125所示。

提示

下面结合调整图层及图层蒙版等，调整人物的色彩、亮度和对比度。

图6.121

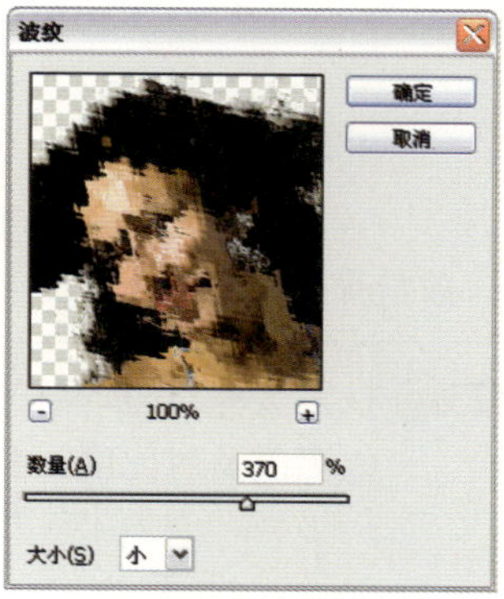

图6.122

图6.123

图6.124

步骤7 在【图层】面板中单击【创建新的填充或调整图层】按钮，在弹出的菜单中选择【黑白】命令，在弹出的面板中设置参数，如图6.126所示，得到图层“黑白1”，按Ctrl+Alt+G组合键创建剪贴蒙版，效果如图6.127所示。

图6.125

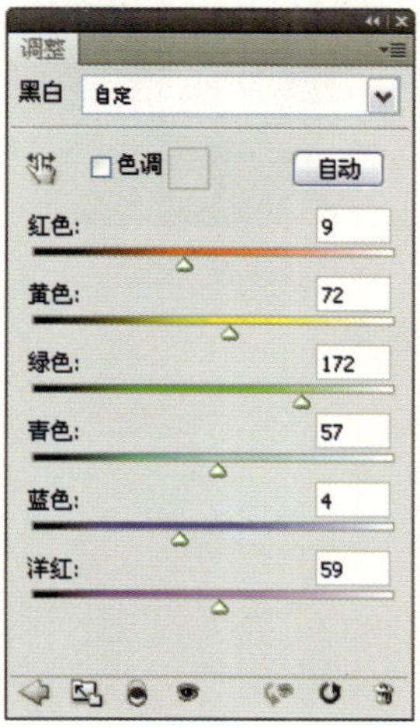

图6.126

图6.127

步骤8 在图层“黑白1”的图层蒙版缩览图被激活的状态下，设置前景色为黑色，选择【画笔工具】，在其工具选项栏中设置适当的画笔大小及【不透明度】数值，在图层蒙版中进行涂抹，将除衣服以外的黑白效果隐藏起来，效果如图6.128所示，此时图层蒙版中的状态如图6.129所示。

提示

在图层蒙版中进行涂抹的过程中，需要不断改变画笔的大小及【不透明度】数值，随时更改前景色为黑或白，以得到所需要的效果。

步骤 9 按照步骤7～步骤8的操作方法，结合“亮度/对比度”调整图层及图层蒙版等，调整人物的亮度及对比度，参数设置及效果如图6.130所示，此时的【图层】面板如图6.131所示。

提示

本步骤中为了方便管理图层，在此将制作人物的图层选中，按Ctrl+G组合键进行图层编组，得到“组1”，并将其重命名为“人物”。在下面的操作中，笔者也将对各部分进行图层编组，在步骤中不再叙述。下面制作装饰元素——方块。

步骤 10 收拢图层组“人物”，选择图层组“背景”。设置前景色为白色，选择【钢笔工具】，在其工具选项栏中单击【形状图层】按钮，在制作文件中人物的周围随意绘制形状，然后在工具选项栏中单击【添加到形状区域】按钮，继续绘制形状，效果如图6.132所示，同时得到图层“形状1”。

图6.128

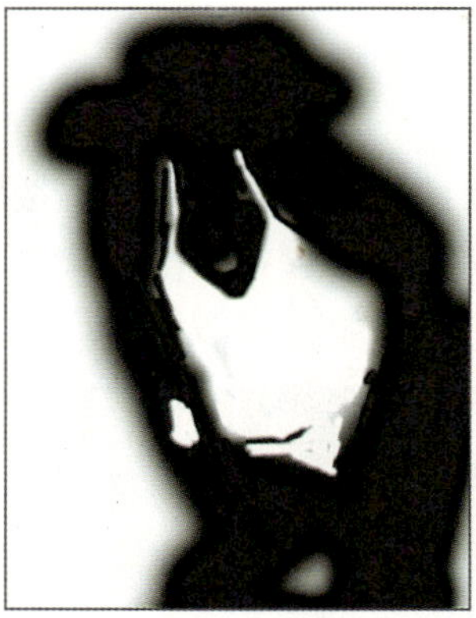

图6.129

图6.130

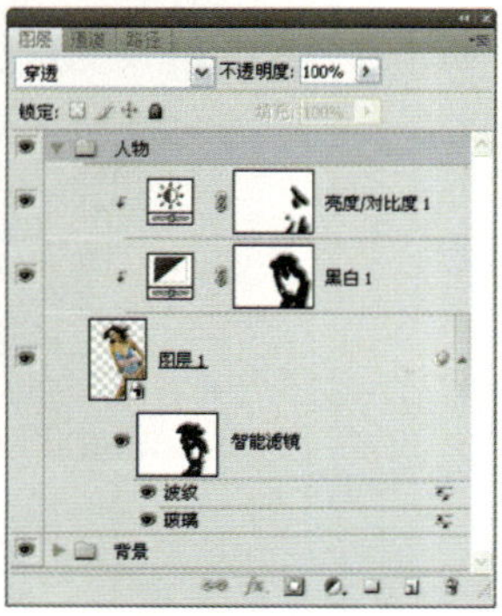

图6.131

图6.132

步骤11 打开随书所附光盘中的素材文件（光盘文件路径为/“第6章\6.5\素材3.psd”），使用【移动工具】将其中的图像拖动至制作文件中，得到“图层2”。按Ctrl+Alt+G组合键创建剪贴蒙版，使用【移动工具】调整图像的位置，效果如图6.133所示。

步骤12 复制“图层2”，得到“图层2副本”。使用【移动工具】调整“图层2副本”中图像的位置，效果如图6.134所示。重复本步骤的操作，制作画布上方白色部分的纹理效果，效果如图6.135所示，同时得到“图层2副本2”。

图6.133

图6.134

步骤13 在【图层】面板中单击【添加图层蒙版】按钮，为“图层2副本2”添加图层蒙版。设置前景色为黑色，选择【画笔工具】，在其工具选项栏中设置适当的画笔大小及【不透明度】数值，在图层蒙版中进行涂抹，将人物右手臂右侧的效果隐藏起来，直至效果如图6.136所示。

图6.135

图6.136

步骤14 按照上面所讲解的操作方法，结合形状绘制类工具、图层复制、【移动工具】以及调整图层等，制作人物左侧的两处红色效果，参数设置及效果如图6.137所示，此时的【图层】面板如图6.138所示。

提示

至此，方块效果已经制作完成。下面制作线条及渐变圆效果。

步骤15 收拢图层组“方块”，选择图层组“背景”。选择【钢笔工具】，在其工具选项栏中单击【路径】按钮，在制作文件中人物的左侧绘制如图6.139所示的路径。

步骤16 新建图层，得到“图层3”。设置前景色为白色，选择【画笔工具】，在其工具选项栏中设置【画笔】为“尖角4像素”，【不透明度】为“100%”。切换至【路径】面板，按住Alt键单击【用画笔描边路径】按钮，在弹出的对话框中选择【模拟压力】选项，单击【确定】按钮退出对话框，隐藏路径后的效果如图6.140所示。

图6.137

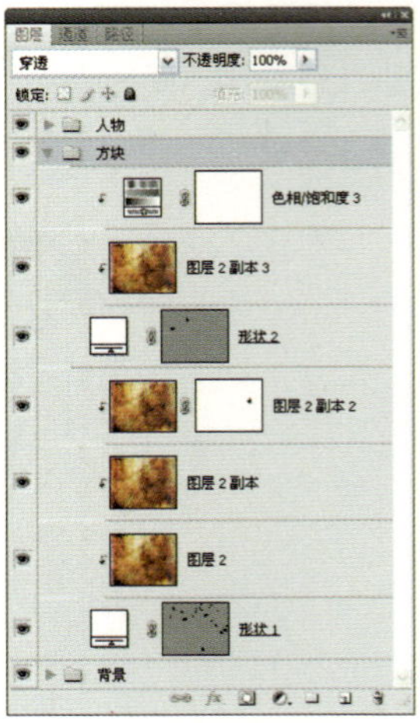

图6.138

图6.139

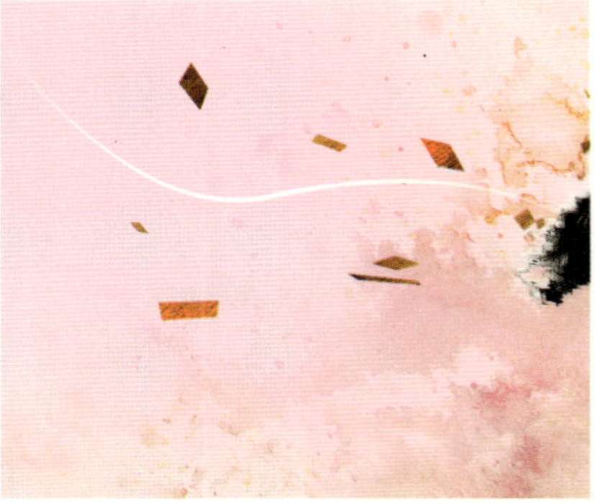

图6.140

提示

选择【模拟压力】选项的目的，在于使描边路径后得到的线条具有两端细、中间粗的效果。需要注意的是，此时必须在【画笔】面板的【形状动态】区域中设置【大小抖动】的【控制】为【钢笔压力】，否则无法得到这样的效果。

步骤17 在【图层】面板中单击【添加图层样式】按钮，在弹出的菜单中选择【外发光】命令，在弹出的对话框中设置参数，如图6.141所示，单击【确定】按钮退出对话框，效果如图6.142所示。

步骤18 选择【椭圆工具】，在其工具选项栏中单击【路径】按钮以及【添加到路径区域】按钮，在制作文件中人物的右侧绘制如图6.143所示的路径。

步骤19 在【椭圆工具】工具选项栏中选择【直线工具】，设置【粗细】为“4px”，然后单击【从路径区域减去】按钮，在制作文件中人物的面部绘制如图6.144所示的路径。

步骤20 使用【路径选择工具】选择制作文件中上一步绘制的直线路径，按Ctrl+Alt+T组合键调出自由变换并复制控制框，配合“→”和“↓”键将路径向右下方移动少许，按Enter键确认操作。按Alt+Ctrl+Shift+T组合键多次执行再次变换并复制操作，效果如图6.145所示。

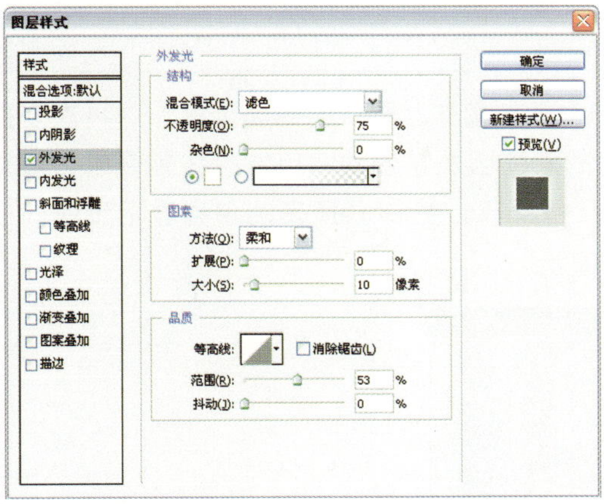

图6.141

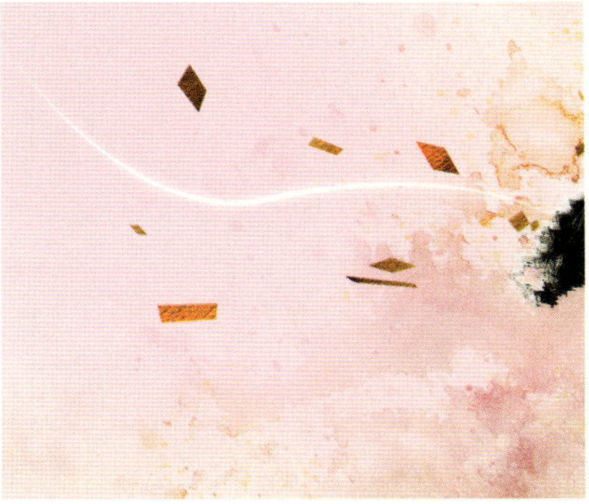

图6.142

图6.143

图6.144

图6.145

步骤21 在【图层】面板中单击【创建新的填充或调整图层】按钮，在弹出的菜单中选择【渐变】命令，在弹出的对话框中设置参数，如图6.146所示，单击【确定】按钮退出对话框，隐藏路径后的效果如图6.147所示，同时得到图层“渐变填充1”。

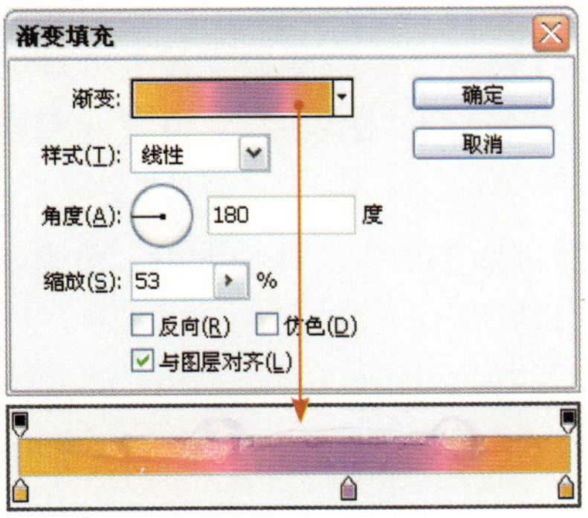

图6.146

图6.147

提示

在【渐变填充】对话框中，渐变颜色值从左至右分别为“e4a50b”、“d02cb0”和“d88817”。

步骤22 按照上面所讲解的操作方法，结合路径、渐变填充、形状绘制类工具、“再次变换并复制”功能以及图层属性等，制作画布中的渐变圆及左侧的紫色发射线条效果，效果如图6.148所示，此时的【图层】面板如图6.149所示。图6.150所示为单独显示步骤15～步骤22操作效果以及图层组“背景”时的图像状态。

图6.148

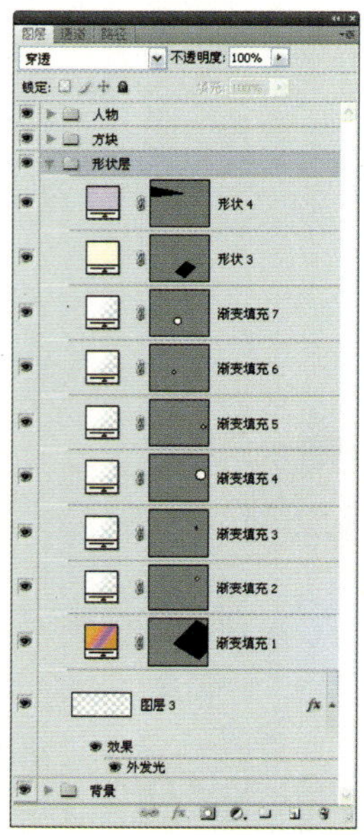

图6.149

图6.150

提示

本步骤中关于图像的颜色值以及【渐变填充】对话框中的参数设置，请参考本例随书所附光盘中的最终效果文件。另外，在此设置图层“形状4”的【不透明度】为“46%”。为了方便读者查看效果，暂时将给出的图像效果的【不透明度】设置为“100%”。下面制作花纹效果。

步骤23 收拢图层组“形状层”，选择图层组“方块”，打开随书所附光盘中的素材文件（光盘文件路径为“第6章\6.5\素材4.psd”），结合【移动工具】及图像变换等，制作人物右侧后方的花纹效果，效果如图6.151所示，同时得到“图层4”。设置此图层的图层混合模式为【颜色加深】，效果如图6.152所示。

步骤24 复制“图层4”三次，利用自由变换控制框调整副本图层中图像的大小、角度及位置，效果如图6.153所示，此时的【图层】面板如图6.154所示。

提示

至此，花纹效果已经制作完成。下面制作圆圈和线条效果。

步骤25 收拢图层组“花纹”，按照上面所讲解的操作方法，结合形状绘制类工具、素材图像、剪贴蒙版、调整图层、路径、渐变填充以及图层复制等，制作彩圆及线条效果，效果如图6.155所示，此时的【图层】面板如图6.156所示。图6.157所示为单独显示本步骤操作效果及图层组“背景”时的图像状态。

图6.151

图6.152

图6.153

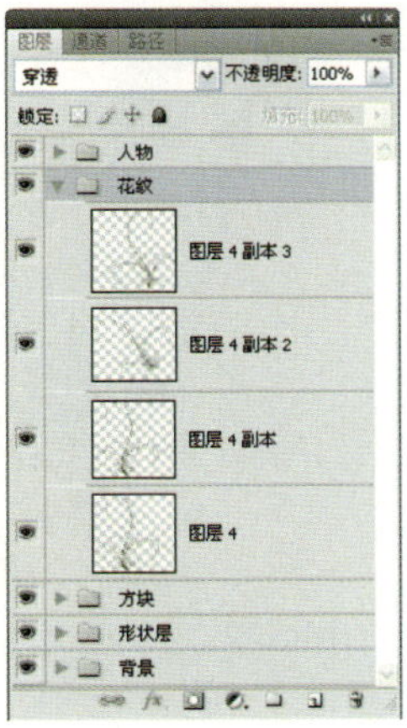

图6.154

图6.155

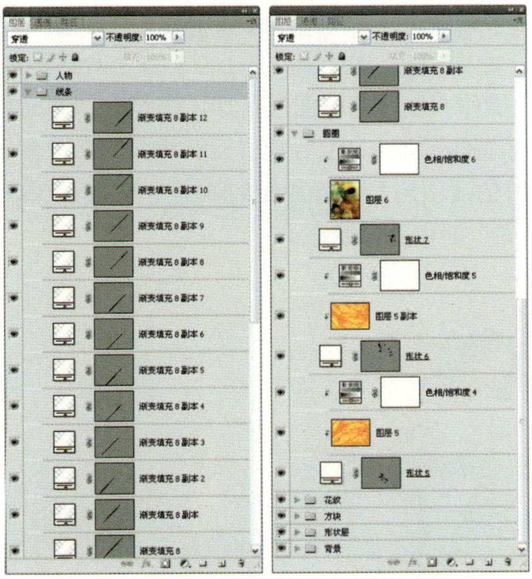

图6.156

图6.157

提示

本步骤中所应用到的素材文件为随书所附光盘中的素材文件（光盘文件路径为“第6章\6.5\素材5.psd、素材6.psd”）。关于调整图层以及填充图层的参数设置，请参考本例随书所附光盘中的最终效果文件。

步骤26 收拢图层组“圆圈”和图层组“线条”，选择图层组“线条”，按Ctrl+Alt+E组合键盖印图层，将选中图层中的图像合并至新图层中，并将其重命名为“图层7”，然后隐藏图层组“线条”。

步骤27 使用【移动工具】向右移动“图层7”中的图像少许，在【图层】面板中单击【添加图层样式】按钮，在弹出的菜单中选择【外发光】命令，在弹出的对话框中设置参数，如图6.158所示，单击【确定】按钮退出对话框，效果如图6.159所示。

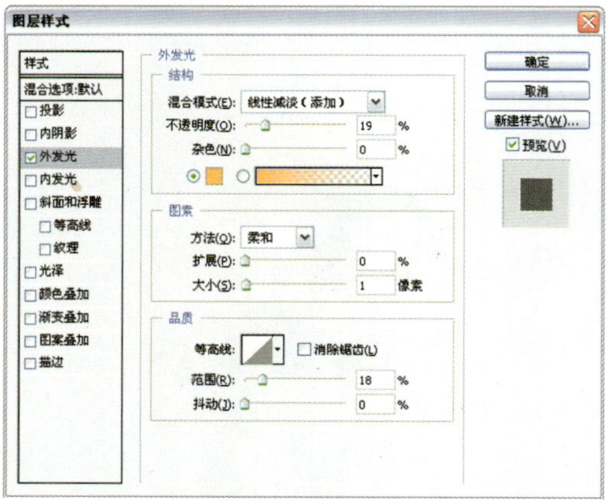

图6.158

图6.159

提示

在【外发光】参数设置中，色块的颜色值为“ffa454”。下面制作光点效果。

步骤28 选择图层组“人物”，按照上面所讲解的操作方法，结合图层盖印、路径、“画笔描边路径”功能、渐变填充、【画笔工具】、图层样式、混合模式以及相关文字工具等，制作光点效果，效果如图6.160所示，此时的【图层】面板如图6.161所示。图6.162所示为单独显示本步骤操作效果及图层组“背景”时的图像状态。

图6.160

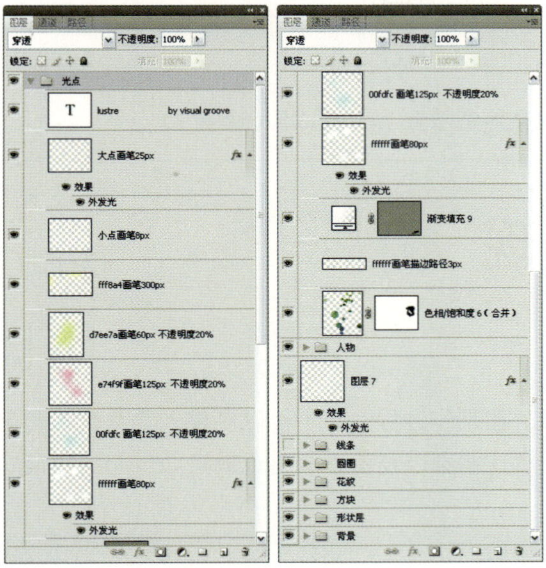

图6.161

图6.162

提示

本步骤中图层“色相/饱和度 6（合并）”是通过盖印图层“形状7”～图层“色相/饱和度 6”得来的。关于图像颜色值、渐变填充、图层样式以及图层属性的设置，请参考本例随书所附光盘中的最终效果文件。在此应用到的特殊画笔（小点画笔和大点画笔）为随书所附光盘中“第6章\6.5\素材7”文件夹中的相关文件。下面调整局部的亮度以完成制作。

步骤29 收拢图层组“光点”，结合“亮度/对比度”调整图层以及图层蒙版，调整人物及线条效果的亮度，最终效果如图6.163所示，此时的【图层】面板如图6.164所示。

图6.163

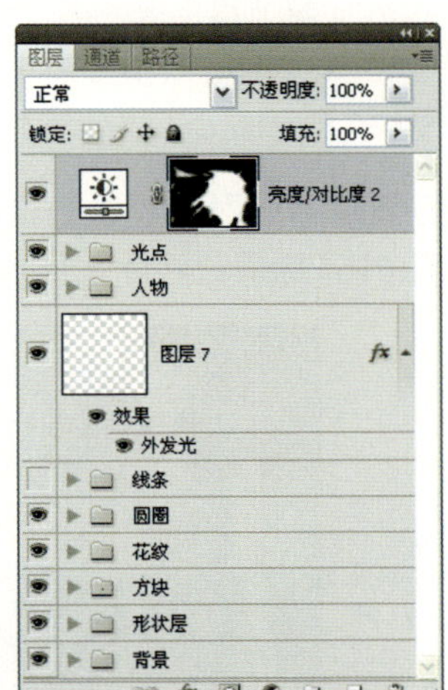

图6.164

提示

关于“亮度/对比度”调整图层的参数设置，请参考本例随书所附光盘中的最终效果文件。

提示

本例最终效果文件见随书所附光盘（光盘文件路径为“第6章\6.5\6.5.psd”）。

6.6 华丽人生视觉表现

例前导读：

本例是以华丽人生为主题的视觉表现作品。在制作过程中，主要以制作人物两侧的彩条效果为核心内容；人物右上方的条纹、右侧的白色透明条以及两侧的白色散点，也起到了很好的装饰作用。

核心技能：

- 使用形状绘制类工具绘制形状。
- 结合路径以及“渐变填充”图层制作图像的渐变效果。
- 利用图层蒙版隐藏不需要的图像。
- 结合路径及“画笔描边路径”功能中的【模拟压力】选项，制作两端细、中间粗的图像效果。
- 利用“再次变换并复制”功能制作规则的图像效果。
- 应用“盖印”功能合并可见图层中的图像。
- 结合【画笔工具】及特殊画笔素材绘制图像。
- 设置图层属性以混合图像。

操作步骤：

步骤 1 打开随书所附光盘中的素材文件（光盘文件路径为“第6章\6.6\素材1.psd”），效果如图6.165所示，将此文件作为本例的制作文件，此时【图层】面板如图6.166所示。

图6.165

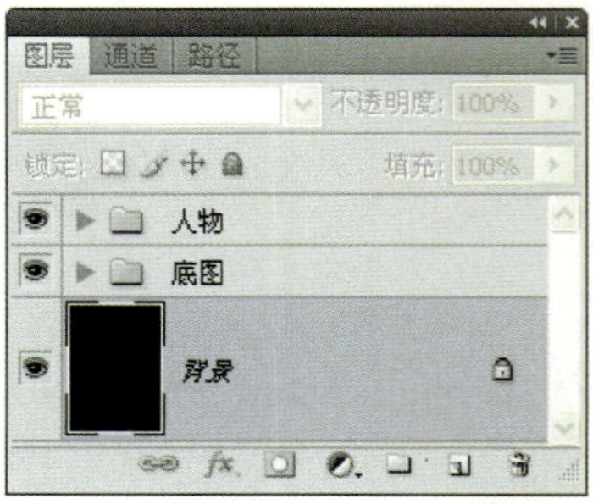

图6.166

提示

本步骤中笔者是以图层组的形式给出的素材，读者可以参考本例随书所附光盘中的最终效果文件进行参数的设置，展开图层组即可观看到操作的过程。下面制作画面左侧的形状效果。

步骤 2 选择图层组“人物”，设置前景色的颜色值为“fcf052”。选择【钢笔工具】，在其工具选项栏中单击【形状图层】按钮，在制作文件中画布的左下方绘制如图6.167所示的形状，得到图层“形状1”。

步骤 3 选择【钢笔工具】，在其工具选项栏中单击【路径】按钮，在制作文件中上一步绘制的形状上绘制如图6.168所示的路径。在【图层】面板中单击【创建新的填充或调整图层】按钮，在弹出的菜单中选择【渐变】命令，在弹出的对话框中设置参数，如图6.169所示，单击【确定】按钮退出对话框，隐藏路径后的效果如图6.170所示，同时得到图层“渐变填充1”。

步骤 4 按照步骤2的操作方法，使用【钢笔工具】在制作文件中人物的左臂上绘制如图6.171所示的白色形状，得到图层“形状2”。

步骤 5 在【图层】面板中单击【添加图层蒙版】按钮，为图层“形状2”添加图层蒙版。设置前景色为黑色，选择【画笔工具】，在其工具选项栏中设置适当的画笔大小及【不透明度】数值，在图层蒙版中进行涂抹，将右侧的图像效果隐藏起来，直至效果如图6.172所示。

图6.167

图6.168

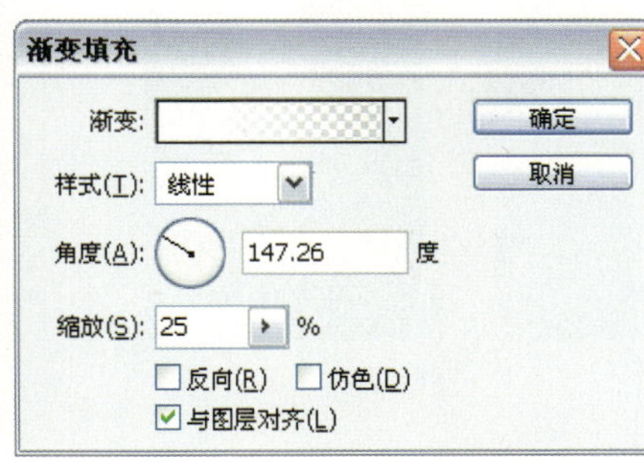

图6.169

图6.170

图6.171

图6.172

步骤 6 按照上面所讲解的操作方法，结合路径、渐变填充、图层蒙版以及形状绘制类工具等，继续制作不同颜色的形状效果，效果如图6.173所示，此时的【图层】面板如图6.174所示。

提示

本步骤中为了方便管理图层，在此将制作形状的图层选中，按Ctrl+G组合键进行图层编组，得到“组1”，并将其重命名为“左侧形状”。在下面的操作中，笔者也将对各部分进行图层编组，在步骤中不再叙述。

提示

关于图像的颜色值以及【渐变填充】对话框中的参数设置，请参考本例随书所附光盘中的最终效果文件。在下面的操作中，会多次应用到“渐变填充”图层，笔者不再进行相关参数的提示。下面制作人物左侧后面的形状效果。

步骤 7 收拢图层组“左侧形状”，选择图层组“底图”。按照步骤3的操作方法，结合路径及“渐变填充”图层，制作人物左下方的红黄渐变效果，效果如图6.175所示，同时得到图层“渐变填充4”。

图6.173

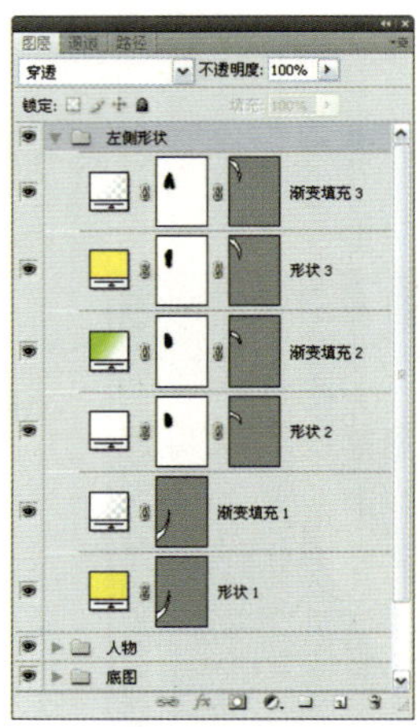

图6.174

图6.175

提示

下面结合【画笔工具】及剪贴蒙版，在制作文件中添加黄色效果。

步骤 8 新建图层，得到“图层1”。按Ctrl+Alt+G组合键创建剪贴蒙版，设置前景色的颜色值为“fff253”，选择【画笔工具】，在其工具选项栏中设置适当的画笔大小及【不透明度】数值，在制作文件中上一步得到的效果的上方进行涂抹，效果如图6.176所示。

步骤 9 重复步骤7的操作方法，结合路径及“渐变填充”图层等，制作画布中红黄渐变效果上方的绿白渐变效果，效果如图6.177所示，此时的【图层】面板如图6.178所示。

提示

至此，画面左侧的形状效果已经制作完成。下面制作画面右侧的形状效果。

图6.176

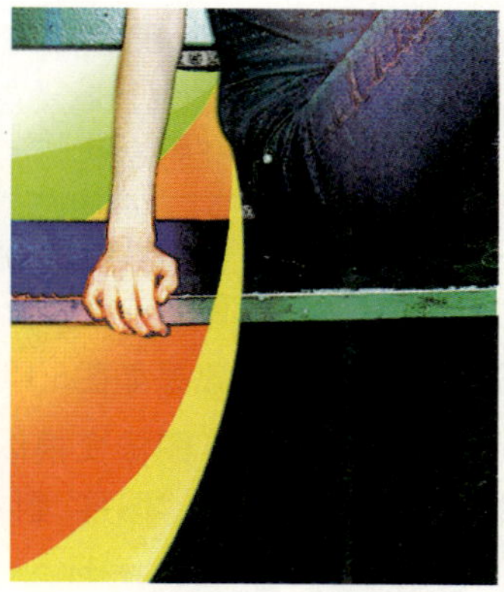

图6.177

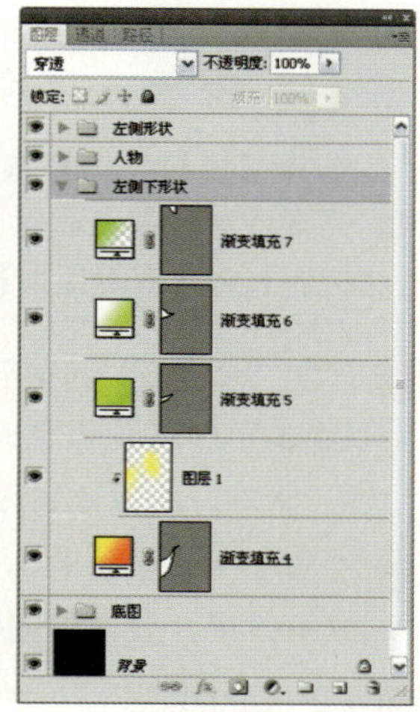

图6.178

步骤10 收拢图层组“左侧下形状”，选择图层组“左侧形状”。按照上面所讲解的操作方法，结合形状绘制类工具、路径、渐变填充以及图层蒙版等，制作人物右侧的形状效果，效果如图6.179所示，此时的【图层】面板如图6.180所示。

提示

下面结合路径及“画笔描边路径”功能，制作人物右侧的线条效果。

步骤11 收拢图层组“右侧上形状”，选择【钢笔工具】，在其工具选项栏中单击【路径】按钮，在制作文件中人物的右侧绘制如图6.181所示的路径。

图6.179

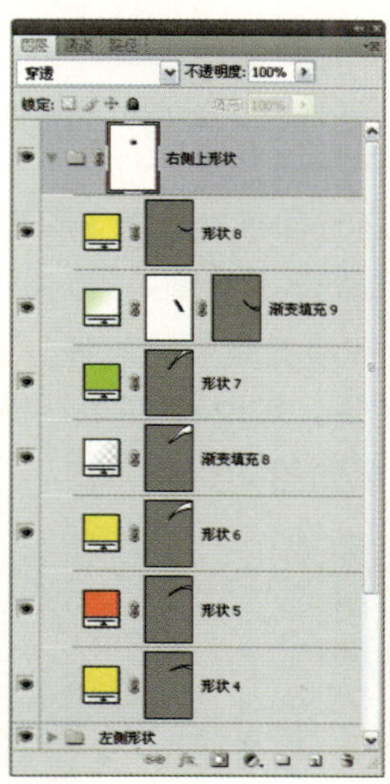

图6.180

图6.181

步骤12 新建图层，得到“图层2”。设置前景色为白色，选择【画笔工具】，在其工具选项栏中设置【画笔】为“尖角9像素”，【不透明度】为“100%”。切换至【路径】面板，按住Alt键单击【用画笔描边路径】按钮，在弹出的对话框中选择【模拟压力】选项，单击【确定】按钮退出对话框，隐藏路径后的效果如图6.182所示。

提示

选择【模拟压力】选项的目的，在于使描边路径后得到的线条具有两端细、中间粗的效果。需要注意的是，此时必须在【画笔】面板的【形状动态】区域中，设置【大小抖动】下方的【控制】为【钢笔压力】，否则无法得到这样的效果。

步骤13 复制“图层2”，得到“图层2副本”。按Ctrl+T组合键调出自由变换控制框，将“图层2副本”中的图像顺时针旋转4°左右并调整图像的位置，按Enter键确认操作。设置“图层2副本”的【不透明度】为“50%”，效果如图6.183所示。

步骤14 按照上一步的操作方法，结合图层复制、图像变换以及图层属性等，制作另外一个透明线条效果，效果如图6.184所示，同时得到“图层2副本2”。

图6.182

图6.183

图6.184

提示

下面结合形状绘制类工具及“再次变换并复制”功能等，制作画面右上方的条纹效果。

步骤15 选择【直线工具】，在其工具选项栏中单击【形状图层】按钮，设置【粗细】数值为“1px”，在制作文件中人物头部的右侧绘制如图6.185所示的形状，得到图层“形状9”。

步骤16 按Ctrl+Alt+T组合键调出自由变换并复制控制框，配合“→”和“↓”键，将图层“形状9”中的形状向右下方移动少许，按Enter键确认操作。按Alt+Ctrl+Shift+T组合键多次执行再次变换并复制操作，效果如图6.186所示。

图6.185

图6.186

步骤17 在【直线工具】 的工具选项栏中选择【钢笔工具】，然后单击【交叉形状区域】按钮，在制作文件中上一步得到的形状效果上绘制如图6.187所示的形状，隐藏路径后的效果如图6.188所示。

图6.187

图6.188

步骤18 复制图层“形状9”两次，得到图层“形状9副本”和图层“形状9副本2”，用以加强图像的效果，效果如图6.189所示，此时的【图层】面板如图6.190所示。

图6.189

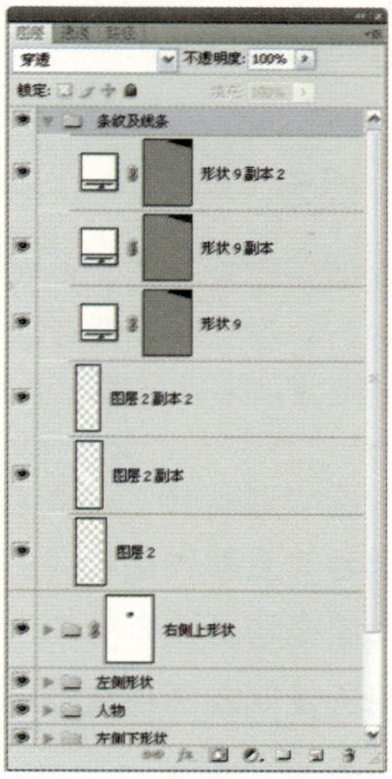

图6.190

提示

至此，条纹效果已经制作完成。下面制作人物右侧后面的形状效果。

步骤19 收拢图层组“条纹及线条”，选择图层组“底图”。按照步骤3的操作方法，结合路径及“渐变填充”图层等，制作人物右侧后面的形状效果，效果如图6.191所示，此时的【图层】面板如图6.192所示。图6.193所示为单独显示本步骤操作效果时的图像状态。

提示

至此，形状效果已经制作完成。下面制作画面中的装饰效果。

图6.191

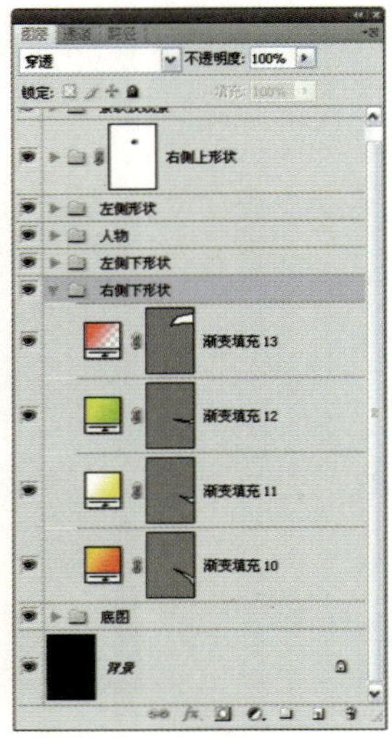

图6.192

图6.193

步骤20 收拢图层组“右侧下形状”，选择图层组“条纹及线条”，结合形状绘制类工具及其运算功能，制作人物左手左侧的形状效果，效果如图6.194所示，同时得到图层“形状10”～图层“形状12”。

提示

在绘制第一个形状后，会得到一个对应的形状图层。为了保证下面绘制的形状都是在该形状图层中进行，在绘制其他形状时，需要在工具选项栏中选择适当的运算模式，如【添加到形状区域】或【从形状区域减去】等。

步骤21 选择图层“形状10”～图层“形状12”，按Ctrl+Alt+E组合键盖印图层，将选中图层中的图像合并至新图层中，并将其重命名为“图层3”。使用【移动工具】将“图层3”中的图像拖动至画布的左上方，效果如图6.195所示。

步骤22 结合图层复制及图像变换等，制作人物膝盖上的装饰效果，效果如图6.196所示，同时得到“图层3副本”。

图6.194

图6.195

图6.196

步骤23 新建图层，得到“图层4”。设置前景色为白色，打开随书所附光盘中的素材文件（光盘文件路径为“第6章\6.6\素材2.abr”），选择【画笔工具】，在制作文件的画布中单击鼠标右键，在弹出的【画笔预设选取器】面板中选择刚刚打开的画笔，然后在其工具选项栏中设置【不透明度】为“60%”，在制作文件中人物的右手处进行涂抹，效果如图6.197所示。

步骤24 在【画笔工具】的工具选项栏中，设置上一步使用的画笔的大小为“15px”，【不透明度】为“100%”，继续在制作文件中人物的两侧进行涂抹，效果如图6.198所示，此时的【图层】面板如图6.199所示。

图6.197

图6.198

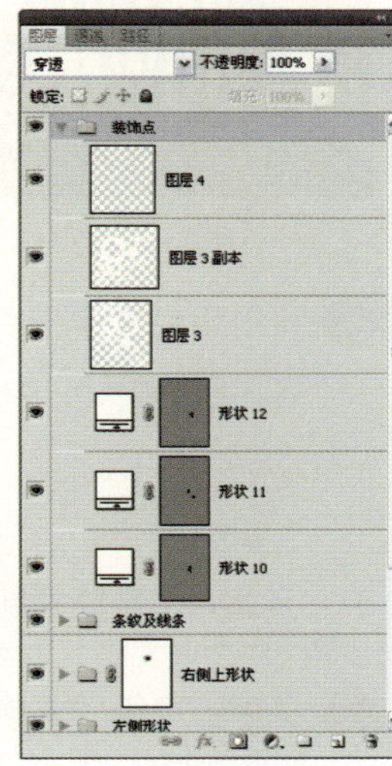

图6.199

提示

至此，装饰效果已经制作完成。下面制作文字效果。

步骤25 收拢图层组“装饰点”。选择【横排文字工具】，设置前景色为白色，在其工具选项栏中设置适当的字体和字号，在制作文件中画布的下方输入文字“DOWN”和“UPSIDE”，并得到相应的文字图层。选择文字图层“UPSIDE”，利用自由变换控制框将该图层中的文字旋转180°，效果如图6.200所示。

步骤26 按住Alt键，将文字图层“DOWN”拖动至其下方，得到图层“DOWN 副本”。在此图层的名称上单击鼠标右键，在弹出的菜单中选择【转换为智能对象】命令，将其转换为智能对象。

步骤27 按Ctrl+T组合键调出自由变换控制框，在控制框内单击鼠标右键，在弹出的菜单中选择【垂直翻转】命令，垂直翻转图层“DOWN 副本”中的文字，再将其向下移动位置，然后在控制框内单击鼠标右键，在弹出的菜单中选择【透视】命令，向右拖动右下方的控制手柄，此时的状态如图6.201所示，按Enter键确认操作。

步骤28 在【图层】面板中单击【添加图层蒙版】按钮，为图层“DOWN 副本”添加图层蒙版。设置前景色为黑色，选择【渐变工具】，在其工具选项栏中单击【线性渐变】按钮，在画布中单击鼠标右键，在弹出的【渐变拾色器】面板中选择渐变预设“前景色到透明渐变”，在图层蒙版中从文字的中心至上方绘制渐变，效果如图6.202所示。

图6.200

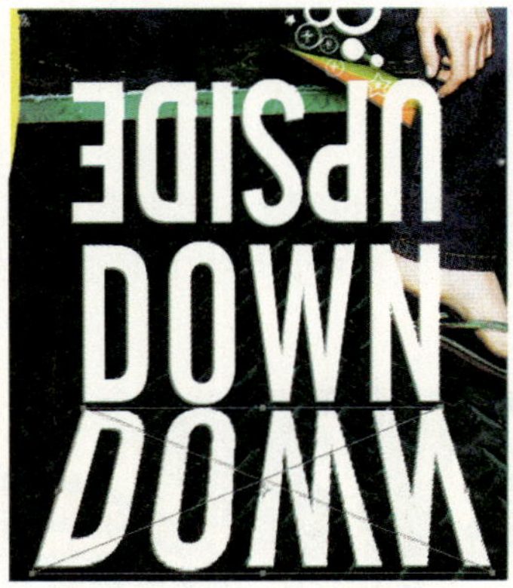

图6.201

图6.202

步骤29 利用相关文字工具，制作画布下方的说明文字，效果如图6.203所示，此时的【图层】面板如图6.204所示。

提示

至此，文字效果制作完成。下面对整体图像进行调整以完成制作。

步骤30 收拢图层组“文字”，按Ctrl+Alt+Shift+E组合键盖印图层，将当前所有可见图像合并至新图层中，得到“图层5”。执行【滤镜】|【模糊】|【高斯模糊】命令，在弹出的对话框中设置【半径】数值为“1.9”，单击【确定】按钮退出对话框，效果如图6.205所示。

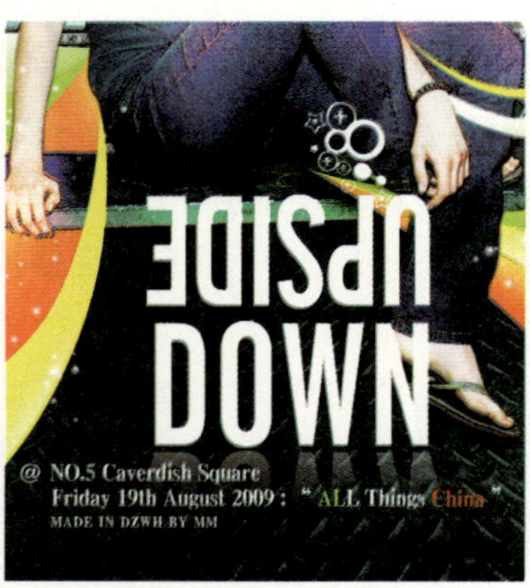

图6.203

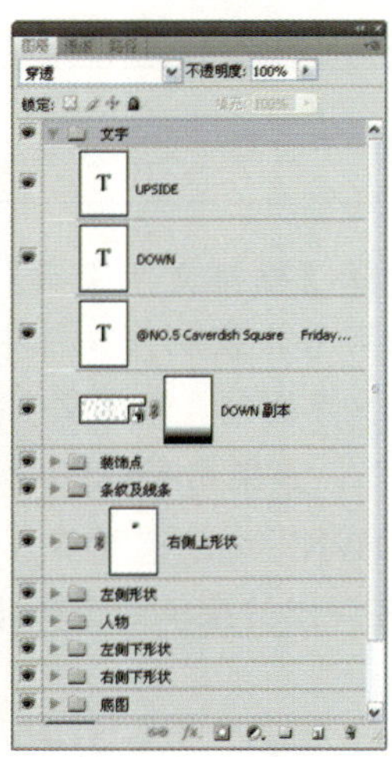

图6.204

图6.205

步骤31 设置“图层5”的图层混合模式为【滤色】，【不透明度】为“20%”，最终效果如图6.206所示，此时的【图层】面板如图6.207所示。

提示

本例最终效果文件见随书所附光盘（光盘文件路径为“第6章\6.6\6.6.psd”）。

图6.206

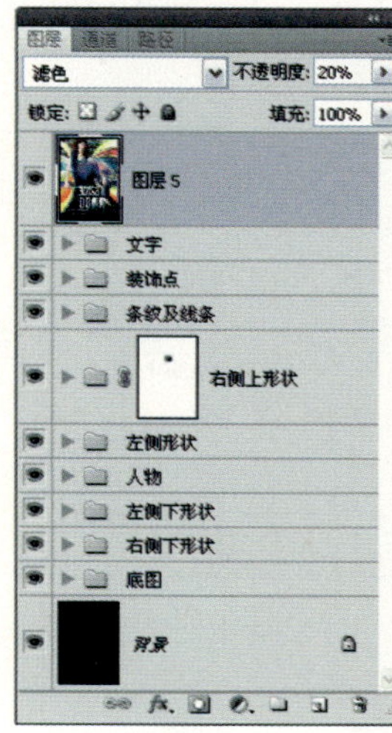

图6.207

6.7 洗发产品创意表现

例前导读：

本例是以洗发产品为主题的创意表现作品。在制作过程中，主要以处理层次感丰富的背景以及各种炫光效果为核心内容。另外，产品周围的花朵以及星光效果，也为整体画面起到了很好的装饰作用。

核心技能：

- 设置图层属性以混合图像。
- 添加【外发光】图层样式，制作图像的发光效果。
- 利用图层蒙版隐藏不需要的图像。
- 使用形状绘制类工具绘制形状。
- 结合路径及“画笔描边路径”功能中的【模拟压力】选项，制作两端细、中间粗的图像效果。
- 应用【高斯模糊】滤镜制作图像的模糊效果。
- 结合【画笔工具】及特殊画笔素材绘制图像。

操作步骤：

步骤 1 按Ctrl+N组合键新建文件，在弹出的对话框中设置参数，如图6.208所示，单击【确定】按钮退出对话框，将此文件作为本例的制作文件。

步骤 2 设置前景色的颜色值为“e73a8f”，设置背景色为白色。选择【渐变工具】，在其工具选项栏中单击【径向渐变】按钮，选择【反向】选项，在制作文件的画布中单击鼠标右键，在弹出的【渐变拾色器】面板中选择渐变预设“前景色到背景色渐变”，在制作文件画布中心偏下的位置向右下方绘制渐变，效果如图6.209所示。

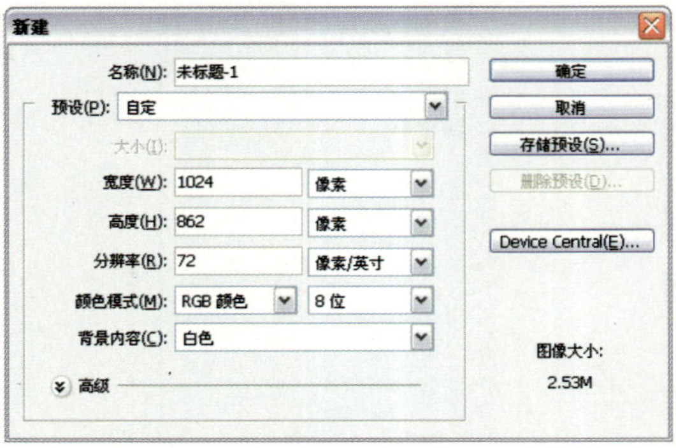

图6.208

图6.209

提示

至此，背景中的基本元素制作完成。下面制作画面底部的花及白光效果。

步骤3 打开随书所附光盘中的素材文件（光盘文件路径为“第6章\6.7\素材1.psd”），使用【移动工具】将其中的图像拖动至制作文件中，得到“图层1”。按Ctrl+T组合键调出自由变换控制框，按住Shift键向内拖动控制手柄以缩小“图层1”中的图像并调整其位置，按Enter键确认操作。设置当前图层的图层混合模式为【滤色】，效果如图6.210所示。

步骤4 设置前景色为白色，选择【钢笔工具】，在其工具选项栏中单击【形状图层】按钮，在制作文件画布的底部绘制如图6.211所示的形状，得到图层“形状1”。

图6.210

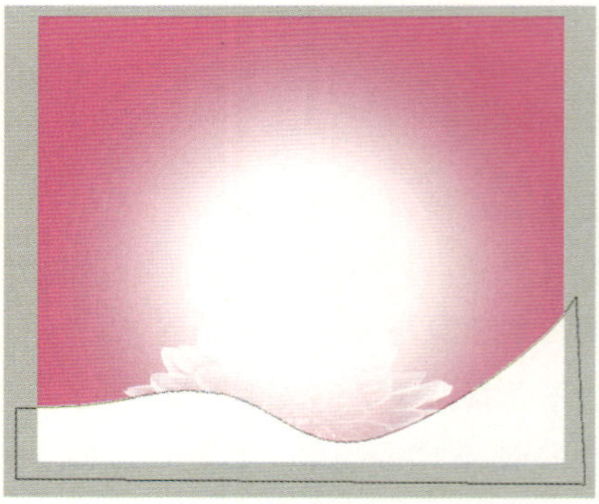

图6.211

步骤5 在【图层】面板中设置图层“形状1”的【填充】为“0%”，单击【添加图层样式】按钮 fx，在弹出的菜单中选择【外发光】命令，在弹出的对话框中设置参数，如图6.212所示；然后在【图层样式】对话框中继续选择【混合选项】选项，在弹出的参数设置中选择【图层蒙版隐藏效果】选项，单击【确定】按钮退出对话框，效果如图6.213所示。

提示

选择【图层蒙版隐藏效果】选项，是为了在下面操作时可以使用图层蒙版将图层样式产生的效果隐藏起来。

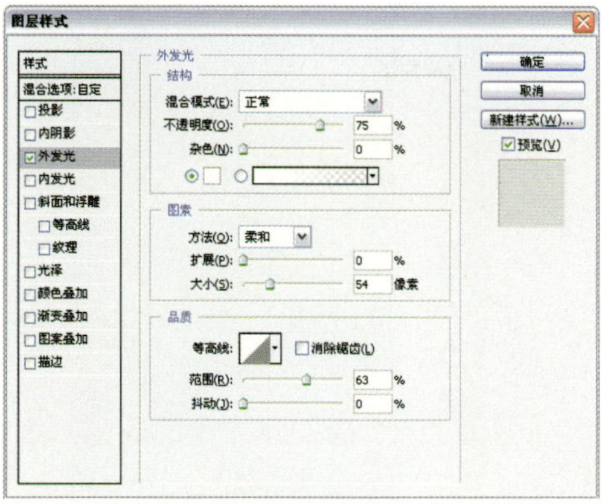

图6.212

图6.213

步骤 6 在【图层】面板中单击【添加图层蒙版】按钮，为图层“形状1”添加图层蒙版。设置前景色为黑色，选择【画笔工具】，在其工具选项栏中设置适当的画笔大小及【不透明度】数值，在图层蒙版中进行涂抹，将右侧的图像效果隐藏起来，直至效果如图6.214所示。

步骤 7 按照步骤4～步骤6的操作方法，结合形状绘制类工具、图层属性以及图层蒙版等，制作另外一道白光效果，效果如图6.215所示，同时得到图层“形状2”。

图6.214

图6.215

提示

为图层“形状2”添加的图层样式其参数设置与步骤5中的设置相同。下面制作花纹效果。

步骤 8 选择【钢笔工具】，在其工具选项栏中单击【路径】按钮以及【添加到路径区域】按钮，在制作文件画布上方的两侧绘制如图6.216所示的路径。在【图层】面板中单击【创建新的填充或调整图层】按钮，在弹出的菜单中选择【纯色】命令，在弹出的【拾取实色】对话框中设置其颜色值为“f1a2c4”，单击【确定】按钮退出对话框，效果如图6.217所示，同时得到图层“颜色填充1”。

提示

本步骤中所绘制的路径具有对称性。在绘制过程中，先完成一侧的路径，然后利用【路径选择工具】将所绘制的路径全部选中，再按Ctrl+Alt+T组合键调出自由变换并复制控制框，将路径进行水平翻转并调整路径的位置。

图6.216

图6.217

步骤9 设置图层“颜色填充1”的图层混合模式为【颜色加深】，【不透明度】为“50%”，效果如图6.218所示。复制图层“颜色填充1”，得到图层“颜色填充1副本”。利用自由变换控制框调整图层“颜色填充1副本”中图像的大小及位置，并设置图层“颜色填充1副本”的【不透明度】为“30%”，效果如图6.219所示。

图6.218

图6.219

提示

至此，花纹效果已经制作完成。下面制作画面四周的花朵效果。

步骤10 打开随书所附光盘中的素材文件（光盘文件路径为“第6章\6.7\素材2.psd”），按住Shift键，使用【移动工具】将其中的图像拖动至制作文件中，效果如图6.220所示，同时得到图层组“四周花”，此时的【图层】面板如图6.221所示。

提示

本步骤中为了方便管理图层，在此将制作背景的图层选中，按Ctrl+G组合键进行图层编组，得到“组1”，并将其重命名为“背景元素”。在下面的操作中，笔者也将对各部分进行图层编组，在步骤中不再叙述。

提示

本步骤中笔者是以图层组的形式给出的素材，读者可以参考本例随书所附光盘中的最终效果文件进行参数的设置，展开图层组即可观看到操作的过程。下面制作主题图像及炫带效果。

图6.220

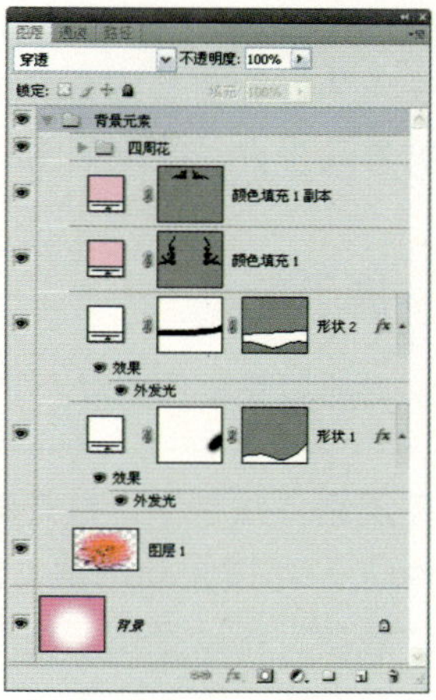

图6.221

步骤11 收拢图层组“背景元素”，按照上一步的操作方法，打开随书所附光盘中的素材文件（光盘文件路径为“第6章\6.7\素材3.psd”），制作主体产品图像，效果如图6.222所示，同时得到图层组“产品”。

步骤12 选择【钢笔工具】，在其工具选项栏中单击【路径】按钮以及【添加到路径区域】按钮，在制作文件中的产品图像上绘制如图6.223所示的路径。

图6.222

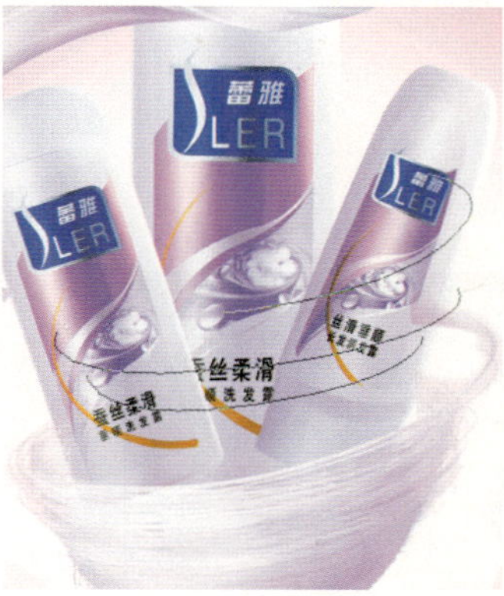

图6.223

步骤13 新建图层，得到“图层2”。设置前景色的颜色值为“eddcec”。选择【画笔工具】，在其工具选项栏中设置【画笔】为“尖角2像素”，【不透明度】为“100%”。切换至【路径】面板，按住Alt键单击【用画笔描边路径】按钮，在弹出的对话框中选择【模拟压力】选项，单击【确定】按钮退出对话框，隐藏路径后的效果如图6.224所示。

提示

选择【模拟压力】选项的目的，在于使描边路径后得到的线条具有两端细、中间粗的效果。需要注意的是，此时必须在【画笔】面板的【形状动态】区域中，设置【大小抖动】下方的【控制】为【钢笔压力】，否则无法得到这样的效果。

步骤14 保持前景色不变，按照步骤12～步骤13的操作方法，结合路径及“画笔描边路径”功能，制作另外一组线条效果，效果如图6.225所示，同时得到“图层3”。

步骤15 选择“图层2”和“图层3”，按Ctrl+Alt+E组合键盖印图层，将选中图层中的图像合并至新图层中，并将其重命名为“图层4”。使用【移动工具】将“图层4”中的图像向右下方移动少许，效果如图6.226所示，此时的【图层】面板如图6.227所示。

提示

至此，炫带效果制作完成。下面制作画面中其他类型的花朵效果。

步骤16 收拢图层组“炫带”，打开随书所附光盘中的素材文件（光盘文件路径为“第6章\6.7\素材4.psd”），按住Shift键，使用【移动工具】将其中的图像拖动至制作文件中，并将图层“散花”拖动至图层组“产品”的下方，效果如图6.228所示，同时得到另外两个图层“百合”和“中间花”。

图6.224

图6.225

图6.226

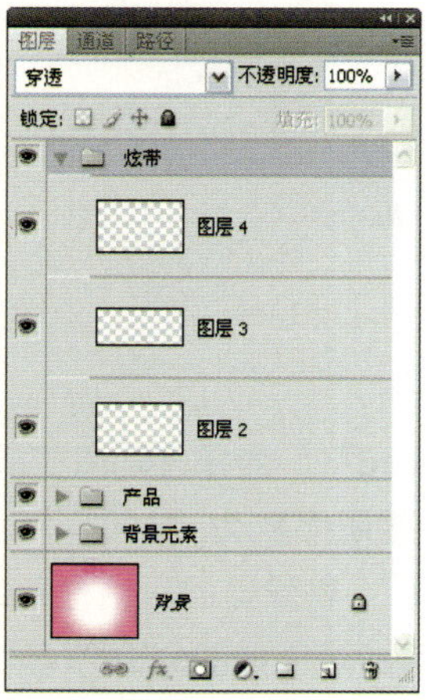

图6.227

图6.228

步骤17 选择图层“百合”，设置前景色为白色，选择【钢笔工具】，在其工具选项栏中单击【形状图层】按钮，在制作文件中画布的底部绘制如图6.229所示的形状，得到图层“形状3”。在此图层的名称上单击鼠标右键，在弹出的菜单中选择【转换为智能对象】命令，将其转换为智能对象。

步骤18 执行【滤镜】|【模糊】|【高斯模糊】命令，在弹出的对话框中设置【半径】数值为“7”，单击【确定】按钮退出对话框，效果如图6.230所示。

提示

转换成智能对象的目的，在于在对图层“形状3”中的图像应用滤镜操作时，智能对象可以记录下所有的参数设置，以便于进行反复调整。

图6.229

图6.230

步骤19 按照上面所讲解的操作方法，结合路径、实色填充以及【高斯模糊】滤镜等，制作环绕产品的炫光效果，效果如图6.231所示，此时的【图层】面板如图6.232所示。图6.233所示为单独显示步骤17～步骤19操作效果时的图像状态。

图6.231

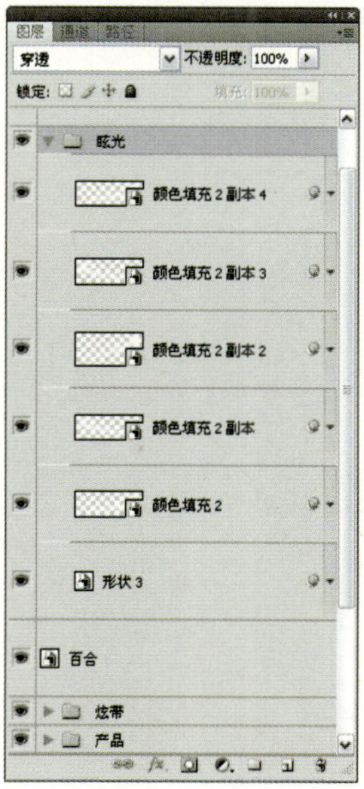

图6.232

图6.233

提示

本步骤中关于【高斯模糊】对话框中的参数设置与步骤18中的设置相同。下面制作星光效果以完成制作。

步骤20 选择图层“中间花”，新建图层，得到“图层5”。设置前景色为白色，打开随书所附光盘中的素材文件（光盘文件路径为“第6章\6.7\素材5.abr”），选择【画笔工具】，在制作文件的画布中单击鼠标右键，在弹出的【画笔预设选取器】面板中选择刚刚打开的画笔，在制作文件中产品的右侧进行涂抹，效果如图6.234所示。

步骤21 在【画笔工具】的工具选项栏中调整画笔的大小为“45像素”，继续在制作文件中上一步得到的效果周围进行涂抹，效果如图6.235所示。

图6.234

图6.235

步骤22 按照步骤20的操作方法，结合【画笔工具】及随书所附光盘中的画笔素材文件“第6章\6.7\素材6.abr”，在制作文件中花朵及产品的上方进行涂抹，最终效果如图6.236所示，此时的【图层】面板如图6.237所示。

图6.236

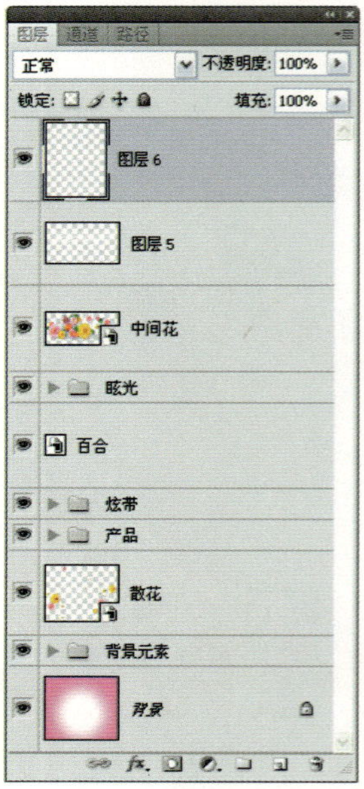

图6.237

提示

本例最终效果文件见随书所附光盘（光盘文件路径为“第6章\6.7\6.7.psd”）。

第7章

矢量风格

此类风格的作品能够表现光滑、纯净的画面效果。许多优秀的插画或卡通形象都是矢量风格的。它在视觉上很容易使观者产生美好、亲切的视觉感受，因而得到了广泛的认可。另外，将矢量图与位图结合起来使用，可以达到令观者意想不到的视觉效果，这也是时下比较流行的一种设计风格。

7.1 矢量风格概述

要学习矢量风格，首先需要对“矢量”的概念有所了解。简单地说，“矢量”是用来表达图形的一系列数学公式，而矢量图形也就是由这一系列数学公式所构成的图形。

构成图形的线条所具有的颜色、位置、曲率、粗细等属性，都由复杂的数学公式来表达，这就是矢量图形文件非常小的原因。

矢量图形的线条非常光滑、流畅，且具有良好的缩放平滑性，即对矢量图形进行缩放时，线条依然能够保持非常好的光滑性及比例相似性，从而在整体上保持了图形不变形。当用户对矢量图形执行缩放比例变形操作时，对于矢量图形软件而言，无非是在表达图形的数学公式上改变比例。

观察图7.1所示的典型矢量图，可以帮助读者对“矢量”的概念有一个更明确的了解。

图7.1

结合上面讲解的基本概念及演示作品，就不难理解矢量图多适用于表现色彩相对位图（如照片或其他章节中介绍的各类风格作品）而言较为单一的图形或图像，但也正是因为色彩相对单一，矢量图在用色上要求能够鲜明地突出作品的主题，以求深入地刻画主体图像。图7.2所示是一些典型的矢量风格的视觉表现及插画作品。

图7.3所示是一组矢量风格的艺术文字设计作品，在色彩及造型等方面都堪称矢量风格表现的精品。

图7.2

图7.3

7.2 矢量风格的分支——混合矢量风格

在图形图像领域中，位图与矢量图的视觉效果大多处于泾渭分明的状态。由于长期以来Photoshop的矢量设计功能较弱，因此大多数设计师的设计作品具有明显的位图风格，如图7.4所示。对比前面展示的矢量风格作品，不难看出二者之间存在着较大的差异。

图7.4

近年来，随着越来越多的设计师受到国外新设计风格的影响，以及对于Photoshop软件使用的越来越纯熟，在位图之中混合矢量图的设计手法以其特殊的视觉效果得到了很多人的认可，并逐渐开始流行。图7.5展示了使用这种手法进行创作的一些作品。

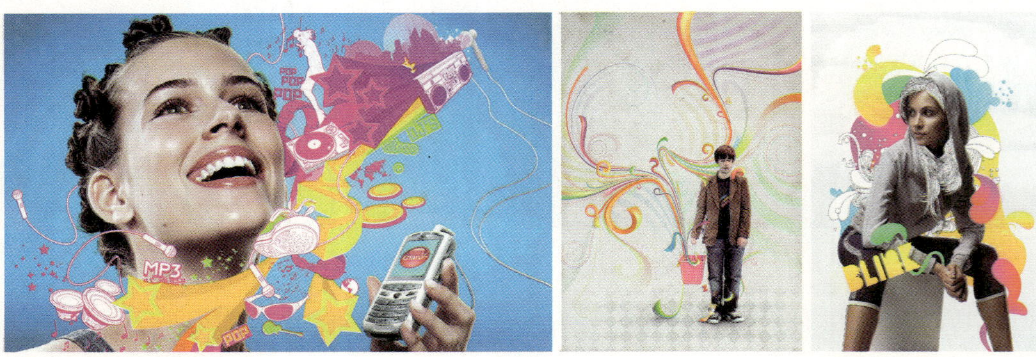

图7.5

在设计混合风格的作品时，除了手工绘制各种图形外，也可以借助于矢量素材来提高工作效率。图7.6～图7.11展示了一些常见的矢量风格素材，希望能够对读者的设计思路有所启发。

图7.6

图7.7

图7.8

图7.9

图7.10

图7.11

以上列举的只是一些常见的矢量素材资源，其他还包括建筑、静物以及涂鸦标志等多种类型，读者可以在平时多注意收集这些素材资源，以便于随时调用。另外，本书随书所附光盘中也附送有大量相关资源供读者使用。

7.3 矢量视觉海报设计

例前导读：

本例是以矢量图为主题的海报设计作品。在制作过程中，首先以处理画面中的彩色线条为核心内容，然后通过Photoshop技术制作彩条上、下方的云彩及彩滴等效果，具有卡通娃娃效果的云彩为整幅画面增添了生动、活跃的氛围。

核心技能：

- 应用【渐变工具】绘制渐变效果。
- 结合路径及“颜色填充”图层，为所绘制的路径填充实色。
- 应用“盖印”功能合并可见图层中的图像。
- 利用图层蒙版隐藏不需要的图像。
- 结合【画笔工具】及特殊画笔素材绘制图像。
- 结合路径及“画笔描边路径”功能，为所绘制的路径进行描边。
- 添加【投影】图层样式，制作图像的投影效果。

操作步骤：

步骤1 按Ctrl+N组合键新建文件，在弹出的对话框中设置参数，如图7.12所示，单击【确定】按钮退出对话框，将此文件作为本例的制作文件。

步骤2 设置前景色的颜色值为“d1e40f”，设置背景色的颜色值为“539122”。选择【渐变工具】，在其工具选项栏中单击【径向渐变】按钮，在制作文件的画布中单击鼠标右键，在弹出的【渐变拾色器】面板中选择渐变预设“前景色到背景色渐变”，在制作文件中画布的左上方至右下方绘制渐变，效果如图7.13所示。

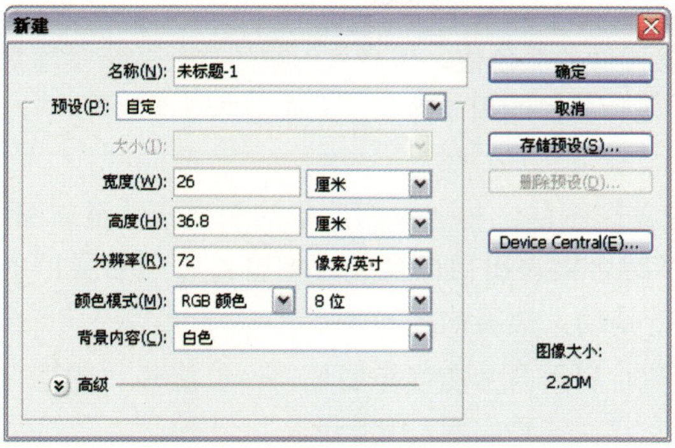

图7.12

图7.13

提示

至此，背景中的基本元素制作完成。下面制作画面中的彩条效果。

步骤 3 选择【钢笔工具】，在其工具选项栏中单击【路径】按钮，在制作文件中画布的下方绘制如图7.14所示的路径。在【图层】面板中单击【创建新的填充或调整图层】按钮，在弹出的菜单中选择【纯色】命令，然后在弹出的【拾取实色】对话框中设置其颜色值为“8e8b22”，单击【确定】按钮退出对话框，隐藏路径后的效果如图7.15所示，同时得到图层“颜色填充1”。

步骤 4 按照上一步的操作方法，结合路径及“颜色填充”图层，制作其他彩条及鸽子效果，效果如图7.16所示，此时的【图层】面板如图7.17所示。

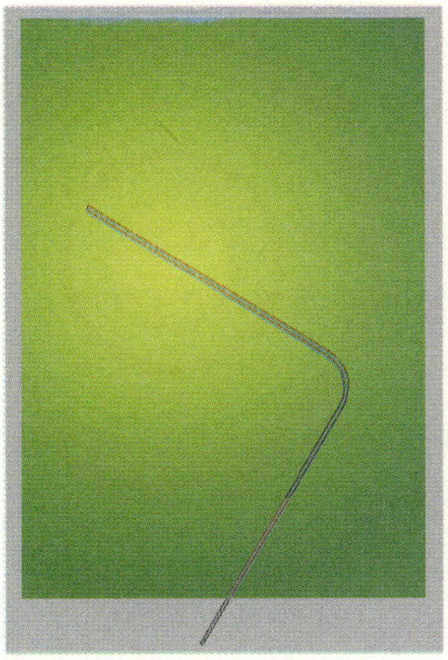

图7.14

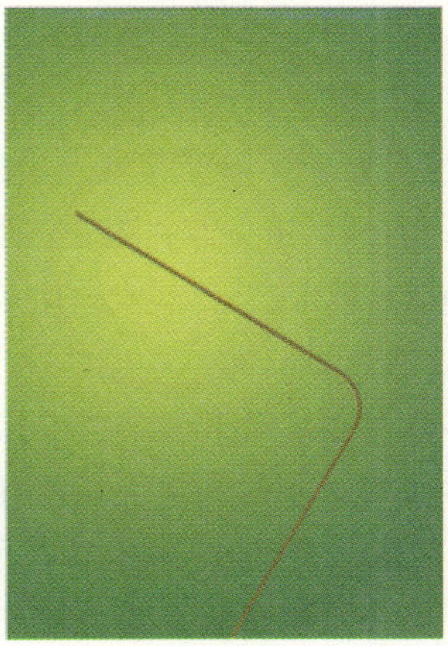

图7.15

图7.16

提示

本步骤中为了方便管理图层，在此将制作线条的图层选中，按Ctrl+G组合键进行图层编组，得到“组1”。在下面的操作中，笔者也将对各部分进行图层编组，在步骤中不再叙述。

提示

在本步骤操作过程中，笔者没有给出图像的颜色值，读者可以按照自己的审美喜好进行颜色的搭配。在下面的操作中，笔者也不再进行颜色的相关提示。下面制作彩条效果。

步骤5 选择“组1”，按Ctrl+Alt+E组合键盖印图层，将选中图层中的图像合并至新图层中，并将其重命名为“图层1”。按Ctrl+T组合键调出自由变换控制框，将“图层1”中的图像顺时针旋转90°并将其向右下方进行拖动，效果如图7.18所示。

步骤6 复制“图层1”，得到“图层1副本”。利用自由变换控制框逆时针旋转“图层1副本”中的图像90°，并将其移到画布的右上方，效果如图7.19所示。

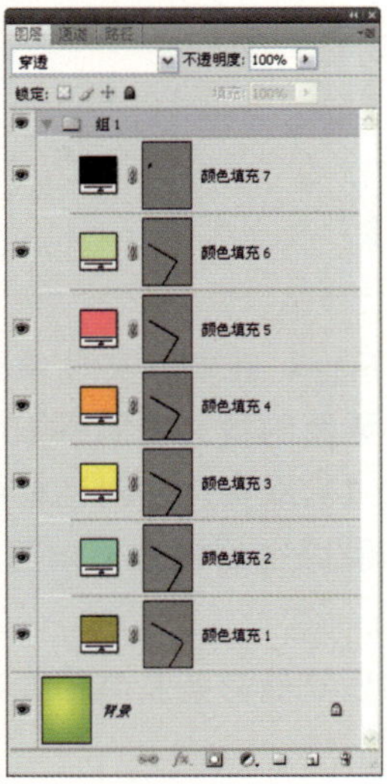

图7.17

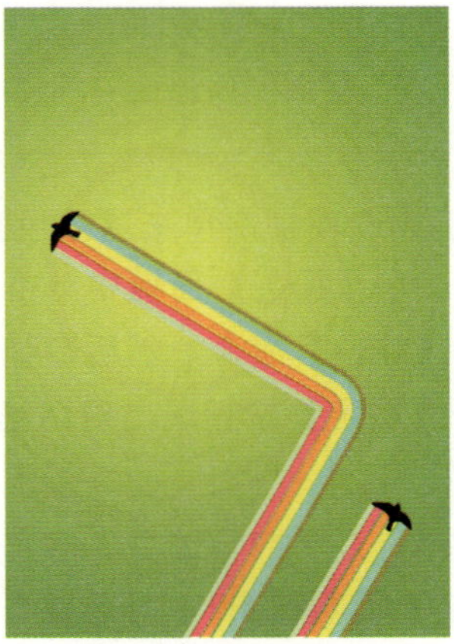
图7.18

图7.19

步骤7 在【图层】面板中单击【添加图层蒙版】按钮，为“图层1副本”添加图层蒙版。设置前景色为黑色，选择【画笔工具】，在其工具选项栏中设置适当的画笔大小及【不透明度】数值，在图层蒙版中进行涂抹，将下方的图像隐藏起来，直至效果如图7.20所示。

步骤8 复制“图层1副本”，得到“图层1副本2”，利用自由变换控制框调整“图层1副本2”中图像的大小及位置，效果如图7.21所示。

步骤9 在“图层1副本2”的图层蒙版缩览图被激活的状态下，设置前景色为黑色，选择【画笔工具】，在其工具选项栏中设置适当的画笔大小及【不透明度】数值，在图层蒙版中进行涂抹，将下方的图像隐藏起来，直至效果如图7.22所示。

步骤10 按照上面所讲解的操作方法，结合图层复制、图层蒙版以及图层盖印等，制作其他彩条效果，效果如图7.23所示，此时的【图层】面板如图7.24所示。

提示

本步骤中的“图层2”是通过盖印“组1”中的图层“颜色填充1”～图层“颜色填充6”得到的。另外，在制作过程中，还需要注意各图层间的顺序。下面制作彩条上的彩滴及彩点效果。

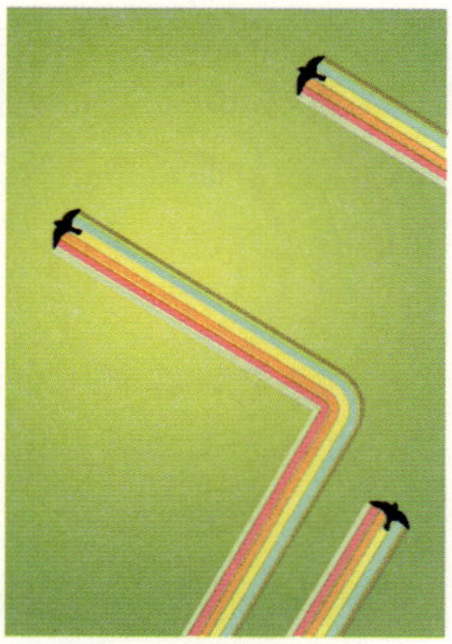

图7.20

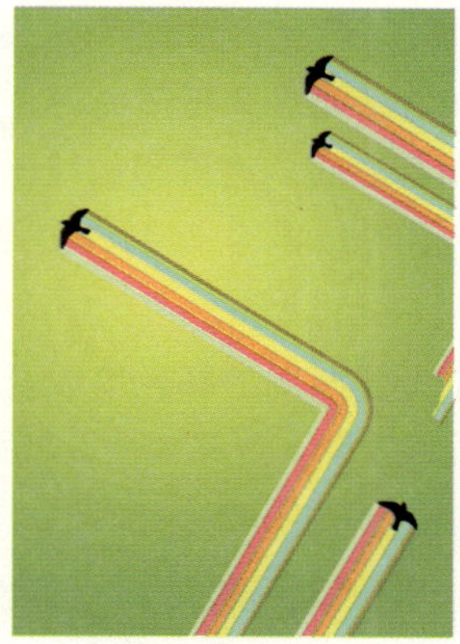

图7.21

图7.22

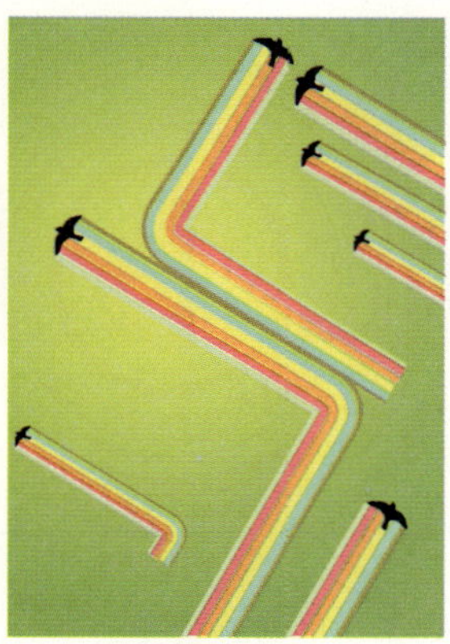

图7.23

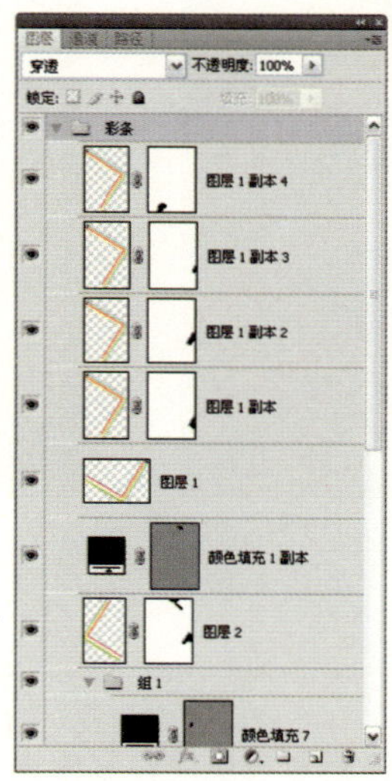

图7.24

步骤11 收拢图层组“彩条”，按照步骤3的操作方法，结合路径及“颜色填充”图层，制作画布中的彩滴效果，效果如图7.25所示，此时的【图层】面板如图7.26所示。图7.27所示为单独显示本步骤操作效果时的图像状态。

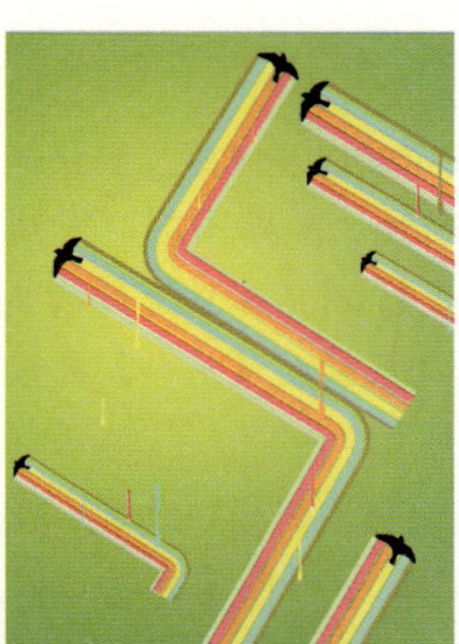

图7.25

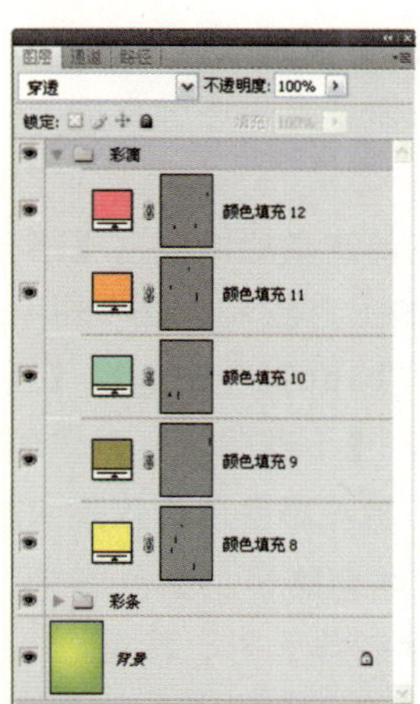

图7.26

图7.27

步骤12 收拢图层组“彩滴”，新建图层，得到“图层3”。设置前景色的颜色值为“d60058”，打开随书所附光盘中的素材文件（光盘文件路径为“第7章\7.3\素材.abr”），选择【画笔工具】，在画布中单击鼠标右键，在弹出的【画笔预设选取器】面板中选择刚刚打开的画笔，并设置【主直径】为“6px”，在制作文件中画布的右上方进行涂抹，效果如图7.28所示。

步骤13 按照上一步的操作方法，分别设置不同的颜色值以及不同大小的画笔，在制作文件的画布中制作不同颜色及大小的彩点效果，效果如图7.29所示。图7.30所示为单独显示本步骤操作效果及图层“背景”时的图像状态。

图7.28

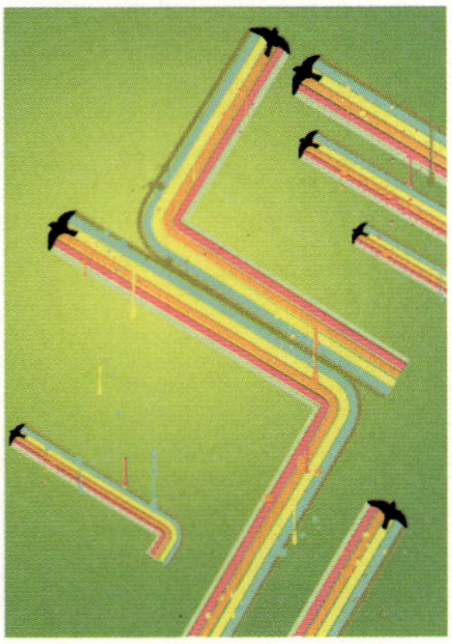
图7.29

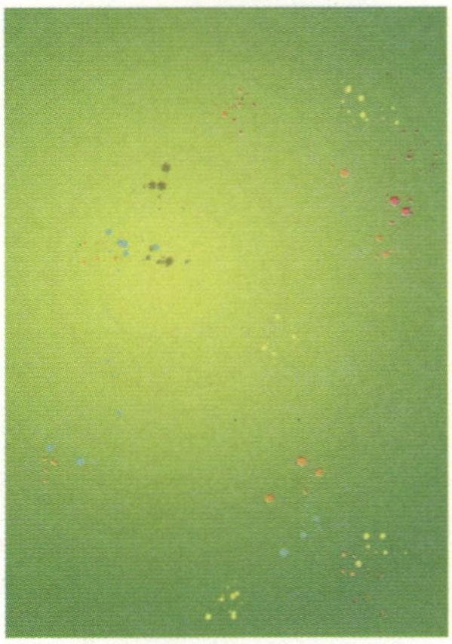
图7.30

提示

至此，彩滴及彩点效果已经制作完成。下面制作彩条上的装饰效果。

步骤14 选择图层组“彩条”，将其作为当前的操作对象。按照上面所讲解的操作方法，结合路径、颜色填充以及图层复制等，制作画布左下方的云彩及彩条效果，效果如图7.31所示，此时的【图层】面板如图7.32所示。

步骤15 收拢图层组“彩条1”，设置前景色为黑色，选择【钢笔工具】，在其工具选项栏中单击【形状图层】按钮，在制作文件中云彩的上方绘制如图7.33所示的嘴巴形状，得到图层“形状1”。

步骤16 选择【钢笔工具】，在其工具选项栏中单击【路径】按钮以及【添加到路径区域】按钮，在制作文件中嘴巴的上方绘制如图7.34所示的路径。新建图层，得到“图层4”。设置前景色的颜色值为“b1bb76”，选择【画笔工具】，在其工具选项栏中设置【画笔】为“尖角1像素”，【不透明度】为“100%”。切换至【路径】面板，单击【用画笔描边路径】按钮，隐藏路径后的效果如图7.35所示。

步骤17 按照上面所讲解的操作方法，结合路径、颜色填充、“画笔描边路径”功能、图层盖印以及形状绘制类工具等，继续制作云彩、降落伞、花纹及鸽子等图像元素，效果如图7.36所示，此时的【图层】面板如图7.37所示。图7.38所示为单独显示本步骤操作效果及图层“背景”时的图像状态。

图7.31

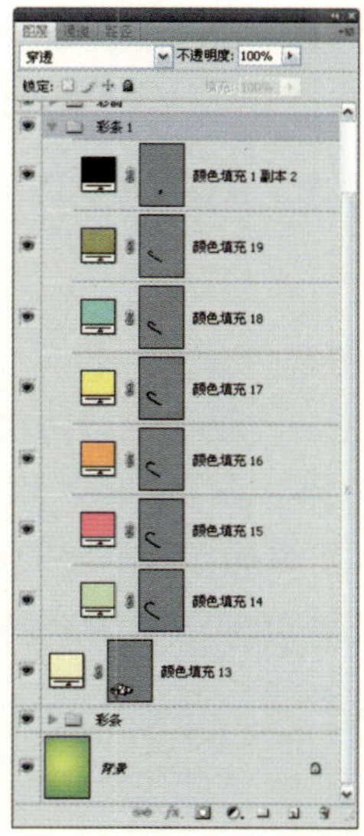

图7.32

图7.33

图7.34

图7.35

图7.36

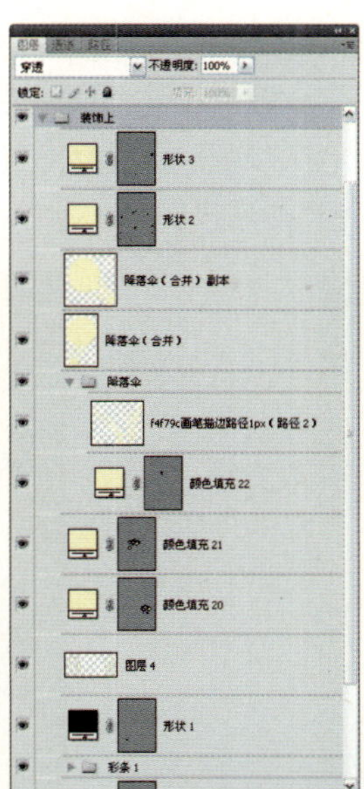

图7.37

图7.38

提示

本步骤中绘制的花纹及鸟，分别使用了【自定形状工具】中的形状“花7”、“鸟2”。下面制作彩条下方的装饰效果。

步骤18 收拢图层组“装饰上”，选择图层“背景”作为当前的操作图层。按照上面所讲解的操作方法，结合路径、颜色填充、“画笔描边路径”功能、【画笔工具】以及图层蒙版等，制作彩条下方的云彩效果，效果如图7.39所示，此时的【图层】面板如图7.40所示。图7.41所示为单独显示本步骤操作效果时的图像状态。

图7.39

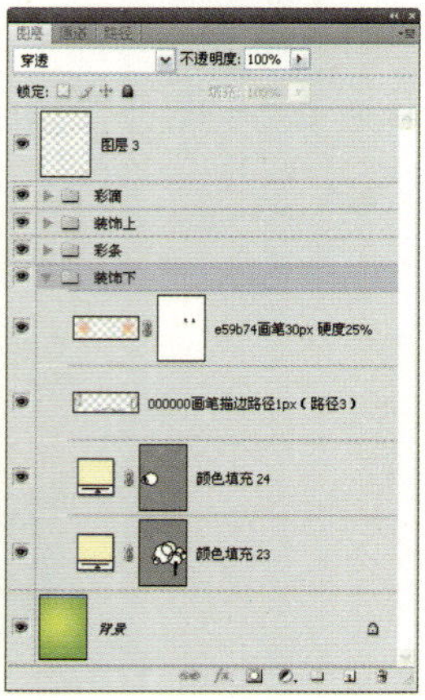

图7.40

图7.41

提示

至此，彩条下方的装饰效果已经制作完成。下面制作文字以完成作品。

步骤19 收拢图层组“装饰下”，选择“图层3”作为当前的操作图层。选择【横排文字工具】T，设置前景色的颜色值为“442914”，在其工具选项栏中设置适当的字体和字号，在制作文件中画布的下方输入文字，效果如图7.42所示，同时得到相应的文字图层，然后利用自由变换控制框调整文字的角度，效果如图7.43所示。

图7.42

图7.43

步骤20 在【图层】面板中单击【添加图层样式】按钮 fx，在弹出的菜单中选择【投影】命令，在弹出的对话框中设置参数，如图7.44所示，单击【确定】按钮退出对话框，效果如图7.45所示。

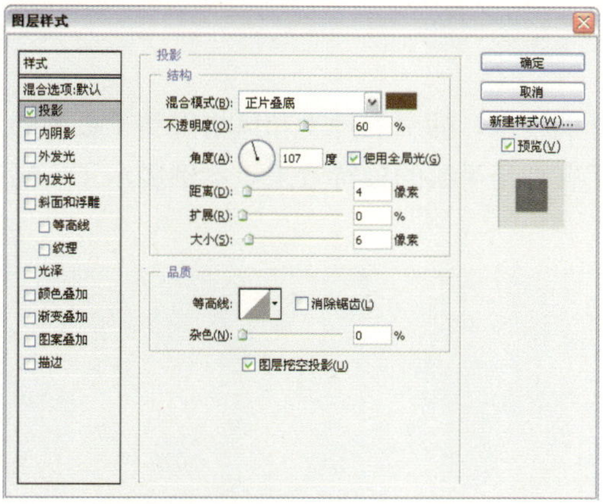

图7.44

图7.45

提示

在【投影】参数设置中，色块的颜色值为“442914”。

步骤21 按照步骤20～步骤21的操作方法，结合相关文字工具及【投影】图层样式等，制作其他文字效果，最终效果如图7.46所示，此时的【图层】面板如图7.47所示。

图7.46

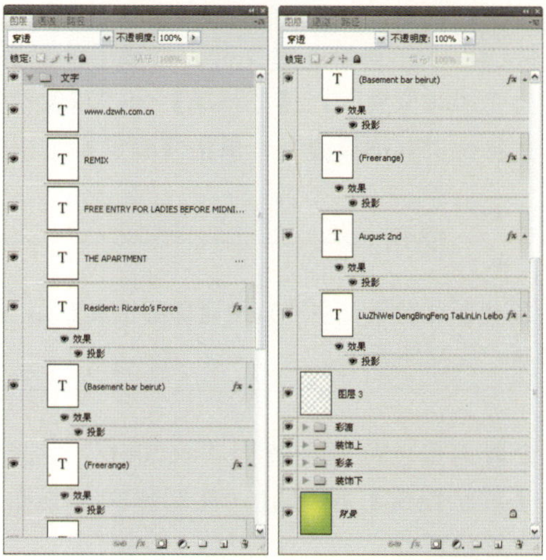

图7.47

提示

本步骤中【投影】图层样式的参数设置与上一步骤中的设置相同。

提示

本例最终效果文件见随书所附光盘（光盘文件路径为“第7章\7.3\7.3.psd”）。

7.4 Sunday插画

例前导读：

插画是一门由来已久的艺术。借助于计算机技术，插画的种类和风格得到了极大的发展，特别是矢量技术的运用，更使得插画表现出了有别于手绘的独特效果。本例展示了一幅运用矢量技术制作的华丽繁复风格的插画作品。

核心技能：

- 使用形状绘制类工具绘制形状。
- 利用图层蒙版隐藏不需要的图像。
- 设置图层属性以混合图像。
- 添加【描边】图层样式，制作图像的描边效果。
- 结合路径及“画笔描边路径”功能，为所绘制的路径进行描边。
- 应用“色相/饱和度”调整图层调整图像的色相及饱和度。
- 结合【直接选择工具】以及【转换点工具】调整锚点。
- 利用图像变换，调整图像的大小、角度及位置。

操作步骤：

步骤1 按Ctrl+N组合键新建文件，在弹出的对话框中设置【宽度】为“771像素”，【高度】为“1000像素”，【分辨率】为“72像素/英寸”，【背景内容】为“白色”，【颜色模式】为“RGB模式”，单击【确定】按钮退出对话框，按Ctrl+I组合键反相背景颜色。

提示

首先制作背景，主要运用【椭圆工具】绘制形状，然后结合【渐变工具】和图层蒙版使形状产生立体感。

步骤2 设置前景色的颜色值为“ae206b”，选择【椭圆工具】，在其工具选项栏中单击【形状图层】按钮，在制作文件画布的中央绘制如图7.48所示的形状，得到图层“形状1”。

步骤3 在【图层】面板中单击【添加图层蒙版】按钮，为图层“形状1”添加图层蒙版。按D键将前景色和背景色恢复为默认的黑、白色，选择【渐变工具】，在其工具选项栏中单击【径向渐变】按钮，在制作文件画布的空白处单击鼠标右键，在弹出的面板中选择渐变预设“前景色到背景色渐变”，在制作文件的图层蒙版中绘制渐变效果，效果如图7.49所示，此时图层蒙版中的状态如图7.50所示。

步骤4 复制图层“形状1”，得到图层“形状1副本”，将图层“形状1副本”中的形状向画布左下角拖动，效果如图7.51所示。按Ctrl+T组合键调出自由变换控制框，按Shift+Alt组合键等比例缩小形状，效果如图7.52所示，按Enter键确认操作。使用同样的方法，继续复制图层“形状1”九次，结合【移动工具】和自由变换控制框，调整所有得到的副本形状的大小和位置，效果如图7.53所示。

图7.48

图7.49

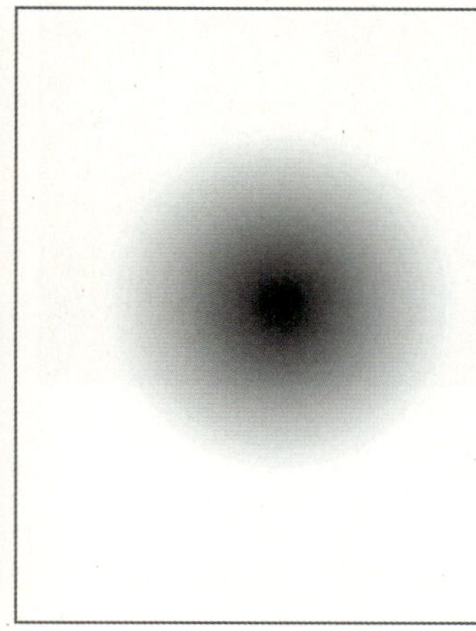
图7.50

图7.51

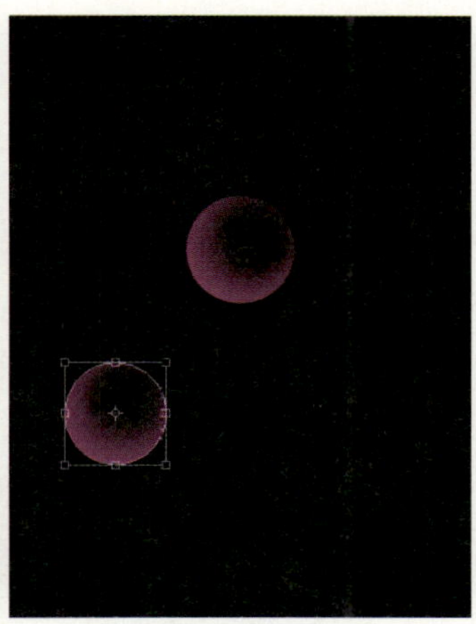
图7.52

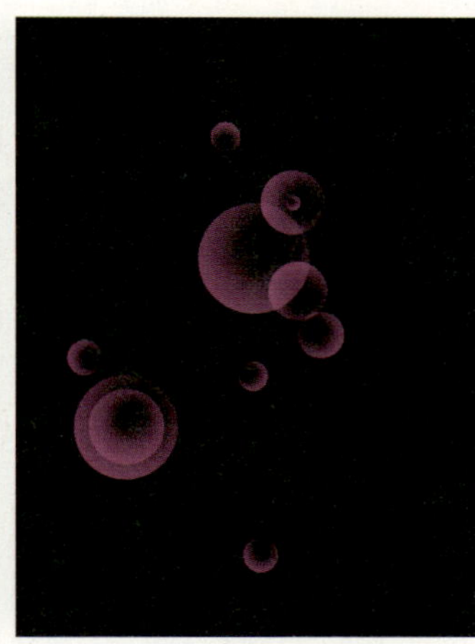
图7.53

步骤 5 选择制作文件中画布最下方的圆形形状所在的图层为当前操作图层，双击其图层缩览图，在弹出的对话框中设置颜色为白色，单击【确定】按钮退出对话框，效果如图7.54所示。复制该白色形状所在图层七次，结合【移动工具】和自由变换控制框，调整所有新得到的副本图层中的图像，效果如图7.55所示。

步骤 6 在制作文件中选择画布最右侧的圆形形状所在的图层为当前操作图层，单击其蒙版缩览图，设置前景色为白色，按Alt+Delete组合键填充前景色。设置前景色为黑色，选择【画笔工具】，在其工具选项栏中设置适当的画笔大小及【不透明度】数值，在图层蒙版中进行涂抹，直至效果如图7.56所示。

步骤 7 设置上一步骤中操作的图层的【不透明度】为“23%”。根据画面效果，继续调整其他图层的【不透明度】数值，选择除图层“背景”外的所有图层，按Ctrl+G组合键将选中的图层进行编组，得到“组 1”。

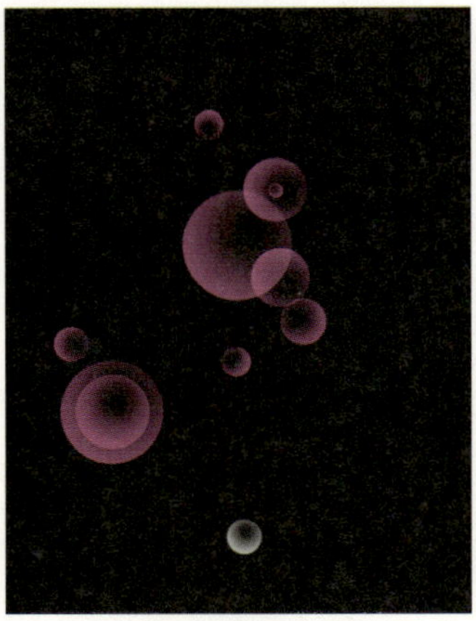

图7.54

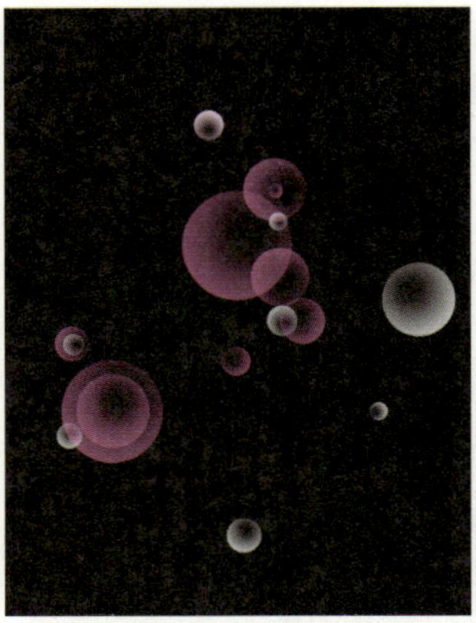

图7.55

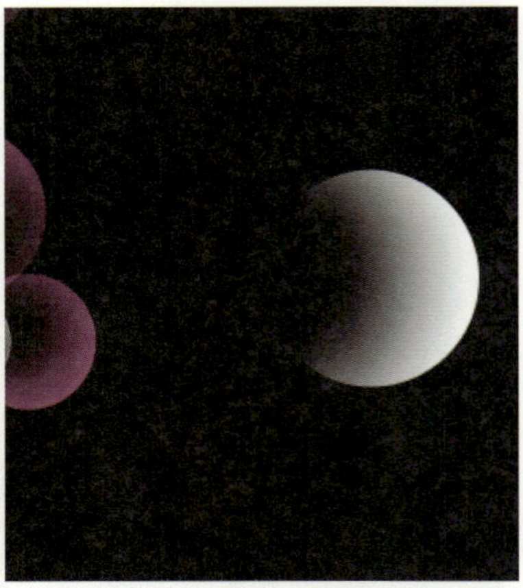

图7.56

提示

下面制作主体效果。首先制作文字部分，然后绘制所需形状并描边圆形路径，再结合【橡皮擦工具】得到需要的线条效果。

步骤8 选择【横排文字工具】T，设置前景色的颜色值为“ae206b”，在其工具选项栏中设置适当的字体和字号，在制作文件的画布中输入文字“Sunday”，效果如图7.57所示。复制图层“Sunday”，将得到的图层“Sunday 副本”隐藏起来以作为备用。

步骤9 在【图层】面板中单击【添加图层蒙版】按钮，为文字图层“Sunday”添加图层蒙版。设置前景色为黑色，选择【画笔工具】，在其工具选项栏中设置适当的画笔大小及【不透明度】数值，在制作文件的图层蒙版中进行涂抹，直至效果如图7.58所示。

图7.57

图7.58

步骤10 显示图层“Sunday 副本”，用鼠标右键单击图层“Sunday 副本”的图层名称，在弹出的菜单中选择【转换为形状】命令，然后设置该图层的【填充】为“0%”。在【图层】面板中单击【添加图层样式】按钮 fx，在弹出的菜单中选择【描边】命令，在弹出的对话框中设置参数，如图7.59所示，单击【确定】按钮退出对话框，效果如图7.60所示。

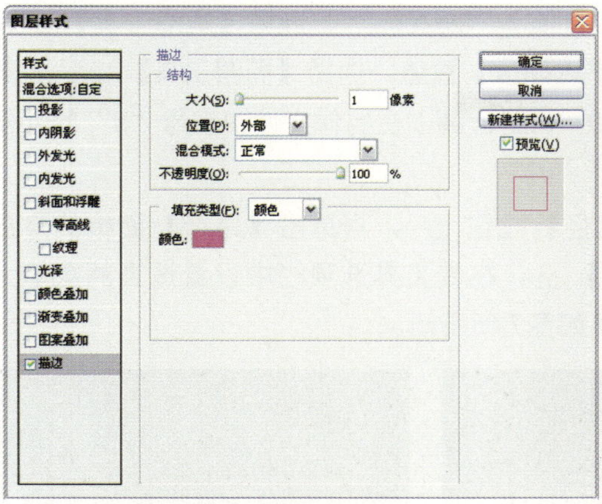

图7.59

图7.60

提示

在【描边】参数设置中，色块的颜色值为“ae206b”。

步骤 11 用鼠标右键单击图层“Sunday 副本”的图层名称，在弹出的菜单中选择【转换为智能对象】命令，然后为该图层添加图层蒙版，并使用设置好属性的黑色画笔进行涂抹，以得到需要的线条效果，效果如图7.61所示，此时图层蒙版的状态如图7.62所示。

图7.61

图7.62

提示

之所以将图层转换为智能对象，是因为需要得到一个只有文字的描边而没有文字的图层，从而通过添加图层蒙版并进行涂抹的方法得到所需要的线条效果。读者可以想象或试验一下，如果不将该图层转换为智能对象，直接添加图层蒙版并进行涂抹会得到什么效果。

提示

下面制作花纹效果，主要使用了两种方法。对于造型相同、大小不同的形状，可以先绘制一个形状，再通过复制并变换其大小以得到更多形状；对于曲度和长短不同的曲线，则可以通过描边不同大小的圆形路径，再结合【橡皮擦工具】得到所需要的线条效果。

步骤12 新建图层，得到“图层1”。设置前景色的颜色值为“ae206b”，选择【画笔工具】，在其工具选项栏中设置适当的画笔大小和【不透明度】数值。选择【椭圆工具】，在其工具选项栏中单击【路径】按钮，按住Shift+Alt组合键，在制作文件中字母“S”的外侧绘制如图7.63所示的圆形路径。

步骤13 切换到【路径】面板，单击【用画笔描边路径】按钮，再单击【路径】面板的空白处，效果如图7.64所示。选择【橡皮擦工具】，在其工具选项栏中设置适当的画笔大小，擦除“图层1”中曲线的右下部分，效果如图7.65所示。

图7.63

图7.64

图7.65

步骤14 选择【钢笔工具】，在其工具选项栏中单击【形状图层】按钮，在“图层1”中曲线底部的端点位置处绘制如图7.66所示的形状，得到图层“形状2”。复制图层“形状2”，得到图层“形状2副本”以作为备用。

提示

绘制闭合路径时，先使用【钢笔工具】逐一点击以绘制各锚点，然后将钢笔光标放在起点处，当钢笔光标下面显示一个小圆时再单击即可。需要调整单个锚点时，使用【转换点工具】单击并拖动相应锚点，再细致调整出现的控制手柄即可。

步骤15 选择“图层1”和图层“形状2”，按Ctrl+E组合键合并“图层1”和图层“形状2”，将得到的图层重命名为“图层1”。

步骤16 复制“图层1”，得到“图层1副本”。结合【移动工具】和自由变换控制框，调整“图层1副本”中图形的大小和位置，效果如图7.67所示。依此类推，多次复制并变换图形，效果如图7.68所示。合并“图层1”及其所有副本图层，并将得到的图层重命名为“图层1”。

步骤17 选择图层“形状2副本”，将其作为当前的操作图层。结合【路径选择工具】和自由变换控制框，调整其位置和角度，效果如图7.69所示。按住Alt键，使用【路径选择工具】选中并向右上方移动该形状路径，从而复制形状。结合【路径选择工具】和【转换点工具】，调整得到的形状路径的位置和角度，效果如图7.70所示。

步骤18 按照步骤17的操作方法，在图层“形状2副本”的矢量蒙版里复制更多路径，并结合【直接选择工具】和【转换点工具】调整得到的路径，效果如图7.71所示。

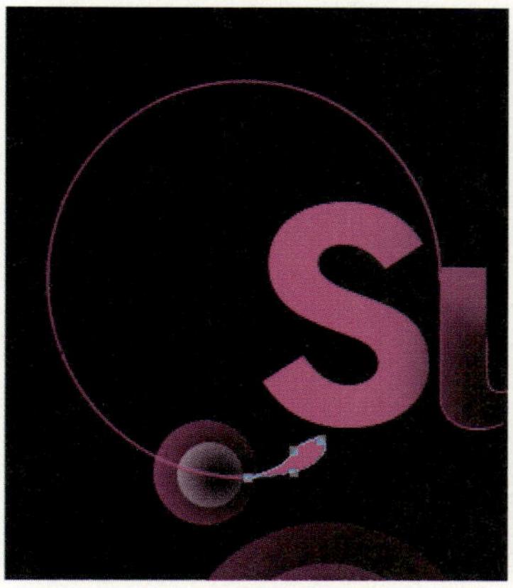
图7.66

图7.67

图7.68

图7.69

图7.70

图7.71

提示

在图层“形状2副本”的矢量蒙版中路径众多。读者在绘制时不必要求效果完全相同，只需注意画面构图，以文字与画面的中心为中心，使得到的形状围绕中心发散就可以了。

步骤19 设置前景色的颜色值为“ae206b”。选择【直线工具】，在其工具选项栏中单击【形状图层】按钮，并设置【粗细】为“2像素”，在制作文件中字母“d”的位置绘制一条垂直的线条，效果如图7.72所示，得到图层“形状3”。结合图层蒙版，使图层“形状3”的线条分段，效果如图7.73所示，此时图层蒙版的状态如图7.74所示。

提示

本步骤以及下面为直线添加图层蒙版并进行涂抹的目的，是使直线与已绘制及未绘制的曲线相结合。读者可以根据画面构图的美观来考虑如何在图层蒙版中进行涂抹，不必与图示效果完全相同。

图7.72

图7.73

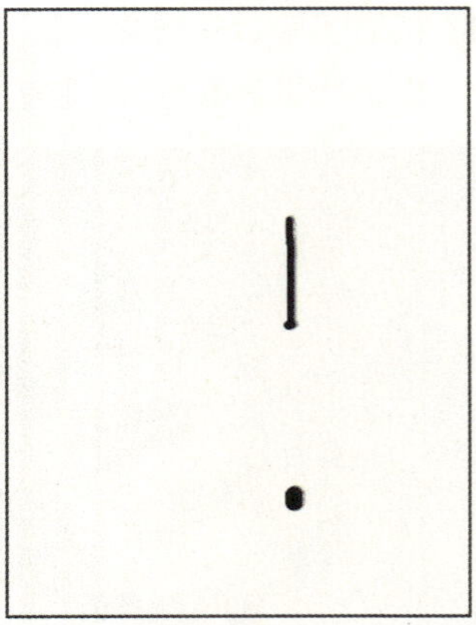

图7.74

步骤20 复制图层“形状3”两次，得到图层“形状3副本”和图层“形状3副本2”。使用【移动工具】将两个副本图层中的形状分别向右侧移动至相应的位置处，效果如图7.75所示。

步骤21 删除图层“形状3副本”和图层“形状3副本2”的图层蒙版，然后重新为其添加图层蒙版，并使用设置好属性的黑色画笔进行涂抹，效果如图7.76所示，局部效果如图7.77所示。

图7.75

图7.76

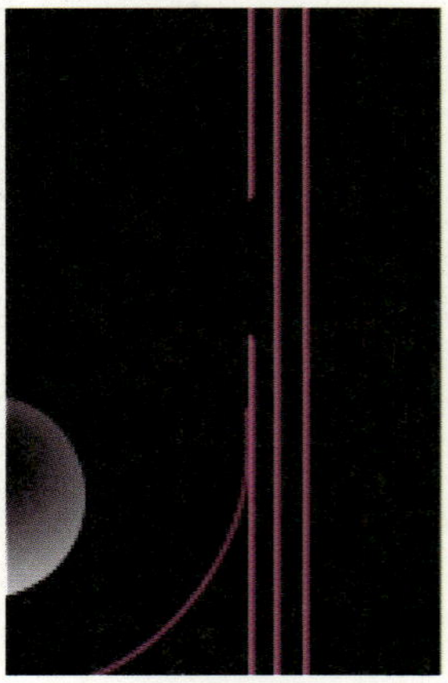

图7.77

步骤22 设置前景色的颜色值为“ae206b”，结合【钢笔工具】、【椭圆工具】以及【直接选择工具】，在制作文件画布中的适当位置绘制装饰圆点和不规则形状，效果如图7.78所示，得到图层“形状4”。隐藏除图层“形状4”和图层“背景”外的所有图层，效果如图7.79所示。为图层“形状4”添加图层蒙版，并使用设置好属性的黑色画笔进行涂抹，效果如图7.80所示。

提示

绘制图层“形状4”中椭圆形状的方法为：首先绘制一个椭圆形状，按住Alt键，在该形状图层的矢量蒙版中使用【直接选择工具】移动椭圆形状的路径，并复制出新的椭圆形状；再结合自由变换控制框变换其大小。图层“形状4”中的不规则形状则使用【钢笔工具】结合【转换点工具】进行绘制，在绘制时需要在工具选项栏中单击【添加到路径区域】按钮。另外，由于本例细节繁复，对此读者可以自行把握，也可以参考本例随书所附光盘中的最终效果文件。

图7.78

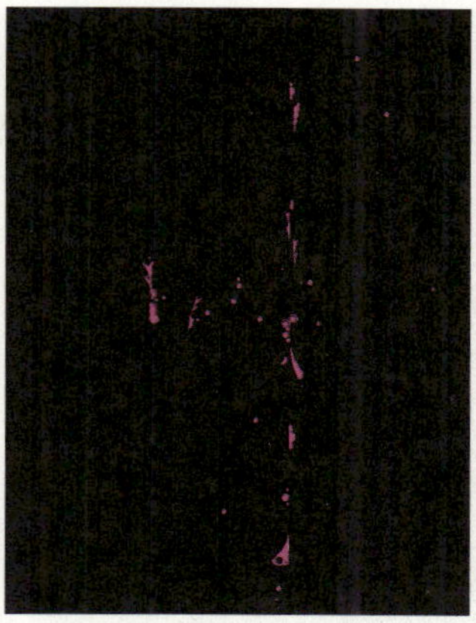
图7.79

图7.80

步骤23 按照步骤22讲解的操作方法，继续在制作文件中字母“u”的右下侧绘制三个圆形形状，效果如图7.81所示，得到图层“形状5”。新建图层，得到“图层2”。结合【钢笔工具】和【转换点工具】，沿着制作文件中画布底部的三个半圆形状绘制如图7.82所示的路径。

图7.81

图7.82

步骤24 选择【画笔工具】，在其工具选项栏中设置适当的画笔大小和【不透明度】数值。切换到【路径】面板，单击【用画笔描边路径】按钮，然后单击【路径】面板的空白处，效果如图7.83所示。使用步骤13和上一步骤描边路径的方法，继续绘制更多曲线，效果如图7.84所示。隐藏除“图层2”和图层“背景”外的所有图层，效果如图7.85所示。选择除图层“背景”和图层组“组1”以外的所有图层，按Ctrl+G组合键将选中的图层进行编组，得到“组2”。

提示

在绘制各种曲度不同的曲线时，读者可以自由变换在步骤12中所绘制的圆形路径至合适的大小，然后在【路径】面板中单击【用画笔描边路径】按钮，再使用【橡皮擦工具】擦除多余的部分即可；读者也可以参考本例随书所附光盘中的最终效果文件。下面通过添加“色相/饱和度”调整图层来调整画面的色调。

图7.83

图7.84

图7.85

步骤25 设置图层组“组2”的混合模式为【正常】。选择“图层2”，将其作为当前的操作图层，在【图层】面板中单击【创建新的调整或填充图层】按钮，在弹出的菜单中选择【色相/饱和度】命令，在弹出的面板中设置参数，如图7.86所示，效果如图7.87所示，得到图层“色相/饱和度1”。

步骤26 为图层“色相/饱和度1”添加图层蒙版，使用设置好属性的黑色画笔在图层中进行涂抹，效果如图7.88所示。

步骤27 设置前景色为白色，选择相关文字工具，在制作文件的画布中输入文字信息，最终效果如图7.89所示，此时的【图层】面板如图7.90所示。

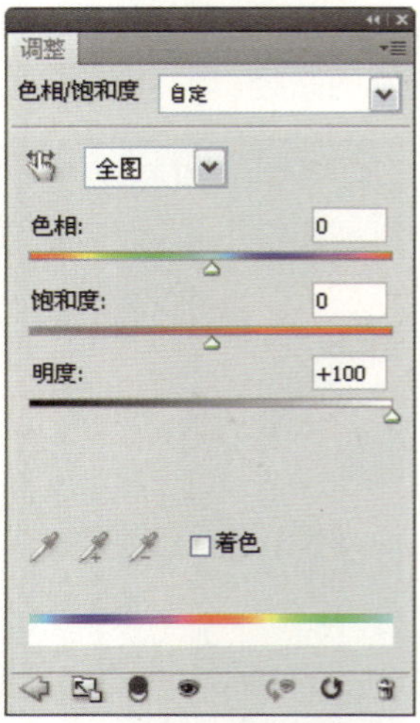

图7.86

图7.87

图7.88

图7.89

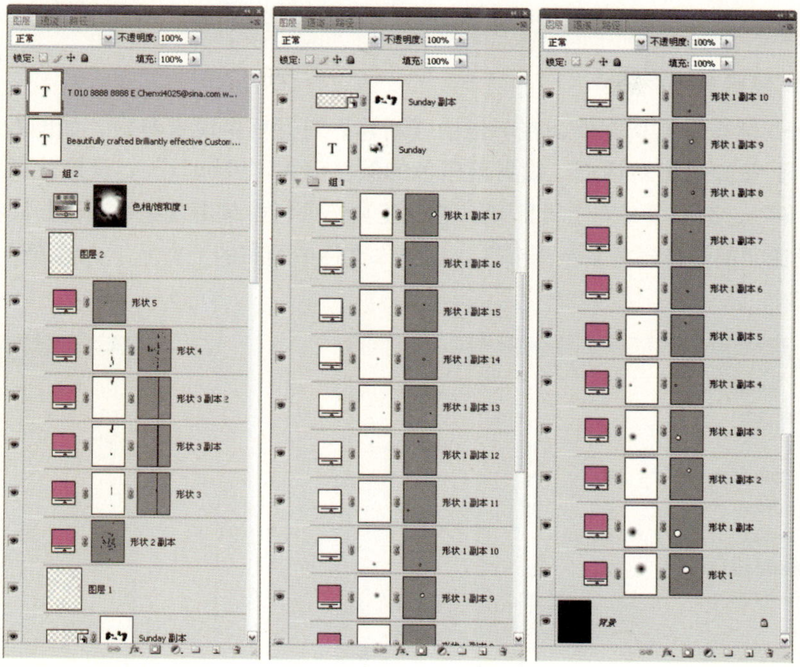

图7.90

提示

本例最终效果文件见随书所附光盘（光盘文件路径为“第7章\7.4\7.4.psd”）。

7.5 矢量图形的时尚表现——绿色摩登

例前导读：

本例重点讲解了如何使用外形简单的矢量图形制作图形组合的方法。黑色的图形与近乎荧光绿的背景诠释了青春的动感和活力。在制作过程中，图形的变换、图形与图形之间的层次感和对明暗的处理是整个画面处理的主线。

核心技能：

- 使用【渐变工具】绘制渐变效果。
- 使用选框类工具绘制选区。
- 使用形状绘制类工具绘制形状。
- 使用【钢笔工具】绘制路径。
- 设置图层属性以混合图像。
- 利用图像变换，调整图像的大小、角度及位置。

操作步骤：

第一部分　绘制基本形体

步骤 1 按Ctrl+N组合键新建文件，在弹出的【新建】对话框中设置参数，如图7.91所示，单击【确定】按钮退出对话框。设置前景色的颜色值为“98ba1f”，设置背景色的颜色值为“f1f8d6”，选择【渐变工具】，在其工具选项栏中单击【线性渐变】按钮，并选择渐变预设“前景色到背景色渐变”，在制作文件中画布的上方至下方绘制渐变，效果如图7.92所示。

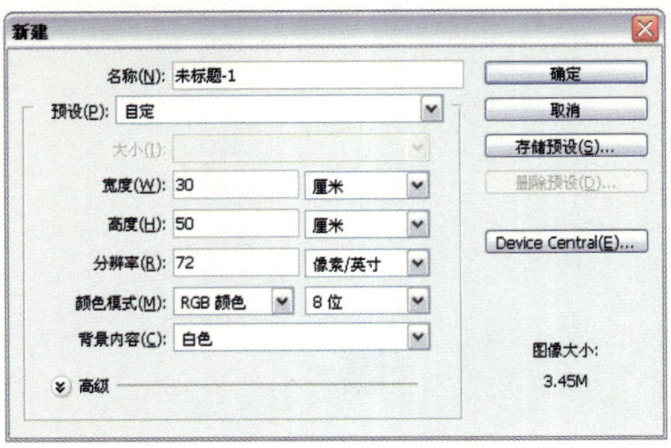

图7.91

图7.92

步骤 2 新建图层，得到“图层1”。设置前景色为黑色，选择【椭圆工具】，在其工具选项栏中单击【填充像素】按钮，按住Shift键，在制作文件的中心绘制一个如图7.93所示的正圆图形。

步骤 3 选择【椭圆选框工具】，按住Shift键，在绘制的正圆图形上绘制如图7.94所示的正圆选区，按Delete键删除选区内的区域，按Ctrl+D组合键取消选区，效果如图7.95所示。

图7.93

图7.94

图7.95

步骤 4 复制“图层1”，得到“图层1副本”，按Ctrl+T组合键调出自由变换控制框，按住Shift键缩小“图层1副本”中的图形，并利用自由变换控制框逆时针旋转该图形20°，然后将其移动至如图7.96所示的位置，按Enter键确认操作。

步骤 5 重复步骤2～步骤4的操作方法，在制作文件中绘制多个月牙图形，效果类似图7.97所示。

步骤 6 按Ctrl+Alt+A组合键选择除图层“背景”以外的所有图层，按Ctrl+E组合键合并图层，将合并后的图层重命名为“图层1”。

步骤7 新建图层，得到“图层2”。设置前景色为黑色，选择【椭圆选框工具】，按住Shift键，在制作文件画布的左上方绘制如图7.98所示的正圆选区，按Alt+Delete组合键用前景色填充选区，按Ctrl+D组合键取消选区，效果如图7.99所示。

图7.96

图7.97

图7.98

图7.99

步骤8 选择【椭圆选框工具】，按住Shift键，在步骤7绘制的正圆图形上绘制如图7.100所示的选区，按Delete键删除选区内的区域，按Ctrl+D组合键取消选区，效果如图7.101所示。

步骤9 拖动横向与纵向的两条参考线，使两条参考线相交于步骤7～步骤8绘制的圆环图形的圆心，效果如图7.102所示。

图7.100

图7.101

图7.102

步骤10 选择【矩形工具】，在其工具选项栏中单击【形状图层】按钮，以制作文件中参考线的交叉点为基准，绘制如图7.103所示的形状，得到图层“形状1”。按Ctrl+T组合键调出自由变换控制框，按住Alt键将旋转中心拖动至参考线的交叉点处，顺时针旋转图层“形状1”中的形状45°，效果如图7.104所示，按Enter键确认操作。

步骤11 选择图层“形状1”的矢量蒙版，使其为当前操作状态。按Ctrl+Alt+T组合键调出复制并变换控制框，按住Alt键将旋转中心移至参考线的交叉点处，利用复制并变换控制框逆时针旋转图层“形状1”矢量蒙版中的形状40°，按Enter键确认操作，效果如图7.105所示。

步骤12 重复上一步骤的操作方法，使用【路径选择工具】选择制作文件中的一个矩形路径，复制并逆时针旋转该路径30°，效果如图7.106所示。

步骤13 重复上一步骤的操作方法，连续执行复制并变换操作，每执行一次，旋转角度就要缩小一些，效果如图7.107所示。

步骤14 按住Enter键单击图层“形状1”的图层缩览图以载入其选区，按Delete键删除选区内的区域，按Ctrl+D组合键取消选区，删除图层“形状1”，效果如图7.108所示。

图7.103

图7.104

图7.105

图7.106

图7.107

图7.108

步骤15 按Ctrl+;组合键隐藏参考线，选择【矩形选框工具】，在图7.109所示的位置绘制矩形选区，按Delete键删除选区内的区域，按Ctrl+D组合键取消选区，效果如图7.110所示。

步骤16 设置前景色为黑色，选择【矩形工具】，在其工具选项栏中单击【填充像素】按钮，在制作文件中如图7.111所示的位置绘制矩形。

图7.109

图7.110

图7.111

步骤17 新建图层，得到“图层3”。设置前景色的颜色值为“698115”，选择【钢笔工具】，在其工具选项栏中单击【路径】按钮，在制作文件中圆环的下方绘制如图7.112所示的路径，按Ctrl+Enter组合键将路径转换为选区，按Alt+Delete组合键用前景色填充选区，按Ctrl+D组合键取消选区，效果如图7.113所示。

步骤18 按照步骤7～步骤17讲解的操作方法，在制作文件中绘制出多个图形，效果如图7.114所示。按Ctrl+Alt+A组合键选择除图层“背景”外的所有图层，按Ctrl+E组合键合并图层，将合并后的图层重命名为“图层1”。

图7.112

图7.113

图7.114

步骤19 选择【椭圆选框工具】，按住Shift键，在如图7.115所示的位置绘制正圆形选区。

步骤20 新建图层，得到“图层2”，将“图层2”拖动至“图层1”的下方。设置前景色的颜色值为“44530e”，设置背景色的颜色值为“c8e561”。选择【渐变工具】，在其工具选项栏中单击【径向渐变】按钮，选择渐变预设“前景色到背景色渐变”，在制作文件中从选区的上方至下方绘制渐变，按Ctrl+D组合键取消选区，效果如图7.116所示。

步骤21 新建图层，得到“图层3”，将“图层3”拖动至“图层2”的下方。设置前景色的颜色值为“a4c921”，选择【椭圆工具】，在其工具选项栏中单击【填充像素】按钮，在制作文件中画布的右上方绘制如图7.117所示的图形。

图7.115

图7.116

图7.117

步骤22 按照步骤19～步骤21讲解的操作方法，绘制多个彼此相联系的圆形，效果如图7.118所示。选择“图层2”，将其作为当前的操作图层，按住Ctrl键分别单击“图层3”和本步骤得到的所有图层的图层名称，按Ctrl+E组合键合并图层，将合并后的图层重命名为“图层2”，效果如图7.119所示。

步骤23 新建图层，得到“图层3”，将其拖动至所有图层的上方。设置前景色为白色，选择【椭圆工具】，按住Shift键在制作文件中上面步骤绘制的黑色大月牙图形的中间绘制如图7.120所示的正圆图形。

图7.118

图7.119

图7.120

步骤24 选择【椭圆选框工具】，在步骤23绘制的正圆图形的中下方绘制如图7.121所示的选区，按Delete键删除选区内的区域，按Ctrl+D组合键取消选区，效果如图7.122所示。

步骤25 新建图层，得到“图层4”。重复步骤23～步骤24的操作，在制作文件中月牙的中心绘制另外一个圆形，效果如图7.123所示。

步骤26 重复步骤23～步骤25的操作，在制作文件中绘制多个置于月牙中间的图形，效果如图7.124所示。选择“图层3”，将其作为当前的操作图层，按住Ctrl键分别单击“图层4”和在本步骤中得到的所有图层的名称以将其选中，按Ctrl+E组合键合并图层，将合并后的图层重命名为“图层3”。

图7.121

图7.122

图7.123

图7.124

步骤27 新建图层，得到“图层4”，将“图层4”拖动至所有图层的下方。设置前景色的颜色值为“bfe146”，选择【矩形工具】，在其工具选项栏中单击【填充像素】按钮，在制作文件中画布的上方绘制如图7.125所示的图形。

步骤28 参照上一步骤的操作方法，在制作文件中画布的其他位置绘制竖线，流程图如图7.126所示。选择“图层4”，将其作为当前的操作图层，按住Ctrl键，分别单击步骤27和本步骤得到的所有图层的图层名称以将其选中，按Ctrl+E组合键合并图层，将合并后的图层重命名为“图层 4”。

图7.125

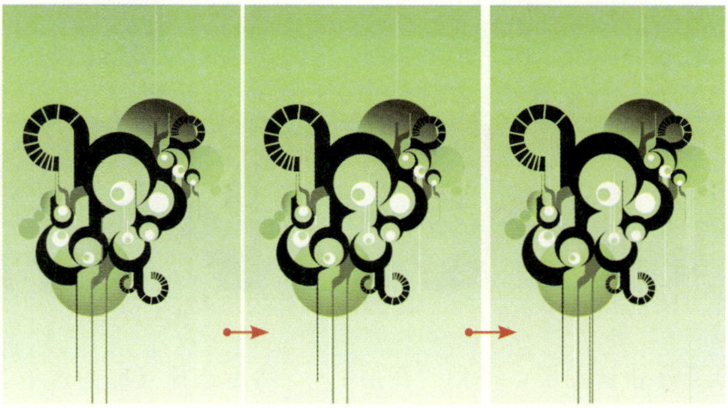

图7.126

第二部分　绘制特殊效果

步骤 1 打开随书所附光盘中的素材文件（光盘文件路径为“第7章\7.5\素材1.tif”），选择【钢笔工具】，在其工具选项栏中单击【路径】按钮，在素材文件中沿着人物勾绘出如图7.127所示的路径，选择【路径选择工具】，将绘制好的路径拖动至第一部分的制作文件中。

步骤 2 按Ctrl+T组合键调出自由变换控制框，按住Shift键缩小制作文件中的路径，并将其调整至如图7.128所示的位置，按Enter键确认操作。新建图层，得到“图层5”，将“图层5”移至所有图层的上方。设置前景色为黑色，按Ctrl+Enter组合键将路径转换为选区，按Alt+Delete组合键用前景色填充选区，按Ctrl+D组合键取消选区，效果如图7.129所示。

图7.127

图7.128

图7.129

步骤 3 新建图层，得到“图层6”。设置前景色为黑色，选择【钢笔工具】，在制作文件中人物的一侧绘制如图7.130所示的路径，按Ctrl+Enter组合键将路径转换为选区，按Alt+Delete组合键用前景色填充选区，按Ctrl+D组合键取消选区，效果如图7.131所示。

步骤 4 新建图层，得到“图层7”。设置前景色的颜色值为“d1e97b”，选择【椭圆工具】，在制作文件中大音箱的上方绘制如图7.132所示的图形。

图7.130

图7.131

图7.132

步骤 5 新建图层，得到“图层8”，然后选择【椭圆选框工具】，在制作文件中绘制如图7.133所示的选区。选择【渐变工具】，在其工具选项栏中单击【径向渐变】按钮，单击渐变预览框，在弹出的【渐变编辑器】对话框中设置参数，如图7.134所示，单击【确定】按钮退出对话框。在制作文件中从选区的左侧向右绘制渐变，按Ctrl+D组合键取消选区，效果如图7.135所示，此时的【图层】面板如图7.136所示。

图7.133

提示

在【渐变编辑器】对话框中，渐变颜色值从左至右分别为“d5eb85”、“83a01a”和“38450c”。

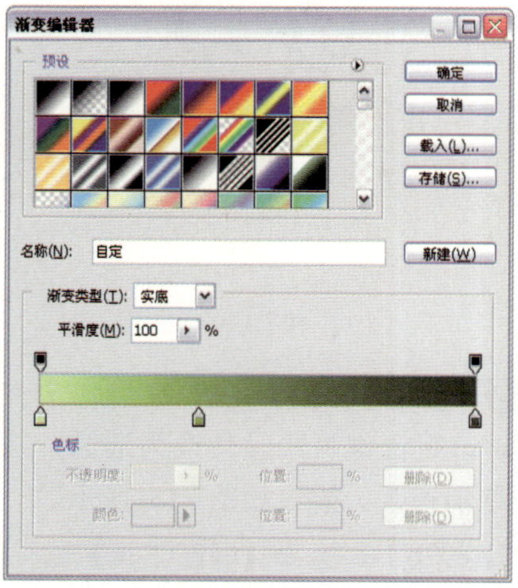

图7.134

图7.135

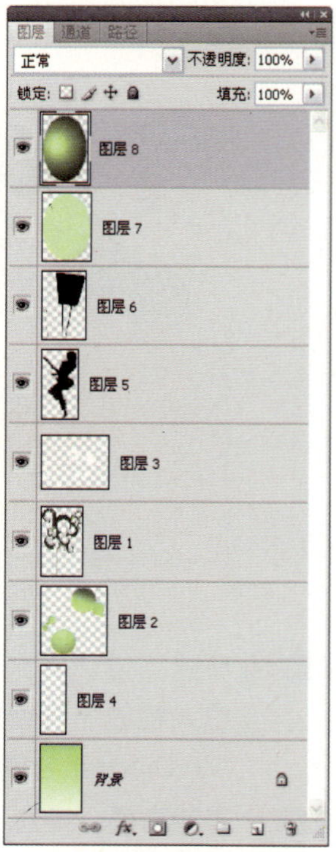

图7.136

步骤6 打开随书所附光盘中的素材文件（光盘文件路径为“第7章\7.5\素材2.psd”），使用【移动工具】将其中的图像拖动至制作文件中，得到“图层9”，将“图层9”移至所有图层的下方。按Ctrl+T组合键调出自由变换控制框，按住Shift键缩小“图层9”中的图像并将其移至如图7.137所示的位置，按Enter键确认操作。

步骤7 执行【滤镜】|【模糊】|【高斯模糊】命令，在弹出的【高斯模糊】对话框中设置【半径】为“5”，单击【确定】按钮退出对话框，效果如图7.138所示。设置“图层9”的图层混合模式为【柔光】，【不透明度】为“90%”，效果如图7.139所示。

图7.137

图7.138

图7.139

步骤8 复制“图层9”，得到“图层9副本”，设置其图层混合模式为【颜色加深】，【不透明度】为“50%”，效果如图7.140所示。

步骤9 多次复制“图层9”和“图层9副本”，并将副本图层中的图像分别移至制作文件中画布的左侧和下方，利用自由变换控制框对其进行变换，效果如图7.141所示。

图7.140

图7.141

步骤10 新建图层，得到“图层10”，将其移至所有图层的上方。设置前景色为白色，选择【矩形工具】，在其工具选项栏中单击【填充像素】按钮，在制作文件中绘制如图7.142所示的图形。

步骤11 按Ctrl+T组合键调出自由变换控制框，将“图层10”中的图形拉长至如图7.143所示的状态，再利用自由变换控制框顺时针旋转该图形40°，效果如图7.144所示。设置“图层10”的图层混合模式为【柔光】，【不透明度】为“30%”，效果如图7.145所示，此时的【图层】面板如图7.146所示。

图7.142

图7.143

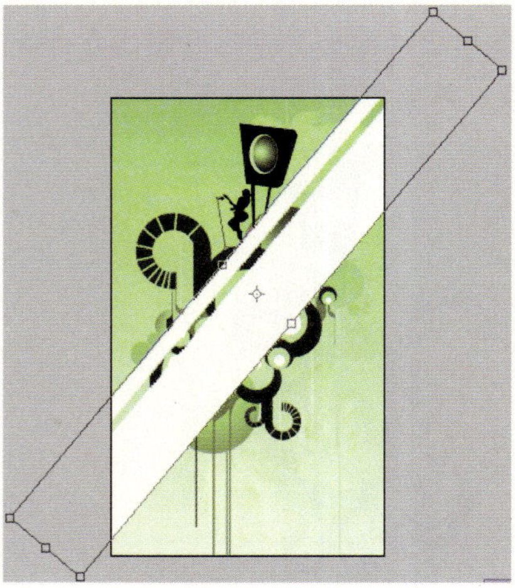

图7.144

图7.145

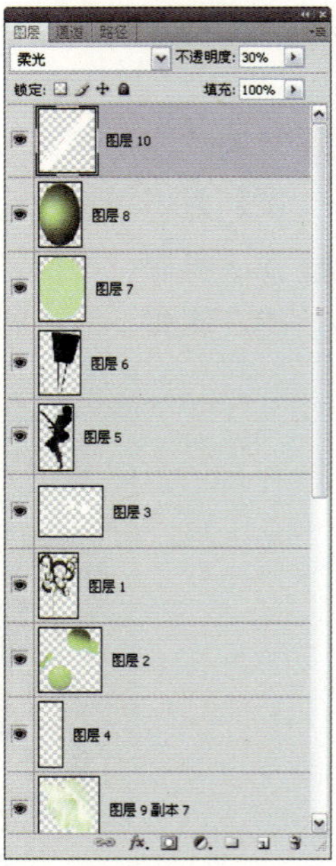

图7.146

步骤12 选择【横排文字工具】T，在其工具选项栏中设置适当的字体与字号，在制作文件中分别输入如图7.147所示的文字，此时的【图层】面板如图7.148所示。

提示

本例最终效果文件见随书所附光盘（光盘文件路径为“第7章\7.5\7.5.psd”）。

图7.147

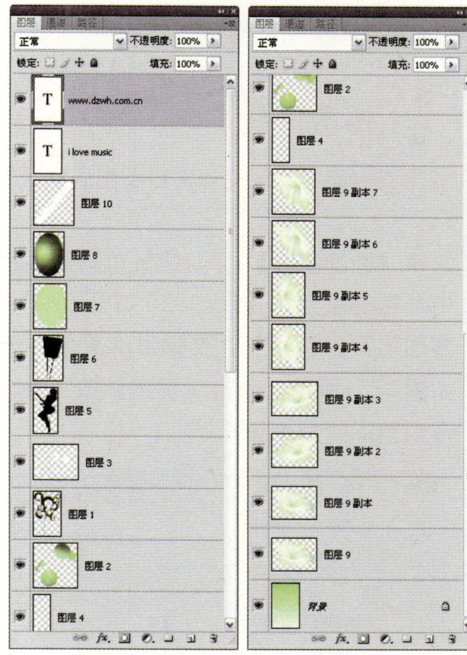

图7.148

7.6 矢量点、线、面构成视觉表现

例前导读：

本例是以矢量点、线、面构成为主题的视觉表现作品。从效果图中可以看出，整体画面给观者以轻松、自由的感觉，在此主要应用了渐变式的彩色圆球以及多样化的喷溅效果。在制作过程中，需要重点把握整体色调的搭配。

核心技能：

- 结合路径以及“渐变填充”图层制作图像的渐变效果。
- 利用图层蒙版隐藏不需要的图像。
- 利用剪贴蒙版限制图像的显示范围。
- 结合【画笔工具】及特殊画笔素材绘制图像。
- 结合路径及“画笔描边路径”功能，为所绘制的路径进行描边。
- 应用“盖印”功能合并可见图层中的图像。
- 利用图像变换，调整图像的大小、角度及位置。

操作步骤：

步骤 1 按Ctrl+N组合键新建文件，在弹出的对话框中设置参数，如图7.149所示，单击【确定】

按钮退出对话框，将此文件作为本例的制作文件，按Ctrl+I组合键将背景反相为黑色。

提示

下面结合路径、渐变填充以及图层蒙版等，制作蓝色渐变圆效果。

步骤 2 选择【椭圆工具】，在其工具选项栏中单击【路径】按钮，按住Shift键在制作文件中画布的左上方绘制如图7.150所示的路径。在【图层】面板中单击【创建新的填充或调整图层】按钮，在弹出的菜单中选择【渐变】命令，在弹出的对话框中设置参数，如图7.151所示，单击【确定】按钮退出对话框，隐藏路径后的效果如图7.152所示，同时得到图层“渐变填充1”。

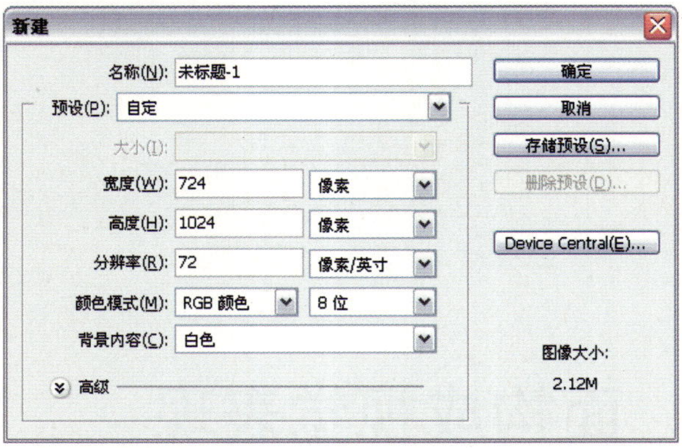

图7.149

图7.150

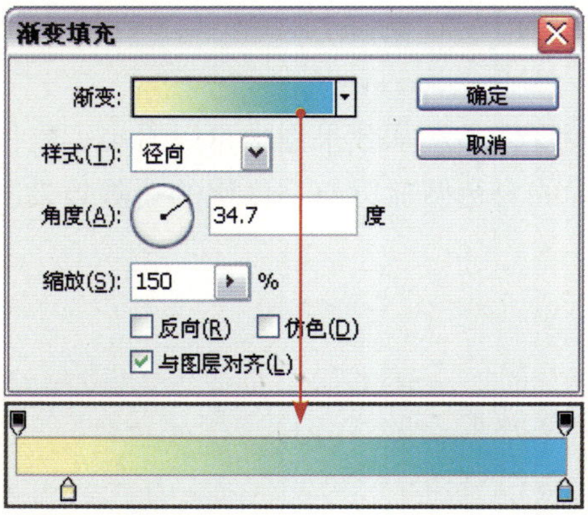

图7.151

图7.152

提示

在【渐变填充】对话框中，渐变颜色值为“ffed96”、“00afe8”。

步骤 3 在【图层】面板中单击【添加图层蒙版】按钮，为图层“渐变填充1”添加图层蒙版。设置前景色为黑色，打开随书所附光盘中的素材文件（光盘文件路径为“第7章\7.6\

素材1.abr”）。选择【画笔工具】，在制作文件的画布中单击鼠标右键，在弹出的【画笔预设选取器】面板中选择刚刚打开的画笔，在图层蒙版中进行涂抹，将画布左上方的图像隐藏起来，直至效果如图7.153所示。

步骤 4 打开随书所附光盘中的素材文件（光盘文件路径为“第7章\7.6\素材2.abr”），继续在图层“渐变填充1”的图层蒙版中进行涂抹，将左上方的边缘图像效果隐藏起来，效果如图7.154所示，此时图层蒙版中的状态如图7.155所示。

图7.153

图7.154

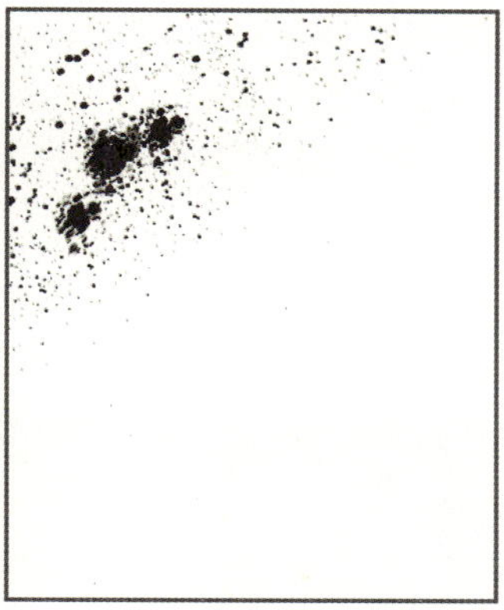

图7.155

提示

下面结合【画笔工具】及剪贴蒙版等，制作圆形效果中的内容。

步骤 5 新建图层，得到“图层1”，按Ctrl+Alt+G组合键创建剪贴蒙版。设置前景色的颜色值为“85e7ac”，选择【画笔工具】，在其工具选项栏中设置适当的画笔大小及【不透明度】数值，在制作文件中圆形的下方进行涂抹，效果如图7.156所示。

步骤 6 打开随书所附光盘中的素材文件（光盘文件路径为“第7章\7.6\素材3.psd”），使用【移动工具】将其中的图像拖动至制作文件中，得到“图层2”。按Ctrl+Alt+G组合键创建剪贴蒙版，按Ctrl+T组合键调出自由变换控制框，按住Shift键向内拖动控制手柄以缩小“图层2”中的图像并调整图像的位置，按Enter键确认操作，效果如图7.157所示，此时的【图层】面板如图7.158所示。

图7.156

图7.157

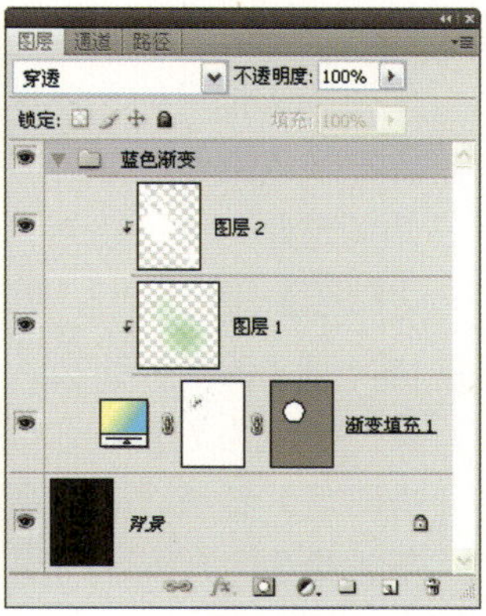

图7.158

提示

本步骤中为了方便管理图层，在此将制作蓝色渐变效果的图层选中，按Ctrl+G组合键进行图层编组，得到“组1”，并将其重命名为“蓝色渐变”。在下面的操作中，笔者也将对各部分进行图层编组，在步骤中不再叙述。下面制作其他渐变效果。

步骤 7 收拢图层组“蓝色渐变”，按照上面所讲解的操作方法，结合路径、填充图层、【画笔工具】、素材文件以及剪贴蒙版等，制作其他渐变效果，效果如图7.159所示，此时的【图层】面板如图7.160所示。

图7.159

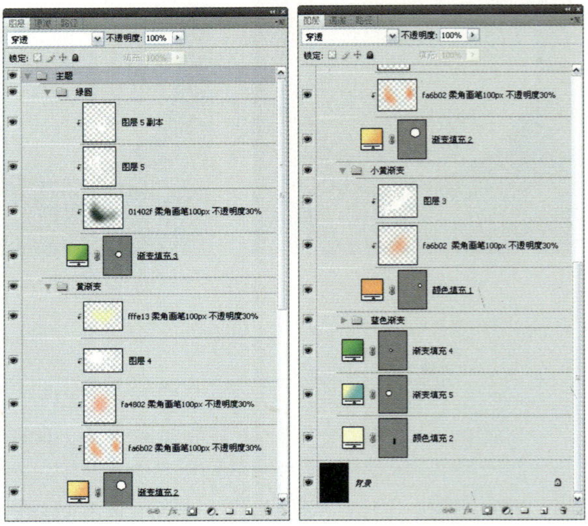

图7.160

提示

本步骤中用到的素材文件为随书所附光盘中的素材文件（光盘文件路径为“第7章\7.6\素材4.psd～素材6.psd”）。关于图像的颜色值以及【渐变填充】对话框中的参数设置，请参考本例随书所附光盘中的最终效果文件。在制作过程中，需要注意各图层间的顺序。下面制作线条效果。

步骤 8 收拢图层组“主题”，选择【钢笔工具】，在其工具选项栏中单击【路径】按钮，在制作文件中的主体图像上绘制如图7.161所示的路径。新建图层，得到“图层6”，设置前景色的颜色值为“fcfada”，选择【画笔工具】，打开随书所附光盘中的素材文件（光盘文件路径为“第7章\7.6\素材7.abr”），切换至【路径】面板，单击【用画笔描边路径】按钮，隐藏路径后的效果如图7.162所示。

步骤 9 切换回【图层】面板，单击【添加图层蒙版】按钮，为“图层6”添加图层蒙版。设置前景色为黑色，选择【画笔工具】，在其工具选项栏中设置适当的画笔大小及【不透明度】数值，在图层蒙版中进行涂抹，将中间及左下方的部分图像效果隐藏起来，直至效果如图7.163所示。

步骤 10 按照上面所讲解的操作方法，结合路径、“画笔描边路径”功能、图层蒙版、【画笔工具】以及剪贴蒙版等，制作其他线条及图形效果，效果如图7.164所示，此时的【图层】面板如图7.165所示。图7.166所示为隐藏图层组“主题”时的图像状态。

步骤11 收拢图层组“线条”，选择图层“背景”，将其作为当前的操作图层。打开随书所附光盘中的素材文件（光盘文件路径为“第7章\7.6\素材8.psd”），使用【移动工具】将其中的图像拖动至制作文件中，并将其放置在主体图像的右侧，效果如图7.167所示，同时得到“图层7”。

图7.161

图7.162

图7.163

图7.164

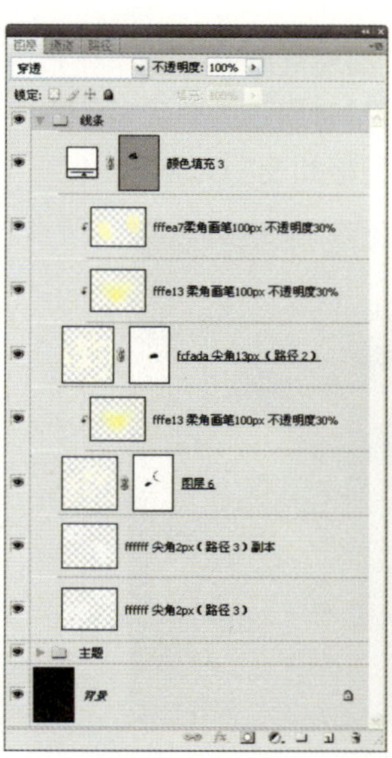

图7.165

图7.166

图7.167

提示

步骤10中关于图像的颜色值、画笔大小、画笔的【不透明度】及对应的路径，在本例随书所附光盘最终效果文件的图层名称上都标有相应的文字信息。下面制作主体图像周围的喷溅效果。

步骤12 在【图层】面板中单击【添加图层样式】按钮 fx，在弹出的菜单中选择【颜色叠加】命令，在弹出的对话框中设置参数，如图7.168所示，单击【确定】按钮退出对话框，效果如图7.169所示。

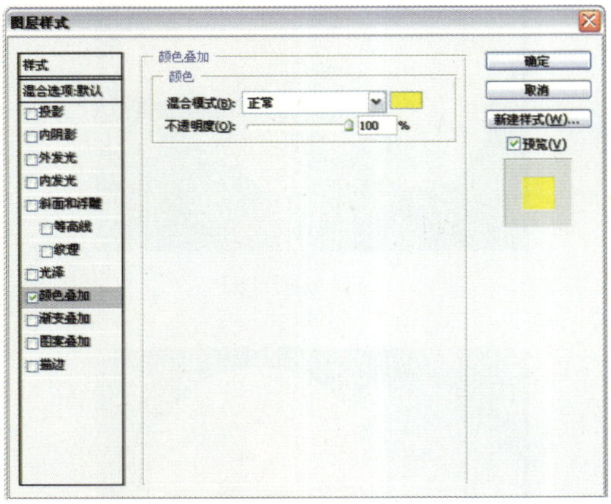

图7.168

图7.169

提示

在【颜色叠加】参数设置中，色块的颜色值为“faee08”。

步骤13 按照上面所讲解的操作方法，结合路径、填充图层、图层样式以及图层复制等，制作画布中主体图像上方、左侧以及下方的喷溅效果，效果如图7.170所示。图7.171所示为单独显示本步骤操作效果及图层“背景”时的图像状态，恢复显示后的【图层】面板如图7.172所示。

图7.170

图7.171

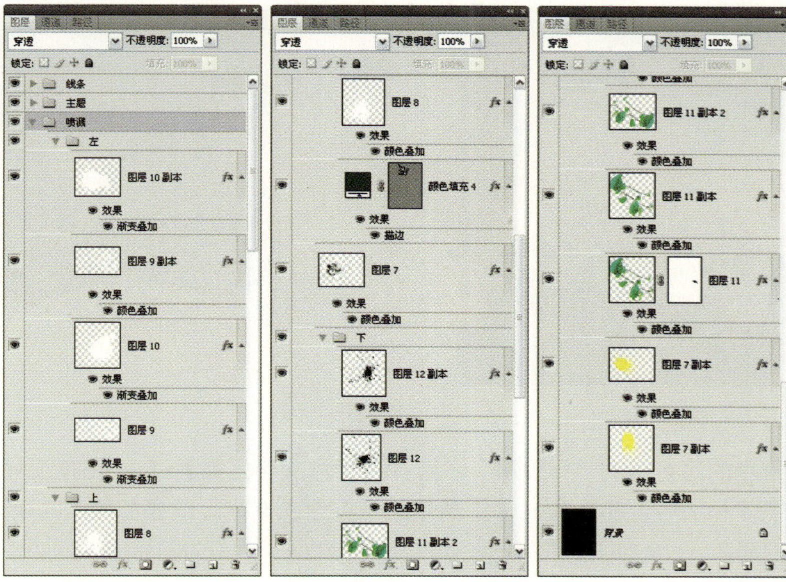

图7.172

提示

本步骤中用到的素材文件为随书所附光盘中的素材文件（光盘文件路径为“第7章\7.6\素材9.psd～素材13.psd”）。另外，关于图像的颜色值以及【图层样式】对话框中的参数设置，请参考本例随书所附光盘中的最终效果文件。下面制作主体图像周围的装饰效果。

步骤14 收拢图层组“喷溅”，选择图层组“线条”，将其作为当前的操作对象，结合路径、填充图层以及图层复制等，制作画布中主体图像左下方的白色喷溅效果以及右上方的灰色小鸟效果，效果如图7.173所示，同时得到图层“颜色填充5”、“图层10副本2”和图层“颜色填充6”。

提示

下面利用【自定形状工具】制作小鸟上方的皇冠。

步骤15 设置前景色的颜色值为“eff089”，选择【自定形状工具】，在其工具选项栏中单击【形状图层】按钮，在制作文件的画布中单击鼠标右键，在弹出的【自定形状拾色器】面板中选择形状“皇冠4”，在制作文件中小鸟的上方进行绘制，并利用自由变换控制框调整图像的大小、角度及位置，效果如图7.174所示。

提示

至此，装饰效果已经制作完成。下面制作画布下方的文字。

图7.173

图7.174

步骤16 设置前景色的颜色值为“faf07d”，选择【横排文字工具】T，在其工具选项栏中设置适当的字体和字号，在制作文件中画布的下方输入文字，效果如图7.175所示，得到相应的文字图层。

步骤17 按Ctrl+Alt+A组合键选择除图层“背景”以外的所有图层，按住Ctrl键单击文字图层以取消选择文字图层，按Ctrl+Alt+E组合键盖印图层，将选中图层中的图像合并至新图层中，并将其重命名为“图层13”。

步骤18 将“图层13”拖动至文字图层的上方，按Ctrl+Alt+G组合键创建剪贴蒙版，然后使用【移动工具】调整“图层13”中图像的位置，效果如图7.176所示。

图7.175

图7.176

提示

下面利用【USM锐化】滤镜对图像的细节进行锐化处理。

步骤19 按Ctrl+Alt+Shift+E组合键盖印图层，将当前所有可见的图像合并至新图层中，得到“图层14”。执行【滤镜】|【锐化】|【USM锐化】命令，在弹出的对话框中设置参数，如图7.177所示，单击【确定】按钮退出对话框。图7.178所示为应用【USM锐化】滤镜前后的对比效果，最终整体效果如图7.179所示，此时的【图层】面板如图7.180所示。

图7.177

应用滤镜前　　应用滤镜后

图7.178

图7.179

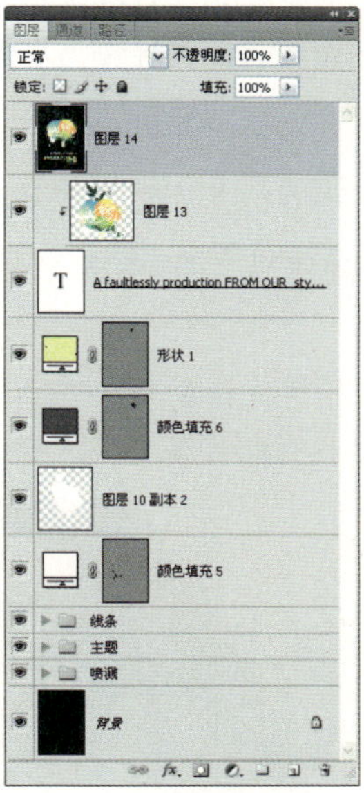

图7.180

提示

本例最终效果文件见随书所附光盘（光盘文件路径为“第7章\7.6\7.6.psd”）。

7.7 | 优雅蓝光视觉表现

例前导读：

本例是以优雅蓝光为主题的视觉表现作品。在制作过程中，主要以处理画面中的各种光、线的效果为核心内容。在制作方法上虽然比较简单，但也包含了三个难点，即路径的绘制、颜色的整体把握与混合模式的设置，读者需要着重体会。

核心技能：

- 结合路径及“画笔描边路径”功能，为所绘制的路径进行描边。
- 利用图层蒙版隐藏不需要的图像。
- 添加【外发光】图层样式，制作图像的发光效果。
- 设置图层属性以混合图像。
- 使用形状绘制类工具绘制形状。
- 结合路径以及“渐变填充”图层制作图像的渐变效果。
- 应用“盖印”功能合并可见图层中的图像。

操作步骤：

步骤 1 打开随书所附光盘中的素材文件（光盘文件路径为“第7章\7.7\素材1.psd”），效果如图7.181所示，将此文件作为本例的制作文件。

提示

下面结合路径、“画笔描边路径”功能、图层蒙版以及图层样式等，制作画面中的线条效果。

步骤 2 选择【钢笔工具】，在其工具选项栏中单击【路径】按钮以及【添加到路径区域】按钮，在制作文件中人物的左侧绘制如图7.182所示的路径。

图7.181

图7.182

步骤 3 新建图层，得到“图层1”。设置前景色为白色，选择【画笔工具】，在其工具选项栏中设置【画笔】为“尖角7像素”，【不透明度】为“100%”。切换至【路径】面板，单击【用画笔描边路径】按钮，隐藏路径后的效果如图7.183所示。

步骤 4 切换回【图层】面板，单击【添加图层蒙版】按钮，为“图层1”添加图层蒙版。设置前景色为黑色，选择【画笔工具】，在其工具选项栏中设置适当的画笔大小及【不透明度】数值，在图层蒙版中进行涂抹，将右上方的部分图像效果隐藏起来，直至效果如图7.184所示。

图7.183

图7.184

步骤5 在【图层】面板中单击【添加图层样式】按钮 fx，在弹出的菜单中选择【外发光】命令，在弹出的对话框中设置参数，如图7.185所示，单击【确定】按钮退出对话框，效果如图7.186所示。

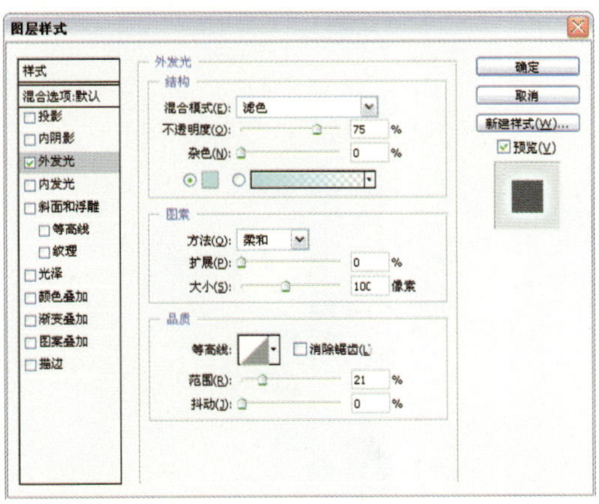

图7.185

图7.186

提示

在【外发光】参数设置中，色块的颜色值为“6aeff8”。

步骤6 按照步骤2～步骤3讲解的操作方法，结合路径及“画笔描边路径”功能，继续制作另外四条白色线条，效果如图7.187所示，同时得到“图层2”。

提示

下面结合【画笔工具】及图层属性等，制作线条下面的蓝光效果。

步骤7 选择图层“背景”，将其作为当前的操作图层。新建图层，得到“图层3”。设置前景色的颜色值为“6aeff8”，选择【画笔工具】，在其工具选项栏中设置适当的画笔大小及【不透明度】数值，在制作文件中线条的下方及人物膝盖处进行涂抹，效果如图7.188所示。

图7.187

图7.188

步骤 8 设置“图层3”的图层混合模式为【线性光】，效果如图7.189所示，此时的【图层】面板如图7.190所示。

图7.189

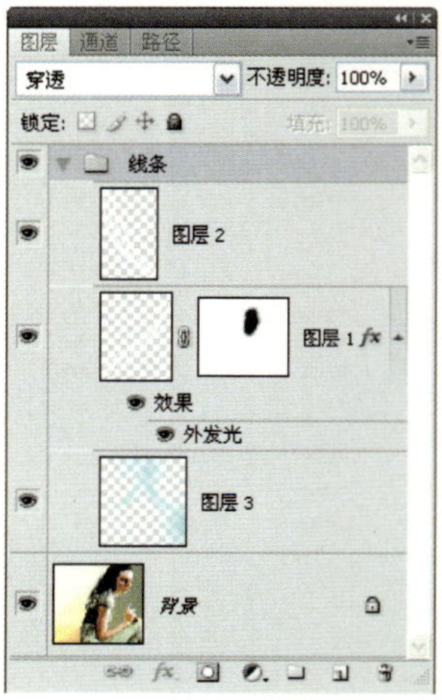

图7.190

提示

本步骤中为了方便管理图层，在此将制作线条的图层选中，按Ctrl+G组合键进行图层编组，得到“组1”，并将其重命名为“线条”。在下面的操作中，笔者也将对各部分进行图层编组，在步骤中不再叙述。下面制作条纹效果。

步骤 9 收拢图层组“线条”，选择图层“背景”，将其作为当前的操作图层。设置前景色为白色，选择【矩形工具】，在其工具选项栏中单击【形状图层】按钮，在制作文件中画布的下方绘制矩形条，然后在工具选项栏中单击【添加到形状区域】按钮，继续绘制矩形条，效果如图7.191所示，同时得到图层“形状1”。

步骤 10 设置图层“形状1”的【不透明度】为“12%”，隐藏路径后的效果如图7.192所示。选择【矩形工具】，在其工具选项栏中单击【路径】按钮，在制作文件中人物的手臂处绘制如图7.193所示的路径。

步骤11 在【图层】面板中单击【创建新的填充或调整图层】按钮，在弹出的菜单中选择【渐变】命令，在弹出的对话框中设置参数，如图7.194所示，单击【确定】按钮退出对话框，得到图层“渐变填充1”。设置图层“渐变填充1”的【不透明度】为“45%”，隐藏路径后的效果如图7.195所示。

步骤12 按照上面所讲解的操作方法，结合形状绘制类工具以及图层属性等，继续制作条纹效果，效果如图7.196所示，此时的【图层】面板如图7.197所示。图7.198所示为单独显示本步骤操作效果及图层“背景”时的图像状态。

图7.191

图7.192

图7.193

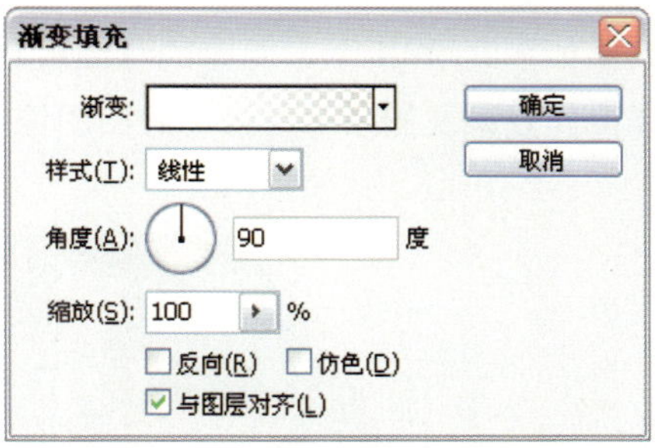

图7.194

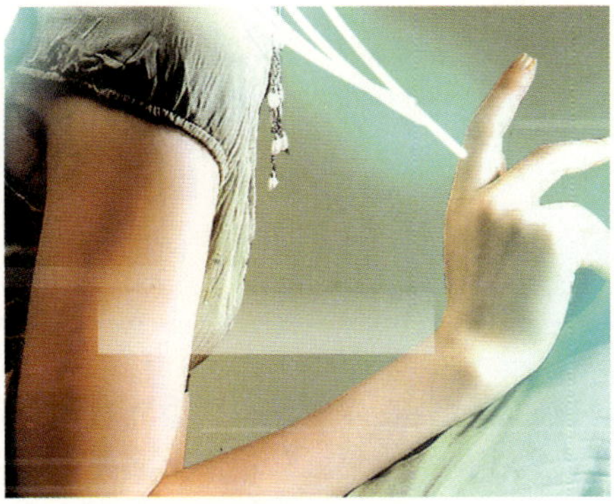

图7.195

图7.196

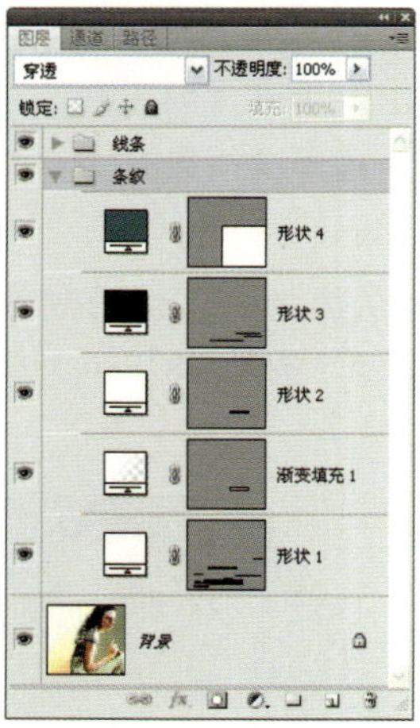

图7.197

图7.198

提示

在本步骤操作过程中，笔者没有给出图像的颜色值，读者可以按照自己的审美喜好进行颜色的搭配。在下面的操作中，笔者也不再进行颜色的相关提示。在此分别设置图层“形状2”和图层“形状3”的【不透明度】为“45%”和“18%”；设置图层“形状4”的图层混合模式为【叠加】，【不透明度】为“40%”。下面制作细线效果。

步骤13 收拢图层组“条纹”，选择图层“背景”作为当前的操作图层。按照上面所讲解的操作方法，结合路径、“画笔描边路径”功能以及图层属性等，制作人物身上的细线效果，效果如图7.199所示，此时的【图层】面板如图7.200所示。图7.201所示为单独显示本步骤操作效果及图层“背景”时的图像状态。

图7.199

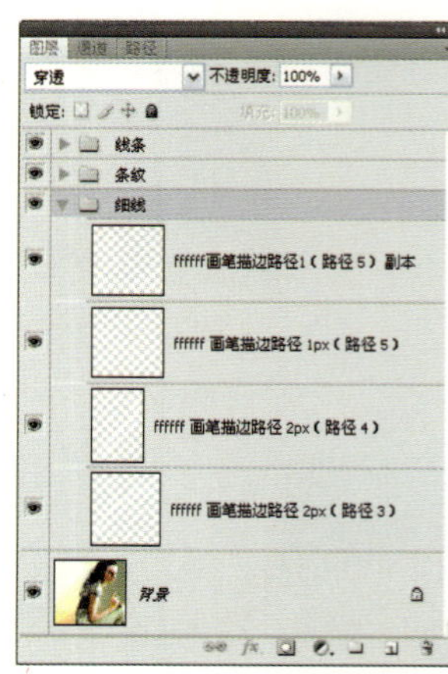

图7.200

提示

本步骤中关于图像的颜色值、画笔大小以及对应的路径，在本例随书所附光盘最终效果文件的图层名称上都有相应的文字信息。另外，在此设置图层组“细线”中最上面两个图层的图层混合模式为【叠加】。下面制作装饰效果。

步骤14 收拢图层组“细线”，选择图层“背景”作为当前的操作图层。设置前景色为白色，打开随书所附光盘中的素材文件（光盘文件路径为“第7章\7.7\素材2.csh”），选择【自定形状工具】，在制作文件的画布中单击鼠标右键，在弹出的【自定形状拾色器】面板中选择刚打开的形状，在制作文件中人物的手部绘制叶子的形状，得到图层“形状5”。

步骤15 复制图层“形状5”，得到图层“形状5副本”。按Ctrl+T组合键调出自由变换控制框，按住Shift键向内拖动控制手柄以缩小图层“形状5副本”中的形状并调整形状的位置（人物头部），按Enter键确认操作，效果如图7.202所示。

图7.201

图7.202

步骤16 在【图层】面板中单击【添加图层样式】按钮，在弹出的菜单中选择【外发光】命令，在弹出的对话框中设置参数，如图7.203所示，单击【确定】按钮退出对话框，效果如图7.204所示。

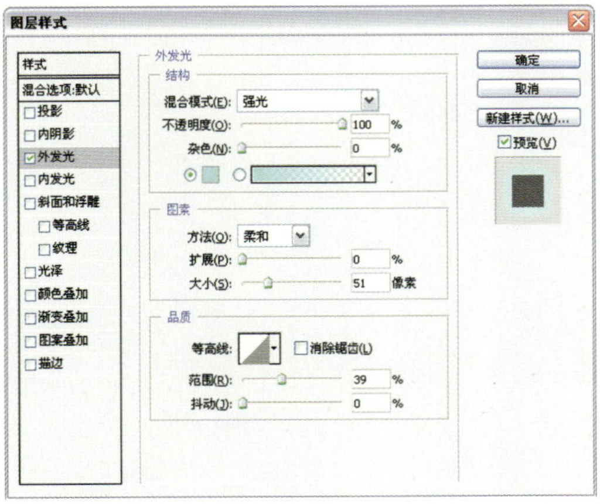

图7.203

图7.204

提示

在【外发光】参数设置中，色块的颜色值为“6aeff8”。

步骤17 结合图层复制以及形状绘制类工具，制作人物颈部的枫叶以及手臂上的白色线条效果，效果如图7.205所示，此时的【图层】面板如图7.206所示。

图7.205

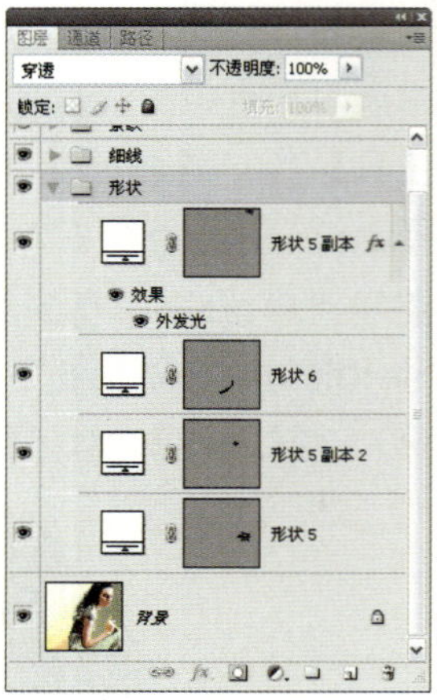

图7.206

提示

至此，装饰效果制作完成。下面制作彩光效果。

步骤 18 选择图层“背景”作为当前的操作图层，结合【画笔工具】及图层属性等，制作人物头部、肩部以及腰部的彩光效果，效果如图7.207所示，同时得到“图层4”和“图层5”。图7.208所示为单独显示本步骤操作效果时的图像状态。

图7.207

图7.208

提示

本步骤中设置“图层5”（黄色彩光所在图层）的图层混合模式为【叠加】。下面制作文字以及人物背部的花纹效果。

步骤 19 选择图层组“线条”，将其作为当前的操作对象。设置前景色为白色，选择【横排文字工具】T，在其工具选项栏中设置适当的字体和字号，在制作文件中人物手的上方输入文字“01”，效果如图7.209所示，得到相应的文字图层。

步骤20 打开随书所附光盘中的素材文件（光盘文件路径为“第7章\7.7\素材3.psd”），使用【移动工具】将其中的图像拖动至制作文件中，得到“图层6”。利用自由变换控制框调整“图层6”中图像的大小及位置，效果如图7.210所示。设置当前图层的图层混合模式为【变暗】，效果如图7.211所示。

步骤21 在【图层】面板中单击【创建新的填充或调整图层】按钮，在弹出的菜单中选择【色阶】命令，在弹出的面板中设置参数，如图7.212所示，效果如图7.213所示，得到图层“色阶1”。

图7.209

图7.210

提示

下面结合调整图层及图层蒙版，提亮局部图像。

图7.211

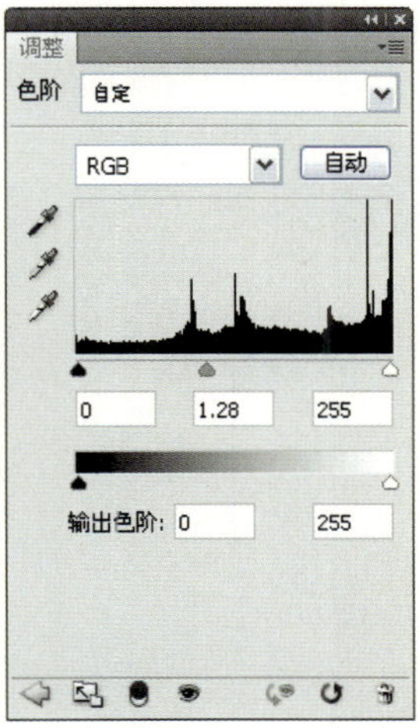

图7.212

图7.213

步骤22 在图层“色阶1”的图层蒙版缩览图被激活的状态下，设置前景色为黑色，选择【画笔工具】，在其工具选项栏中设置适当的画笔大小及【不透明度】数值，在图层蒙版中进行涂抹，将人物面部以及腰部左侧的亮光效果隐藏起来，效果如图7.214所示。

提示

下面结合盖印图层、【高斯模糊】滤镜以及图层属性等，调整整体图像以完成制作。

步骤23 按Ctrl+Alt+Shift+E组合键盖印图层，将当前所有可见的图像合并至新图层中，得到“图层7”。执行【滤镜】|【模糊】|【高斯模糊】命令，在弹出的对话框中设置【半径】数值为“1.7”，单击【确定】按钮退出对话框，效果如图7.215所示。

图7.214

图7.215

步骤24 设置“图层7”的图层混合模式为【滤色】，【不透明度】为“20%”，最终效果如图7.216所示，此时的【图层】面板如图7.217所示。

图7.216

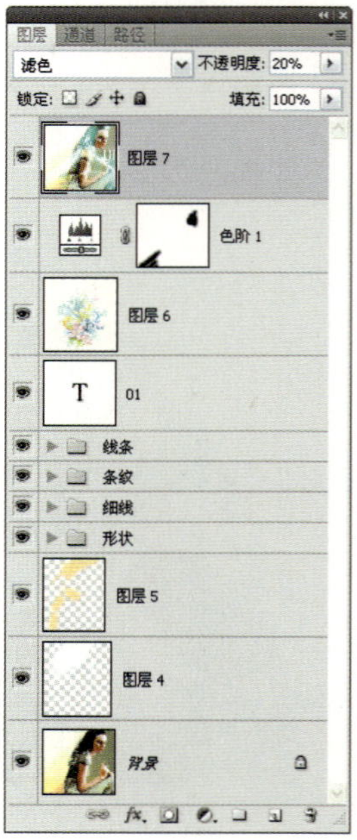

图7.217

提示

本例最终效果文件见随书所附光盘（光盘文件路径为“第7章\7.7\7.7.psd”）。

第8章

卡通风格

从童年时代看过的动画片，到今天身边的各类宣传品，卡通形象无所不在，如米老鼠、维尼熊、喜羊羊与灰太狼、搜狐网络的狐狸形象等，其广泛应用的根本原因就在于其超强的亲和力与感染力。在现代商业设计中，一个优秀的卡通形象设计，可以在很大程度上影响产品的推广与销售。

8.1 卡通风格概述

“卡通”是英文“cartoon”的中文音译。谈到卡通风格，人们会在脑海中下意识地浮现出儿童的天真烂漫、可爱稚气。虽然这是卡通很主要的表现内容之一，但由于社会生活压力的不断增大，很多成年人也逐渐成为卡通动漫制品的消费对象。这种趋势使卡通风格越来越广泛地出现在商业广告、影视作品、书籍、产品包装、服饰日用品等领域中。事实证明，卡通风格的表现手法很容易被大众所接受，并能够产生很好的宣传效果。

下面通过卡通风格的代表类型、常用颜色、常用字体等几个方面对其进行讲解。

8.1.1 卡通风格的代表类型

1. 矢量类型

这是在技术层面上比较容易实现的一种类型，其中最重要的还是在进行绘制之前对造型的深入考虑。在确定造型后，还需要考虑整体的设计感觉。由于这种类型多采用简单的线条与大面积的色块，因此在整体设计中也需要着重考虑线条、色块与卡通造型之间的相互匹配关系。

下面展示了一些优秀的卡通作品，使读者对该类型的表现有一个更加直观的认识。图8.1所示是两幅“招财童子”系列的卡通壁纸作品。

图8.1

图8.2所示是两幅“国粹京剧”系列的卡通作品。

图8.2

提示

仅从本类型卡通作品来看，也可以将其划分为矢量风格的作品。

图8.3所示是将一些卡通形象应用于商业设计时的典型作品。

图8.3

2. 手绘类型

与略带机械意味的矢量风格相比，手绘风格比较自由与人性化，在崇尚自然的今天也越来越受到重视。其中，几米的浪漫梦幻漫画、朱德庸的都市风情漫画、蔡志忠的历史题材漫画都是这种类型的代表作品。在设计作品中采用这种类型的卡通风格后，也需要相应地在背景、颜色与线条等方面加以配合，这样才会使整个作品有浑然天成的感觉，如图8.4所示。

图8.4

图8.5所示是几幅“梦幻童年”主题的卡通作品。

图8.5

图8.6所示为一些典型的日式卡通作品。

图8.6

3. 三维类型

随着计算机技术的不断成熟，三维仿真技术被越来越多的创作人员所掌握，在卡通造型方面也开始向三维立体化迈进。图8.7所示是两幅“Sheeps”系列的卡通作品。

图8.7

图8.8所示是为电影设定的汽车卡通形象。

图8.8

图8.9所示是其他一些有趣的三维卡通作品。

图8.9

8.1.2 卡通风格的常用颜色

由于卡通风格类型的不断丰富，其常用颜色也随之增加，但总体上还是以甜美、可爱、干净、清淡、活泼、快乐、纯度偏高的色彩组成，如图8.10所示。

图8.10

8.1.3 卡通风格的常用字体

卡通风格的字体有着很强的共性，基本上都体现为圆润的外形及柔和的线条，整体看起来自然、清新、可爱，如图8.11所示。

图8.11

8.2 木马儿童矢量表现

例前导读：

本例是以木马儿童为主题的矢量表现作品。在制作过程中，设计者采用了大量鲜艳、明快的颜色；其中的元素也尽量采用小朋友所喜爱的卡通形象；飞扬的飘带、坠落的星星以及耀眼的星光等为画面增添了活跃的气氛。

核心技能：

- 使用形状绘制类工具绘制形状。
- 添加图层样式，制作图像的立体、发光等效果。
- 结合路径及“渐变填充”图层制作图像的渐变效果。
- 结合【画笔工具】及特殊画笔素材绘制图像。

操作步骤：

步骤1 打开随书所附光盘中的素材文件（光盘文件路径为“第8章\8.2\素材1.psd”），效果如图8.12所示，将此文件作为本例的制作文件。

> **提示**
>
> 在打开的素材文件中，其中“木马儿童”是以图层组的形式给出的。下面制作木马儿童手中的飘带效果。

步骤2 选择图层“背景”，将其作为当前的操作图层。设置前景色的颜色值为“f1010d”，选择【钢笔工具】，在其工具选项栏中单击【形状图层】按钮，在制作文件左侧小女孩手的位置绘制红色形状，效果如图8.13所示，同时得到图层“形状1”。

图8.12

图8.13

步骤3 在【图层】面板中单击【添加图层蒙版】按钮，为图层“形状1”添加图层蒙版。设置前景色为黑色，选择【画笔工具】，在其工具选项栏中设置适当的画笔大小及【不透明度】数值，在图层蒙版中进行涂抹，将形状右上方的部分区域隐藏起来，直至效果如图8.14所示。

步骤4 在【图层】面板中单击【添加图层样式】按钮，在弹出的菜单中选择【斜面和浮雕】命令，在弹出的对话框中设置参数，如图8.15所示；然后在【图层样式】对话框中继续选择【光泽】选项，设置其参数，如图8.16所示，单击【确定】按钮退出对话框，效果如图8.17所示。

图8.14

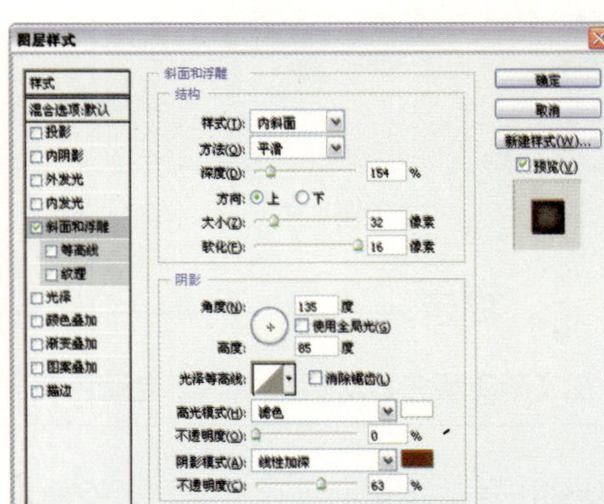

图8.15

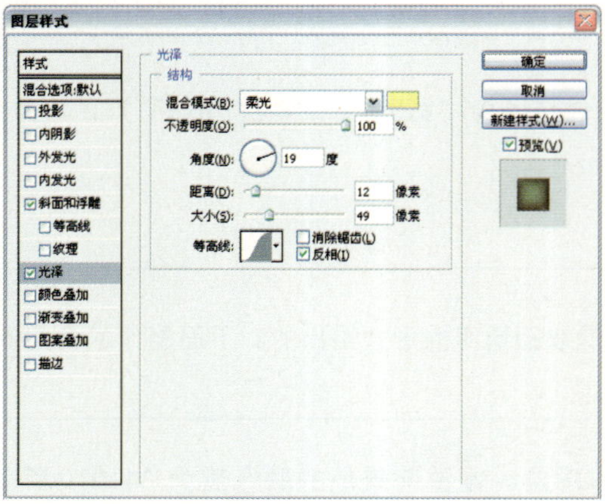

图8.16

图8.17

> **提示**
>
> 在【斜面和浮雕】参数设置中，【阴影模式】右侧色块的颜色值为“65010d”；在【光泽】参数设置中，色块的颜色值为“faff67”，【等高线】的设置为系统预设“高斯”。

步骤 5 选择图层“背景”，选择【钢笔工具】，在其工具选项栏中单击【路径】按钮，在制作文件中画布的上方绘制如图8.18所示的路径。在【图层】面板中单击【创建新的填充或调整图层】按钮，在弹出的菜单中选择【渐变】命令，在弹出的对话框中设置参数，如图8.19所示，单击【确定】按钮退出对话框，隐藏路径后的效果如图8.20所示，同时得到图层“渐变填充1”。

图8.18

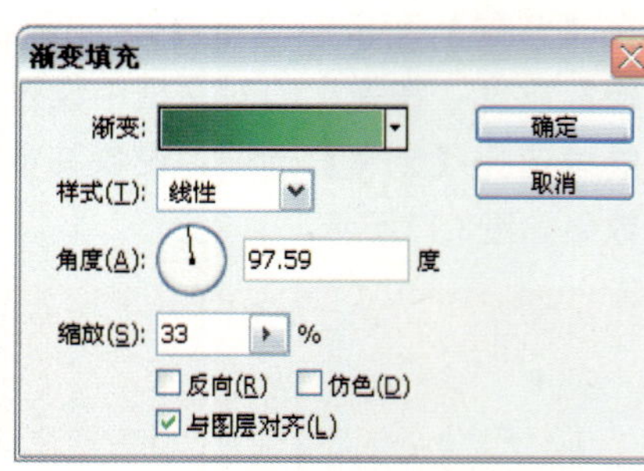

图8.19

> **提示**
>
> 在【渐变填充】对话框中，渐变颜色值分别为“066501”、“6ad463”。

步骤 6 按照上面所讲解的操作方法，结合图层蒙版、图层样式以及形状绘制类工具，完善绿飘带效果并制作蓝飘带效果，效果如图8.21所示，此时的【图层】面板如图8.22所示。

图8.20

图8.21

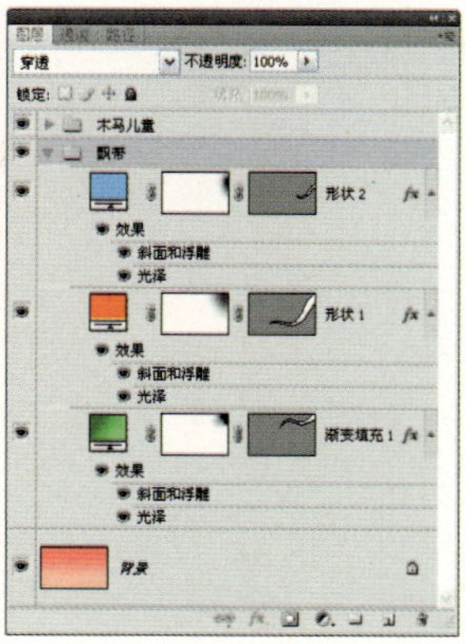

图8.22

提示

本步骤中为了方便管理图层，在此将制作飘带的图层选中，按Ctrl+G组合键进行图层编组，得到“组1”，并将其重命名为“飘带”。在下面的操作中，笔者也将对各部分进行图层编组，在步骤中不再叙述。

提示

在制作过程中，还需要注意各图层间的顺序。另外，关于图层样式及图像颜色值的设置，请参考本例随书所附光盘中的最终效果文件。在下面的操作中，也会多次应用到图层样式，笔者不再进行相关提示。下面制作画面中的装饰效果。

步骤7 收拢图层组“飘带”，选择【多边形工具】，在其工具选项栏中单击【路径】按钮，设置【边】为“15”，单击【自定形状工具】右侧的按钮，在弹出的【多边形选项】面板中设置参数，如图8.23所示，然后在制作文件中画布的底部绘制如图8.24所示的路径。

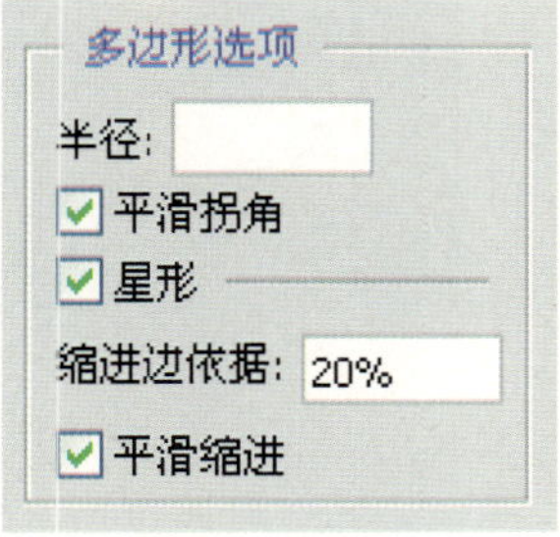

图8.23

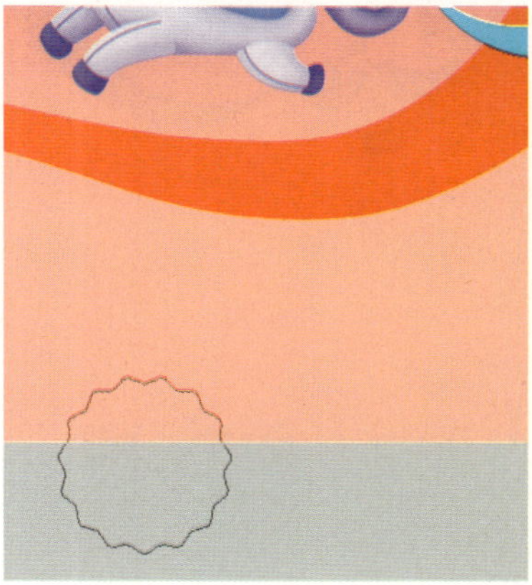

图8.24

步骤8 结合渐变填充以及【外发光】图层样式制作星形效果，效果如图8.25所示，同时得到图层“渐变填充2”。按住Alt键，将图层“渐变填充2”拖动至其下方，得到图层“渐变填充2副本”，使用【移动工具】调整副本图层中图像的位置，效果如图8.26所示。

图8.25

图8.26

提示

本步骤中关于【渐变填充】对话框中的参数设置，请参考本例随书所附光盘中的最终效果文件。在下面的操作中，也会多次应用到渐变填充操作，笔者不再进行相关提示。

步骤 9 选择图层“渐变填充2”，按照上面所讲解的操作方法，结合路径、渐变填充、图层样式、图层蒙版以及图层复制等，制作画布右下方的粉色形状，效果如图8.27所示，此时的【图层】面板如图8.28所示。

图8.27

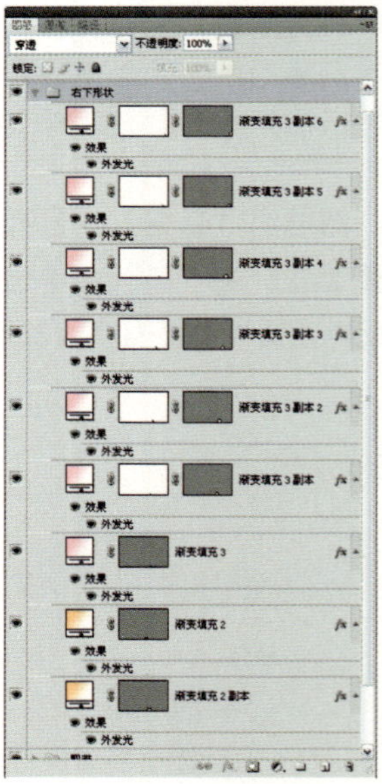

图8.28

提示

下面制作粉色形状中的星星效果。

步骤 10 收拢图层组“右下形状”，新建图层，得到“图层1”。设置前景色为白色，打开随书所附光盘中的素材文件（光盘文件路径为“第8章\8.2\素材2.abr”），选择【画笔工具】，在画布中单击鼠标右键，在弹出的【画笔预设选取器】面板中选择刚刚打开的画笔，并设置【主直径】为“25像素”，在制作文件中的粉色形状上进行涂抹，效果如图8.29所示。

提示

至此，粉色形状中的星星效果已经制作完成。下面制作其他装饰效果以完成制作。

步骤11 按照上面所讲解的操作方法，结合特殊画笔、图层样式、图层复制以及形状绘制类工具等，制作其他装饰效果，效果如图8.30所示，此时的【图层】面板如图8.31所示。

图8.29

图8.30

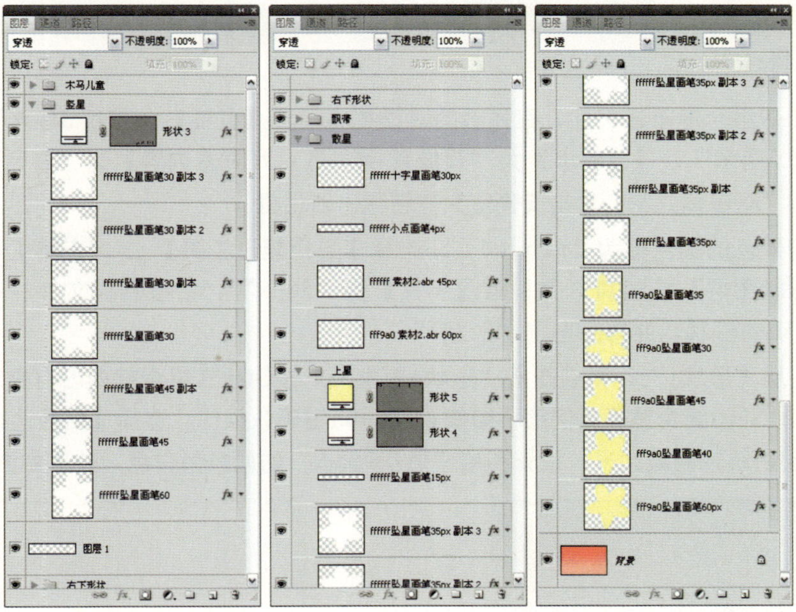

图8.31

提示

本步骤中所应用到的特殊画笔，请参见随书所附光盘“第8章\8.2\素材3”文件夹中的相关文件。另外，关于图像的颜色值、应用的画笔、画笔大小等设置在本例随书所附光盘最终效果文件的图层名称上都有相应的文字信息。

提示

本例最终效果文件见随书所附光盘（光盘文件路径为“第8章\8.2\8.2.psd”）。

8.3 可爱型矢量卡通招贴

例前导读：

本例为稚气感十足的卡通宣传画，旨在表现天真烂漫的儿童梦想中的花园，其制作方法与上一例有很多相似之处。

核心技能：

- 使用形状绘制类工具绘制形状。
- 添加图层样式，制作立体、描边等图像效果。
- 设置图层属性以混合图像。
- 利用图像变换，调整图像的大小、角度及位置。
- 应用【钢笔工具】绘制路径。
- 利用“再次变换并复制”功能制作规则的图像效果。

操作步骤：

步骤 1 按Ctrl+N组合键新建文件，在弹出的对话框中设置【宽度】为“17.5厘米”，【高度】为“16.5厘米”，【分辨率】为“72像素/英寸”，【背景内容】为“白色”，【颜色模式】为“RGB模式”，单击【确定】按钮退出对话框。

步骤 2 设置前景色的颜色值为“aebdc0”。选择【圆角矩形工具】，在其工具选项栏中单击【形状图层】按钮，并设置【半径】为“50px”，沿着制作文件的边缘绘制如图8.32所示的形状，并得到图层“形状1”。

步骤 3 复制图层“形状1”，得到图层“形状1副本”。按Ctrl+T组合键调出自由变换控制框，按住Alt+Shift组合键等比例缩小图像，按Enter键确认操作。选择【路径选择工具】，按Esc键将路径隐藏起来，设置图层“形状1副本”的颜色为白色，效果如图8.33所示。

图8.32

图8.33

步骤4 设置前景色的颜色值为“019192”，重复步骤2～步骤3讲解的操作方法，选择【圆角矩形工具】，在其工具选项栏中设置【半径】为“30px”，在制作文件中绘制如图8.34所示的形状，得到图层“形状 2”。

步骤5 在【图层】面板中单击【添加图层样式】按钮，在弹出的菜单中选择【斜面和浮雕】命令，在弹出的对话框中设置参数，如图8.35所示，单击【确定】按钮退出对话框，效果如图8.36所示。

图8.34

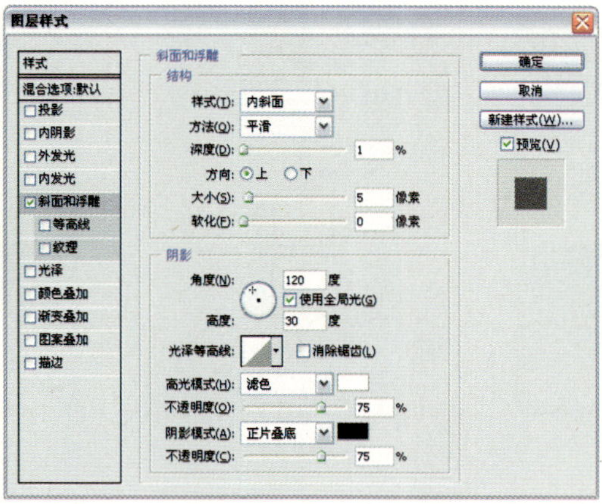

图8.35

图8.36

步骤6 选择【圆角矩形工具】，在其工具选项栏中单击【路径】按钮，设置【半径】为“30px”，在制作文件中绘制如图8.37所示的路径，按Ctrl+Enter组合键将路径转换为选区。

步骤7 新建图层，得到“图层1”。设置前景色的颜色值为“039293”，设置背景色为白色。选择【渐变工具】，在工具选项栏中单击【线性渐变】按钮，选择渐变预设“前景色到背景色渐变”，在制作文件中从选区的上方至下方绘制渐变，按Ctrl+D组合键取消选区，效果如图8.38所示。按住Alt键，将图层“形状2”的图层样式拖动至“图层1”上以复制该图层样式，效果如图8.39所示。

图8.37

图8.38

图8.39

步骤8 重复步骤6～步骤7讲解的操作方法，结合形状绘制类工具、渐变填充及图层样式进行制作，效果如图8.40所示，得到“图层2”，此时的【图层】面板如图8.41所示。

步骤9 打开随书所附光盘中的素材文件（光盘文件路径为“第8章\8.3\素材1.psd”），使用【移动工具】将其中的图像拖动至制作文件中，得到“图层3”。按Ctrl+T组合键调出自由变换控制框，按住Shift键缩小“图层3”中的图像并将其拖动至如图8.42所示的位置，按

Enter键确认操作。设置“图层3”的【不透明度】为“20%”，效果如图8.43所示。

图8.40

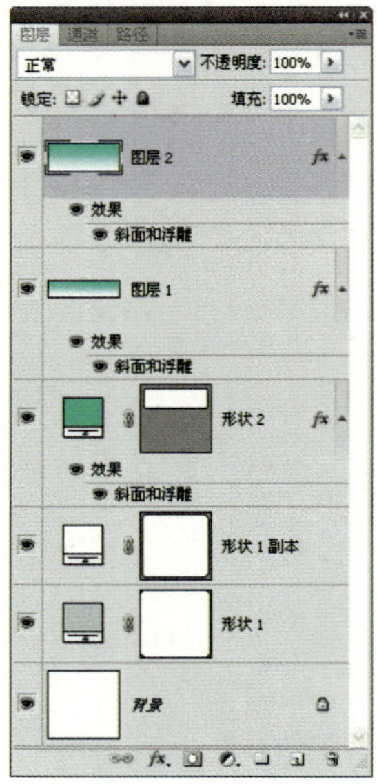

图8.41

图8.42

步骤10 新建图层，得到“图层4”。设置前景色为白色，选择【自定形状工具】，在其工具选项栏中单击【填充像素】按钮，在制作文件的画布中单击鼠标右键，在弹出的【自定形状拾色器】面板中选择形状“云彩1”，按住Shift键，在制作文件画布的左上角绘制如图8.44所示的图形。

图8.43

图8.44

步骤11 设置前景色为白色。选择【钢笔工具】，在其工具选项栏中单击【路径】按钮，在制作文件中云彩的底部绘制如图8.45所示的几条路径，按Ctrl+Enter组合键将路径转换为选区，按Alt+Delete组合键用前景色填充选区，按Ctrl+D组合键取消选区，效果如图8.46所示。

步骤12 复制“图层4”，得到“图层4副本”。按Ctrl+T组合键调出自由变换控制框，在控制框内单击鼠标右键，在弹出的菜单中选择【水平翻转】命令，将“图层4副本”中的图形进行水平翻转，然后按住Shift键缩小该图形，并将其拖动至画布的右上角，效果如图8.47所示，按Enter键确认操作。

图8.45

图8.46

图8.47

步骤13 重复步骤12的操作，连续复制并变换图形，效果如图8.48所示，此时的【图层】面板如图8.49所示。

图8.48

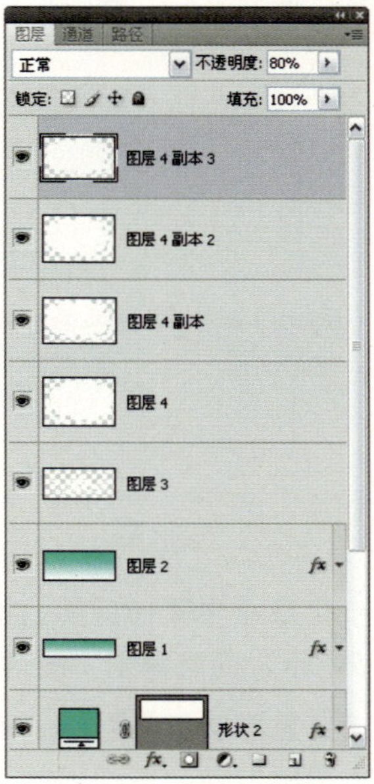

图8.49

提示

在复制出较多的云彩后，可以降低最下面最小的那朵云彩的不透明度，以表现其景深效果。

步骤14 新建图层，得到“图层5”。设置前景色的颜色值为“a0bf7c”，选择【钢笔工具】，在其工具选项栏中单击【路径】按钮，在制作文件画布的中间绘制如图8.50所示的路径，按Ctrl+Enter组合键将路径转换为选区，按Alt+Delete组合键用前景色填充选区，按Ctrl+D组合键取消选区，效果如图8.51所示。

步骤15 选择【自定形状工具】，在其工具选项栏中单击【路径】按钮，在制作文件的画布中单击鼠标右键，在弹出的【自定形状拾色器】面板中选择形状“叶子3”。新建图层，得到“图层6”，设置前景色的颜色值为“abda4e”，在制作文件中步骤14绘制的路径一侧绘制如图8.52所示的路径。

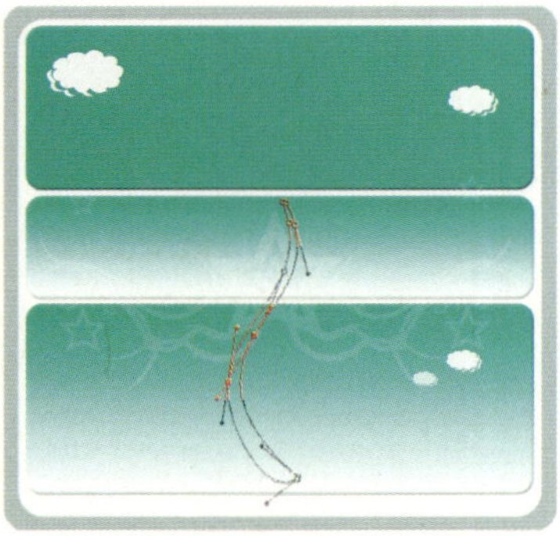
图8.50

图8.51

图8.52

步骤16 按Ctrl+T组合键调出自由变换控制框，逆时针旋转路径55°并将其拖动至如图8.53所示的位置，按Enter键确认操作。按Ctrl+Enter组合键将路径转换为选区，按Alt+Delete组合键用前景色填充选区，按Ctrl+D组合键取消选区，效果如图8.54所示。

图8.53

图8.54

步骤17 重复步骤15～步骤16讲解的操作方法，在制作文件画布的下方再绘制一片叶子，效果如图8.55所示，同时得到“图层 7”。

步骤18 选择【自定形状工具】，在其工具选项栏中单击【路径】按钮，在制作文件的画布中单击鼠标右键，在弹出的【自定形状拾色器】面板中选择形状“红心形卡”，在制作文件中叶子的上方绘制如图8.56所示的路径。

步骤19 拖动两条参考线，使参考线的交叉点处于路径的正上方，效果如图8.57所示。按Ctrl+Alt+T组合键调出复制并变换控制框，按住Alt键将旋转中心拖动至两条参考线的交叉点处。

图8.55

图8.56

图8.57

步骤20 顺时针旋转路径72°，效果如图8.58所示，按Enter键确认操作。连续按三次Ctrl+Alt+Shift+T组合键执行再次变换并复制操作，效果如图8.59所示，按Ctrl+Enter组合键将路径转换为选区。

图8.58

图8.59

步骤21 新建图层，得到“图层8”。设置前景色的颜色值为“edf15f”，按Alt+Delete组合键用前景色填充选区，按Ctrl+D组合键取消选区，效果如图8.60所示。在【图层】面板中单击【添加图层样式】按钮 fx，在弹出的菜单中选择【描边】命令，在弹出的对话框中设置参数，如图8.61所示，单击【确定】按钮退出对话框，效果如图8.62所示。

图8.60

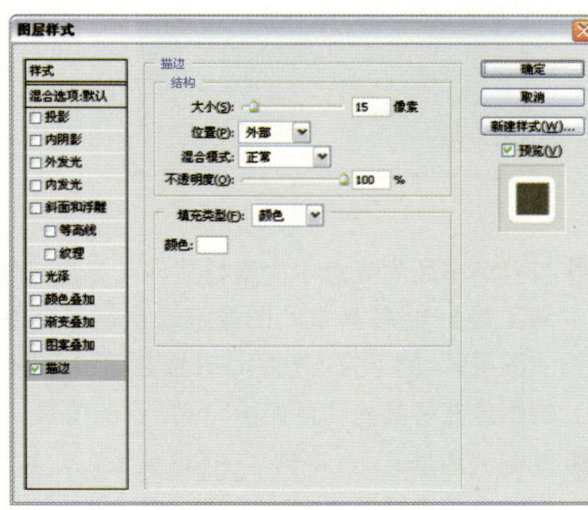

图8.61

步骤22 按Ctrl+;组合键隐藏参考线，打开随书所附光盘中的素材文件（光盘文件路径为“第8章\8.3\素材2.psd”），使用【移动工具】将其中的图像拖动至制作文件中，得到“图层9”。按Ctrl+T组合键调出自由变换控制框，按住Shift键缩小“图层9”中的图像并将其拖动至如图8.63所示的位置，按Enter键确认操作。

步骤23 打开随书所附光盘中的素材文件（光盘文件路径为“第8章\8.3\素材3.psd”），使用【移动工具】将其中的图像拖动至制作文件中，得到“图层10”。按Ctrl+T组合键调出自由变换控制框，按住Shift键缩小“图层10”中的图像并将其拖动至如图8.64所示的位置，按Enter键确认操作。

步骤24 打开随书所附光盘中的素材文件（光盘文件路径为“第8章\8.3\素材4.psd”），使用【移动工具】将其中的图像拖动至制作文件中，得到“图层11”。按Ctrl+T组合键调出自由变换控制框，按住Shift键缩小“图层11”中的图像并将其拖动至画布的左下角，效果如图8.65所示，按Enter键确认操作。

图8.62

图8.63

图8.64

图8.65

步骤25 打开随书所附光盘中的素材文件（光盘文件路径为“第8章\8.3\素材5.psd”），使用【移动工具】将其中的图像拖动至制作文件中，得到“图层12”，将“图层12”拖动至“图层9”的下方。按Ctrl+T组合键调出自由变换控制框，按住Shift键缩小“图层12”中的图像并将其拖动至如图8.66所示的位置，按Enter键确认操作。

步骤26 复制“图层3”，得到“图层3副本”，并将其拖动至所有图层的上方。按Ctrl+T组合键调出自由变换控制框，按住Shift键缩小“图层3副本”中的图像并将其拖动至与花重叠的位置，效果如图8.67所示，按Enter键确认操作。

图8.66

图8.67

步骤27 在【图层】面板中单击【锁定透明像素】按钮。设置前景色的颜色值为“6caea7”，按Alt+Delete组合键用前景色填充“图层3副本”，设置其图层混合模式为【叠加】，【不透明度】为“100%”，效果如图8.68所示。

步骤28 打开随书所附光盘中的素材文件（光盘文件路径为“第8章\8.3\素材6.psd”），使用【移动工具】将其中的图像拖动至制作文件中，得到“图层13”。按Ctrl+T组合键调出自由变换控制框，按住Shift键缩小“图层13”中的图像并将其移至如图8.69所示的位置，按Enter键确认操作。设置“图层13”的图层混合模式为【叠加】，效果如图8.70所示。

图8.68

图8.69

图8.70

步骤29 打开随书所附光盘中的素材文件（光盘文件路径为“第8章\8.3\素材7.psd”），将素材文件中的图像分别置入制作文件中，并调整这些图像的位置和大小，效果如图8.71所示，此时的【图层】面板如图8.72所示。

图8.71

图8.72

步骤30 打开随书所附光盘中的素材文件（光盘文件路径为“第8章\8.3\素材8.psd”），使用【移动工具】将其中的图像拖动至制作文件中，得到“图层22”。按Ctrl+T组合键调出自由变换控制框，按住Shift键缩小“图层22”中的图像并将其拖动至如图8.73所示的位置，按Enter键确认操作。

步骤31 新建图层，得到“图层21”，将其拖动至“图层17”的下方。设置前景色为黑色，选择【钢笔工具】，在其工具选项栏中单击【路径】按钮，在制作文件画布的右下角绘制如图8.74所示的路径。

步骤32 按Ctrl+Enter组合键将路径转换为选区，按Alt+Delete组合键用前景色填充选区，按Ctrl+D组合键取消选区，设置“图层21”的【不透明度】为“20%”，效果如图8.75所示。

图8.73

图8.74

图8.75

步骤33 新建图层，得到“图层13”。设置前景色的颜色值为“fe0000”，选择【矩形工具】，在其工具选项栏中单击【填充像素】按钮，在制作文件画布的上方绘制如图8.76所示的矩形，重复本步骤的操作，再绘制两个矩形，效果如图8.77所示。

提示

另外两个矩形的颜色值分别为“f9de58”和“000000”。

步骤34 复制“图层8”，得到“图层8副本”，将其拖动至所有图层的上方，将“图层8副本”的【描边】图层样式的【大小】数值改为“5”。按Ctrl+T组合键调出自由变换控制框，按住Shift键缩小“图层8副本 ”中的图像，并将其拖动至画布中彩条的右侧，效果如图8.78所示，按Enter键确认操作。再次复制“图层8副本”，得到“图层8副本2”，使用【移动工具】将“图层8副本2”中的图像拖动至制作文件中彩条的左侧，效果如图8.79所示。

图8.76

图8.77

图8.78

步骤35 选择【横排文字工具】，在其工具选项栏中设置适当的字体与字号，在制作文件画布的最下方输入如图8.80所示的文字，然后为其添加【描边】图层样式，最终效果如图8.81所示，此时的【图层】面板如图8.82所示。

图8.79

图8.80

图8.81

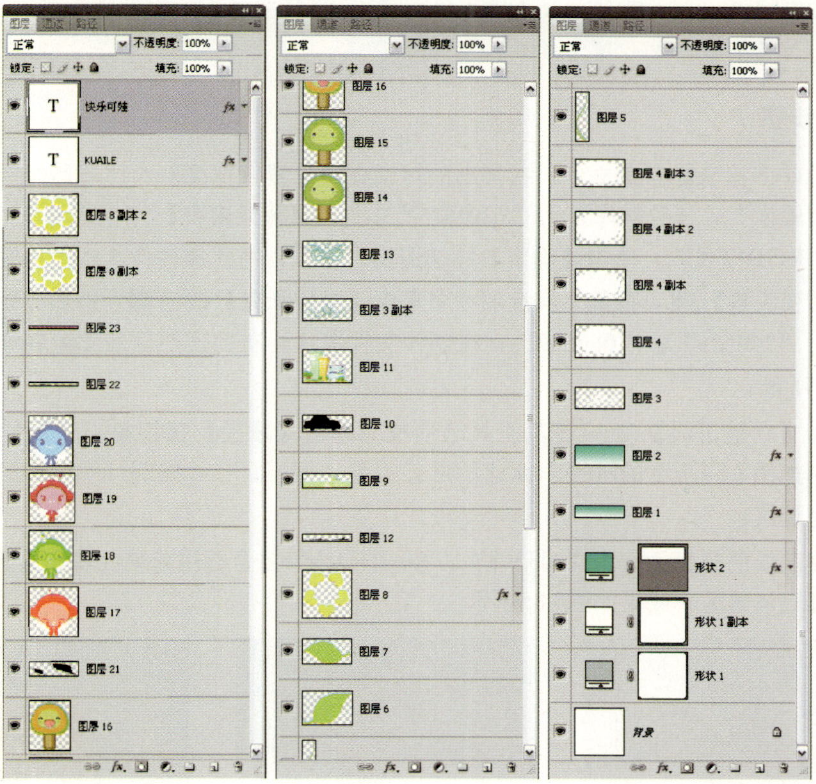

图8.82

提示

在本步骤中，中文字描边的颜色值为“abda4e”，拼音字母描边的颜色值为“fad72d”。

提示

本例最终效果文件见随书所附光盘（光盘文件路径为“第8章\8.3\8.3.psd”）。

8.4 立体拟人型卡通雪糕广告

例前导读：

雪糕是一种极为常见的冷饮，大家对其多样的外观一定不会陌生。下面配合使用【渐变工具】、图层样式以及【钢笔工具】，来绘制一根极为常见的雪糕，在绘制时应该特别注意雪糕的高光与暗调效果。

核心技能：

- 使用【钢笔工具】绘制路径。
- 添加图层样式，制作描边、发光等图像效果。
- 使用【填充】命令制作图案效果。

操作步骤：

步骤 1 按Ctrl+N组合键新建文件，在弹出的对话框中设置【宽度】为“33厘米”，【高度】为“39厘米”，【分辨率】为“72像素/英寸”，【背景内容】为“白色”，【颜色模式】为“RGB模式”，单击【确定】按钮退出对话框，将此文件作为本例的制作文件。选择【渐变工具】，在其工具选项栏中单击【对称渐变】按钮，然后分别设置渐变颜色值为“549fd1”、“0e66a9”，在制作文件中从画布的顶部至底部绘制渐变，效果如图8.83所示。

步骤 2 选择【钢笔工具】，在其工具选项栏中单击【路径】按钮，在制作文件的画布中绘制如图8.84所示的路径。新建图层，得到“图层1”，按Ctrl+Enter组合键将路径转换为选区。

步骤 3 设置前景色的颜色值为“ad3548”，按Alt+Delete组合键用前景色填充选区，按Ctrl+D组合键取消选区，效果如图8.85所示。

图8.83

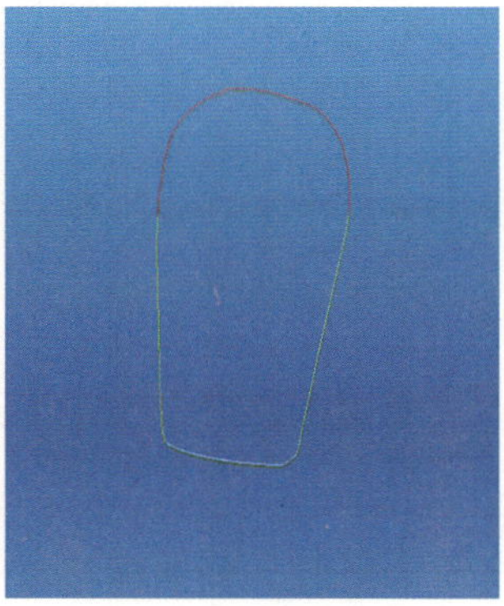

图8.84

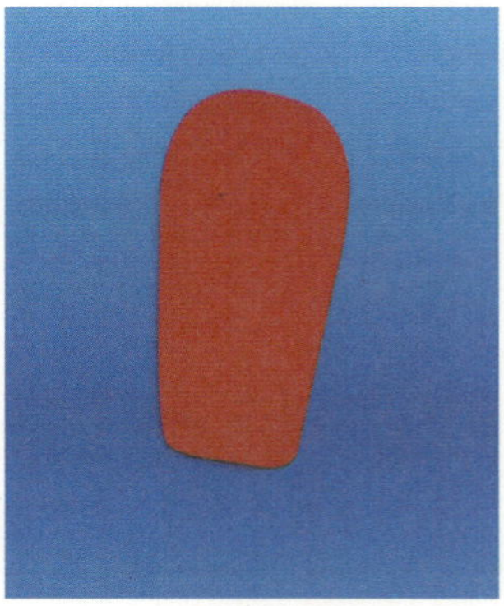

图8.85

步骤 4 在【图层】面板中单击【添加图层样式】按钮，在弹出的菜单中选择【描边】命令，在弹出的对话框中设置参数，如图8.86所示；然后在该对话框中选择【内发光】和

【外发光】选项，分别设置其参数，如图8.87、图8.88所示，单击【确定】按钮退出对话框，效果如图8.89所示。

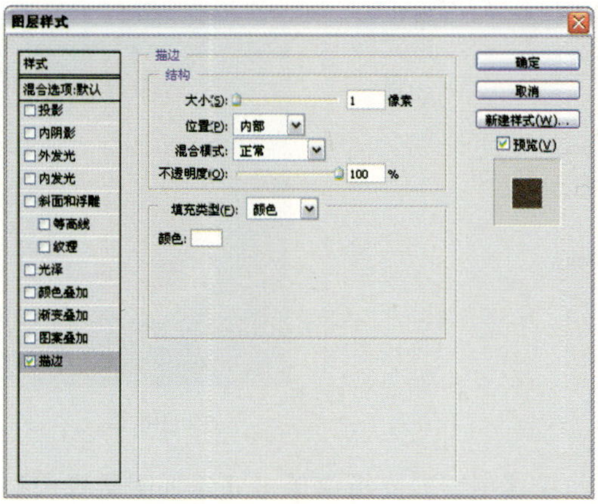

图8.86

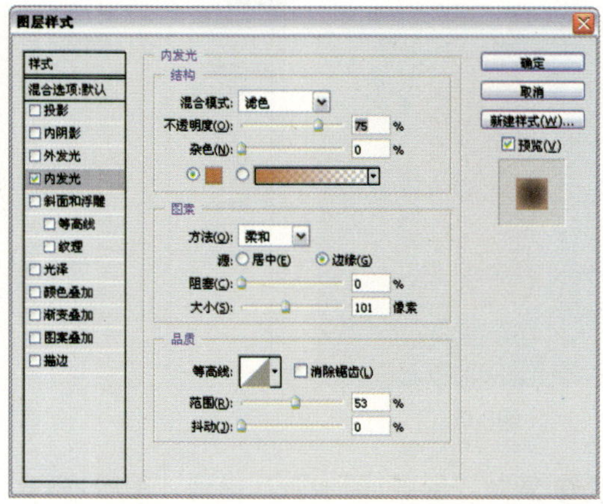

图8.87

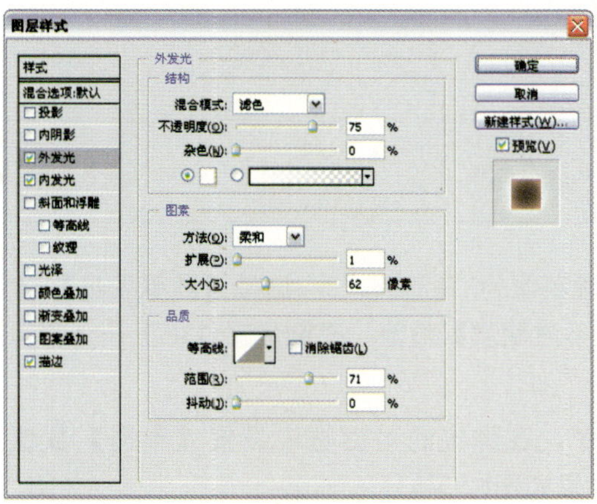

图8.88

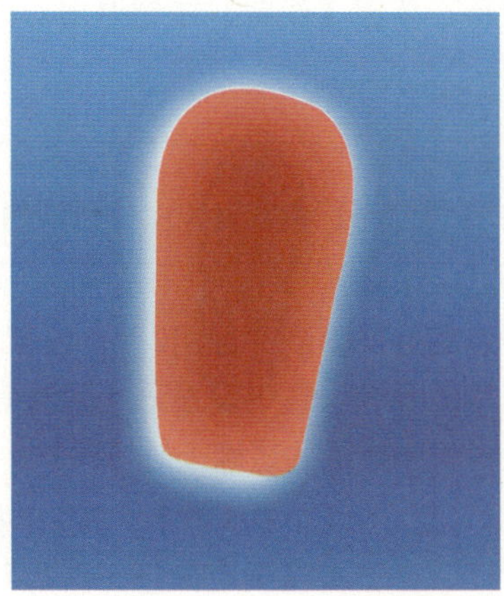

图8.89

提示

在【内发光】参数设置中，色块的颜色值为“c88368”。

步骤5 复制“图层1”，得到“图层1副本”。按Ctrl+T组合键调出自由变换控制框，按住Shift键拖动控制手柄以缩小“图层1副本”中的图像，按Enter键确认操作，然后删除其图层样式，效果如图8.90所示。

步骤6 在【图层】面板中单击【添加图层样式】按钮 *fx*，在弹出的菜单中选择【内发光】命令，在弹出的对话框中设置参数，如图8.91所示，单击【确定】按钮退出对话框，效果如图8.92所示。

提示

在【内发光】参数设置中，色块的颜色值为“ffffbe”。

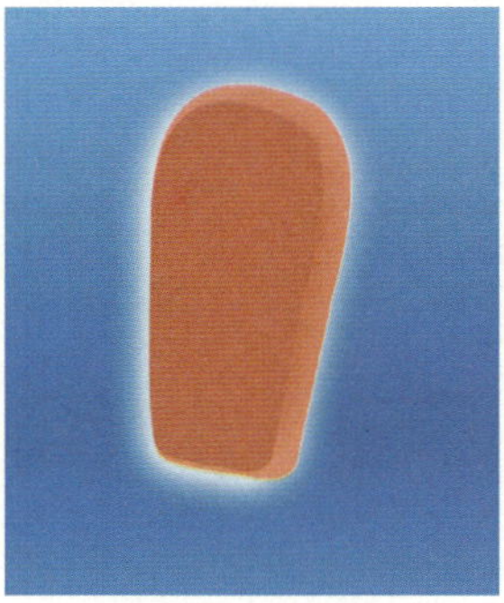

图8.90

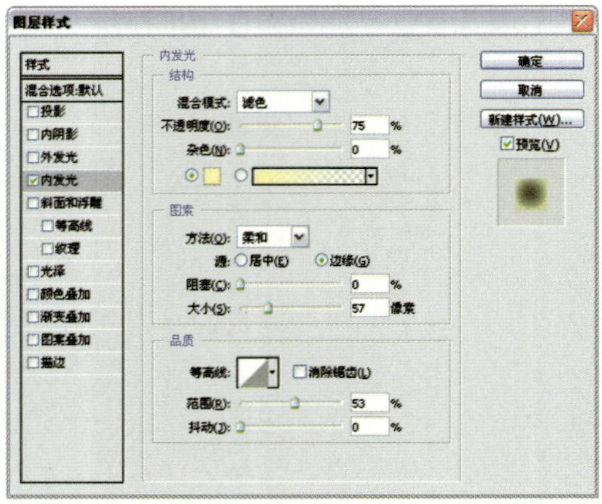

图8.91

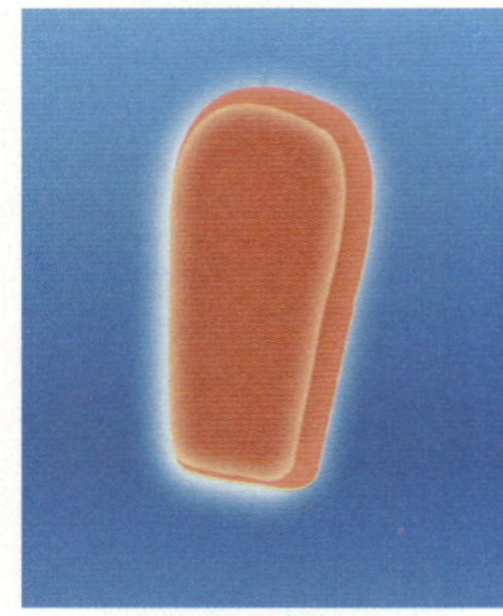

图8.92

步骤 7 复制“图层1副本”，得到“图层1副本2”。在【图层】面板中单击【添加图层样式】按钮 fx，在弹出的菜单中选择【内发光】命令，在弹出的对话框中设置参数，如图8.93所示，单击【确定】按钮退出对话框，效果如图8.94所示。

提示

在【内发光】参数设置中，色块的颜色值为“cd847b”。

步骤 8 新建图层，得到“图层2”。设置前景色的颜色值为“c79b8e”，选择【画笔工具】，在其工具选项栏中设置适当的画笔大小及【不透明度】数值，在制作文件中上一步骤得到的内发光效果的边缘上进行涂抹。

步骤 9 执行【滤镜】|【模糊】|【高斯模糊】命令，在弹出的对话框中设置【半径】数值为“15”，单击【确定】按钮退出对话框，效果如图8.95所示。

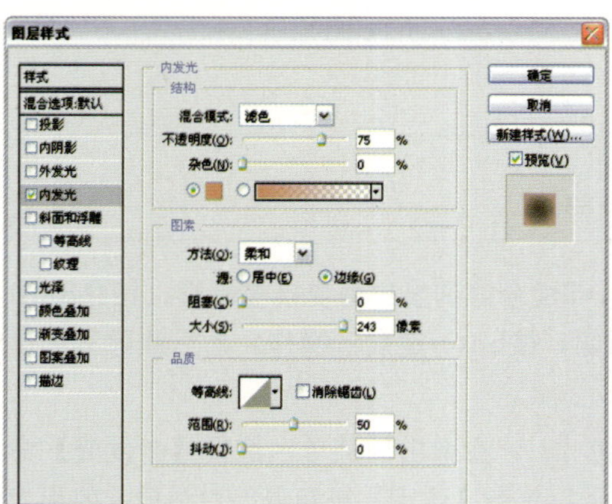

图8.93

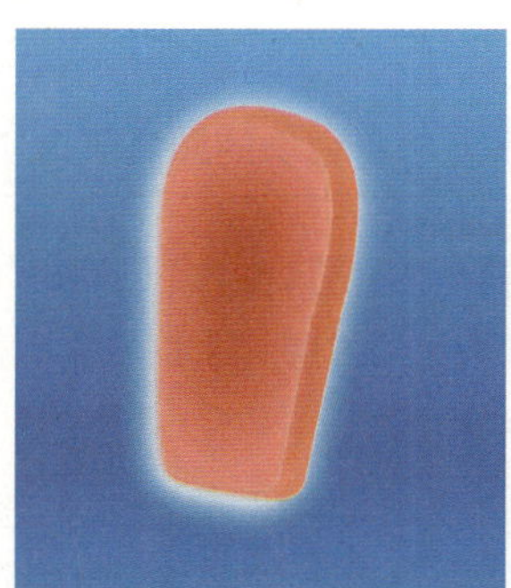

图8.94

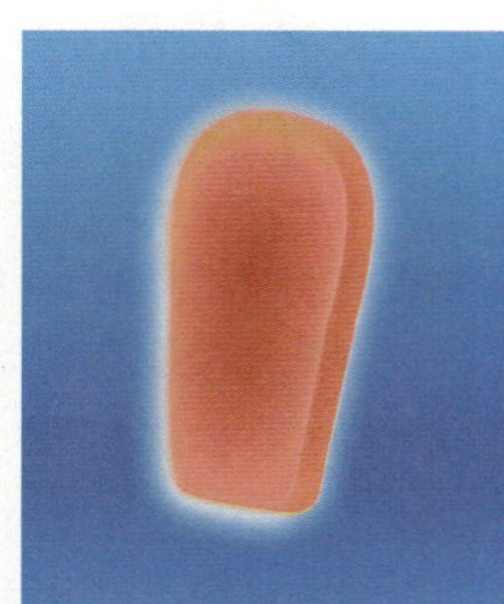

图8.95

步骤 10 选择【钢笔工具】，在其工具选项栏中单击【路径】按钮，在制作文件中雪糕的右上方绘制如图8.96所示的路径。新建图层，得到“图层3”，按Ctrl+Enter组合键将路径转换为选区。

步骤11 设置前景色为白色，按Alt+Delete组合键用前景色填充选区，按Ctrl+D组合键取消选区。执行【滤镜】|【模糊】|【高斯模糊】命令，在弹出的对话框中设置【半径】数值为“15”，单击【确定】按钮退出对话框，效果如图8.97所示。

步骤12 使用【椭圆选框工具】，在制作文件中雪糕中间偏下的位置绘制如图8.98所示的选区。新建图层，得到“图层4”。选择【渐变工具】，在其工具选项栏中单击【径向渐变】按钮，设置渐变颜色值为“ad4553”和“260101”，在制作文件中从选区的右下角至左上角绘制渐变，按Ctrl+D组合键取消选区，效果如图8.99所示。

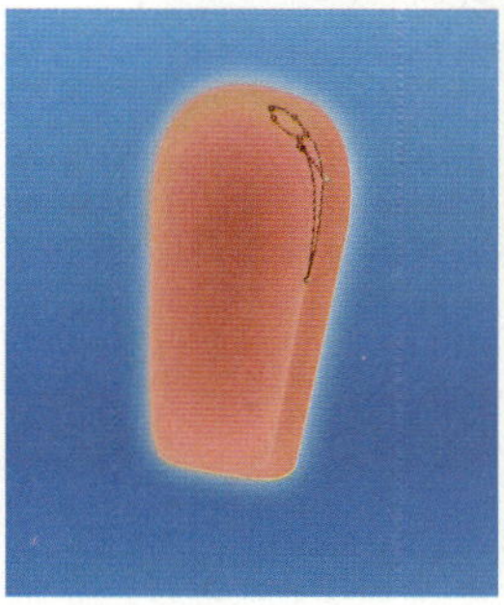
图8.96

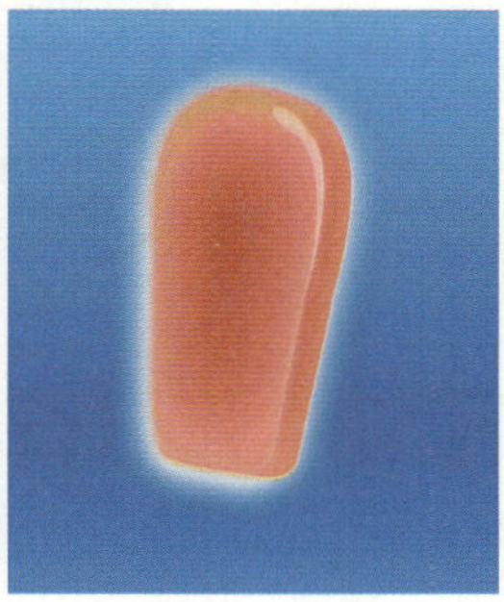
图8.97

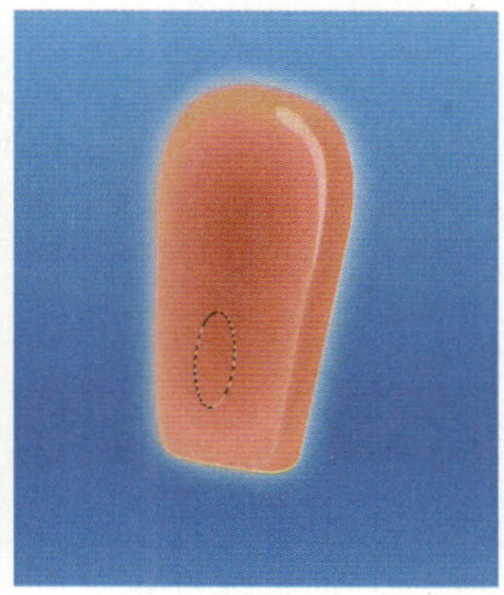
图8.98

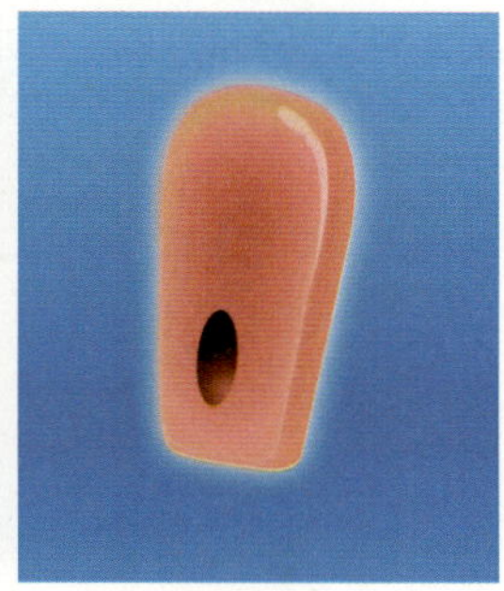
图8.99

步骤13 在【图层】面板中单击【添加图层样式】按钮，在弹出的菜单中选择【斜面和浮雕】命令，在弹出的对话框中设置参数，如图8.100所示；然后在该对话框中选择【外发光】、【内阴影】选项，分别其参数，如图8.101、图8.102所示，单击【确定】按钮退出对话框，效果如图8.103所示。

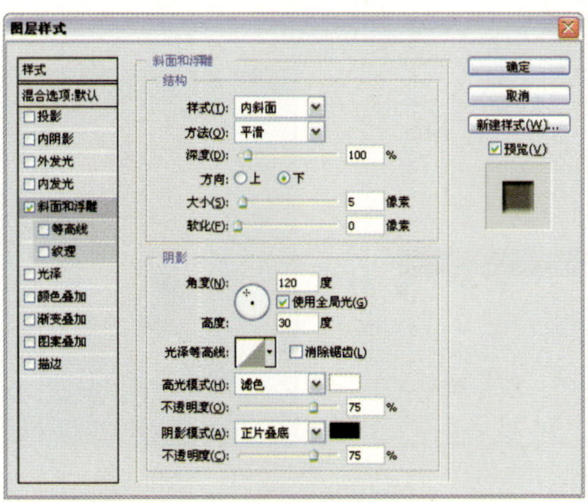

图8.100

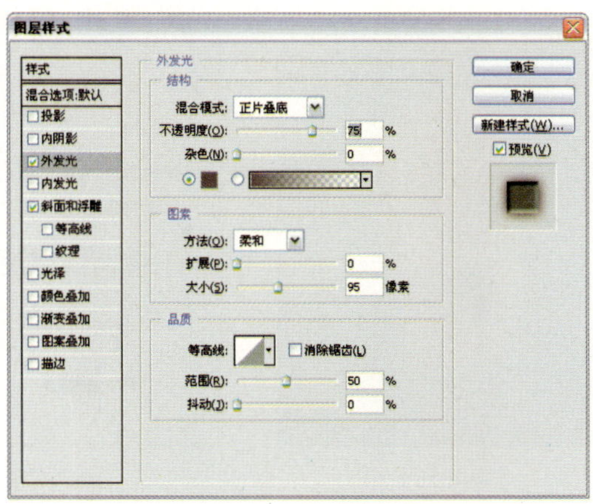

图8.101

提示

在【外发光】参数设置中，色块的颜色值为“6b4d57”。

步骤14 选择【椭圆选框工具】，按住Shift键在制作文件中如图8.104所示的位置绘制选区。新建图层，得到“图层5”。选择【渐变工具】，在其工具选项栏中单击【径向渐变】按钮，再单击渐变预览框，在弹出的对话框中设置渐变颜色，如图8.105所示；然后从选区的左上角至右下角绘制渐变，按Ctrl+D组合键取消选区，效果如图8.106所示。

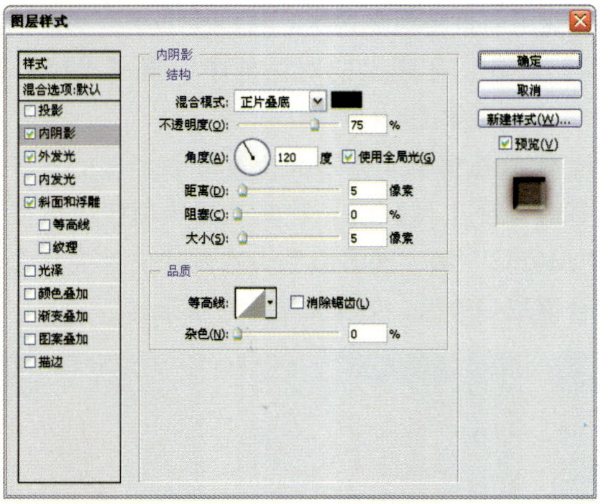

图8.102

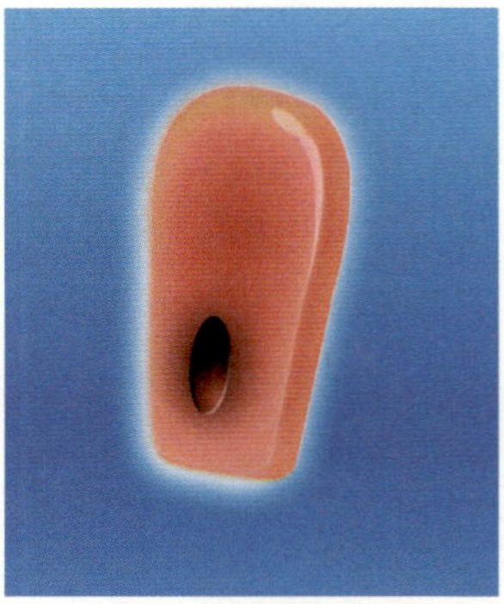

图8.103

提示

在【渐变编辑器】对话框中，渐变颜色值从左至右分别为“d0d7e1”、“260101”和“1d1d24”。

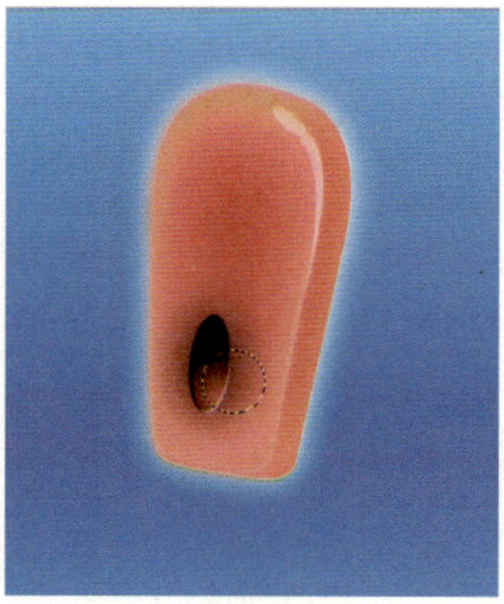

图8.104

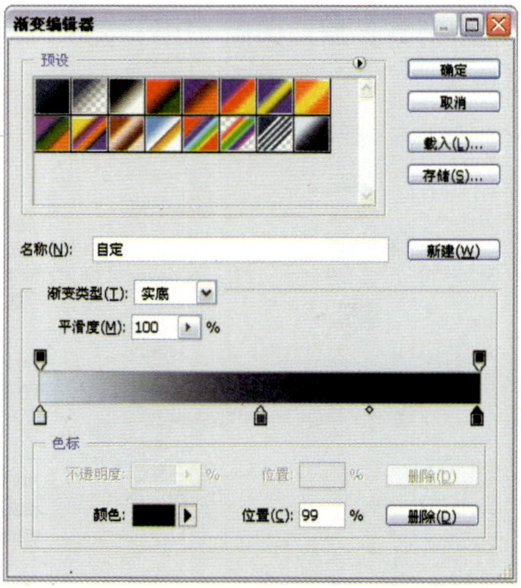

图8.105

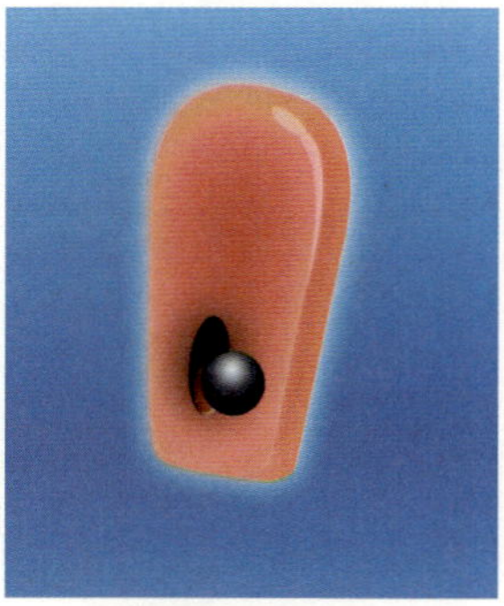

图8.106

步骤15 选择【钢笔工具】，在制作文件中如图8.107所示的位置绘制路径，按Ctrl+Enter组合键将路径转换为选区。选择【渐变工具】，在其工具选项栏中单击【线性渐变】按钮，并设置渐变颜色值为“d6d178”和“ae9168”，然后在制作文件中从选区的顶部至底部绘制渐变，按Ctrl+D组合键取消选区，效果如图8.108所示。

步骤16 选择【钢笔工具】，在其工具选项栏中单击【路径】按钮，在制作文件中如图8.109所示的位置绘制路径。新建图层，得到“图层6”。设置前景色的颜色值为“153e5c”，按Ctrl+Enter组合键将路径转换为选区，按Alt+Delete组合键用前景色填充选区，按Ctrl+D组合键取消选区，效果如图8.110所示，将其作为麦克风的手柄。

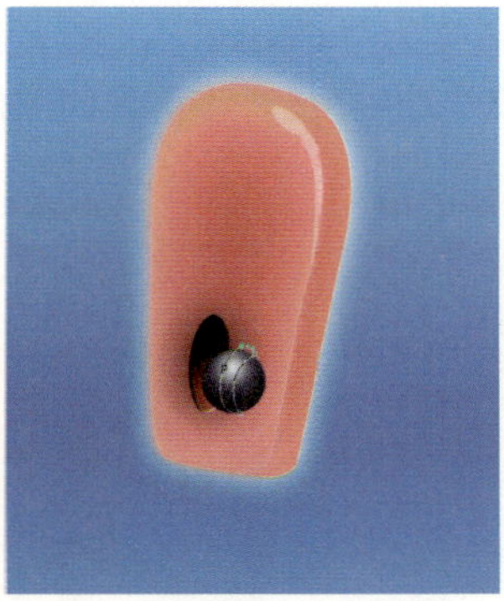
图8.107

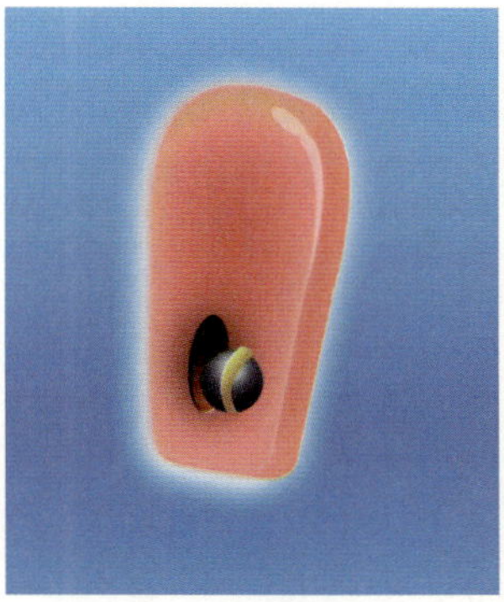
图8.108

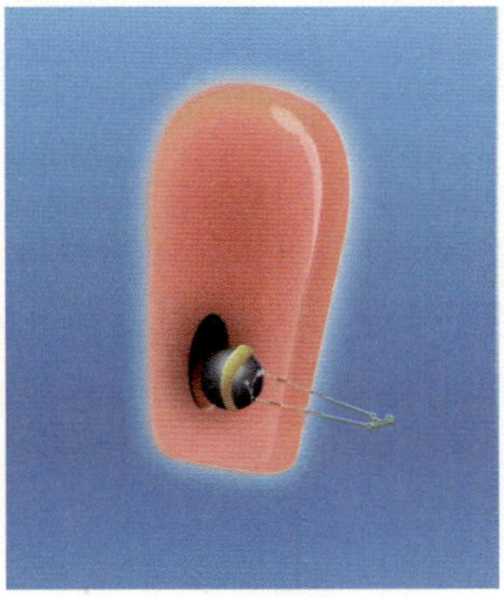
图8.109

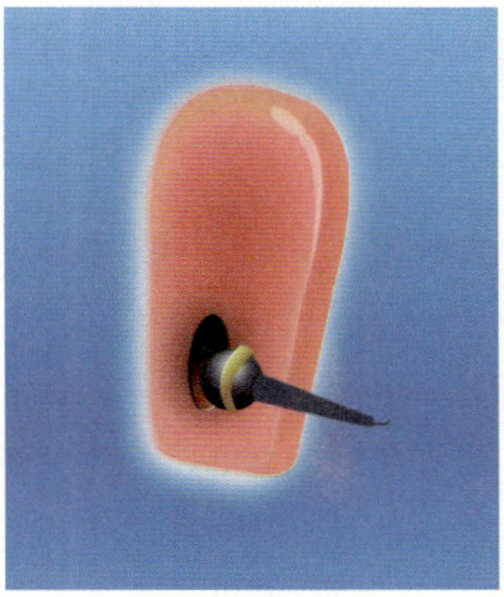
图8.110

步骤17 选择【钢笔工具】，在其工具选项栏中单击【路径】按钮，在制作文件中麦克风的手柄处绘制如图8.111所示的路径，按Ctrl+Enter组合键将路径转换为选区。新建图层，得到“图层7”。选择【渐变工具】，在其工具选项栏中单击【线性渐变】按钮，并设置渐变颜色值为“adc0cc”和“527285”，在选区中从左至右绘制渐变，按Ctrl+D组合键取消选区，效果如图8.112所示。

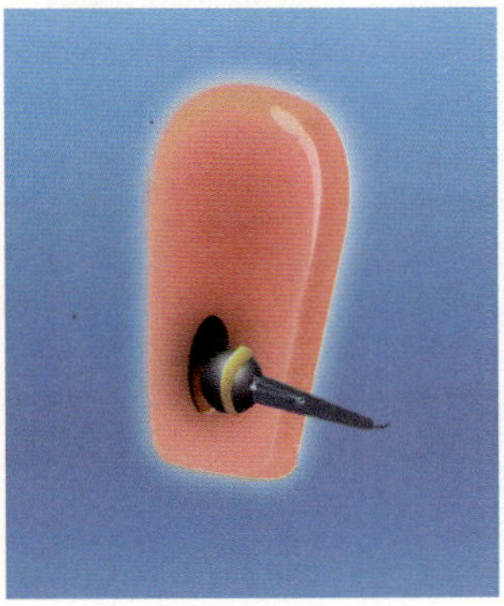
图8.111

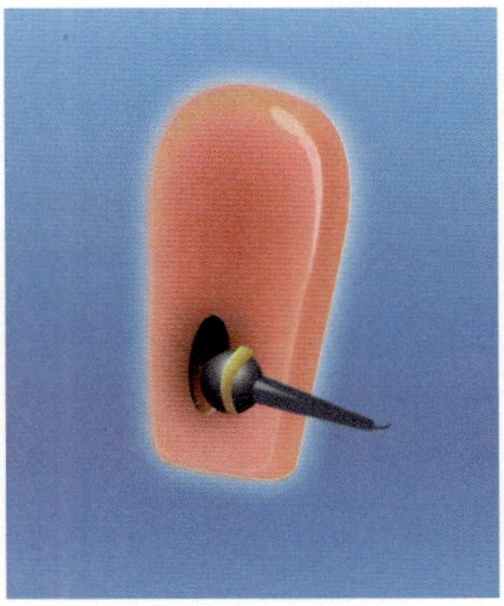
图8.112

步骤18 选择【钢笔工具】，在其工具选项栏中单击【路径】按钮，在制作文件中麦克风手柄的右侧绘制手形的路径，效果如图8.113所示。新建图层，得到“图层8”。设置前景色的颜色值为“dde2e5”， 按Ctrl+Enter组合键将路径转换为选区，按Alt+Delete组合键用前景色填充选区，按Ctrl+D组合键取消选区，效果如图8.114所示。

步骤19 新建图层，得到“图层9”。设置前景色的颜色值为“a7bdc7”，选择【画笔工具】，在其工具选项栏中设置适当的画笔大小，在制作文件中上一步得到的图像效果处进行涂抹以得到手指的阴影，效果如图8.115所示。

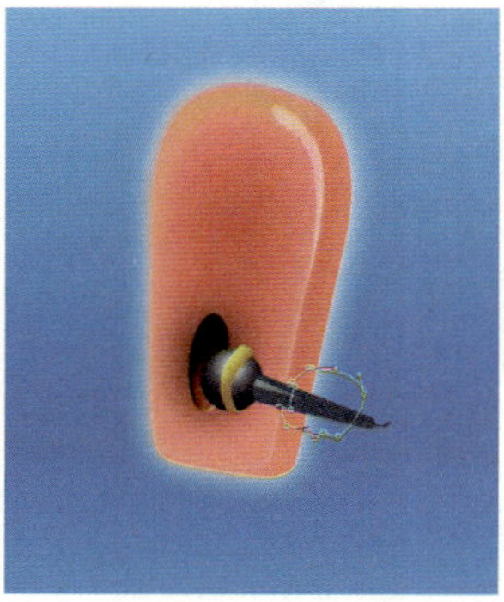
图8.113

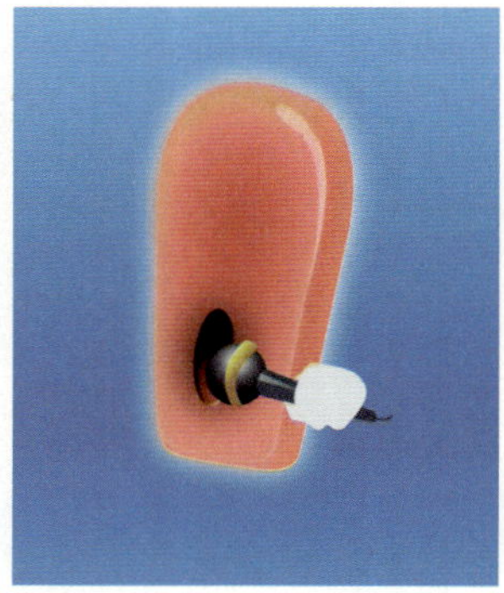
图8.114

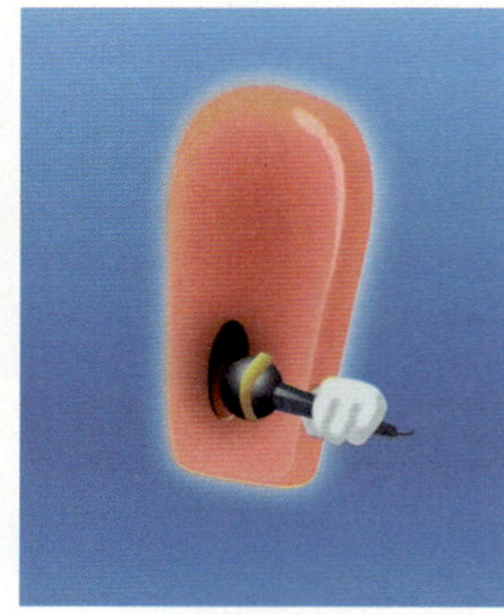
图8.115

步骤20 使用【椭圆选框工具】，按住Shift键在制作文件中如图8.116所示的位置绘制正圆形选区。新建图层，得到“图层10”。选择【渐变工具】，在其工具选项栏中单击【径向渐变】按钮，再单击渐变预览框，在弹出的对话框中设置渐变颜色；然后在制作文件中从选区的上方至下方绘制渐变，按Ctrl+D组合键取消选区，效果如图8.117所示。

提示

在【渐变编辑器】对话框中，渐变颜色值为“e9cfd2”、“b53d4c”和“793d46”，设置效果如图8.118所示。

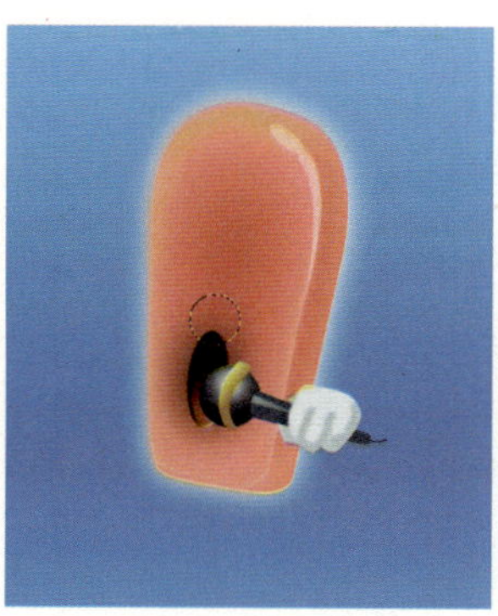
图8.116

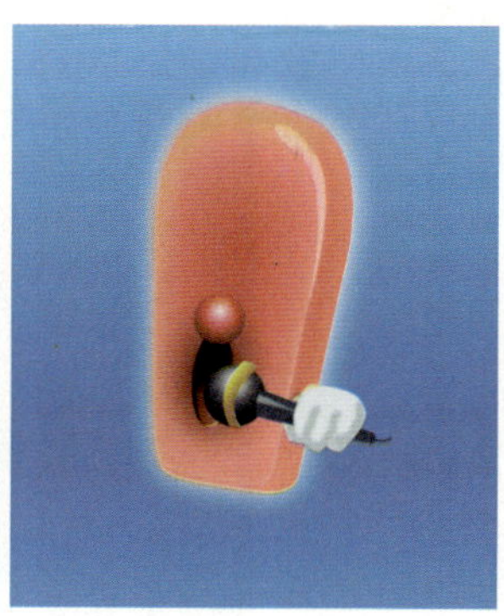
图8.117

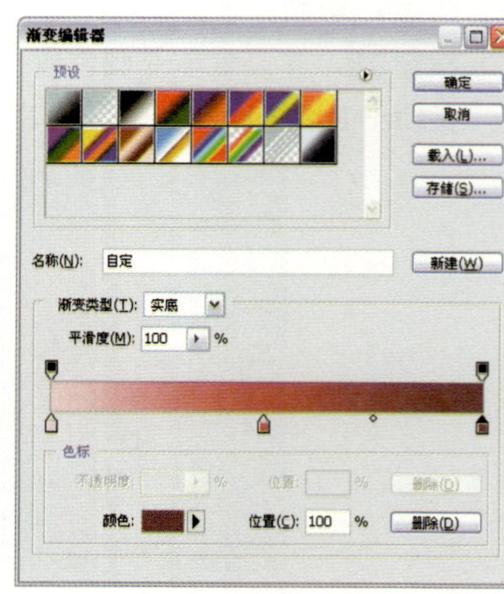

图8.118

步骤21 在【图层】面板中单击【添加图层样式】按钮，在弹出的菜单中选择【投影】命令，在弹出的对话框中设置参数，如图8.119所示，单击【确定】按钮退出对话框，效果如图8.120所示。

步骤22 选择【钢笔工具】，在其工具选项栏中单击【路径】按钮，在制作文件中如图8.121所示的位置绘制眼镜路径。

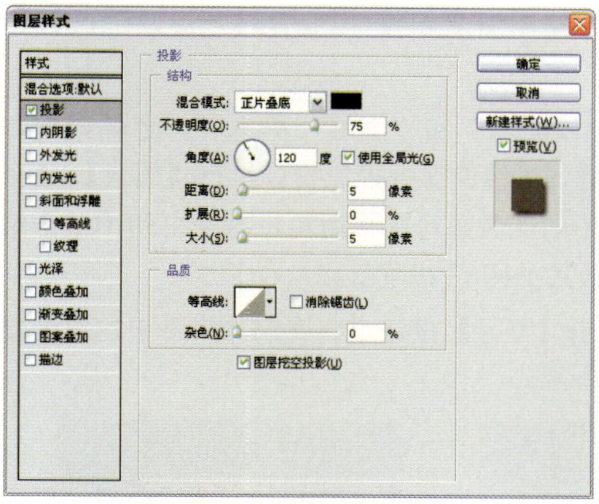

图8.119

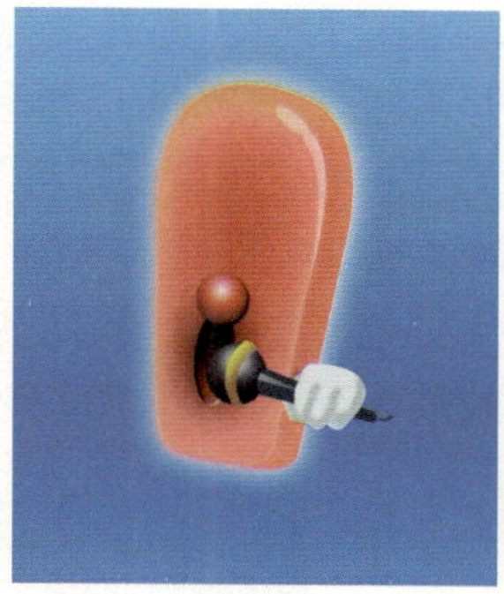

图8.120

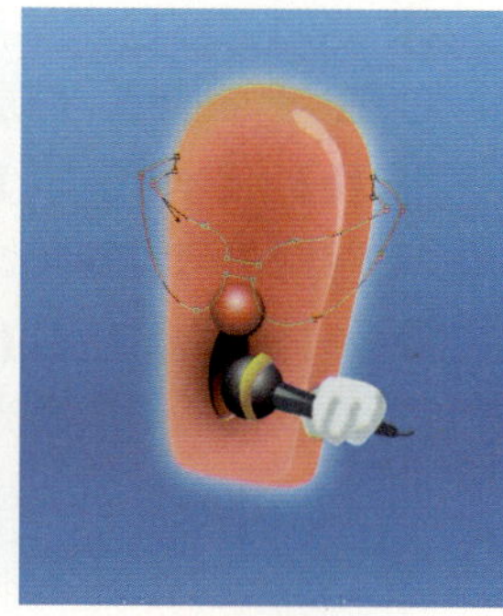

图8.121

步骤23 新建图层，得到“图层11”。设置前景色的颜色值为“204e8a”，按Ctrl+Enter组合键将路径转换为选区，按Alt+Delete组合键用前景色填充选区，按Ctrl+D组合键取消选区，效果如图8.122所示。

步骤24 在【图层】面板中单击【添加图层样式】按钮 fx，在弹出的菜单中选择【投影】命令，在弹出的对话框中设置参数，如图8.123所示，单击【确定】按钮退出对话框，效果如图8.124所示。

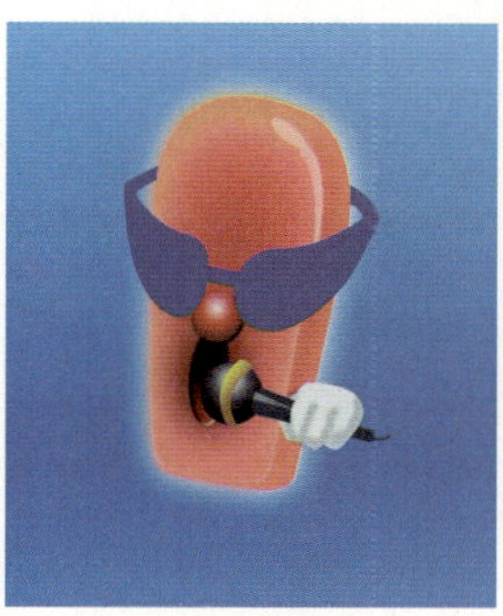

图8.122

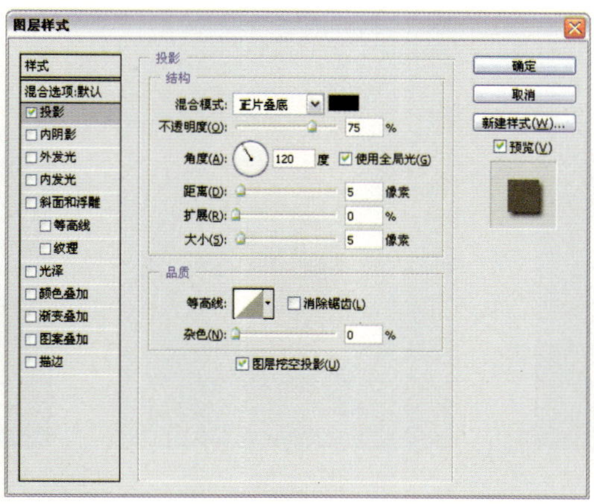

图8.123

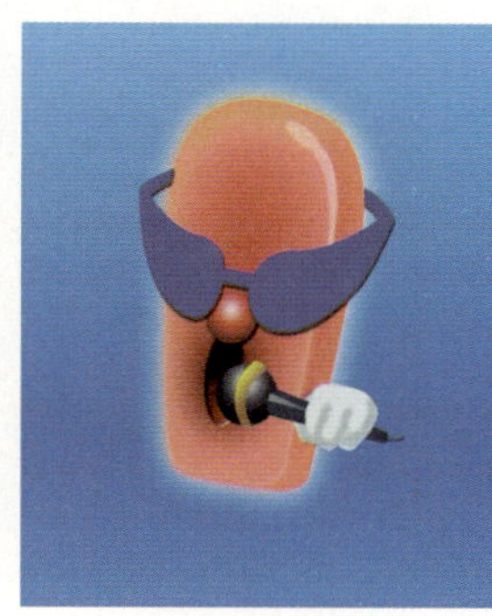

图8.124

步骤25 选择【钢笔工具】，在其工具选项栏中单击【路径】按钮，在制作文件中眼镜的右侧区域绘制镜片路径，效果如图8.125所示。

步骤26 新建图层，得到“图层12”。选择【渐变工具】，在其工具选项栏中单击【线性渐变】按钮，并设置渐变颜色值为“a4cad1”和“49a5ba”，按Ctrl+Enter组合键将路径转换为选区，然后在选区中从左至右绘制渐变，按Ctrl+D组合键取消选区，效果如图8.126所示。

步骤27 选择【钢笔工具】，在其工具选项栏中单击【路径】按钮，在制作文件中眼镜的右侧区域绘制镜片上的高光效果路径，效果如图8.127所示。

步骤28 新建图层，得到“图层13”。选择【渐变工具】，在其工具选项栏中单击【线性渐变】按钮，并设置渐变颜色值为“d1dee3”和“8bbecd”，按Ctrl+Enter组合键将路径转换为选区，然后在选区中从左至右绘制渐变，按Ctrl+D组合键取消选区，效果如图8.128所示。

步骤29 复制“图层12”和“图层13”，得到“图层12副本”和“图层13副本”，合并该副本图层，得到“图层13副本”。按Ctrl+T组合键调出自由变换控制框，执行【编辑】|【变换】|【水平翻转】命令，将“图层13副本”中的图像进行水平翻转，再按住Shift键拖动控制手柄调整其位置，按Enter键确认操作，效果如图8.129所示。

步骤30 选择【钢笔工具】，在其工具选项栏中单击【路径】按钮，在制作文件中的眼镜处绘制镜框上的高光效果路径，效果如图8.130所示。

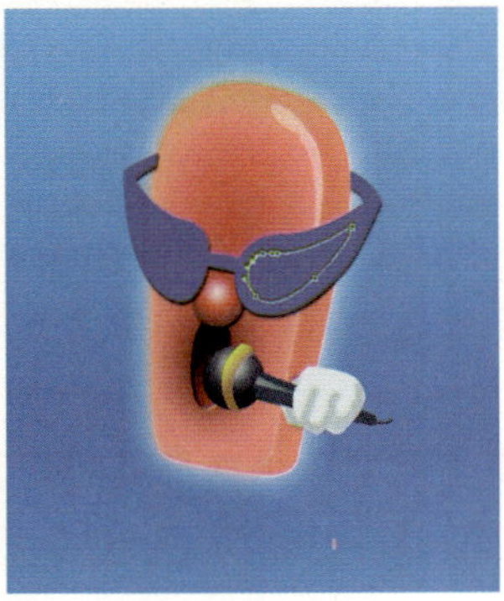
图8.125

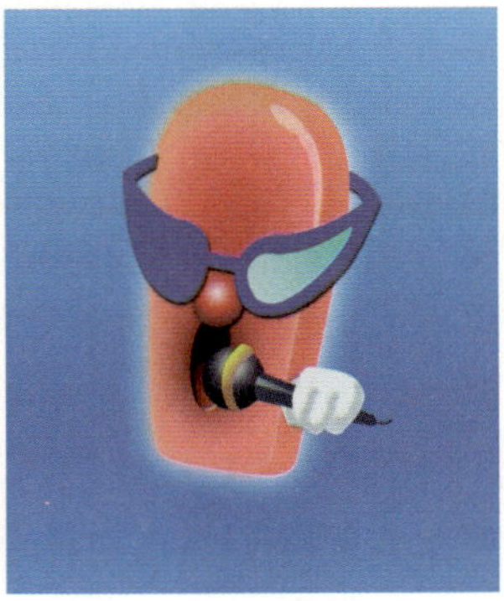
图8.126

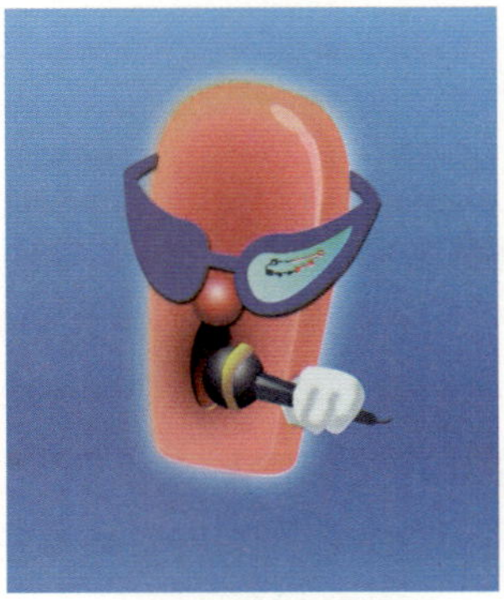
图8.127

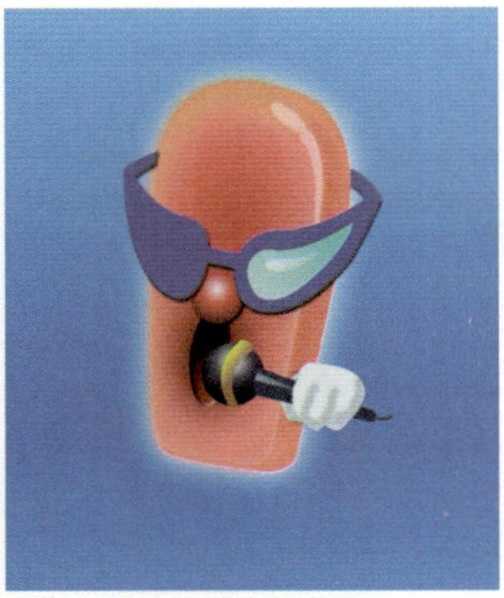
图8.128

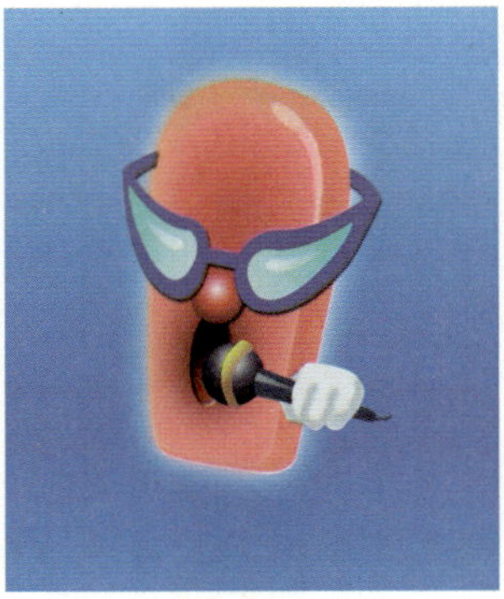
图8.129

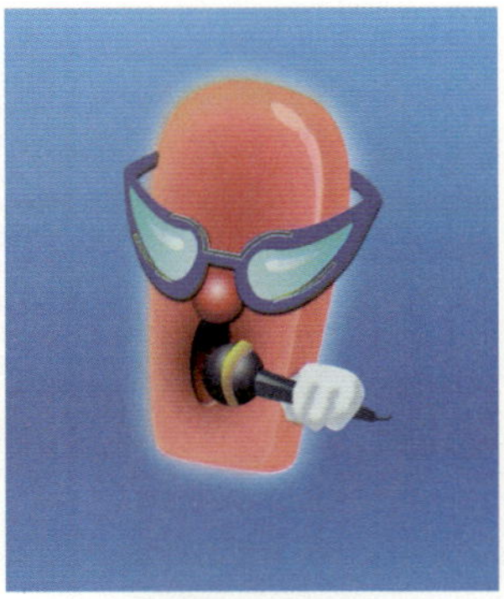
图8.130

步骤31 新建图层，得到“图层14”。设置前景色的颜色值为“dcecf1”，按Ctrl+Enter组合键将路径转换为选区，按Alt+Delete组合键用前景色填充选区，按Ctrl+D组合键取消选区，效果如图8.131所示。

步骤32 选择【钢笔工具】，在其工具选项栏中单击【路径】按钮，在制作文件中画布的下方绘制路径，效果如图8.132所示。新建图层，得到“图层15”。执行【编辑】|【填充】命令，在弹出的对话框中设置参数，如图8.133所示，单击【确定】按钮退出对话框，按Ctrl+D组合键取消选区，效果如图8.134所示。

提示

在【填充】对话框中，在【自定图案】右侧选择预设图案“木纹”。

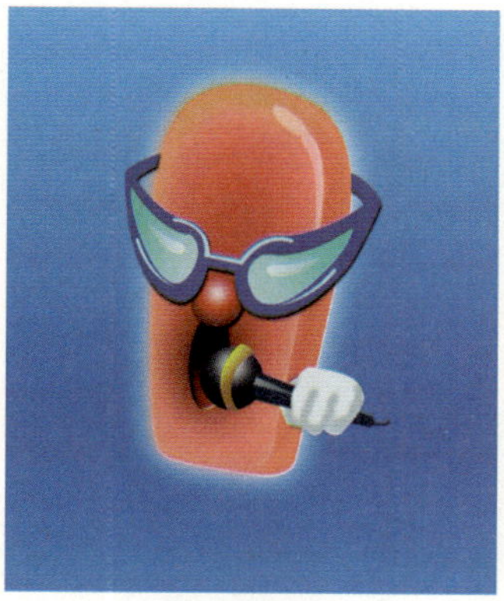

图8.131

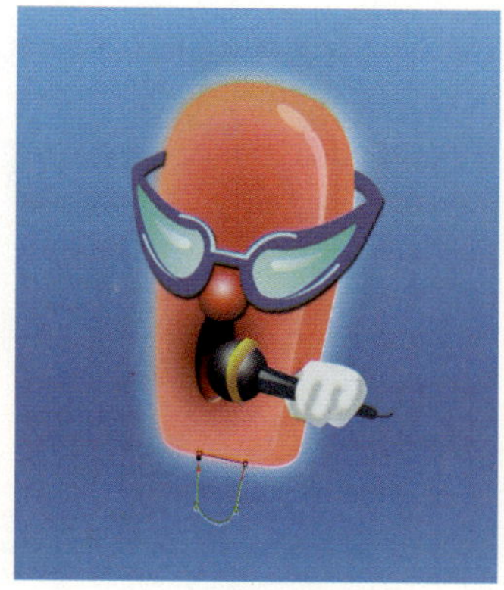

图8.132

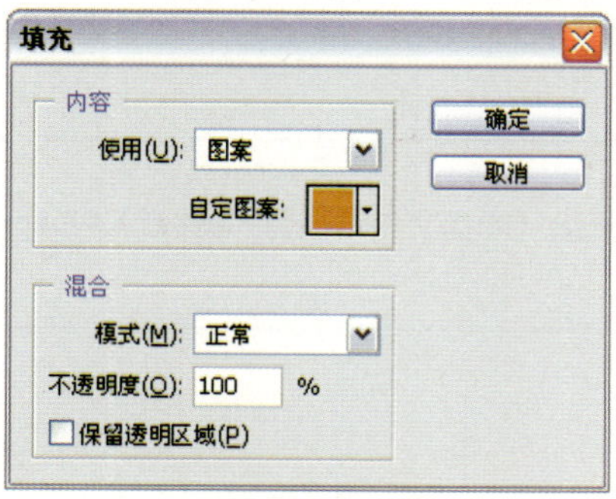

图8.133

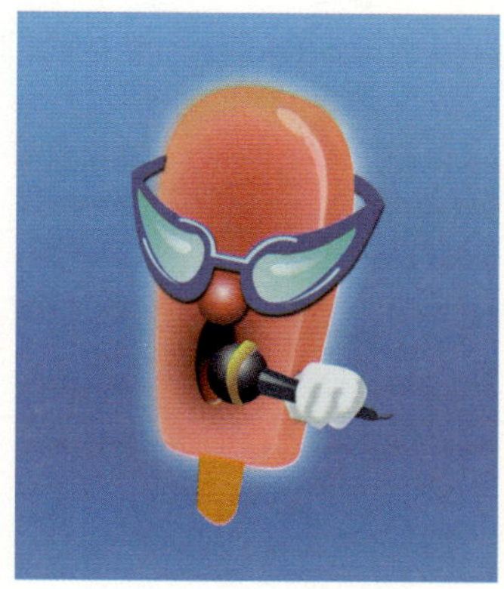

图8.134

步骤33 选择【加深工具】，在其工具选项栏中设置适当的画笔大小，在制作文件中雪糕棍子的上方进行涂抹以增强棍子的阴影效果，最终效果如图8.135所示，此时的【图层】面板如图8.136所示，图8.137所示为本例的应用效果。

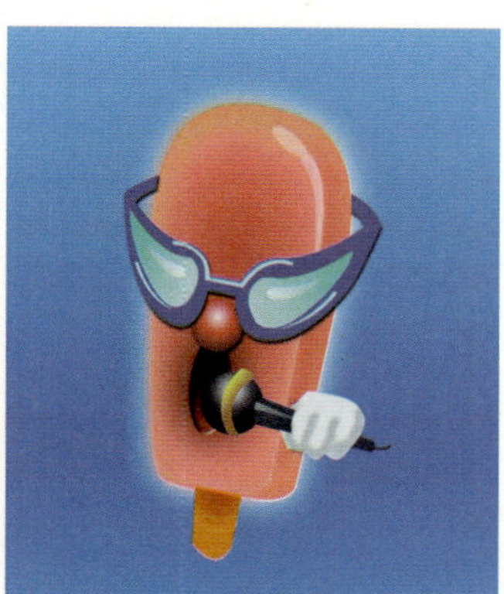

图8.135

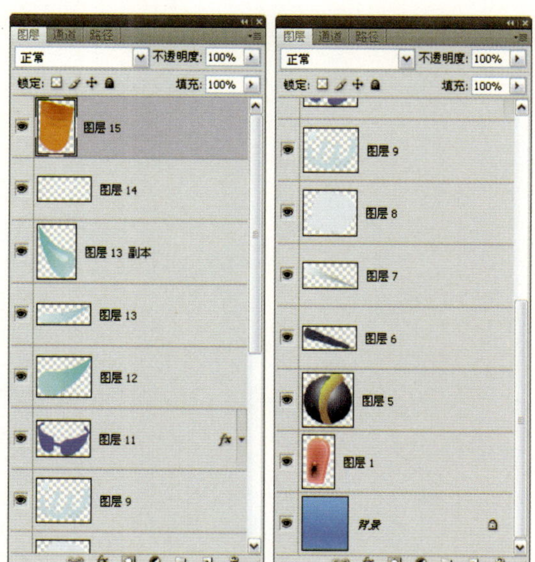

图8.136

图8.137

提示

本例最终效果文件和应用效果文件见随书所附光盘（光盘文件路径为“第8章\8.4\8.4.psd，8.4-应用效果”）。

第9章

时尚风格

从化妆、服饰、家居等产品，到与之相关的各类商业作品，时尚一直是围绕在人们身边的永恒主题。在设计此类风格的作品时，创意已经在很大程度上被弱化，画面中直接表现的内容反而成为主要刻画的对象。除了造型要前卫之外，色彩的丰富性也是此类风格的作品在表现时的一大重点。

9.1 时尚风格概述

时尚是一种心态，时尚是一种流行，时尚是一种追求，时尚是一种感觉，时尚是一种智慧，无论男女老幼都可以创造时尚、拥有时尚。时尚涉及生活的各个方面，如衣着、妆扮、饮食、行为、居住，甚至情感表达与思考方式等。时尚设计作为时尚流行的外在表现形式，不再仅仅具有商业宣传等价值，更重要的是，它已成为现代都市生活的一道风景，一种必不可少的装饰。

从商业角度来看，时尚一族正是具有商业消费潜力的一个群体，因此各商家从产品定位、宣传包装、广告设计等各个方面都在与时尚接轨，随之而来的是以时尚风格进行设计的宣传海报、网页、休闲杂志等的数量的迅速上升。

虽然由于视点的不同，人们对时尚的理解也有所不同，但通过对现在流行的时尚元素进行分析与归纳，还是能够从这些作品的常用图形、颜色、字体等方面找到一些规律的。

9.1.1 时尚风格的常用图形

时尚风格设计作品的常用图形主要可以分为两种。一种是经常在各种媒体中见到的模特，其特点是真实、鲜活、感染力强，如图9.1所示。

图9.1

另一种就是为越来越多的人们所接受和认可的矢量插画，其特点是成本相对较低，而且可修改性非常大。最令人心动的是，根据风格表现的不同，设计师还可以设计出性感、忧郁、前卫、狂野以及可爱等不同类型的人物造型，这对表现画面的时尚感起到了非常重要的作用。

图9.2所示是一些不同造型的人物插画。图9.3所示是一些运用了插画的优秀作品。

图9.2

图9.3

9.1.2 时尚风格的常用颜色

时尚风格主要以纯度较高又动感十足的颜色为主，如图9.4所示。它们容易为观者带来青春、轻松、快乐、热情等多种感受。

图9.4

图9.5所示的作品在颜色上都具有明显的特色。

图9.5

9.1.3 时尚风格的常用字体

时尚风格的字体造型以曲线与直线的融合为主。这些字体外形简洁，在细节处融入了不规则元素或曲线元素，使其看起来特别、前卫，如图9.6所示。

图9.6

9.2 化妆品海报设计

例前导读：

本例是以化妆品为主题的海报设计作品。在制作过程中，以彩条的形式表现色彩丰富的背景。从结构上看，可以分为三大部分：即左侧的产品、中间的广告图及说明文字、右侧的形象代言人，整体看起来简单、大方、一目了然。

核心技能：

- 设置图层属性以混合图像。
- 使用形状绘制类工具绘制形状。
- 应用“盖印”功能合并可见图层中的图像。
- 应用“色相/饱和度”调整图层调整图像的色相及饱和度。
- 结合路径及“渐变填充”图层制作图像的渐变效果。
- 添加【描边】图层样式，制作图像的描边效果。

操作步骤：

步骤1 打开随书所附光盘中的素材文件（光盘文件路径为“第9章\9.2\素材1.psd”），效果如图9.7所示，将此文件作为本例的制作文件，同时得到图层组“彩条”和图层组“点”。

提示

本步骤笔者是以图层组的形式给出的素材。在制作过程中，主要结合了【矩形工具】和【画笔工具】，读者可以参考本例随书所附光盘中的最终效果文件进行参数的设置，展开图层组即可观看到操作的过程。下面制作画布左侧的产品图像。

步骤2 选择图层组“点”，打开随书所附光盘中的素材文件（光盘文件路径为“第9章\9.2\素材2.psd”），使用【移动工具】将其中的图像拖动至制作文件中，得到“图层1”。按Ctrl+T组合键调出自由变换控制框，按住Shift键向内拖动控制手柄以缩小“图层1”中的图像，在控制框内单击鼠标右键，在弹出的菜单中选择【垂直翻转】命令，将图像进行垂直旋转，然后逆时针旋转图像140°左右并调整图像的位置，按Enter键确认操作，效果如图9.8所示。

图9.7

图9.8

步骤3 设置“图层1”的图层混合模式为【滤色】，【不透明度】为“50%”，效果如图9.9所示。复制“图层1”，得到“图层1副本”，利用自由变换控制框调整“图层1副本”中图像的角度及位置，效果如图9.10所示。

步骤4 打开随书所附光盘中的素材文件（光盘文件路径为“第9章\9.2\素材3.psd”），使用【移动工具】将其中的图像拖动至制作文件中，并放置在上一步制作的效果的下方，效果如图9.11所示，同时得到“图层2”和“图层3”。

图9.9

图9.10

图9.11

提示

下面结合相关文字工具、图层盖印以及图层样式等，制作商标效果。

步骤5 选择【横排文字工具】，设置前景色为白色，在其工具选项栏中设置适当的字体和字号，在制作文件的左上方输入文字“春妃 CELL ACTIVE CIRCULATION”，效果如图9.12所示，得到相应的文字图层。

步骤6 设置前景色的颜色值为“ffffef”，选择【自定形状工具】，在其工具选项栏中单击【形状图层】按钮，在制作文件的画布中单击鼠标右键，在弹出的【自定形状拾色器】面板中选择形状“注册商标符号”，如图9.13所示，在制作文件中文字的右上方绘制形状，隐藏路径后的效果如图9.14所示，同时得到图层“形状30”。

图9.12

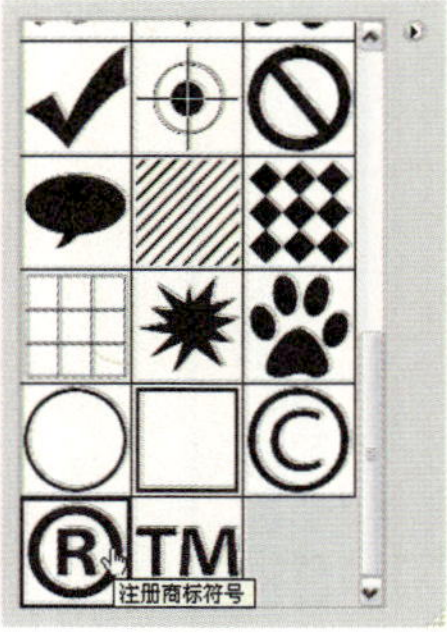

图9.13

图9.14

步骤7 选择文字图层和图层“形状30”，按Ctrl+Alt+E组合键盖印图层，将选中图层中的图像合并至新图层中，并将其重命名为“图层4”，然后将其拖动至文字图层的下方，再单击【锁定透明像素】按钮。设置前景色的颜色值为“ee1f25”，按Alt+Delete组合键以前景色填充当前图层，选择【移动工具】，并配合“→”和“↓”键，将“图层4”中的图像向右下方移动少许，效果如图9.15所示。

步骤8 选择图层组“彩条”，按Ctrl+Alt+E组合键盖印图层，并将得到的图层重命名为“图层

5”，将此图层拖动至所有图层的上方。利用自由变换控制框对“图层5”中的图像进行水平翻转，并调整图像的大小及位置，效果如图9.16所示。

图9.15

图9.16

步骤 9 在【图层】面板中单击【创建新的填充或调整图层】按钮，在弹出的菜单中选择【色相/饱和度】命令，在弹出的面板中设置参数，如图9.17所示，得到图层“色相/饱和度1”，按Ctrl+Alt+G组合键创建剪贴蒙版，效果如图9.18所示，此时的【图层】面板如图9.19所示。

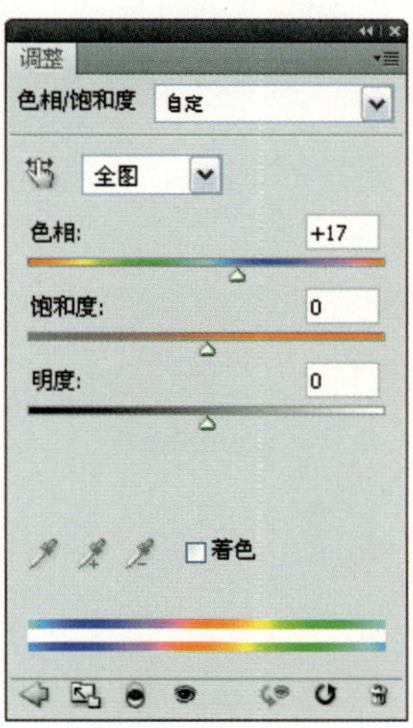

图9.17

图9.18

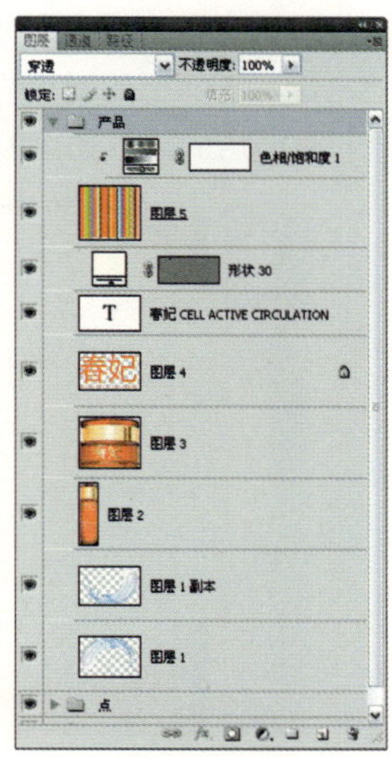

图9.19

提示

本步骤中为了方便管理图层，在此将制作产品的图层选中，按Ctrl+G组合键进行图层编组，得到“组1”，将其重命名为“产品”。在下面的操作中，笔者也将对各部分进行图层编组，在步骤中不再叙述。下面制作海报中的广告词。

步骤 10 收拢图层组“产品”。切换至【路径】面板，新建路径，得到“路径1”。选择【椭圆工具】，在其工具选项栏中单击【路径】按钮，在制作文件的画布中首先绘制圆形路径，然后结合【直接选择工具】及【添加锚点工具】对路径进行适当的编辑，直至状态如图9.20所示。

步骤11 切换至【图层】面板，单击【创建新的填充或调整图层】按钮，在弹出的菜单中选择【纯色】命令，然后在弹出的【拾取实色】对话框中设置其颜色为白色，单击【确定】按钮退出对话框，效果如图9.21所示，同时得到图层“颜色填充2”。

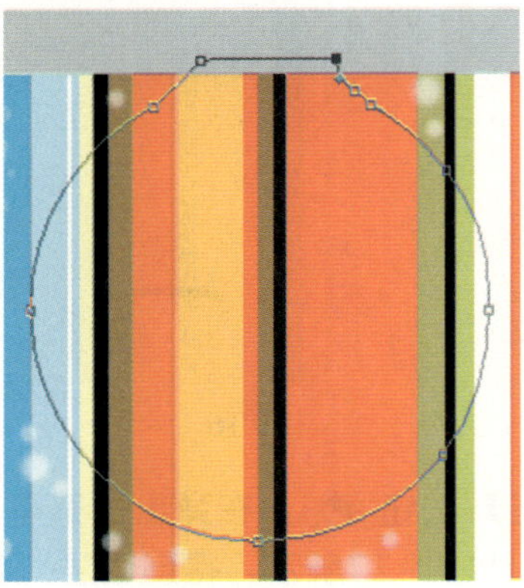
图9.20

图9.21

步骤12 显示“路径1”，利用自由变换控制框调整路径的大小，效果如图9.22所示。在【图层】面板中单击【创建新的填充或调整图层】按钮，在弹出的菜单中选择【渐变】命令，在弹出的对话框中设置参数，如图9.23所示，单击【确定】按钮退出对话框，隐藏路径后的效果如图9.24所示，同时得到图层“渐变填充1”。

图9.22

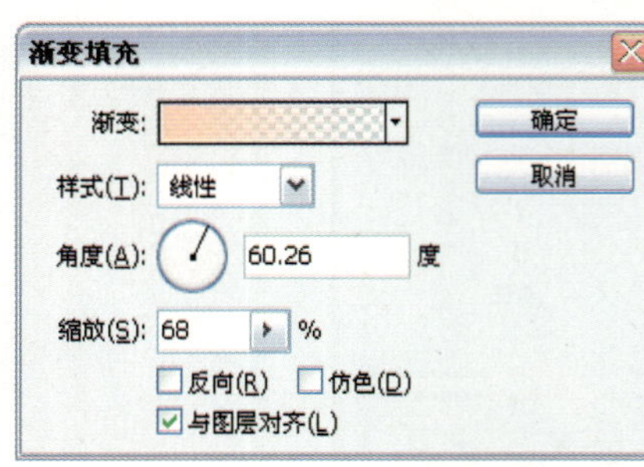

图9.23

提示

在【渐变填充】对话框中，渐变颜色为从“fab9a1”到透明。下面制作文字效果。

步骤13 设置前景色的颜色值为“d3aa42”，载入随书所附光盘中的素材文件（光盘文件路径为“第9章\9.2\素材4.csh”），选择【自定形状工具】，在其工具选项栏中单击【形状图层】按钮，在制作文件的画布中单击鼠标右键，在弹出的【自定形状拾色器】面板中选择刚刚载入的形状，在制作文件中上一步得到的效果的右上方绘制文字形状，效果如图9.25所示，同时得到图层“形状31”。

步骤14 在【图层】面板中单击【添加图层蒙版】按钮，为图层“形状31”添加图层蒙版。设置前景色为黑色，选择【渐变工具】，在其工具选项栏中单击【线性渐变】按钮，在制作文件的画布中单击鼠标右键，在弹出的【渐变拾色器】面板中选择渐变预设“前景色到透明渐变”，在制作文件中从文字的底部至上方绘制渐变，效果如图9.26所示。

图9.24

图9.25

图9.26

步骤15 按照步骤13～步骤14讲解的操作方法，载入随书所附光盘中的素材文件（光盘文件路径为“第9章\9.2\素材5.csh”），结合形状绘制类工具以及图层蒙版等，制作文字“盈新”，效果如图9.27所示，同时得到图层“形状32”。

步骤16 在【图层】面板中单击【添加图层样式】按钮，在弹出的菜单中选择【描边】命令，在弹出的对话框中设置参数，如图9.28所示，单击【确定】按钮退出对话框，效果如图9.29所示。

步骤17 按照上面所讲解的操作方法，结合形状绘制类工具以及相关文字工具等，制作其他文字信息，效果如图9.30所示，此时的【图层】面板如图9.31所示。

图9.27

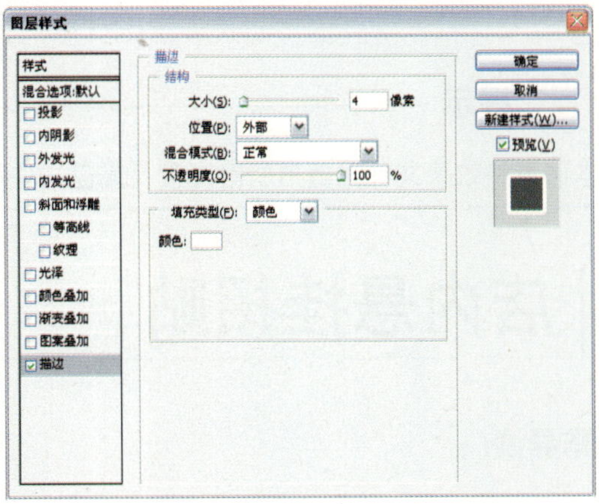

图9.28

提示

在本步骤操作过程中，笔者没有给出图像的颜色值，读者可以按照自己的审美喜好进行颜色的搭配。下面制作形象代言人的图像效果以完成制作。

图9.29

图9.30

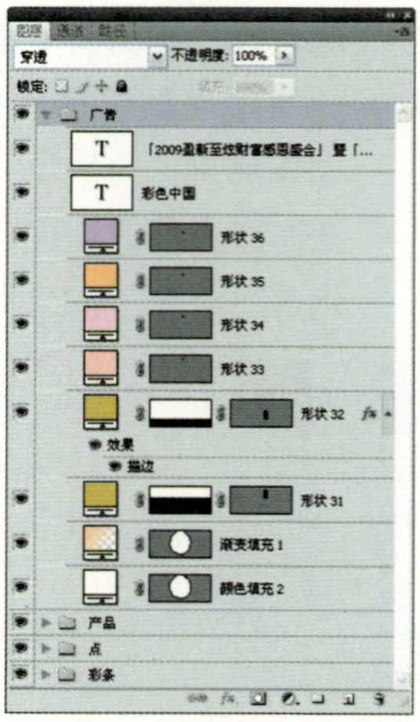

图9.31

步骤18 收拢图层组“广告”，打开随书所附光盘中的素材文件（光盘文件路径为“第9章\9.2\素材6.psd”），按住Shift键，使用【移动工具】将其中的图像拖动至制作文件中，最终效果如图9.32所示，此时的【图层】面板如图9.33所示。

图9.32

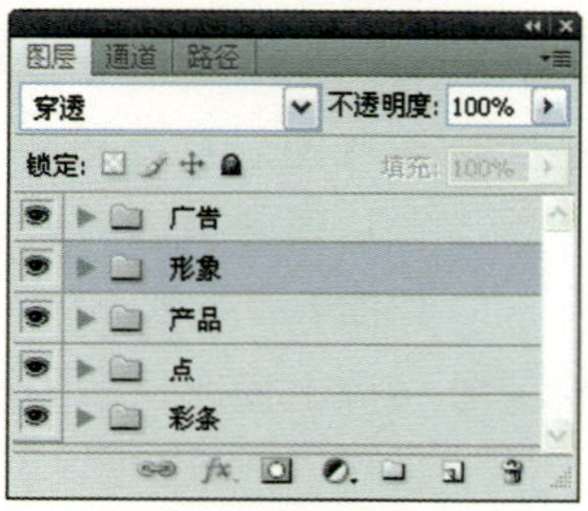

图9.33

提示

本例最终效果文件见随书所附光盘（光盘文件路径为“第9章\9.2\9.2.psd”）。

9.3 店内悬挂招贴

例前导读：

本例中主体图像的颜色饱和度较高，与较为柔和的背景形成对比，突出了主体图像。在进行文字处理时没有采用很艺术化的字体，旨在使文字效果简洁大方、易于辨认。

核心技能：

- 设置图层属性以混合图像。
- 添加图层样式，制作渐变、投影等图像效果。

- 应用“渐变填充”图层制作图像的渐变效果。
- 利用剪贴蒙版限制图像的显示范围。
- 使用形状绘制类工具绘制形状。
- 应用调整图层调整图像的色相、色调等属性。

操作步骤：

步骤1 打开随书所附光盘中的素材文件（光盘文件路径为“第9章\9.3\素材.psd”），此时的【图层】面板如图9.34所示，将此文件作为本例的制作文件。

步骤2 隐藏素材图像所在图层，选择图层“背景”。将前景色的颜色值设置为“882674”，按Alt+Delete组合键进行填充。选择【横排文字工具】T，在制作文件画布的顶部输入文字，效果如图9.35所示，得到文字图层“EPOCH PLAZA”。

步骤3 将文字图层复制两次，配合自由变换控制框调整文字至如图9.36所示的状态，并设置图层“EPOCH PLAZA 副本”的【不透明度】为“50%”，图层“EPOCH PLAZA 副本 2”的【不透明度】为“20%”，效果如图9.37所示。

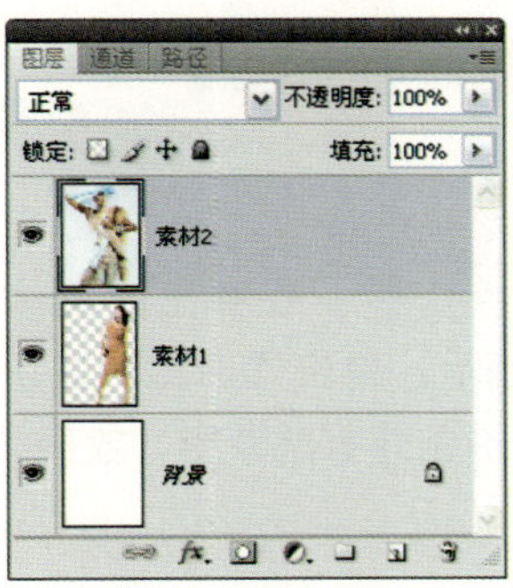

图9.34

图9.35

图9.36

提示

至此，背景中的文字效果已经制作完成。下面制作背景中的形状。

步骤4 使用【椭圆工具】，配合【渐变叠加】图层样式，制作出如图9.38所示的效果，得到两个形状图层“形状1”与“形状1副本”，图9.39所示为图层样式的参数设置。

图9.37

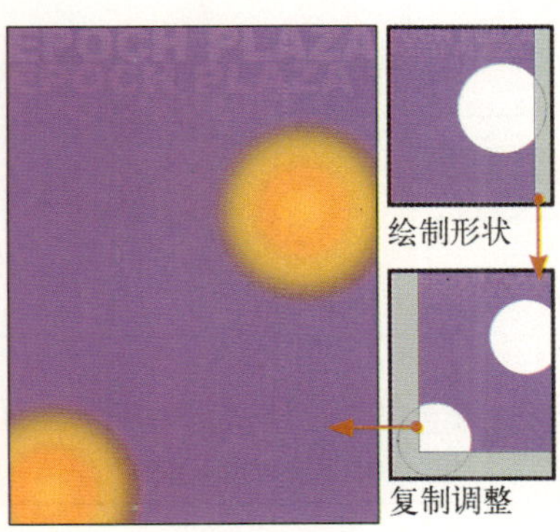

图9.38

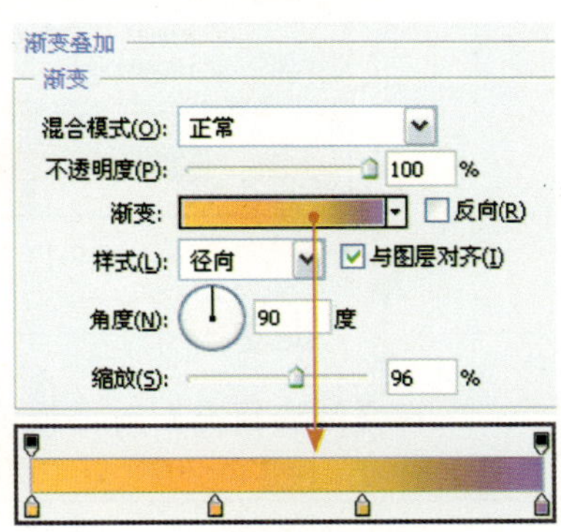

图9.39

提示

在【渐变叠加】参数设置中，渐变颜色值从左至右分别为“f0a526”、“e88327”、“e2a53b”和“882674”。

步骤 5 选择【钢笔工具】，在其工具选项栏中单击【形状图层】按钮，在制作文件画布的中间绘制如图9.40所示的形状，并为得到的形状图层添加图层样式，图层样式的参数设置如图9.41所示，单击【确定】按钮退出对话框，效果如图9.42所示。

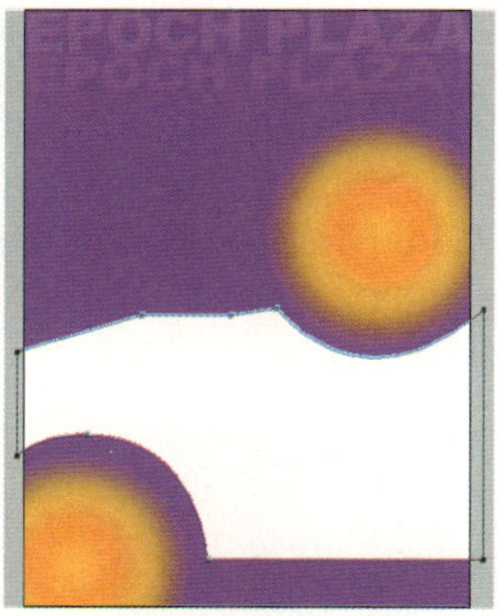

图9.40

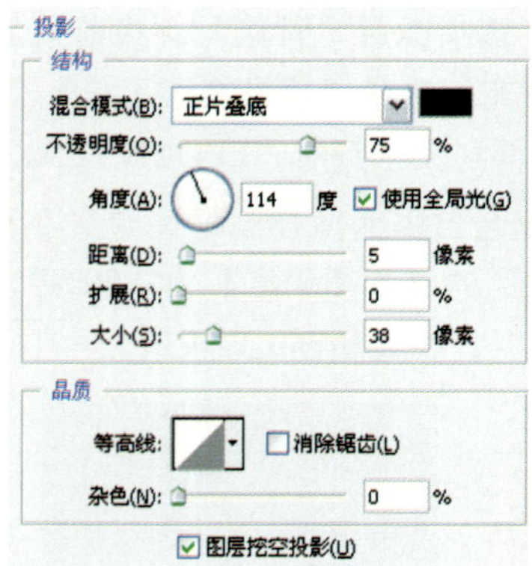

图9.41

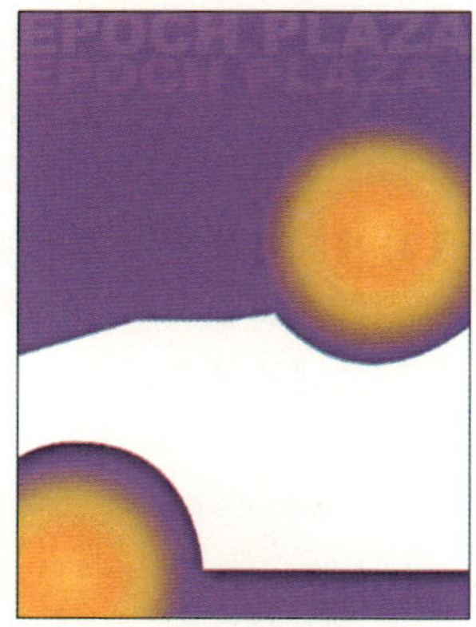

图9.42

步骤 6 在【图层】面板中单击【创建新的填充或调整图层】按钮，在弹出的菜单中选择【渐变】命令，在弹出的对话框中设置参数，如图9.43所示，单击【确定】按钮退出对话框，得到图层“渐变填充 1”，然后按Ctrl+Alt+G组合键创建剪贴蒙版，效果如图9.44所示。

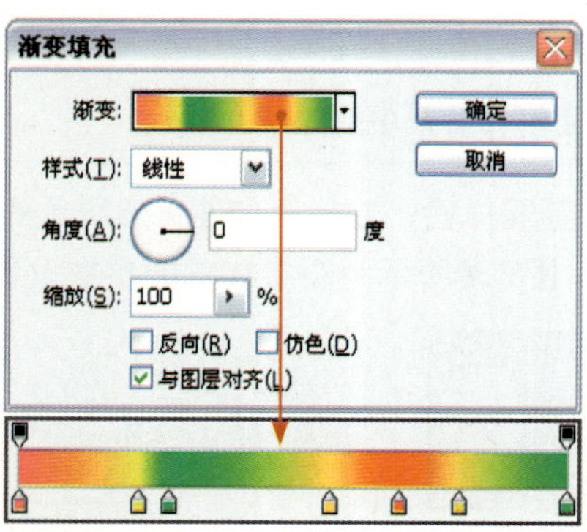

图9.43

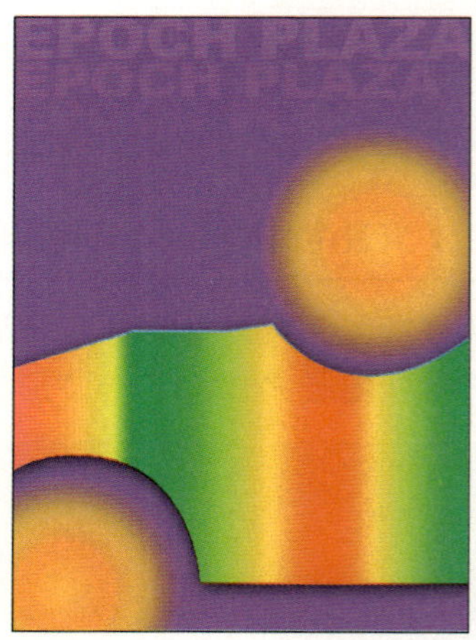

图9.44

提示

在【渐变填充】对话框中，渐变颜色值从左至右分别为“e4204c”、“f2e109”、“0ba560”、“fcc707”、“ff0000”、“f6d10c”和“0da660”。

步骤 7 为图层“渐变填充1”添加调整图层，【调整】面板参数设置如图9.45所示，得到图层

“色相/饱和度1”，按Ctrl+Alt+G组合键创建剪贴蒙版，效果如图9.46所示。再次创建调整图层，得到图层“色调分离1”，按Ctrl+Alt+G组合键创建剪贴蒙版，【调整】面板参数设置及效果如图9.47所示。

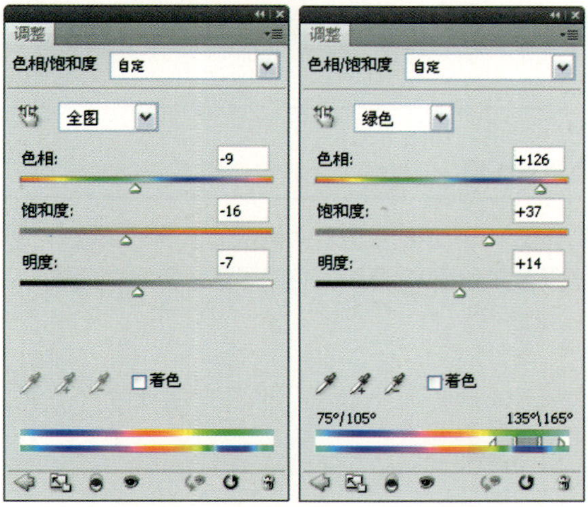

图9.45

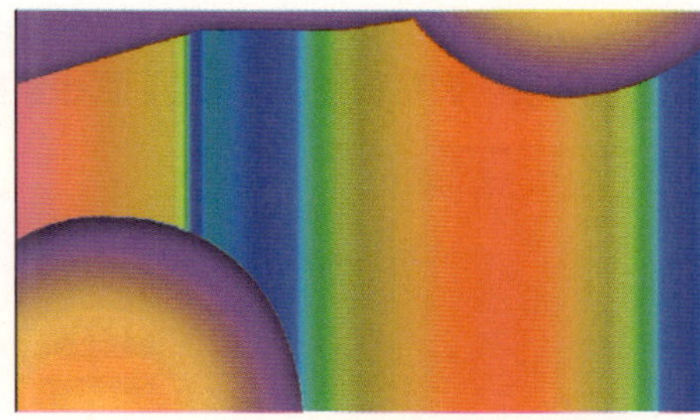

图9.46

步骤8 在制作文件中彩条的底部绘制黑色矩形，创建剪贴蒙版后的效果如图9.48所示。

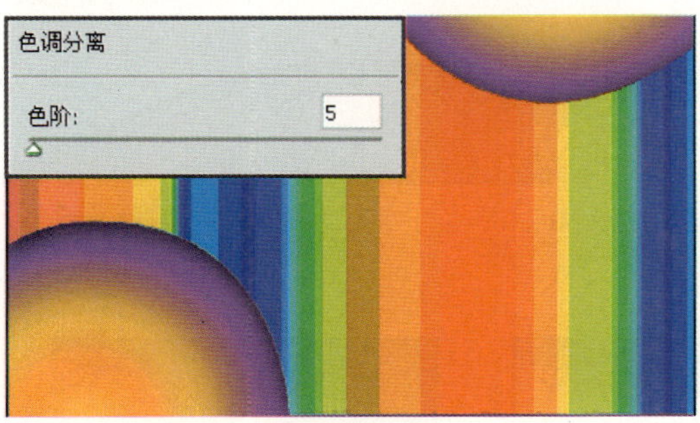

图9.47

图9.48

提示

下面结合形状绘制类工具及图层样式等，制作弧形形状。

步骤9 设置前景色的颜色值为“ff6000”。选择【钢笔工具】，在其工具选项栏中单击【形状图层】按钮，在制作文件画布的右上角绘制如图9.49所示的形状，得到图层“形状3”。

步骤10 复制图层“形状3”，得到图层“形状3副本”。使用【路径选择工具】与【直接选择工具】，在制作文件中调整图层“形状3副本”中形状的位置并设置形状的颜色值为“ffc000”。再次复制图层“形状3”，得到图层“形状3副本2”，调整图层“形状3副本2”中形状的位置并设置形状的颜色为白色，为该形状副本图层添加【投影】图层样式，图层样式参数设置及效果如图9.50所示。

步骤11 选择图层“形状3”、图层“形状3副本”和图层“形状3副本2”，按Ctrl+G组合键创建图层组，得到“组1”。

步骤 12 复制“组1”，得到“组1副本”。执行【编辑】|【变换】|【旋转180度】命令，然后在制作文件中将“组1副本”中的图像调整到画布左侧中间的位置，效果如图9.51所示。

步骤 13 将鼠标光标放置在图层“形状3副本5”的图层效果名称上，然后将图层效果拖动到图层“形状3副本3”上，效果如图9.52所示。

提示

至此，背景中的形状已经制作完成。下面添加人物。

步骤 14 显示图层“素材1”，将其中的图像调整到如图9.53所示的位置。为图层“素材1”添加“色相/饱和度”调整图层，【调整】面板参数设置及效果如图9.54所示，将图层重命名为“图层1”。

图9.49

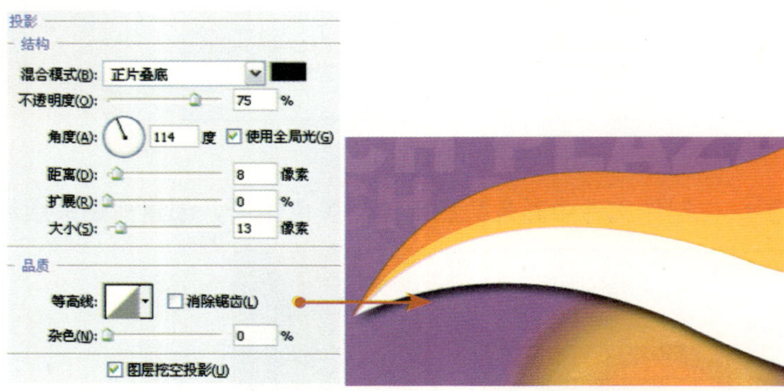

图9.50

图9.51

图9.52

图9.53

步骤 15 选择“图层1”，为其添加【投影】图层样式，图层样式的参数设置及效果如图9.55所示。

步骤 16 显示图层“素材2”，配合自由变换控制框调整素材图像到如图9.56所示的状态。按Ctrl+Alt+G组合键创建剪贴蒙版，效果如图9.57所示。在【图层】面板中单击【添加图层蒙版】按钮，使用【画笔工具】在图层蒙版中进行涂抹，效果如图9.58所示，图9.59所示为整体效果，将该图层重命名为“图层2”。

步骤 17 选择【横排文字工具】，在其工具选项栏中设置适当的颜色、字体和字号，在制作文件的画布中输入如图9.60所示的文字，得到对应的文字图层，并为除图层“欢迎登录www.dzwh.com”以外的图层添加【投影】图层样式，图层样式的参数设置及效果如图9.61所示。

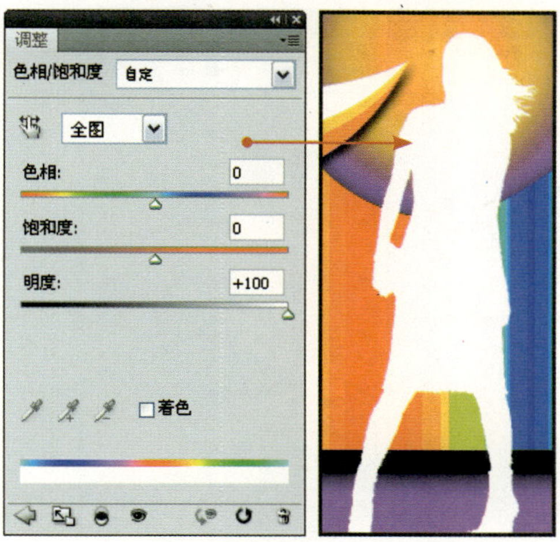

图9.54

图9.55

图9.56

图9.57

图9.58

图9.59

图9.60

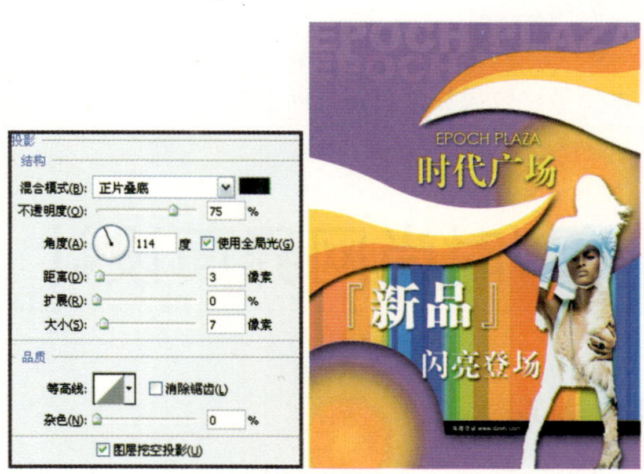

图9.61

提示

为各文字图层添加的图层样式其参数设置均相同。可以先为其中的一个文字图层添加图层样式，其他的文字图层复制该图层样式即可。

步骤18 使用【圆角矩形工具】与【横排文字工具】，在制作文件画布的左上角制作形象标志，效果如图9.62所示，最终整体效果如图9.63所示，此时的【图层】面板如图9.64所示。

图9.62

图9.63

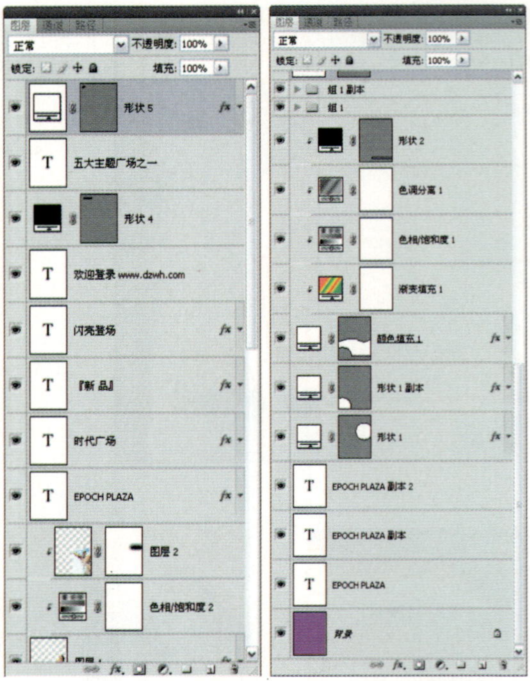

图9.64

提示

本步骤中关于图像的颜色值以及【图层样式】对话框中的参数设置，请参考本例随书所附光盘中的最终效果文件。

提示

本例最终效果文件见随书所附光盘（光盘文件路径为“第9章\9.3\9.3.psd”）。

9.4 SJ时尚网界面设计

例前导读：

本例是以SJ时尚网为主题的界面设计作品。在制作过程中，以制作界面中的各栏目作为核心内容。整体界面的颜色采用亮丽的红黄色系，以突出时尚网的特质。

核心技能：

- 结合相关文字工具输入不同文字。

- 结合路径进行颜色及渐变填充，制作纯色及渐变的图像效果。
- 使用【直接选择工具】编辑形状。
- 利用【画笔工具】进行路径描边，制作规则的线条效果。
- 利用图层蒙版隐藏不需要的图像。
- 利用图像变换，调整图像的大小、角度及位置。

操作步骤：

步骤1 按Ctrl+N组合键新建文件，在弹出的对话框中设置参数，如图9.65所示，单击【确定】按钮退出对话框，将此文件作为本例的制作文件。

提示

下面通过创建填充图层，制作渐变背景效果。

步骤2 在【图层】面板中单击【创建新的填充或调整图层】按钮，在弹出的菜单中选择【渐变】命令，在弹出的对话框中设置参数，如图9.66所示，单击【确定】按钮退出对话框，效果如图9.67所示，同时得到图层“渐变填充1”。

步骤3 选择【钢笔工具】，在其工具选项栏中单击【路径】按钮，在制作文件画布的上方绘制路径，效果如图9.68所示。

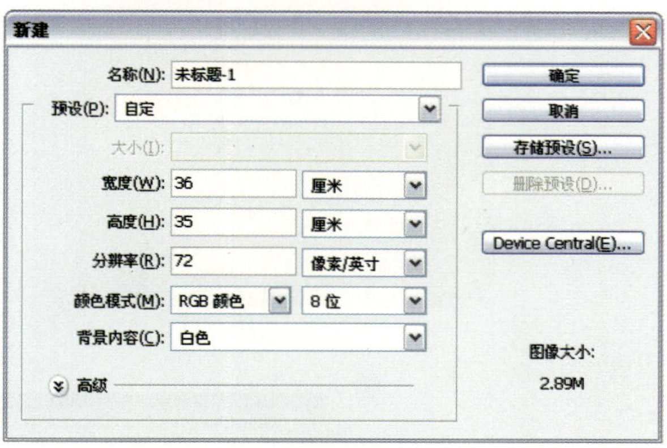

图9.65

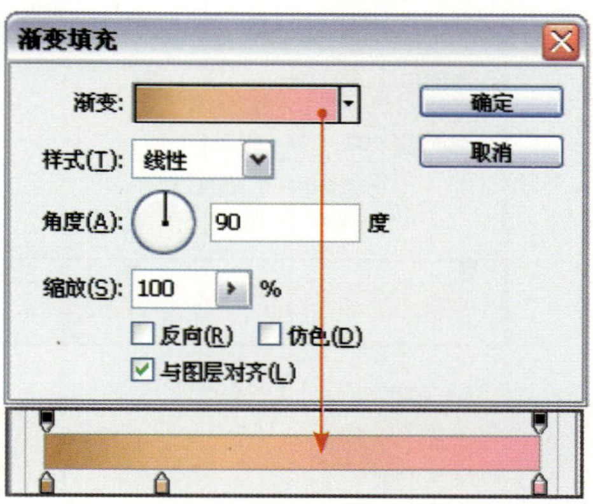

图9.66

图9.67

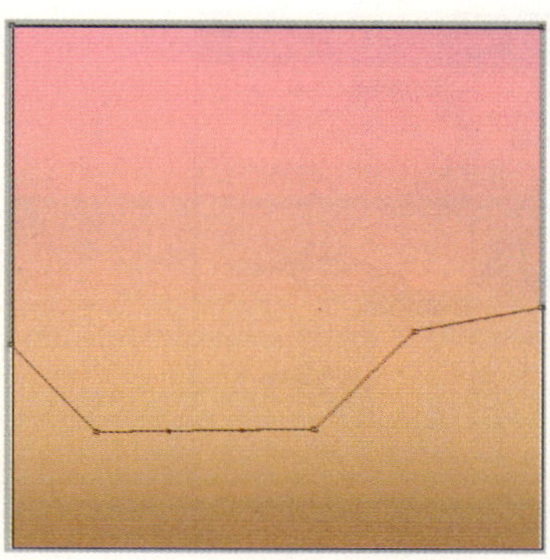

图9.68

提示

在【渐变填充】对话框中，渐变颜色值从左至右分别为“c68b58”、“e9b78a”和“efa3b7”。

步骤4 在【图层】面板中单击【创建新的填充或调整图层】按钮，在弹出的菜单中选择【渐变】命令，在弹出的对话框中设置参数，如图9.69所示，单击【确定】按钮退出对话框，效果如图9.70所示，同时得到图层“渐变填充2”，此时的【图层】面板如图9.71所示。

提示

在【渐变填充】对话框中，渐变颜色值从左至右分别为“f9495a”和“ff9b5e”，不透明度色标的数值从左至右分别为“100”、“100”和“0”。

步骤5 按照步骤3～步骤4讲解的操作方法，结合路径进行渐变填充，在制作文件画布的上方绘制渐变色块效果，直至效果如图9.72所示，此时的【图层】面板如图9.73所示。

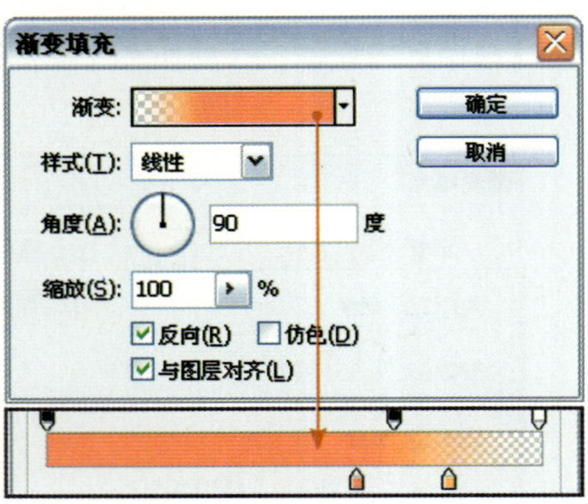

图9.69

图9.70

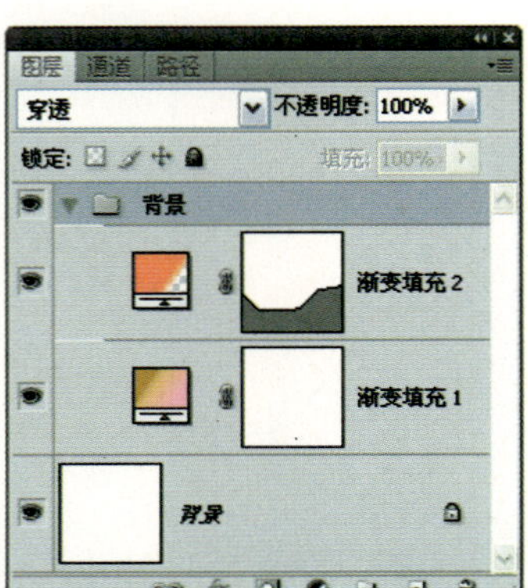

图9.71

图9.72

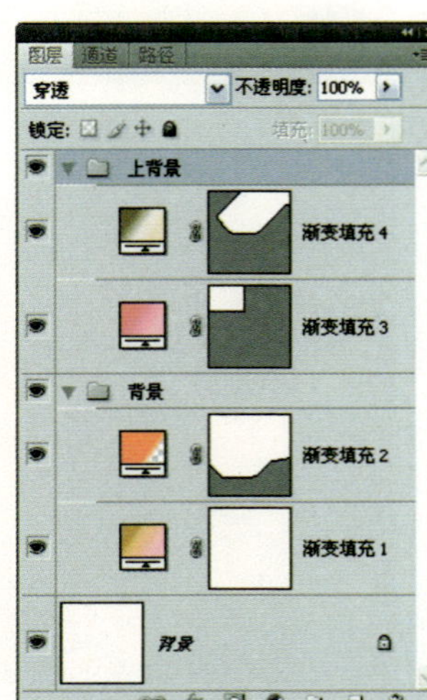

图9.73

提示

为了方便读者管理图层，笔者在步骤4中对制作渐变背景的图层进行了图层编组。选中要进行编组的图层，按Ctrl+G组合键将选中的图层进行编组，得到“组1”，并将其重命名为“背景”。按照同样的操作，得到图层组“上背景”。在下面的操作中，笔者也将对各部分进行图层编组，在步骤中不再赘述。

提示

填充图层的参数设置，读者可以查看本例随书所附光盘最终效果文件中的相关图层。下面有类似操作时，也不再加以提示。下面制作画布左上角的装饰形状。

步骤 6 选择图层“渐变填充3”，设置前景色的颜色值为“ffe800”。选择【钢笔工具】，在其工具选项栏中单击【形状图层】按钮，在制作文件画布的左上角绘制形状，效果如图9.74所示，得到图层“形状1”。

步骤 7 按Ctrl+J组合键复制图层“形状1”，得到图层“形状1副本”。按Ctrl+T组合键调出自由变换控制框，调整图层“形状1副本”中形状的大小、角度及位置，按Enter键确认操作，效果如图9.75所示。

图9.74

图9.75

步骤 8 按照步骤6～步骤7讲解的操作方法，结合形状绘制类工具、图层复制及图像变换等，制作其他形状，直至效果如图9.76所示，此时的【图层】面板如图9.77所示。

提示

在本步骤操作过程中，笔者没有给出绘制形状的颜色值，读者可以按照自己的审美喜好进行颜色的搭配，也可以参考本例随书所附光盘最终效果文件中的相关图层进行设置。在下面的操作中，笔者不再进行颜色设置的相关提示。下面制作界面中的主菜单。

步骤 9 按照上面讲解的操作方法，结合路径进行渐变填充，使用形状绘制类工具绘制形状并复制形状图层，在制作文件画布的上方制作菜单栏形状，直至效果如图9.78所示，局部效果如图9.79所示，此时的【图层】面板如图9.80所示。

步骤10 选择【横排文字工具】T，在其工具选项栏中设置适当的字体、字号及颜色，在制作文件中的菜单栏形状上输入网名及菜单名称。要注意图层的顺序，直至效果如图9.81所示，此时的【图层】面板如图9.82所示。

图9.76

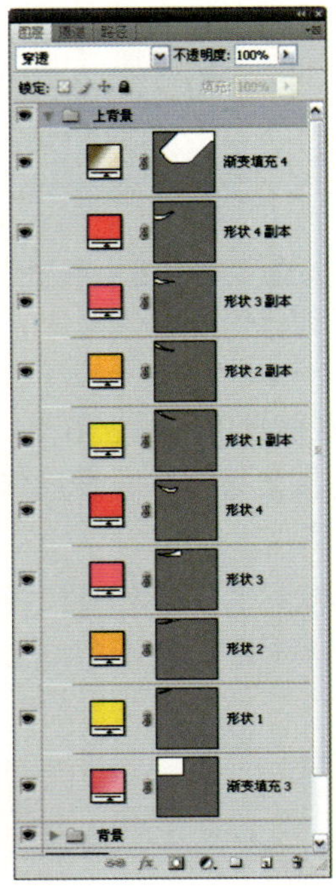

图9.77

图9.78

图9.79

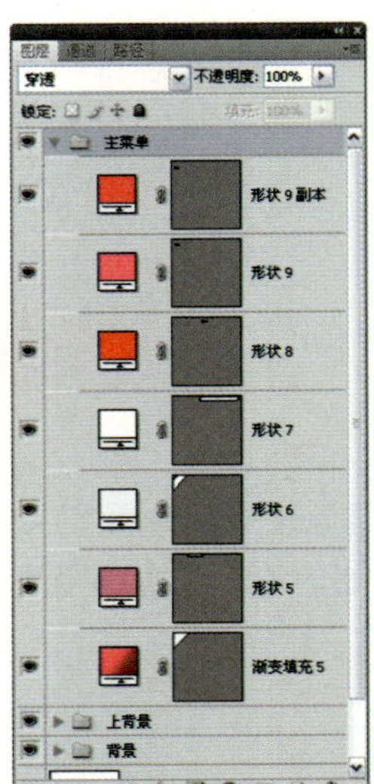

图9.80

图9.81

提示

下面制作界面的中心图像效果。

步骤11 选择图层组“主菜单”，打开随书所附光盘中的素材文件（光盘文件路径为“第9章\9.4\素材1.psd”），使用【移动工具】将其中的图像拖动至制作文件画布的中间位置，得到图层组“中心图像”。按Ctrl+T组合键调出自由变换控制框，调整图层组“中心图像”中图像的大小及位置，按Enter键确认操作，效果如图9.83所示。

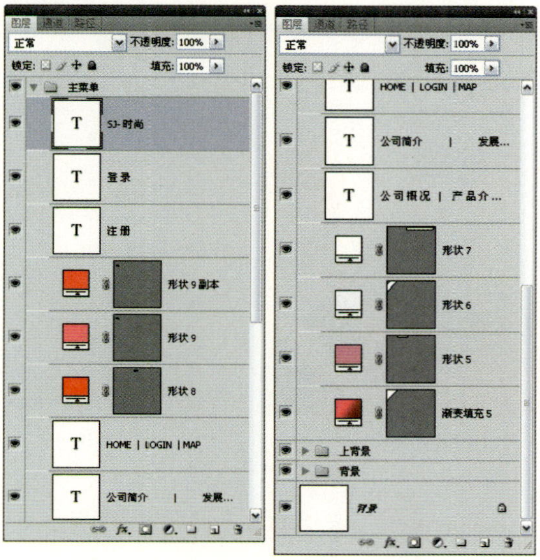

图9.82

图9.83

提示

本步骤笔者是以智能对象的形式给出的素材。如果读者需要查看具体的参数设置，可以双击智能对象缩览图，在弹出的对话框中单击【确定】按钮即可，这里不再一一赘述。下面制作网站名称及按钮效果。

步骤12 选择图层组“主菜单”，结合相关文字工具，在其工具选项栏中设置适当的字体和字号，在制作文件中菜单栏的下方分别输入文字“时”、“尚”、“前”、“线”，并分别选中每个文字，对其进行颜色的调整，设置颜色值分别为“d90935”、“ffa200”、“0c9edb”和“2bcb06”，直至效果如图9.84所示。

步骤13 选择文字图层“尚”，在其图层名称上单击鼠标右键，在弹出的菜单中选择【转换为形状】命令，将图层“尚”转换为形状图层。

步骤14 选择【直接选择工具】，选择文字“尚”右上角的一点，按Delete键将其删除，效果如图9.85所示，此时的【图层】面板如图9.86所示。

步骤15 选择文字“线”，结合路径进行颜色填充，然后复制图层，在文字“尚”右上角的位置制作两片叶子，得到图层“颜色填充1”和“颜色填充1副本”，直至效果如图9.87所示。

提示

网站名称已经制作完成。下面制作按钮效果。

步骤16 结合形状绘制类工具，在制作文件中文字的下方绘制正圆形状，得到图层“形状10”。选择【椭圆工具】，在其工具选项栏中单击【路径】按钮，在制作文件中白色正圆的外侧绘制路径，效果如图9.88所示。新建图层，得到“图层1”。

图9.84

图9.85

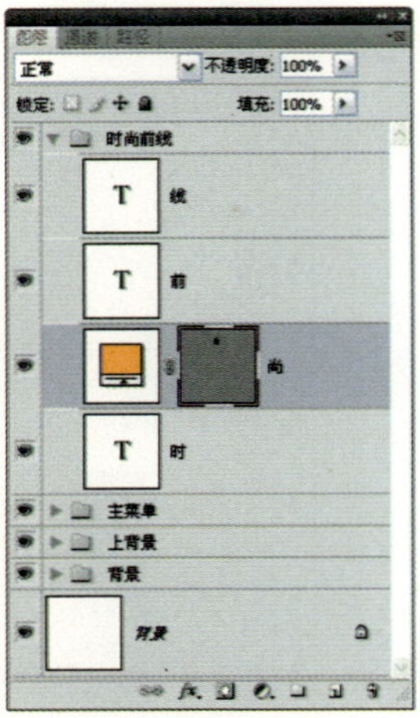
图9.86

图9.87

图9.88

提示

在本步骤中绘制的路径，读者可以参考本例随书所附光盘最终效果文件【路径】面板中的“路径1”。在下面的操作过程中，还将用到此路径。

步骤17 设置前景色的颜色值为“958f88”。选择【画笔工具】，在其工具选项栏中设置尖角画笔大小为“1px”。切换至【路径】面板，单击【用画笔描边路径】按钮，隐藏路径后的效果如图9.89所示，切换至【图层】面板。

提示

下面利用图层蒙版制作虚线效果。

步骤18 在【图层】面板中单击【添加图层蒙版】按钮，为“图层1”添加图层蒙版。选择【画笔工具】，按F5键调出【画笔】面板，单击面板按钮，在弹出的菜单中选择

【载入画笔】命令，在弹出的对话框中选择随书所附光盘中的素材文件（光盘文件路径为“第9章\9.4\素材2.abr”），单击【载入】按钮，然后选择刚刚载入的画笔。

步骤19 设置前景色为黑色，切换至【路径】面板，选择“路径1”，单击【用画笔描边路径】按钮○，隐藏路径后的效果如图9.90所示，切换至【图层】面板。

图9.89

图9.90

步骤20 按住Ctrl键分别单击“图层1”和图层“形状10”的名称，将这些图层选中，按Ctrl+Alt+E组合键盖印图层，将选中图层中的图像合并至新图层中，并将其重命名为“图层2”。

步骤21 结合图层复制及图像变换等，调整制作文件中按钮的位置，直至效果如图9.91所示，局部效果如图9.92所示，此时的【图层】面板如图9.93所示。

图9.91

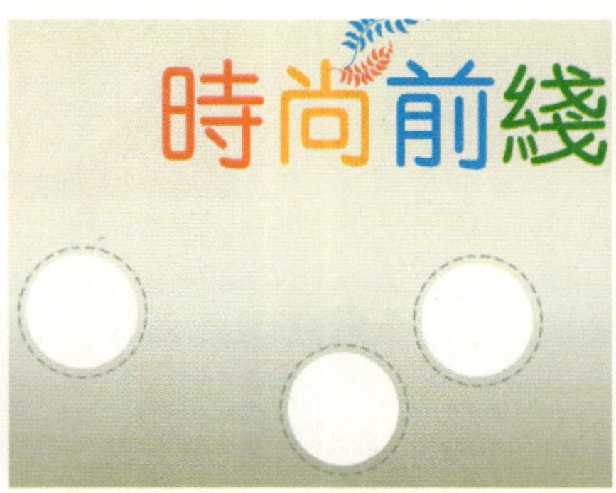

图9.92

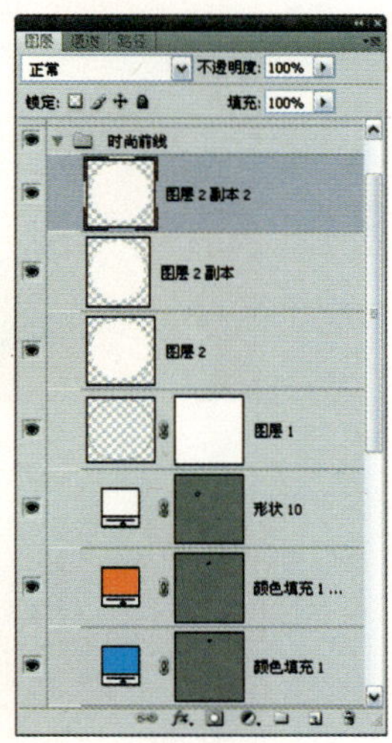

图9.93

步骤22 下面利用随书所附光盘中的素材文件（光盘文件路径为“第9章\9.4\素材3.psd”），结合图像变换等，制作按钮上的文字、渐变及投影等效果，直至效果如图9.94所示，局部效果如图9.95所示，此时的【图层】面板如图9.96所示。

提示

制作按钮上的文字、渐变及投影等效果，本步骤笔者是以智能对象的形式给出的素材。读者可以双击智能对象缩览图查看具体的参数设置。

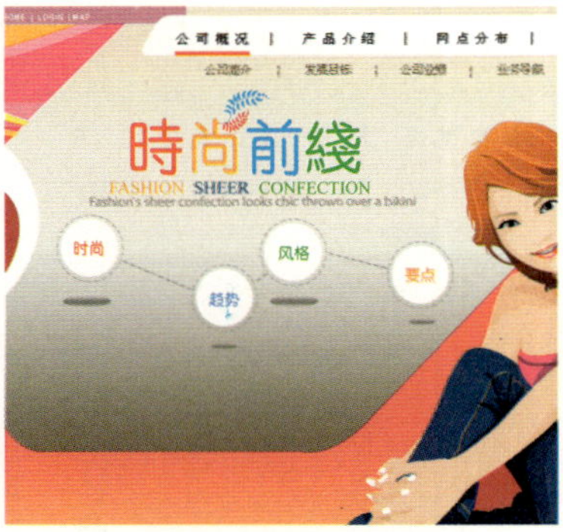

图9.94

图9.95

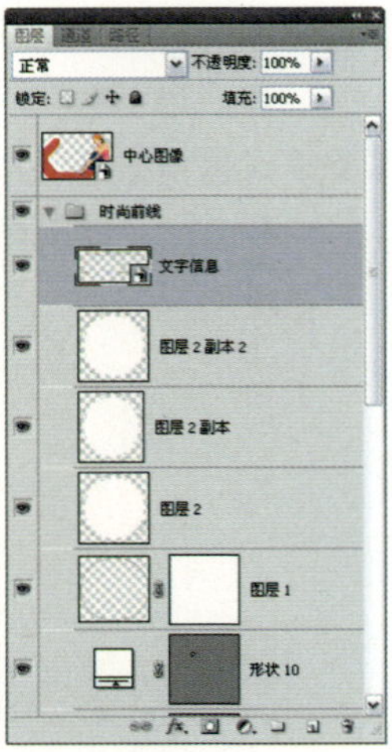

图9.96

步骤23 选择图层组“中心图像”，利用随书所附光盘中的素材文件（光盘文件路径为“第9章\9.4\素材4.psd”），结合图像变换等，制作左菜单、中心目录、隐藏的菜单及底部的链接等内容，直至效果如图9.97～图9.100所示，最终整体效果如图9.101所示，此时的【图层】面板如图9.102所示。

图9.97

图9.98

图9.99

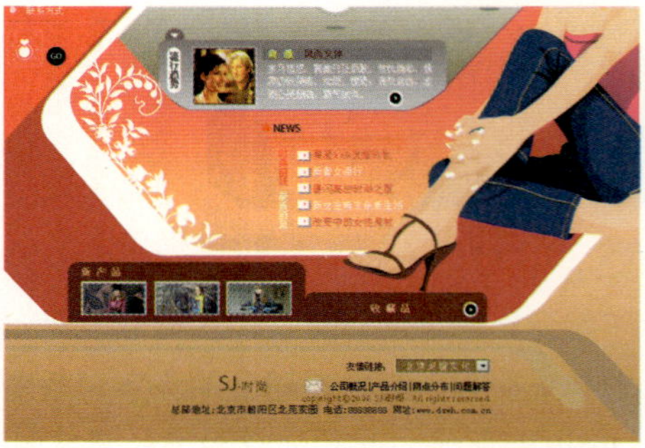

图9.100

提示

本步骤制作的内容还是以智能对象的形式给出的素材，个别图层用到了图层样式，制作的个别形状用到了自定形状。具体的参数设置及状态，读者可以查看本例随书所附光盘最终效果文件中的相关图层，这里不再一一赘述。

图9.101

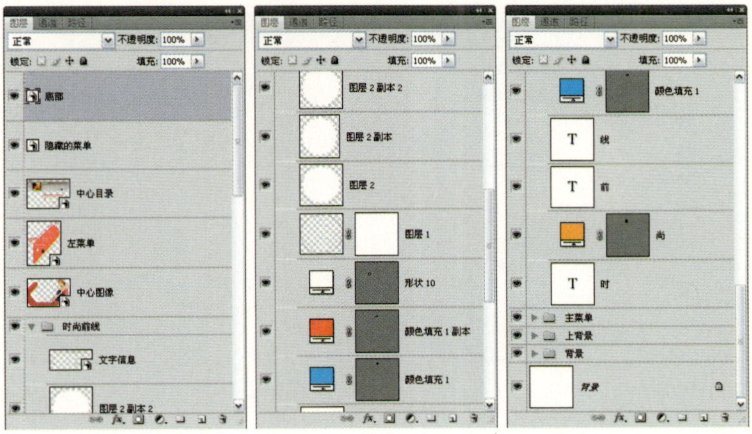

图9.102

提示

本例最终效果文件见随书所附光盘（光盘文件路径为“第9章\9.4\9.4.psd”）。

9.5 时尚色彩的音乐宣传页

例前导读：

本例制作的是一张时尚气息比较浓的音乐宣传页。在制作过程中，运用了图层混合模式及渐变映射等，需要重点把握的是对颜色的整体基调和图层不透明度的细节处理。

核心技能：

- 应用【色相/饱和度】命令调整图像的色相及饱和度。
- 设置图层属性以混合图像。
- 添加图层样式，制作渐变、描边等图像效果。

- 利用图层蒙版隐藏不需要的图像。
- 使用形状绘制类工具绘制形状。
- 利用图像变换，调整图像的大小、角度及位置。

操作步骤：

步骤1 按Ctrl+N组合键新建文件，在弹出的对话框中设置参数，如图9.103所示，单击【确定】按钮退出对话框。设置前景色的颜色值为“ee2186”，选择【渐变工具】，在其工具选项栏中单击【线性渐变】按钮，然后选择渐变预设“前景色到透明渐变”。新建图层，得到“图层1”，在制作文件中由上至下绘制渐变，效果如图9.104所示。

步骤2 复制“图层1”，得到“图层1副本”。按Ctrl+T组合键调出自由变换控制框，缩小并旋转“图层1副本”中的图像，并将其移动至如图9.105所示的位置，按Enter键确认操作。

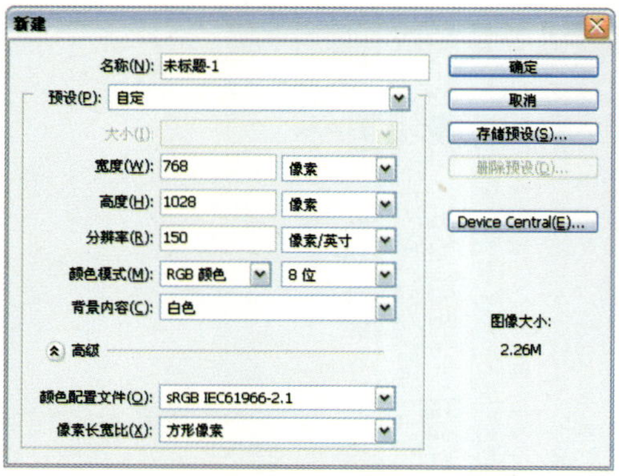

图9.103

图9.104

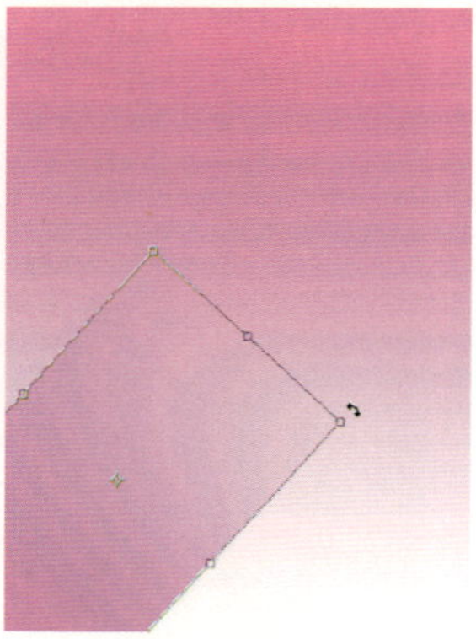

图9.105

步骤3 按Ctrl+U组合键执行【色相/饱和度】命令，在弹出的对话框中设置参数，如图9.106所示，单击【确定】按钮退出对话框。设置“图层1副本”的【填充】数值为“53%”。

步骤4 复制“图层1副本”，得到“图层1副本2”。按Ctrl+T组合键调出自由变换控制框，旋转“图层1副本2”中的图像，并将其移动至如图9.107所示的位置，按Enter键确认操作。

步骤5 设置前景色为白色。选择“图层1副本2”，在【图层】面板中单击【锁定透明像素】按钮，按Alt+Delete组合键填充前景色。设置“图层1副本2”的【填充】数值为“30%”，效果如图9.108所示。

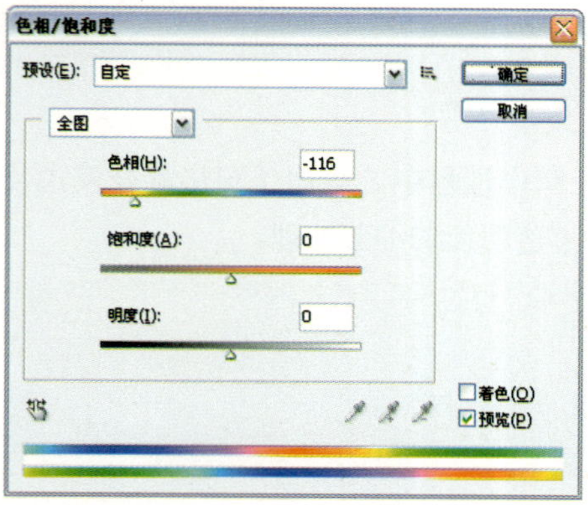

图9.106

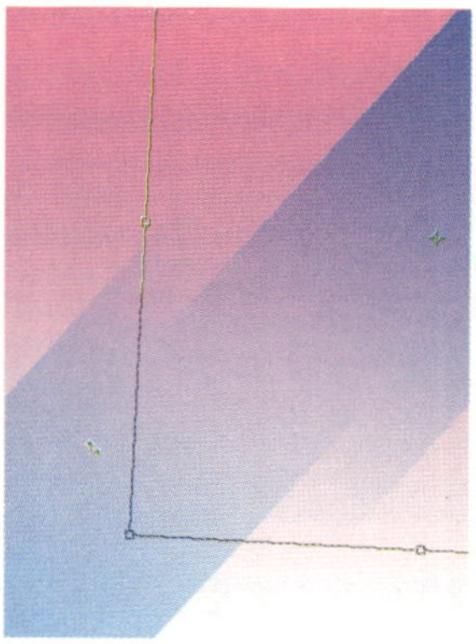

图9.107

图9.108

步骤6 打开随书所附光盘中的素材文件（光盘文件路径为“第9章\9.5\素材1.psd”），使用【移动工具】将其中的图像拖动到制作文件中，得到“图层2”。按Ctrl+T组合键调出自由变换控制框，调整“图层2”中图像的大小并旋转该图像，然后将其移动至如图9.109所示的位置，按Enter键确认操作。设置“图层2”的图层混合模式为【叠加】，效果如图9.110所示。

步骤7 打开随书所附光盘中的素材文件（光盘文件路径为“第9章\9.5\素材2.psd”），使用【移动工具】将其中的图像拖动到制作文件中，得到“图层3”。按Ctrl+T组合键调出自由变换控制框，按住Shift键拖动控制手柄以调整“图层3”中图像的大小并旋转该图像，然后将其移动至画布的中心位置，按Enter键确认操作，效果如图9.111所示。

图9.109

图9.110

图9.111

步骤8 在【图层】面板中单击【添加图层样式】按钮，在弹出的菜单中选择【渐变叠加】命令，在弹出的对话框中设置参数，如图9.112所示，单击【确定】按钮退出对话框，效果如图9.113所示。

提示

在【渐变叠加】参数设置中，渐变颜色值从左至右分别为“fecb00”和“ffffff”。

步骤9 复制“图层3”，得到“图层3副本”。按Ctrl+T组合键调出自由变换控制框，按住Shift键拖动控制手柄以缩小“图层3副本”中的图像，并将其移动至画布的中心位置，按Enter键确认操作，效果如图9.114所示。

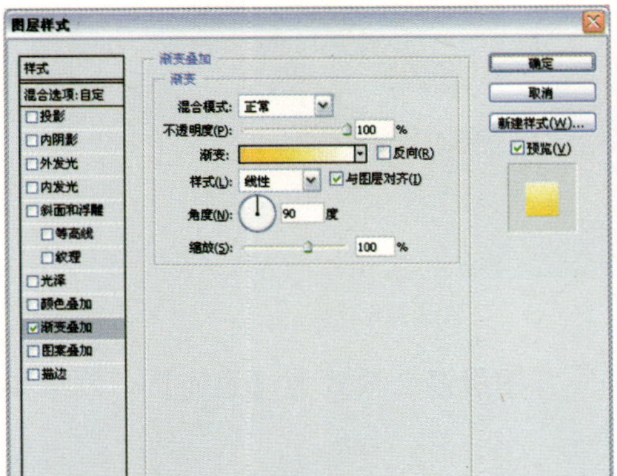

图9.112

图9.113

图9.114

步骤10 复制“图层3”，得到“图层3副本2”。按Ctrl+T组合键调出自由变换控制框，调整“图层3副本2”中图像的大小并旋转该图像，然后将其移动至画布中心偏左的位置，按Enter键确认操作，效果如图9.115所示。

步骤11 设置前景色为黑色，选择“图层3副本2”，在【图层】面板中单击【锁定透明像素】按钮，按Alt+Delete组合键填充前景色。设置当前图层的【填充】数值为“25%”，图层混合模式为【叠加】，再将其移至“图层3”的下方，效果如图9.116所示。

图9.115

图9.116

步骤12 在【图层】面板中选择“图层3副本2”，然后单击【添加图层蒙版】按钮，为其添加图层蒙版。选择【渐变工具】，在其工具选项栏中单击【线性渐变】按钮，并选择渐变预设“黑，白渐变”，在制作文件的画布中从下至上绘制渐变，效果如图9.117所示。

步骤13 设置前景色为白色，选择【自定形状工具】，在其工具选项栏中单击【形状图层】按钮，单击【形状】右侧的按钮，在弹出的【自定形状拾色器】面板中选择形状“靶心”，然后在制作文件中绘制形状，效果如图9.118所示，得到图层“形状1”。

图9.117

图9.118

步骤14 设置图层“形状1”的【填充】数值为“47%”，图层混合模式为【柔光】，效果如图9.119所示。

步骤15 连续复制图层“形状1”两次，得到图层“形状1副本”和图层“形状1副本2”。分别按Ctrl+T组合键调出自由变换控制框，按住Shift键拖动控制手柄以调整副本图层中图像的大小，并将其移动至如图9.120所示的位置，按Enter键确认操作。

图9.119

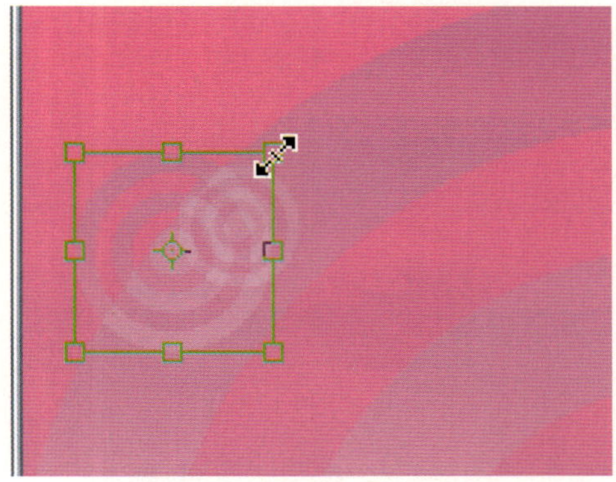

图9.120

步骤16 设置图层“形状1副本”的【填充】数值为“100%”。设置图层“形状1副本2”的【填充】数值为“60%”，图层混合模式为【正常】。双击图层“形状1副本2”的图层缩览图，在弹出的【拾取实色】对话框中设置颜色值为“6da1eb”，单击【确定】按钮退出对话框，效果如图9.121所示，此时的【图层】面板如图9.122所示。

图9.121

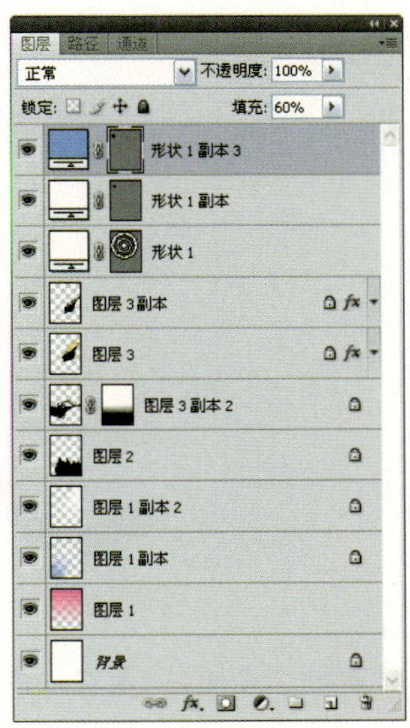

图9.122

步骤17 打开随书所附光盘中的素材文件（光盘文件路径为“第9章\9.5\素材3.psd”），使用【移动工具】将其中的图像拖动到制作文件中，得到“图层4”。按Ctrl+T组合键调出自由变换控制框，按住Shift键拖动控制手柄以调整“图层4”中图像的大小并旋转该图像，然后将其移动至如图9.123所示的位置，按Enter键确认操作。

步骤18 设置“图层4”的【填充】数值为“43%”。复制“图层4”，得到“图层4副本”。按Ctrl+T组合键调出自由变换控制框，按住Shift键拖动控制手柄以调整“图层4副本”中图像的大小，然后将其移动至如图9.124所示的位置，按Enter键确认操作。

图9.123

图9.124

步骤19 复制“图层4”，得到“图层4副本2”，恢复“图层4副本2”的【填充】为“100%”。设置前景色为黑色，在【图层】面板中单击【锁定透明像素】按钮，按Alt+Delete组合键填充前景色。按Ctrl+T组合键调出自由变换控制框，按住Shift键拖动控制手柄以调整“图层4副本2”中图像的大小，然后将其移动至如图9.125所示的位置，按Enter键确认操作。

步骤20 执行【编辑】|【变换】|【垂直翻转】命令，再执行【编辑】|【变换】|【扭曲】命令，调出扭曲变换控制框，拖动控制手柄至如图9.126所示的位置，按Enter键确认操作。

图9.125

图9.126

步骤21 连续复制“图层4”两次，得到“图层4副本3”和“图层4副本4”。按照上一步骤的操作方法，调整副本图层中图像的位置及大小，效果如图9.127所示。

步骤22 按住Ctrl键分别选择“图层4副本2”、“图层4副本3”、“图层4副本4”，按Ctrl+E组合键合并图层，将合并后的图层重命名为“图层4副本2”。复制“图层4副本2”两次，得到“图层4副本3”和“图层4副本4”。

步骤23 分别设置“图层4副本3”、“图层4副本4”的【填充】为“44%”和“20%”，然后将这两个副本图层拖动至“图层4副本2”的下方。按Ctrl+T组合键调出自由变换控制框，按住Shift键拖动控制手柄以调整这两个副本图层中图像的大小并旋转该图像，再将其移动至如图9.128所示的位置，按Enter键确认操作。

步骤24 打开随书所附光盘中的素材文件（光盘文件路径为“第9章\9.5\素材4.psd”），使用【移动工具】将其中的图像拖动到制作文件中，得到“图层5”。按Ctrl+T组合键调出自由变换控制框，按住Shift键拖动控制手柄以调整“图层5”中图像的大小并旋转该图像，然后将其移动至如图9.129所示的位置，按Enter键确认操作。

图9.127

图9.128

图9.129

步骤25 执行【图像】|【调整】|【渐变映射】命令，在弹出的对话框中单击渐变预览框，在弹出的【渐变编辑器】对话框中设置参数，如图9.130所示，单击【确定】按钮退出对话框，效果如图9.131所示。

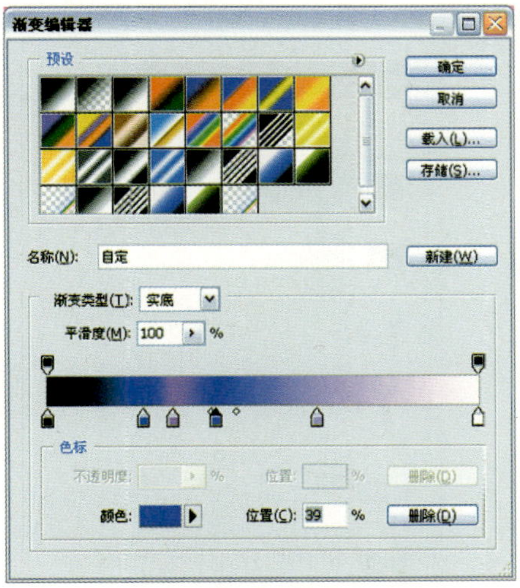

图9.130

图9.131

提示

在【渐变编辑器】对话框中，渐变颜色值从左至右分别为“000000”、“0a00b2”、“8a347b”、“0a00b2”、“c07ad7”和“fbf4f2”。

步骤26 复制“图层5”，得到“图层5副本”，并将其拖动至“图层5”的下方。设置前景色为黑色，在【图层】面板中单击【锁定透明像素】按钮，按Alt+Delete组合键填充前景色。按Ctrl+T组合键调出自由变换控制框，按住Shift键拖动控制手柄以扩大“图层5副本”中图像的边缘，然后调整图像的位置，按Enter键确认操作，效果如图9.132所示。

步骤27 打开随书所附光盘中的素材文件（光盘文件路径为“第9章\9.5\素材5.psd”），使用【移动工具】将其中的图像拖动到制作文件中，分别得到“图层6”和“图层7”，效果如图9.133所示。

图9.132

图9.133

步骤28 设置前景色为黑色，选择【自定形状工具】，在其工具选项栏中单击【形状图层】按钮，单击【形状】右侧的按钮，在弹出的面板中选择多种音符形状。

步骤29 在制作文件画布的中心位置绘制两个不同的形状，效果如图9.134所示，得到两个图层“形状2”和“形状3”，此时的【图层】面板如图9.135所示。

图9.134

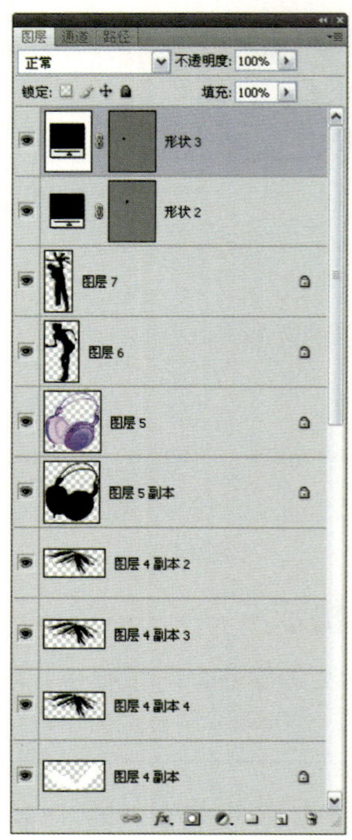

图9.135

步骤30 分别复制图层“形状2”和图层“形状3”，得到图层“形状2副本”和图层“形状3副本”。设置副本图层的【填充】数值分别为“35%”和“44%”，图层混合模式均为【柔光】。

步骤31 按Ctrl+T组合键调出自由变换控制框，按住Shift键拖动控制手柄以调整副本图层中图像的大小，按Enter键确认操作，效果如图9.136所示。

步骤32 按照步骤28～步骤31讲解的操作方法，在制作文件中绘制不同的形状，效果如图9.137所示，分别得到图层“形状4”、“形状4副本”、“形状5”、“形状6”、“形状6副本”和“形状 7”，此时的【图层】面板如图9.138所示。

步骤33 打开随书所附光盘中的素材文件（光盘文件路径为“第9章\9.5\素材6.psd”），其中包含两个素材图像图层。使用【移动工具】将其中的图像分别拖动到制作文件中，效果如图9.139所示，得到“图层8”和“图层9”。

图9.136

图9.137

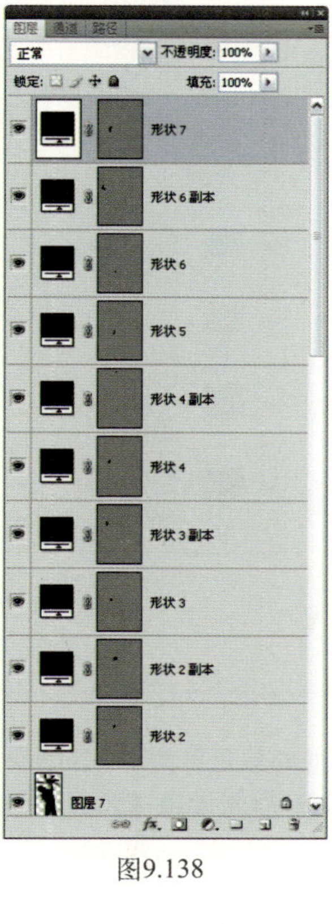

图9.138

图9.139

步骤34 在【图层】面板中选择“图层8”，然后单击【添加图层样式】按钮 *fx*，在弹出的菜单中选择【描边】命令，在弹出的对话框中设置参数，如图9.140所示，单击【确定】按钮退出对话框。按照同样的操作方法设置“图层9”的图层样式，最终效果如图9.141所示，此时的【图层】面板如图9.142所示。

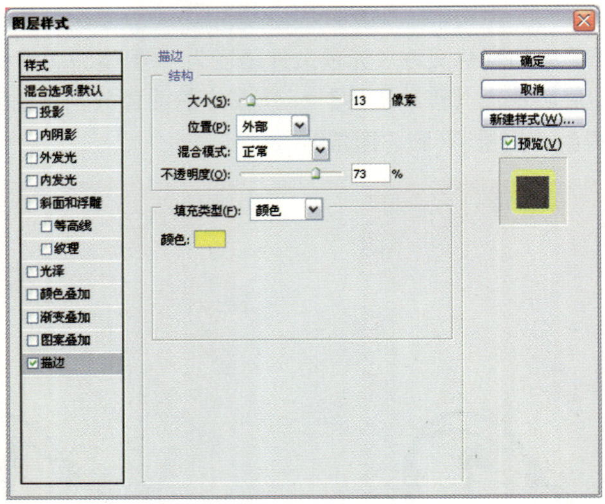

图9.140

图9.141

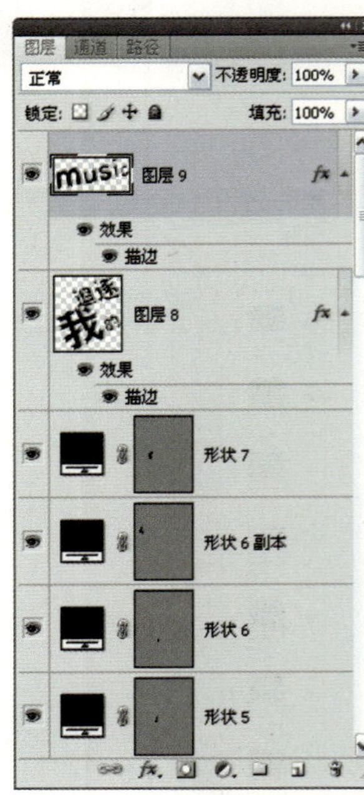

图9.142

提示

在【描边】参数设置中，“图层8”图层样式中色块的颜色值为“f6f664”，“图层9”图层样式中色块的颜色为白色。本例最终效果文件见随书所附光盘（光盘文件路径为“第9章\9.5\9.5.psd”）。

第10章

中式风格

传承五千年的中国传统文化形成了中式风格不可磨灭的特质。在“中国风”盛行的今天，此类风格的作品已经在全球范围内表现出其极强的生命力。在设计此类风格的作品时，中国传统的红色与黄色、代表中国绘画的丹青色与水墨色，以及各种古典龙纹、凤纹、边框等，都是极好的表现元素。

10.1 中式风格概述

中国的历史渊远流长，每个时期都留下了丰厚的文化艺术遗产。这些文化艺术遗产在一定意义上起到了传承文明的作用，同时也为现代设计师提供了题材丰富、取之不尽用之不竭的设计元素。

例如，在传统民间艺术中有印染织绣布艺、车鼓风筝玩具、灯彩脸谱道具、剪纸刻花皮影等。这些形象生动、质朴的艺术品被应用于设计作品中，能够使作品呈现出一种特别的民族气息与自然特质。

博大精深的佛教中有石窟壁画、神灵造像……这些都为后代的设计师提供了很好的学习范例，如佛教中的千手观音、拈花微笑等已经被大量地应用于现代各类文化艺术作品中。著名的群体舞蹈“千手观音”如图10.1所示。

图10.1

各个历史时期的文人墨客也留下了大量诗辞曲赋、音乐、舞蹈、绘画以及书法作品等。这些艺术作品是古人智慧的结晶，更是文化艺术的集中体现。除此之外，还有无数工艺精湛的手工艺人留下的大量砖雕石刻、土陶青瓷、生活装饰品等工艺美术制品。

中国早在商代甚至更早期，就已经出现了具有极强装饰意味的图案与花纹，中国古代纹样如图10.2所示。经过数千年发展，更积累了大量独特、精致、美丽的设计装饰图案，如龙纹、凤纹、云纹、水纹、四方纹等，如图10.3所示。

图10.2

图10.3

这些宝贵的文化遗产一方面充分表现出了中国独树一帜的传统艺术风格和生生不息的创造力，另一方面也成为现代艺术设计师不可多得的参考资料与设计素材。

对于中国现代的设计师而言，学习、借鉴和研究传统文化，不仅能够提高自身的文化艺术修养，还能够通过运用这些文化元素，为自己的设计作品注入中国古典风格的文化气息，使自己的设计作品既体现出中国独有的文化特质，又能够为现代人所欣赏。

实际上，已经有不少设计大家通过传承历史文化并进行自我创新，来塑造自己的独特风格。例如，香港设计师靳埭强所设计的中国银行标志（如图10.4所示），在设计思路上吸收了中国天圆地方的传统理念，在形式上又融合了汉字“中”与古代钱币的外形，整体设计美观大方，具有现代美感，并能够体现中国的古典韵味。

图10.4

又如，在图10.5所示的招贴中，靳埭强巧妙地运用了一正一反两个汉字，拼合出了“朝”与“韩”两个字，使其设计的招贴作品即具有可供视觉欣赏的艺术性，又深刻地反映了招贴作品的主题内涵。另外，靳埭强设计的“吃也自在 玩也自在”主题系列，采用不同汉字书体与形象相结合，具有强烈的设计意味。

图10.5

下面从设计中必然要使用到的图形、颜色、文字、材质等四个方面，就上面提到的中国传统特色构成表现要素一一进行列举说明。

10.2 中式风格的常用图形

10.2.1 工艺美术品

为了便于讲解与总结，笔者在此扩展了中式工艺美术品的涵盖面，使其包括雕刻、陶瓷、玉器、茶具、手工艺品、古典乐器、文化用品等多方面的内容，如图10.6所示。这些作品集中体现了工匠艺人们的精湛工艺以及我国博大精深的传统文化。

图10.6

图10.7所示为使用了上述元素的设计作品。

图10.7

10.2.2 年画

在民间传统文化中，每到年节将至，人们都会将许多象征吉祥、富裕、幸福的年画贴于家中或馈赠亲友，其内容丰富多样、色彩艳丽，饱含了人们对于美好生活的向往和追求。年画的内容丰富，如喜庆故事、风俗画、吉祥纹样等，有的还绘制有门神、祖师像、神像等，如图10.8所示。由于其特殊的用途，使这些年画具有了相应的特殊意义，在现代设计中被广泛应用。

图10.8

图10.9所示为使用了上述元素的设计作品。

图10.9

10.2.3 剪纸刻花

剪纸刻花有着悠久的历史，广大农村地区尤其流行在门窗家具上贴窗花、剪纸、喜贴、门贴等，以示喜庆或表达人们节日欢快的心情。剪纸刻花艺术因此成为中国最为普及的民间艺术之一，无论是剪纸还是刻花都注重形状的美感，如图10.10所示。

图10.10

图10.11所示为使用了上述元素的设计作品。

图10.11

10.2.4 皮影

皮影在造型上深受剪纸的影响，可以说，皮影就是活动的剪纸，是中国独特文化艺术特征的典范，如图10.12所示。

图10.12

10.2.5 戏曲脸谱

戏曲脸谱是戏曲文化的一个重要组成部分，综合了多门传统艺术的成果，有着深厚的文化底蕴和丰富的历史内容，如图10.13所示。

图10.13

很显然，在设计与戏剧相关的作品时，没有比使用脸谱更能够贴切地反映作品的内容了。图10.14所示为使用了上述元素的设计作品。

图10.14

10.2.6 装饰图案

中国传统艺术图案自原始彩陶开始，历经商周秦汉、隋唐五代、宋元明清，沉淀了中华民族五千年的文明智慧与艺术灵感，其题材广泛、内容丰富、形式多变、美感强烈，是不可多得的设计素材，如图10.15所示。

图10.15

图10.16所示为使用了上述元素的设计作品。

图10.16

10.2.7 篆刻印章

篆刻印章通常与书法国画作品结合在一起，分为方圆、阴阳、不规则形等多种不同的形式，如图10.17所示。它象征着诚信与责任，从侧面表现出中华文明忠、孝、礼、义的思想精髓。

图10.17

图10.18所示为使用了上述元素的设计作品。

图10.18

10.2.8 国画

中国的绘画艺术是世界绘画艺术史的重要组成部分之一。其中，中国的国画最具有特色。

国画主要以表现自然花鸟、人物为主，充满了人们对生活和对大自然的热爱。丹青写意类国画的应用更为广泛，它除了是一种新鲜、特别的表现手法外，更容易为观者带来轻松、淡雅、脱俗的心理感受。国画作品如图10.19所示。

图10.19

图10.20所示为使用了上述元素的设计作品。特别值得注意的是，当前设计领域中越来越多的作品开始使用水墨国画，以增加作品的艺术文化特质。

图10.20

10.2.9 古典建筑

作为凝固的艺术韵律，中国的建筑艺术具有恢弘、壮观、方正、严谨的特色。从故宫到天坛，从长城到苏州园林，这些建筑无一不向世人展示着中国不朽的建筑文化艺术特质，如图10.21所示。

这些建筑作品不仅是现代宝贵的物质财产，更由于其所具有的精神象征，使其成为中国人的精神财富，而这些建筑作品的图像也成为了很好的设计素材。

图10.21

图10.22所示为使用了上述元素的设计作品。

图10.22

10.3 中式风格的常用颜色

能够代表中国传统与古典文化的颜色，主要包括红色、白色、黑色、黄色（土黄、褐色、赭石、金色）等，如图10.23所示。

黄色象征着权力、财富和辉煌。以现代人的眼光来看，是泛黄的书香气，是历史厚重、富足、灿烂的印证。传统黄色以土黄、黄褐为主，给观者以陈旧、沧桑的视觉感受；而传统黄色中的金色则蕴涵着鼎盛、皇权、贵族的意味。

白色、黑色、红色分别作为宣纸、墨汁、印章的代表颜色，在表现简约主题时最具表现力。

红色本身象征着祥和与热情，是中国文化的主色，素有“中国红”之称，在设计中要特别关注。

图10.23

图10.24所示的作品在用色方面均突出了中国的传统特色。

图10.24

10.4 中式风格的常用字体

书法是中国传统文明的特征之一，从世界范围来看也是独特与唯一的。

经过数千年的发展，在篆书、隶书、楷书、行书、草书等书法领域中都涌现出了一批大家及其知名作品，相应的书法文字也由于具有鲜明的时代特色，而被广泛地应用于各类设计作品中。在设计时根据作品要表现的主题与格调，应该选择不同的书法文字作品。例如，要表现豪放的气质，可以使用草书；要表现历史与久远的意蕴，可以使用篆书，等等。

图10.25所示为不同书法字体类型的文字。

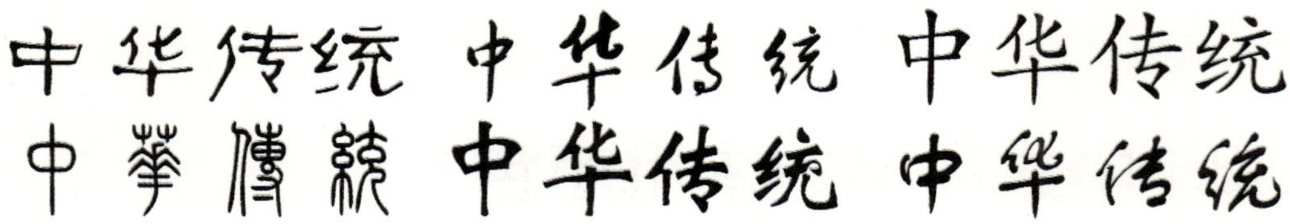

图10.25

中国的文字属于表形文字，因此文字本身即可以被看成是富有想象力和概括性的图形，也可以通过图形化的手法来表现文字，如图10.26所示。

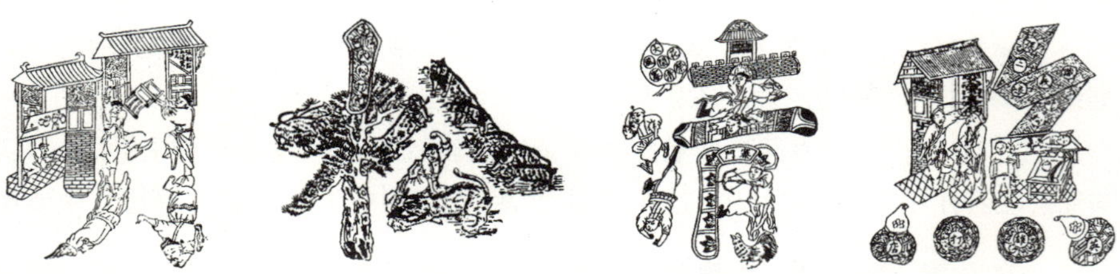

图10.26

书法文字本身蕴涵了浓淡、干湿、瘦肥、丰瘠、粗细、疾徐等丰富的变化（如图10.27所示），在设计作品中既可以作为文字也可以作为图形，这表明汉字本身的可塑性极强，值得设计师们多加关注。在设计中，将书法文字运用得当，使文字"形"与"神"的意境巧妙地结合起来，能够使设计的形式美上升到更高的层次，令观者回味不绝。

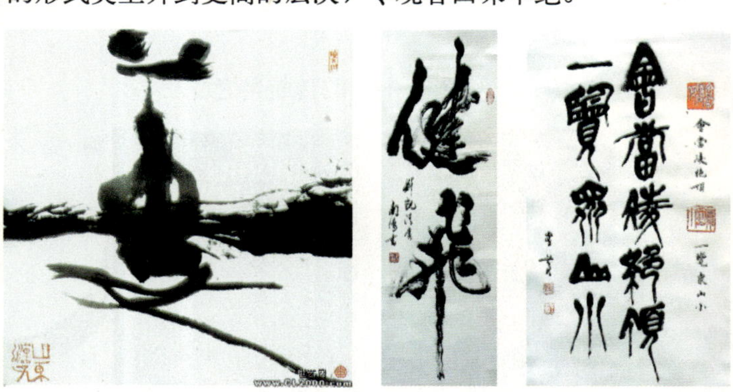

图10.27

图10.28所示为使用了上述元素的设计作品。

图10.28

10.5 中式风格的常用材质

有人说，中国的文明史就是纸的发展史，这给了设计师一个特定的设计角度，即通过在设计作品中凸显纸的质感，为设计作品增添韵味。

常用的纸质包括陈旧、残缺、焚烧、纤维、褶皱等多种类型，如图10.29所示。

褶皱

陈旧（浅）

陈旧（深）

残缺

纤维

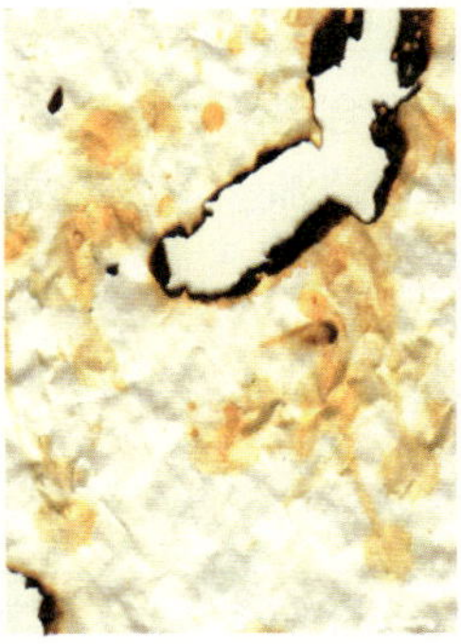

焚烧

图10.29

另外，丝、绸、锦、帛等中国古代特有的制品，也能够在一定的角度上体现出设计的感觉。

10.6 经典画册宣传设计

例前导读：

本例是以经典画册为主题的宣传设计作品。由于是为灯具做宣传，在制作过程中自然少不了具有古典韵味的设计元素。本例应用黑色为背景，同时也象征着黑夜；黑色中柔和的红色光晕，将灯具衬托得更加柔美，同时也呼应了主题。

核心技能：

- 结合标尺及参考线划分各个图像区域。
- 结合路径及“渐变填充”图层制作图像的渐变效果。
- 设置图层属性以混合图像。
- 添加【颜色叠加】图层样式，调整图像的颜色。
- 利用图层蒙版隐藏不需要的图像。
- 结合【画笔工具】及特殊画笔素材绘制图像。
- 利用“再次变换并复制”功能制作规则的图像效果。

操作步骤：

步骤 1 按Ctrl+N组合键新建文件，在弹出的对话框中设置参数，如图10.30所示，单击【确定】按钮退出对话框，将此文件作为本例的制作文件。

提示

面册的宽度为面封宽度（210mm）+底封宽度（210mm）+左右出血（各3mm）=426mm；面册的高度为面封高度（285mm）+上下出血（各3mm）=291mm。下面根据提示内容，对整体画面进行区域的划分。

步骤 2 按Ctrl+R组合键显示标尺，按Ctrl+;组合键调出参考线，按照上面的提示内容，在制作文件的画布中添加参考线以划分面封中的各个区域，效果如图10.31所示，按Ctrl+R组合键隐藏标尺。

提示

下面结合路径及“渐变填充”图层，制作面封中的基本内容。

步骤 3 选择【矩形工具】，在其工具选项栏中单击【路径】按钮，在制作文件的面封区域中绘制如图10.32所示的路径。在【图层】面板中单击【创建新的填充或调整图层】按钮，在弹出的菜单中选择【渐变】命令，在弹出的对话框中设置参数，如图10.33所示，使用【移动工具】在制作文件的画布中调整渐变效果的位置，单击【确定】按钮退出对话框，隐藏路径后的效果如图10.34所示，同时得到图层“渐变填充1”。

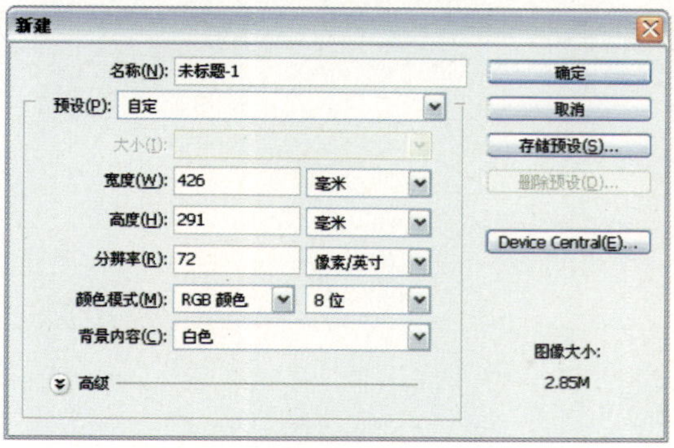

图10.30

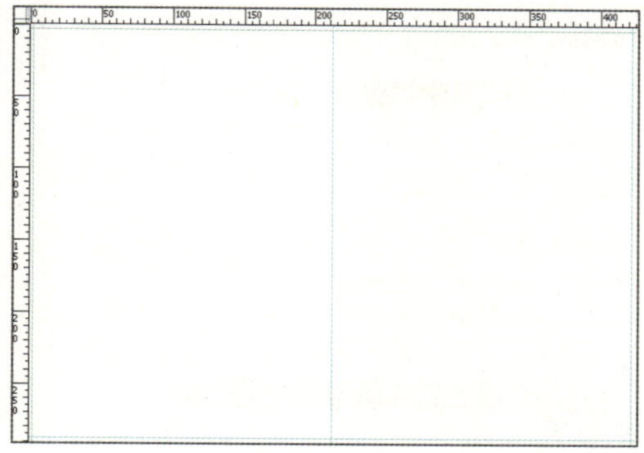
图10.31

图10.32

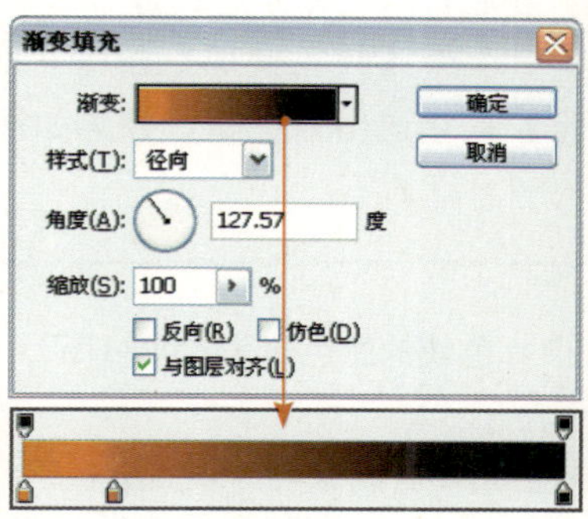

图10.33

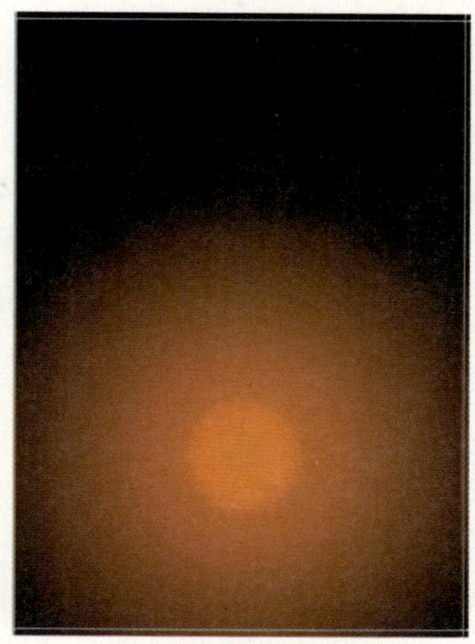
图10.34

提示

在【渐变填充】对话框中，渐变颜色值从左至右分别为“c12300”、“ac0f1e”和“0d0808”。

步骤4 复制图层“渐变填充1”，得到图层“渐变填充1副本”。选择【移动工具】，按住Shift键将图层“渐变填充1副本”中的图像水平移动至制作文件中的底封区域处。双击图层“渐变填充1副本”的图层缩览图，在弹出的对话框中设置参数，如图10.35所示，在制作文件的画布中调整渐变效果的位置，单击【确定】按钮退出对话框，隐藏路径后的效果如图10.36所示。

提示

在【渐变填充】对话框中，渐变颜色值从左至右分别为“c12300”、“9e0e1c”和“0d0808”。下面制作纹理效果。

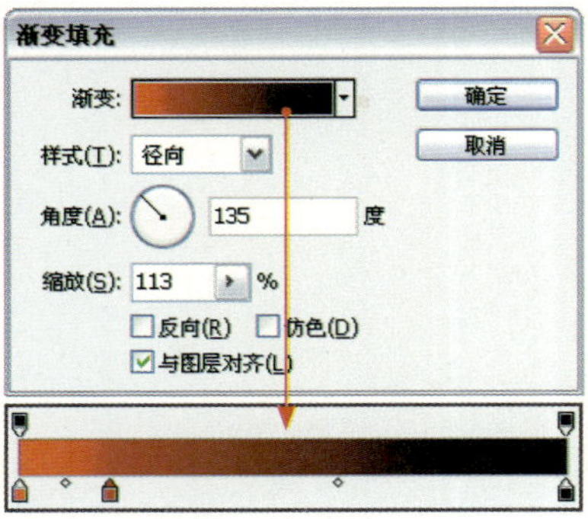

图10.35

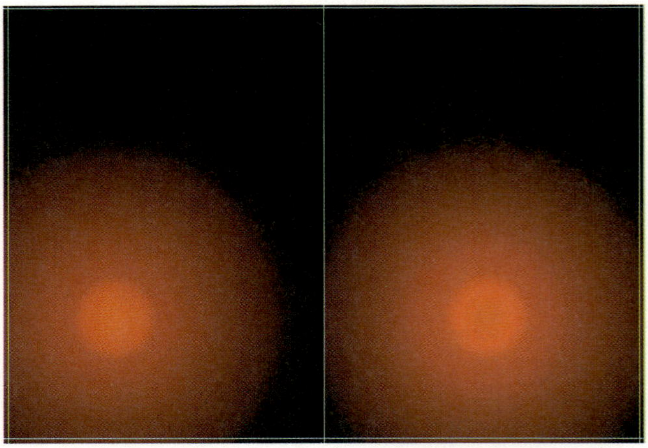

图10.36

步骤5 打开随书所附光盘中的素材文件（光盘文件路径为“第10章\10.6\素材1.psd”），使用【移动工具】将其中的图像拖动至制作文件中，并放置在面封区域处，效果如图10.37所示，同时得到“图层1”。

步骤6 在【图层】面板中设置“图层1”的【填充】为“0%”，然后单击【添加图层样式】按钮，在弹出的菜单中选择【颜色叠加】命令，在弹出的对话框中设置参数，如图10.38所示，单击【确定】按钮退出对话框，效果如图10.39所示。

提示

在【颜色叠加】参数设置中，色块的颜色值为“c9841b”。

步骤7 在【图层】面板中单击【添加图层蒙版】按钮，为“图层1”添加图层蒙版。设置前景色为黑色，选择【渐变工具】，在其工具选项栏中单击【线性渐变】按钮，在制作文件的画布中单击鼠标右键，在弹出的【渐变拾色器】面板中选择渐变预设“前景色到透明渐变”，在“图层1”的图层蒙版中从花纹的左上方至右下方绘制渐变，效果如图10.40所示。

图10.37

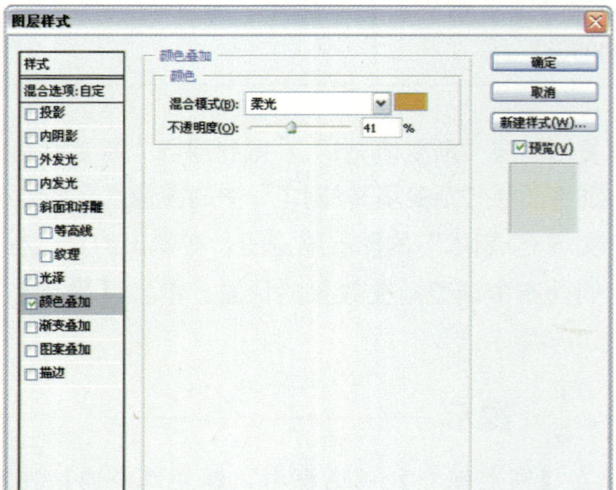

图10.38

图10.39

图10.40

步骤8 复制“图层1”，得到“图层1副本”，在图层蒙版缩览图上单击鼠标右键，在弹出的菜单中选择【删除图层蒙版】命令，然后将【填充】数值恢复为“100%”。按Ctrl+T组合键调出自由变换控制框，按住Shift键向内拖动控制手柄以缩小“图层1副本”中的图像，并逆时针旋转该图像36°左右及调整该图像的位置，按Enter键确认操作，效果如图10.41所示。

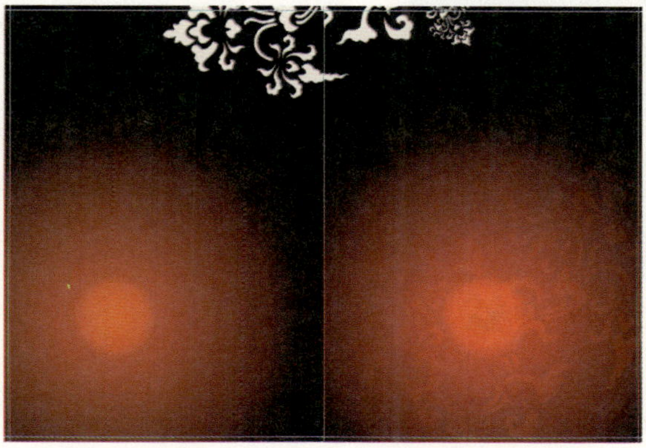

图10.41

步骤9 设置“图层1副本”的【填充】数值为“0%”，双击该图层的“颜色叠加”图层效果名称，在弹出的对话框中设置颜色值为“501b08”，【不透明度】为“21%”，效果（局部）如图10.42所示。

图10.42

提示

本步骤中的效果不是很明显，读者可以打开本例随书所附光盘中的最终效果文件反复地显示或隐藏“图层1副本”以查看制作效果。

步骤10 按照步骤8～步骤9的操作方法，结合图层复制、图像变换以及图层样式等，制作底封中的暗调花纹效果，参数设置及效果如图10.43所示（暗调花纹效果的位置是以选区的状态给出的），此时的【图层】面板如图10.44所示。

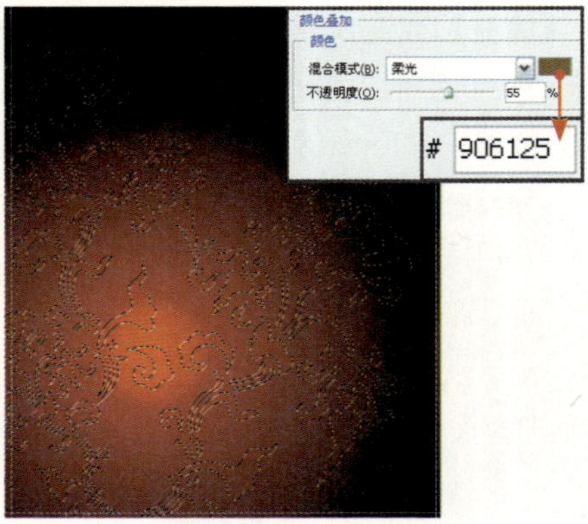

图10.43

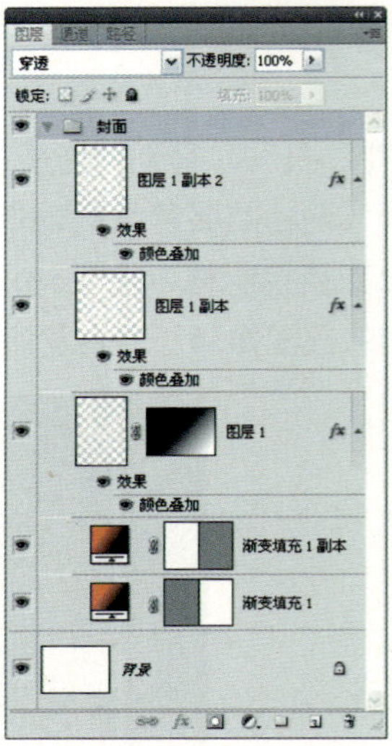

图10.44

提示

本步骤中为了方便管理图层，在此将制作整体封面的图层选中，按Ctrl+G组合键进行图层编组，得到“组1”，并将其重命名为“封面”。在下面的操作中，笔者也将对各部分进行图层编组，在步骤中不再叙述。下面制作面封中的花灯效果。

步骤11 收拢图层组“封面”，打开随书所附光盘中的素材文件（光盘文件路径为“第10章\10.6\素材2.psd”），使用【移动工具】将其中的图像拖动至制作文件中，并放置在面封区域的中心位置，效果如图10.45所示，同时得到“图层2”。

步骤12 按照上面讲解的操作方法，结合图层复制、图像变换以及图层蒙版等，制作灯的倒影效果，效果如图10.46所示，同时得到“图层2副本”。

提示

本步骤在操作过程中，“图层2副本”位于“图层2”的下方。

步骤13 选择“图层2”，按照步骤11、步骤12讲解的操作方法，打开随书所附光盘中的素材文件

（光盘文件路径为“第10章\10.6\素材3.psd”），结合图层复制、图像变换以及图层蒙版等，制作灯下的花及其倒影的效果，效果如图10.47所示，同时得到“图层3”和“图层3副本”。

提示

至此，面封中的花灯效果已经制作完成。下面制作底封中的灯效果。

步骤14 选择“图层3”，打开随书所附光盘中的素材文件（光盘文件路径为“第10章\10.6\素材4.psd和素材5.psd”），使用【移动工具】分别将其中的图像拖动至制作文件中，并按图10.48所示的位置进行摆放，同时得到“图层4”和“图层5”。

图10.45

图10.46

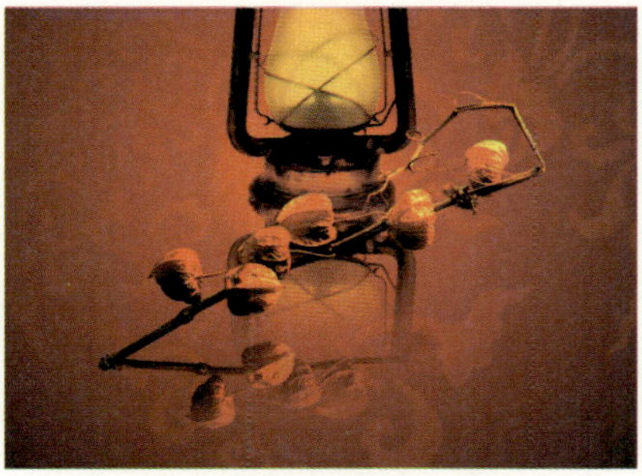

图10.47

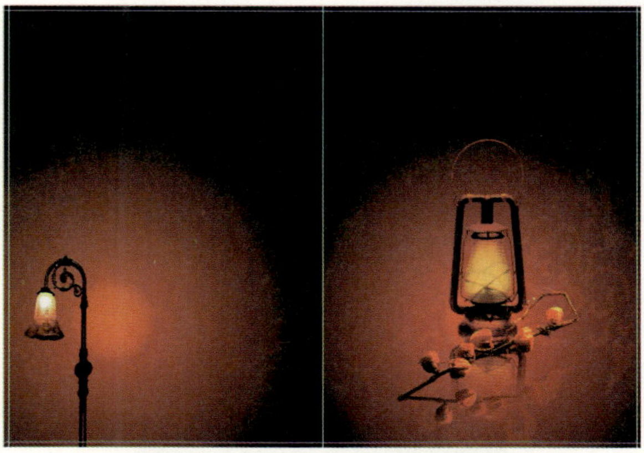

图10.48

提示

下面制作灯的发光效果。

步骤15 在【图层】面板中选择“图层5”，单击【添加图层样式】按钮 fx，在弹出的菜单中选择【外发光】命令，在弹出的对话框中设置参数，如图10.49所示，单击【确定】按钮退出对话框，效果如图10.50所示。

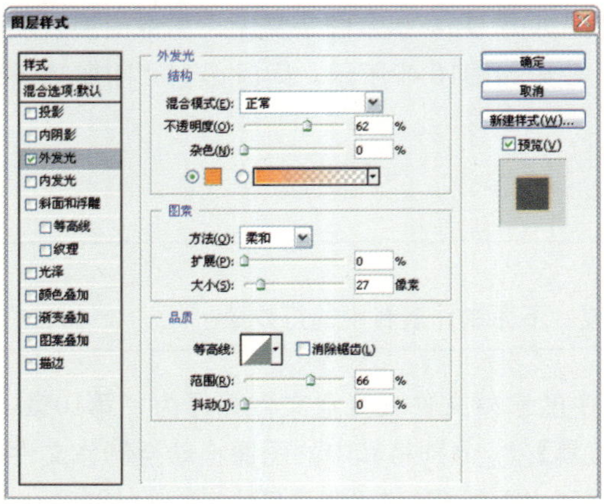

图10.49

图10.50

提示

在【外发光】参数设置中，色块的颜色值为“ef7e00”。

步骤16 选择“图层4”和“图层5”，按Ctrl+Alt+E组合键盖印图层，将选中图层中的图像合并至新图层中，并将其重命名为“图层6”。利用自由变换控制框水平翻转“图层6”中的图像并调整该图像的位置，效果如图10.51所示，此时的【图层】面板如图10.52所示。

图10.51

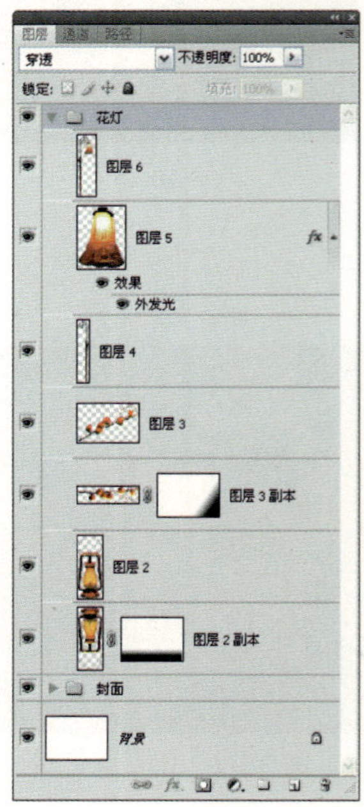

图10.52

提示

底封中的灯效果已经制作完成。下面制作整个封面的装饰点效果。

步骤17 收拢图层组“花灯”，新建图层，得到“图层7”。设置前景色的颜色值为“c6591a”，载入随书所附光盘中的素材文件（光盘文件路径为“第10章\10.6\素材6.abr”），选择【画笔工具】，在制作文件的画布中单击鼠标右键，在弹出的【画笔预设选取器】面板中选择刚刚载入的画笔，在制作文件画布的下方进行涂抹，效果如图10.53所示。

提示

下面制作面封中的文字效果。

步骤18 设置前景色的颜色值为“925e25”。选择【横排文字工具】T，在其工具选项栏中设置适当的字体和字号，在面封的左上方输入文字“帝景灯饰”，效果如图10.54所示，得到相应的文字图层。

图10.53

图10.54

步骤19 选择【椭圆工具】，在其工具选项栏中单击【路径】按钮，在制作文件中文字的右下方绘制如图10.55所示的路径。按Ctrl+Alt+T组合键调出自由变换并复制控制框，按“↓”键向下移动该路径的位置，效果如图10.56所示，按Enter键确认操作。按Alt+Ctrl+Shift+T组合键多次执行再次变换并复制操作，效果如图10.57所示。

图10.55

图10.56

图10.57

步骤20 在【图层】面板中单击【创建新的填充或调整图层】按钮，在弹出的菜单中选择【纯色】命令，然后在弹出的【拾取实色】对话框中设置其颜色值为“925e25”，单击

【确定】按钮退出对话框，效果如图10.58所示，同时得到图层“颜色填充1”。

步骤21 按照上面所讲解的操作方法，结合相关文字工具以及图层复制等，制作面封及底封中的文字效果，效果如图10.59和图10.60所示，此时的【图层】面板如图10.61所示。

图10.58

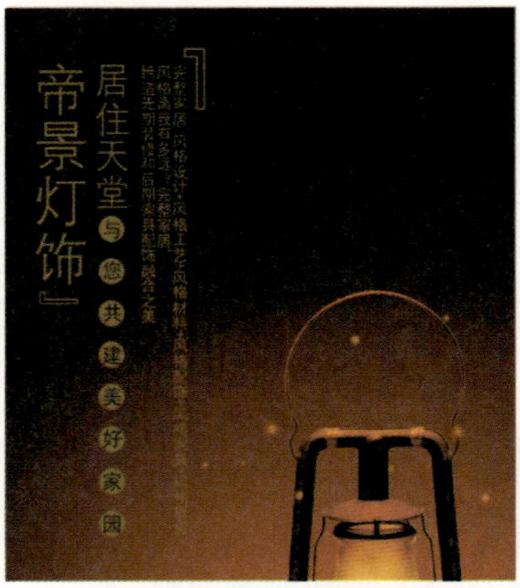

图10.59

图10.60

提示

下面制作内页效果。由于制作的方法同封面类似，笔者不再一一赘述，具体的制作过程请参考本例随书所附光盘中的最终效果文件。

步骤22 至此，完成整体效果的制作，效果如图10.62所示。图10.63和图10.64所示为画册内部第1、2页以及第3、4页的图像效果。

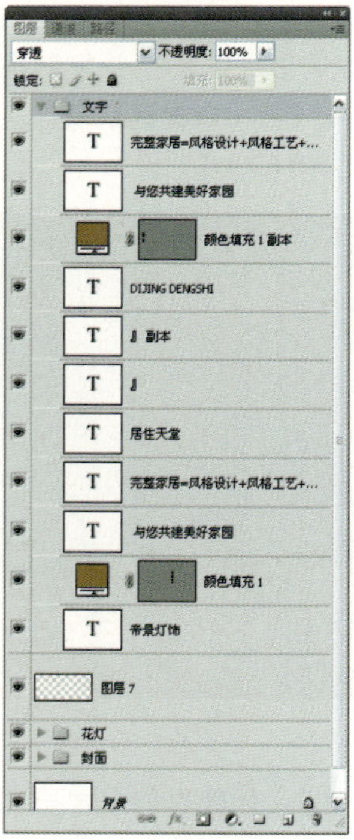

图10.61

图10.62

图10.63

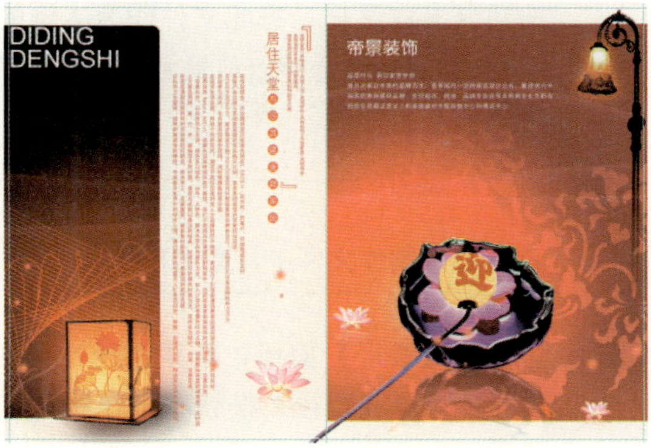

图10.64

提示

在制作内页第3、4页中的白光效果时，应用到了【图层样式】对话框中的【图层蒙版隐藏效果】选项。选择此选项的目的，在于在下面进行操作时可以将图层样式产生的效果使用图层蒙版隐藏起来。

提示

本例最终效果文件见随书所附光盘（光盘文件路径为“第10章\10.6\10.6.psd”）。

10.7 中秋月饼礼品盒设计

例前导读：

本例是以中秋月饼为主题的礼品盒设计作品。月饼是华人在传统节日“中秋节”食用的特殊食品，因此月饼的礼品盒设计需要体现出中华民族所特有的韵味。中秋节是全家团圆的节日，在礼品盒设计中需要添加一些表现家庭温暖的元素。

核心技能：

- 结合路径及填充图层制作图像的渐变及纯色效果。
- 使用形状绘制类工具绘制形状。
- 利用剪贴蒙版限制图像的显示范围。
- 添加【投影】图层样式，制作图像的投影效果。

操作步骤：

步骤 1 按Ctrl+N组合键新建文件，在弹出的对话框中设置参数，如图10.65所示，单击【确定】

按钮退出对话框，将此文件作为本例的制作文件。设置前景色的颜色值为“d71418”，按Alt+Delete组合键以前景色填充图层“背景”。

提示

在新建的制作文件中，宽度和高度包含了四周的出血（3mm）。下面制作文字效果。

步骤 2 切换至【路径】面板，新建路径，得到“路径1”。选择【矩形工具】，在其工具选项栏中单击【路径】按钮，在制作文件画布的上方绘制如图10.66所示的路径。切换至【图层】面板，单击【创建新的填充或调整图层】按钮，在弹出的菜单中选择【渐变】命令，在弹出的对话框中设置参数，如图10.67所示，单击【确定】按钮退出对话框，隐藏路径后的效果如图10.68所示，同时得到图层“渐变填充1”。

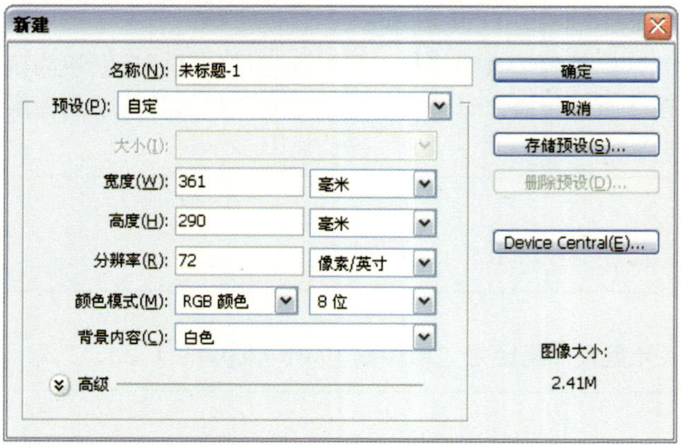

图10.65

图10.66

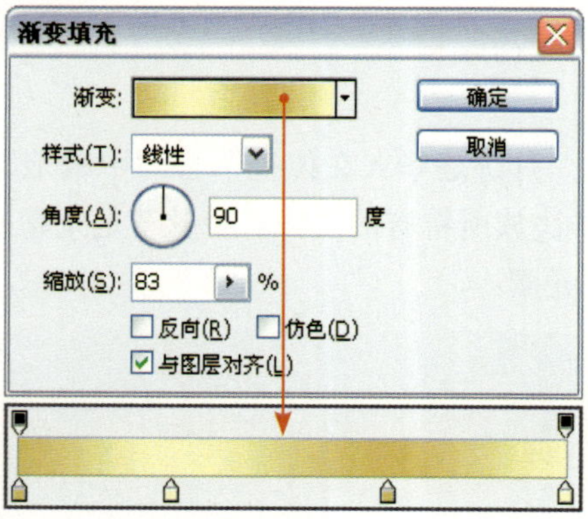

图10.67

图10.68

提示

在【渐变填充】对话框中，渐变颜色值从左至右分别为“dab967”、“fffac5”、“dab967”和“fffac5”。

步骤3 打开随书所附光盘中的素材文件（光盘文件路径为“第10章\10.7\素材1.psd”），使用【移动工具】将其中的图像拖动至制作文件中，并放置在渐变效果的上方，效果如图10.69所示，同时得到“图层1”。

步骤4 显示“路径1”，按Ctrl+T组合键调出自由变换控制框，向下拖动控制框上方中间的控制手柄以降低路径的高度，按Enter键确认操作，效果如图10.70所示。

图10.69

图10.70

步骤5 在【图层】面板中单击【创建新的填充或调整图层】按钮，在弹出的菜单中选择【纯色】命令，然后在弹出的【拾取实色】对话框中设置其颜色值为“ae0d16”，单击【确定】按钮退出对话框，隐藏路径后的效果如图10.71所示，同时得到图层“颜色填充1”。

步骤6 设置前景色的颜色值为“fcd274”，选择【直线工具】，在其工具选项栏中单击【形状图层】按钮，在制作文件中上一步得到的图像效果上面绘制一条水平直线，得到图层“形状1”。使用【路径选择工具】选择刚刚绘制的形状，按住Alt+Shift组合键向下垂直拖动该形状以进行复制，再次重复复制形状的操作，按Ctrl+Alt+G组合键创建剪贴蒙版，隐藏路径后的效果如图10.72所示，此时的【图层】面板如图10.73所示。

图10.71

图10.72

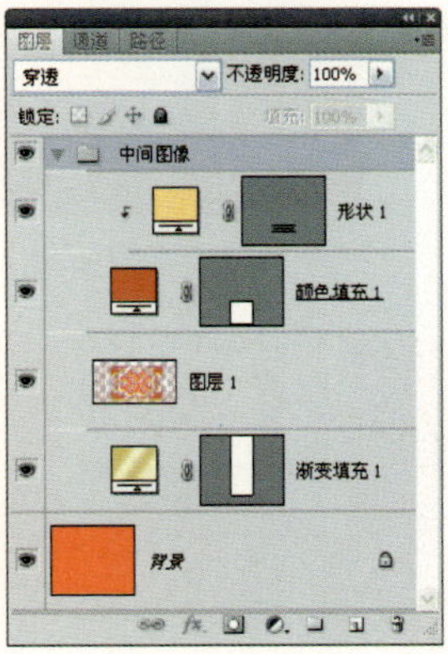

图10.73

提示

本步骤中为了方便管理图层，在此将制作中间图像的图层选中，按Ctrl+G组合键进行图层编组，得到“组1”，并将其重命名为“中间图像”。在下面的操作中，笔者也将对各部分进行图层编组，在步骤中不再叙述。下面制作中心图像及文字效果。

步骤7 收拢图层组“中间图像”，打开随书所附光盘中的素材文件（光盘文件路径为“第10章\10.7\素材2.psd”），使用【移动工具】将其中的图像拖动至制作文件中渐变效果的上面，效果如图10.74所示，同时得到“图层2”。

步骤8 在【图层】面板中单击【添加图层样式】按钮 fx，在弹出的菜单中选择【投影】命令，在弹出的对话框中设置参数，如图10.75所示，单击【确定】按钮退出对话框，效果如图10.76所示。

提示

在【投影】参数设置中，色块的颜色值为“231815”。

步骤9 设置前景色的颜色值为“f9eeb2”。选择【椭圆工具】，在其工具选项栏中单击【形状图层】按钮，在制作文件中上一步得到的图像效果的中心绘制如图10.77所示的形状，得到图层“形状2”。

步骤10 设置前景色的颜色值为“a00811”，选择【横排文字工具】T，在其工具选项栏中设置适当的字体和字号，在制作文件中上一步绘制的圆形形状上输入文字“唐”，效果如图10.78所示，得到相应的文字图层。

图10.74

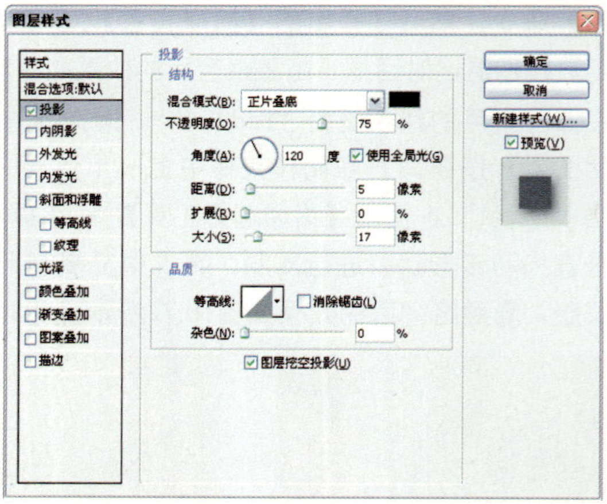

图10.75

图10.76

图10.77

图10.78

步骤11 按照上面所讲解的操作方法，结合相关文字工具以及素材图像等，完善中心图像的效果，效果如图10.79所示，此时的【图层】面板如图10.80所示。

图10.79

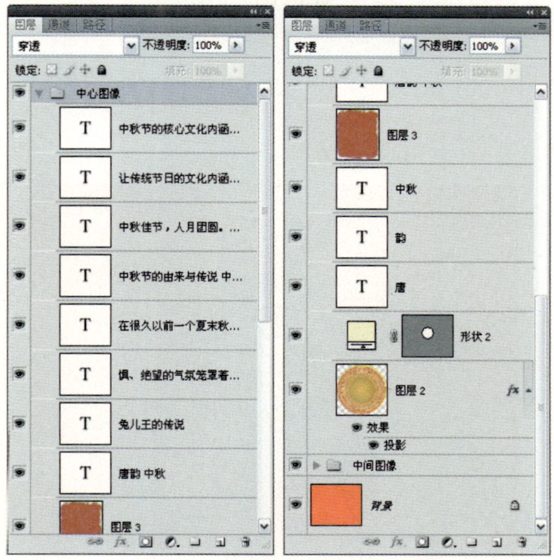

图10.80

提示

在本步骤操作过程中，笔者没有给出图像的颜色值，读者可以按照自己的审美喜好进行颜色的搭配。本步骤中所应用到的素材图像为随书所附光盘中的素材文件（光盘文件路径为“第10章\10.7\素材3.psd”）。下面制作背景中的图像元素。

步骤12 收拢图层组“中心图像”，打开随书所附光盘中的素材文件（光盘文件路径为“第10章\10.7\素材4.psd”），使用【移动工具】将其中的图像拖动至制作文件中，并放置在中间图像的右下侧，效果如图10.81所示，同时得到“图层4”。

步骤13 复制“图层4”，得到“图层4副本”。使用【移动工具】调整“图层4副本”中图像的位置，效果如图10.82所示。

图10.81

图10.82

步骤14 打开随书所附光盘中的素材文件（光盘文件路径为“第10章\10.7\素材5.psd”），按住

Shift键，使用【移动工具】将其中的图像拖动至制作文件中，效果如图10.83所示，同时得到“图层 5”～“图层 8”，此时的【图层】面板如图10.84所示。

图10.83

图10.84

提示

至此，背景中的图像元素已经制作完成。下面制作云、文字以及条纹效果以完成制作。

步骤15 收拢图层组“背景元素”，选择图层组“中心图像”，将其作为当前的操作对象。打开随书所附光盘中的素材文件（光盘文件路径为“第10章\10.7\素材6.psd”），按住Shift键，使用【移动工具】将其中的图像拖动至制作文件中，最终效果如图10.85所示，此时的【图层】面板如图10.86所示。

图10.85

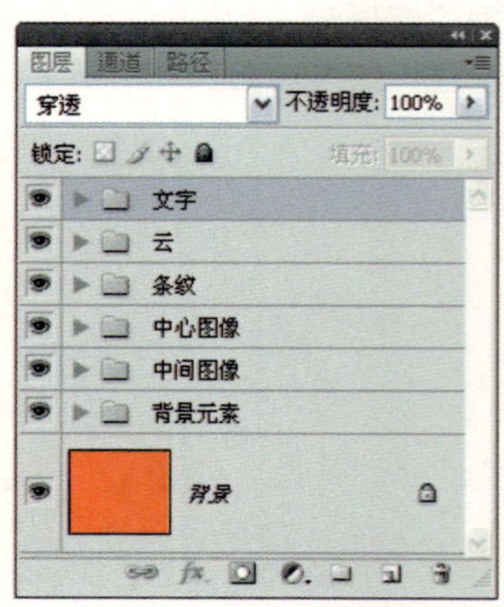

图10.86

提示

本例最终效果文件见随书所附光盘（光盘文件路径为“第10章\10.7\10.7.psd”）。

10.8 亚都国际海报设计

例前导读：

本例是以亚都国际为主题的海报设计作品。在制作过程中，主要以制作建筑后方的水墨画效果为核心内容。古典的建筑风格，使该海报在构图上灵活而不呆板，同时给观者以优雅、尊贵、温馨的感觉。海报上方的文字“竹声”与海报画面的意境及海报中的图片相呼应，再次强调了海报的主题，从而引起观者的共鸣。

核心技能：

- 设置图层属性以融合图像。
- 利用图层蒙版隐藏不需要的图像。
- 使用【渐变工具】绘制渐变。
- 结合路径以及“渐变填充”图层制作图像的渐变效果。
- 利用图像变换，调整图像的大小、角度及位置。

操作步骤：

步骤 1 打开随书所附光盘中的素材文件（光盘文件路径为“第10章\10.8\素材1.psd”），效果如图10.87所示，将此文件作为本例的制作文件。

提示

下面利用素材图像，结合图层属性、图层蒙版以及图像变换等，制作建筑效果。

步骤 2 打开随书所附光盘中的素材文件（光盘文件路径为“第10章\10.8\素材2.psd”），使用【移动工具】将其中的图像拖动至制作文件中，得到“图层1”。按Ctrl+T组合键调出自由变换控制框，按住Shift键向内拖动控制手柄以缩小“图层1”中的图像及调整图像的位置，按Enter键确认操作，效果如图10.88所示。

图10.87

图10.88

步骤3 设置“图层1”的图层混合模式为【明度】，效果如图10.89所示。按住Alt键将“图层1”拖动至其下方，得到“图层1副本”。利用自由变换控制框将“图层1副本”中的图像进行垂直翻转并向下调整图像的位置，效果如图10.90所示。

步骤4 设置“图层1副本”的【不透明度】为“45%”，效果如图10.91所示。

图10.89

图10.90

图10.91

步骤5 在【图层】面板中单击【添加图层蒙版】按钮，为“图层1副本”添加图层蒙版。设置前景色为黑色，选择【渐变工具】，在其工具选项栏中单击【线性渐变】按钮，并选择渐变预设“前景色到透明渐变”，在制作文件中从画布的下方至上方绘制渐变，将下方的图像效果渐隐起来，效果如图10.92所示。

步骤6 在【图层】面板中单击【添加图层蒙版】按钮，为“图层1”添加图层蒙版。设置前景色为黑色，选择【画笔工具】，在其工具选项栏中设置适当的画笔大小及【不透明度】数值，在图层蒙版中进行涂抹，将下方的图像效果隐藏起来，使建筑与其倒影能够更好地融合在一起，效果如图10.93所示，此时的【图层】面板如图10.94所示。

图10.92

图10.93

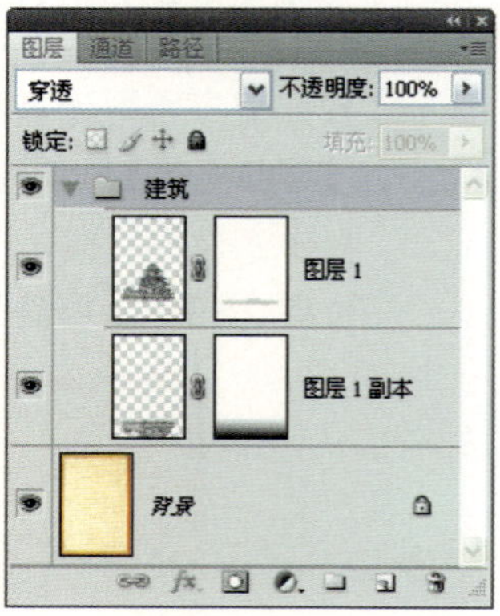

图10.94

提示

本步骤中为了方便管理图层，在此将制作建筑的图层选中，按Ctrl+G组合键进行图层编组，得到“组1”，并将其重命名为“建筑”。在下面的操作中，笔者也将对各部分进行图层编组，在步骤中不再叙述。下面制作水墨效果，首先制作建筑下方的渐变效果。

步骤7 选择图层“背景”作为当前的操作图层。选择【矩形工具】，在其工具选项栏中单击【路径】按钮，在制作文件中建筑的下方绘制如图10.95所示的路径。

图10.95

步骤8 在【图层】面板中单击【创建新的填充或调整图层】按钮，在弹出的菜单中选择【渐变】命令，在弹出的对话框中设置参数，如图10.96所示，单击【确定】按钮退出对话框，效果如图10.97所示，同时得到图层“渐变填充1”。

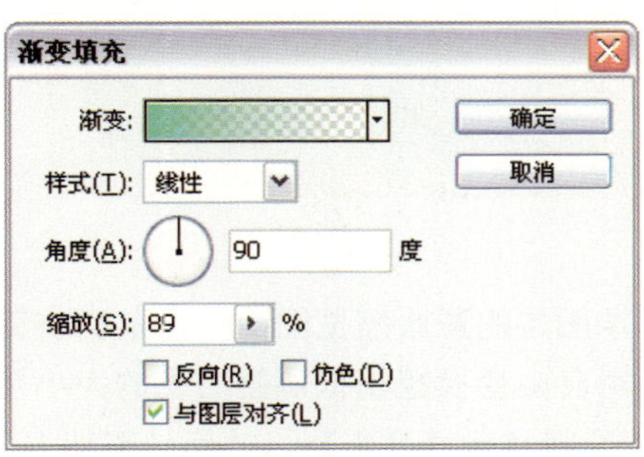

图10.96

图10.97

提示

在【渐变填充】对话框中，渐变颜色为从“28a185”到透明。

步骤9 按照步骤6的操作方法，为图层“渐变填充1”添加图层蒙版。使用【画笔工具】在图层蒙版中进行涂抹，将上方的部分效果渐隐起来，效果如图10.98所示。

提示

下面利用素材图像，结合图层属性及图层蒙版等，制作水墨效果。

步骤10 按照步骤2的操作方法，打开随书所附光盘中的素材文件（光盘文件路径为“第10章\10.8\素材3.psd”），结合【移动工具】及图像变换等，制作建筑之下的水墨效果，效果如图

10.99所示，同时得到“图层2”。

图10.98

图10.99

步骤11 设置“图层2”的图层混合模式为【颜色加深】，效果如图10.100所示。按照步骤6讲解的操作方法，为“图层2”添加图层蒙版，使用【画笔工具】在图层蒙版中进行涂抹，将建筑上的水墨效果隐藏起来，效果如图10.101所示。

图10.100

图10.101

步骤12 复制“图层2”，得到“图层2副本”。在副本图层的蒙版缩览图上单击鼠标右键，在弹出的菜单中选择【删除图层蒙版】命令，利用自由变换控制框调整图像的大小及位置，效果如图10.102所示。更改当前图层的图层混合模式为【亮光】，效果如图10.103所示。

图10.102

图10.103

步骤13 按照步骤6的操作方法，为“图层2副本”添加图层蒙版。使用【画笔工具】在图层蒙版中进行涂抹，将颜色变化的区域隐藏起来，效果如图10.104所示。

步骤14 按住Alt键，将“图层2”拖动至“图层2副本”的上方，得到“图层2副本2”。按照步骤12、步骤13的操作方法，结合图像变换及图层蒙版等，制作水墨效果，效果如图10.105

所示。图10.106所示为隐藏图层组“建筑”时的图像状态。

图10.104

步骤15 按照上面所讲解的操作方法，利用随书所附光盘中的素材文件（光盘文件路径为“第10章\10.8\素材4.psd～素材6.psd”），结合图层属性、图层复制以及图像变换等，制作花朵效果，效果如图10.107所示，此时的【图层】面板如图10.108所示。图10.109所示为单独显示本步骤操作效果时的图像状态。

图10.105

图10.106

图10.107

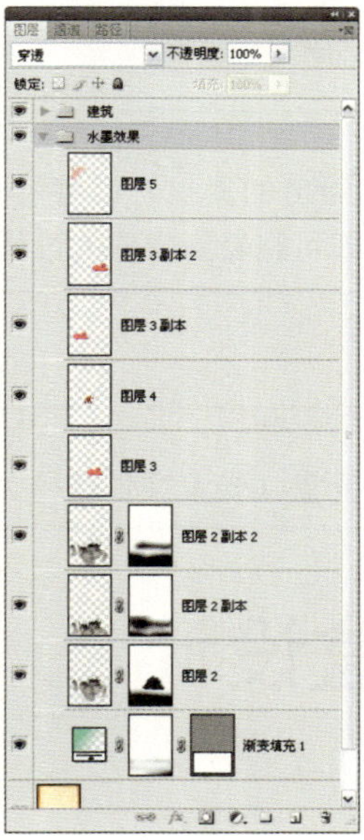

图10.108

图10.109

提示

本步骤中为各图层设置了不同的图层属性，具体设置请参考本例随书所附光盘中的最终效果文件。另外，在制作过程中，还需要注意各图层间的顺序。

步骤16 按照步骤6的操作方法，为图层组“水墨效果”添加图层蒙版，使用【画笔工具】在图层蒙版中进行涂抹，将建筑上的花朵效果隐藏起来，效果如图10.110所示。

提示

至此，水墨效果已经制作完成。下面制作文字及边框效果以完成制作。

步骤17 选择图层组“建筑”，打开随书所附光盘中的素材文件（光盘文件路径为“第10章\10.8\素材7.psd”），按住Shift键使用【移动工具】将其中的图像拖动至制作文件中，最终效果如图10.111所示，此时的【图层】面板如图10.112所示。

图10.110

图10.111

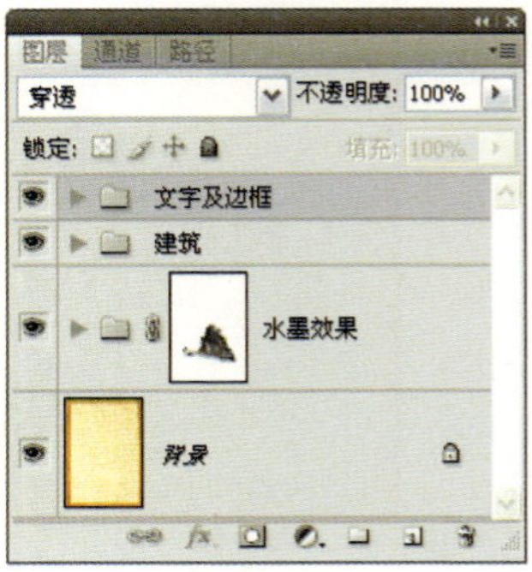

图10.112

提示

本步骤笔者是以图层组的形式给出的素材，读者可以参考本例随书所附光盘中的最终效果文件进行参数的设置，展开图层组即可观看到操作的过程。

提示

本例最终效果文件见随书所附光盘（光盘文件路径为“第10章\10.8\10.8.psd”）。

10.9 月饼包装盒设计

例前导读：

月饼是华人在传统节日“中秋节”食用的特殊食品，因此月饼的包装盒设计需要体现出中华民族所特有的韵味。

核心技能：

- 结合标尺及参考线划分各图像区域。
- 使用形状绘制类工具绘制形状。

- 设置图层属性以混合图像。
- 利用剪贴蒙版限制图像的显示范围。
- 添加图层样式，制作渐变、发光等图像效果。
- 利用图层蒙版隐藏不需要的图像。
- 利用“再次变换并复制”功能制作规则的图像效果。
- 应用【色相/饱和度】调整命令调整图像的色相及饱和度。

操作步骤：

步骤1 打开随书所附光盘中的素材文件（光盘文件路径为“第10章\10.9\素材.psd”），此时的【图层】面板如图10.113所示。

步骤2 按Ctrl+R组合键调出标尺，在制作文件中按照图10.114所示的位置拖动标尺，生成的参考线将画布划分出包装盒的正面、侧面及拼贴的位置。

提示

本例主要讲解的是包装盒效果，对尺寸的要求并不严格。参考线右侧的区域是包装盒的正面，左侧的区域是包装盒的侧面。

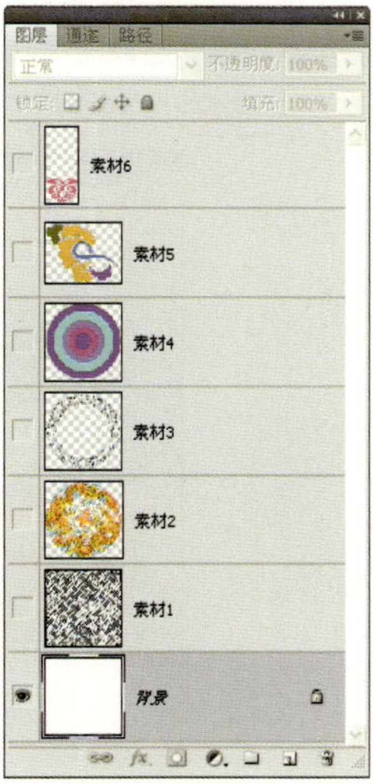

图10.113

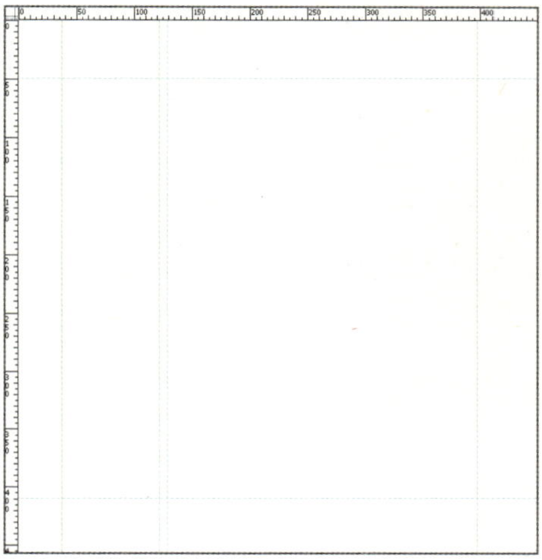

图10.114

提示

下面结合形状绘制类工具制作背景中的图像效果。

步骤3 选择图层“背景”，将其作为当前的操作图层。设置前景色的颜色值为“a1c61b”，选择【矩形工具】，在其工具选项栏中单击【形状图层】按钮，在制作文件中沿着参考线在包装盒的正面区域绘制如图10.115所示的矩形，得到图层“形状1”。

步骤4 显示图层“素材1”并将其重命名为“图层1”。按Ctrl+T组合键调出自由变换控制框，按住Shift键缩小“图层1”中的图像，并将“图层1”放置在图层“形状1”之上，按Enter键确认操作，效果如图10.116所示。

步骤5 在【图层】面板中，设置“图层1”的图层混合模式为【变亮】，并设置“图层1”的【不透明度】为“10%”，效果如图10.117所示。

图10.115

图10.116

图10.117

步骤6 按照步骤3～步骤5的操作方法，为包装盒的侧面绘制底图，效果如图10.118所示，得到图层“形状2”和“图层1副本”。

步骤7 选择“图层1副本”为当前操作图层，按Ctrl＋Alt+G组合键创建剪贴蒙版。创建剪贴蒙版前后的对比效果如图10.119所示，此时的【图层】面板如图10.120所示。

图10.118

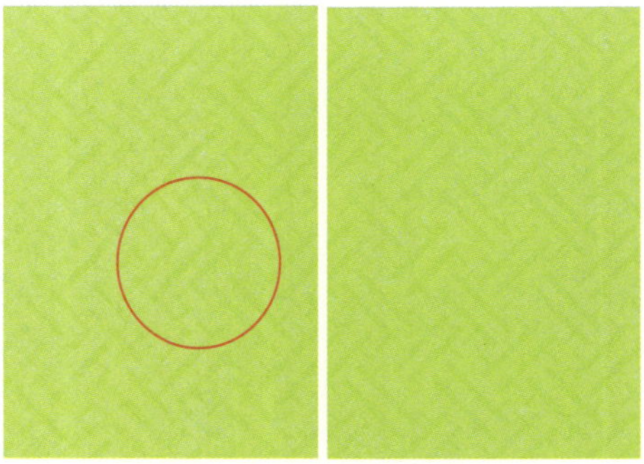
创建剪贴蒙版前　创建剪贴蒙版后

图10.119

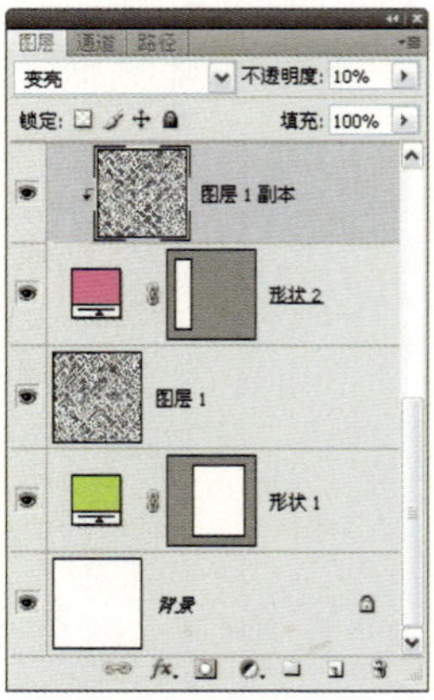

图10.120

提示

至此，底图效果已经制作完成。下面制作主体图像。

步骤8 显示图层“素材2”，将其重命名为“图层2”，按Ctrl+T组合键调出自由变换控制框，按住Shift键，拖动控制框任意一个角的控制手柄以缩小“图层2”中的图像，效果如图10.121所示，按Enter键确认操作。

步骤9 显示图层“素材3”，将其作为当前的操作图层，并将其重命名为“图层3”。按Ctrl+T组合键调出自由变换控制框，按住Shift键，拖动控制框任意一个角的控制手柄以缩小“图层3”中的图像，效果如图10.122所示，按Enter键确认操作。

图10.121

图10.122

步骤10 在【图层】面板中单击【添加图层样式】按钮 fx，在弹出的菜单中选择【渐变叠加】命令，在弹出的对话框中设置参数，如图10.123所示，单击【确定】按钮退出对话框，效果如图10.124所示。

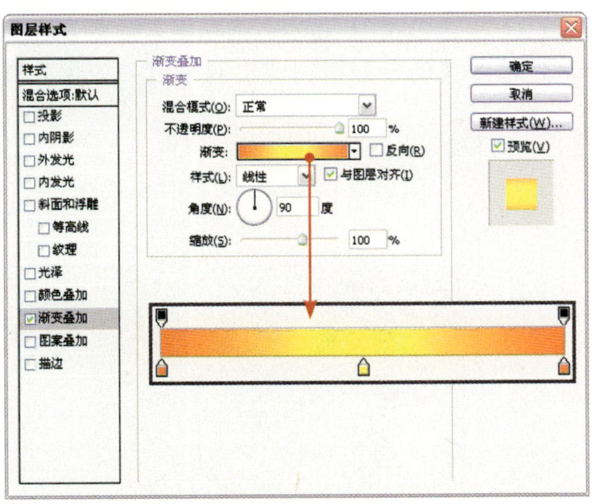

图10.123

图10.124

提示

在【渐变叠加】参数设置中，渐变颜色值从左至右分别为“ff6e02”、“ffff00”和“ff6d00”。

步骤11 选择“图层3”，将其作为当前的操作图层。按住Ctrl键单击图层“形状1”的图层缩览图以载入其选区，单击【图层】面板中的【添加图层蒙版】按钮，将制作文件中选区外的区域隐藏起来，效果如图10.125所示。

提示

下面制作装饰元素效果。

步骤12 显示图层“素材4”，将其作为当前的操作图层，并将其重命名为“图层4”。按Ctrl+T组合键调出自由变换控制框，按住Shift键缩小“图层4”中的图像并将其拖动至制作文件画布的右下角，效果如图10.126所示，按Enter键确认操作。

步骤13 按Ctrl+Alt+T组合键调出自由变换并复制控制框，调整“图层4”中的图像，将复制得到的图像向制作文件画布左下方45°的位置移动，效果如图10.127所示，按Enter键确认操作，得到“图层4副本”。

图10.125

图10.126

图10.127

步骤14 保持“图层4副本”为当前操作图层，按Ctrl+U组合键执行【色相/饱和度】命令，在弹出的对话框中设置参数，如图10.128所示，单击【确定】按钮退出对话框，效果如图10.129所示。

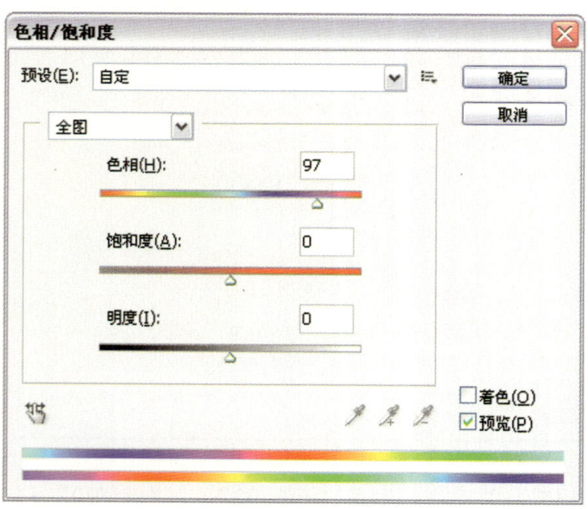

图10.128

图10.129

步骤15 按Ctrl+Alt+Shift+T组合键执行再次变换并复制操作，效果如图10.130所示，得到“图层4副本2”，其变换的方式与步骤13中的方式相同。重复上一步骤的操作方法，使用【色相/饱和度】命令进行调色，在此读者可以根据自己的审美喜好进行设置。

步骤16 连续执行以上操作，按照图10.131所示的效果，对图像进行排列并调整图像的颜色，同时得到“图层4副本3”～“图层4副本9”。

图10.130

图10.131

步骤17 选择“图层4副本9”，将其作为当前的操作图层。按住Shift键单击“图层4”的图层名称以将其选中，按Ctrl+E组合键合并图层，将合并后的图层重命名为“图层4”。

步骤18 选择“图层4”，在【图层】面板中单击【添加图层样式】按钮 fx，在弹出的菜单中选择【外发光】命令，在弹出的对话框中设置参数，如图10.132所示，单击【确定】按钮退出对话框，效果如图10.133所示。

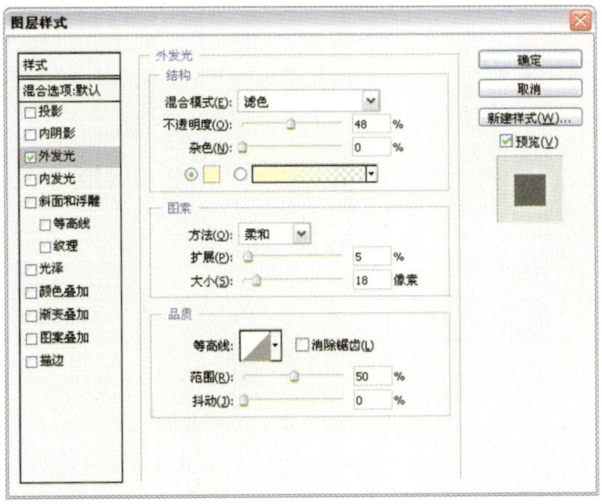

图10.132

图10.133

提示

在【外发光】参数设置中，色块的颜色值为“ffffbe”。下面继续制作装饰效果。

步骤19 为“图层4”添加图层蒙版，效果如图10.134所示。

步骤20 显示图层“素材5”，将其作为当前的操作图层，并将其重命名为“图层5”。按照步骤12～步骤16的操作方法，按照图10.135所示的效果变换并复制图像，然后合并图层，并将合并后的图层重命名为“图层5”。

步骤21 在“图层4”的图层名称上单击鼠标右键，在弹出的菜单中选择【拷贝图层样式】命令；然后在“图层5”的图层名称上单击鼠标右键，在弹出的菜单中选择【粘贴图层样式】命令，效果如图10.136所示。

步骤22 为“图层5”添加图层蒙版，效果如图10.137所示。

提示

下面制作画布右上角的图案与文字效果。

步骤23 显示图层“素材6”并将其重命名为“图层6”。按Ctrl+T组合键调出自由变换控制框，按住Shift键缩小“图层6”中的图像并将其拖动至画布的右上角，效果如图10.138所示，按Enter键确认操作。

图10.134

图10.135

图10.136

图10.137

图10.138

步骤24 设置前景色的颜色值为“b8005d”，选择【直排文字工具】，在其工具选项栏中设置适当的字体与字号，在制作文件画布中如图10.139所示的位置输入文字，分别得到相应的文字图层，此时的【图层】面板如图10.140所示。

提示

至此，包装盒的正面效果已经制作完成。下面制作包装盒的侧面效果以完成制作。

步骤25 包装盒侧面效果的制作方法同正面效果的制作方法类似，读者可按照图10.141所示的效果进行制作，此时的【图层】面板如图10.142所示。读者还可以参照图10.143所示的规格和颜色制作包装盒的平面图，包装盒的立体效果如图10.144所示。

提示

本例最终效果文件见随书所附光盘（光盘文件路径为“第10章\10.9\10.9.psd”）。

图10.139

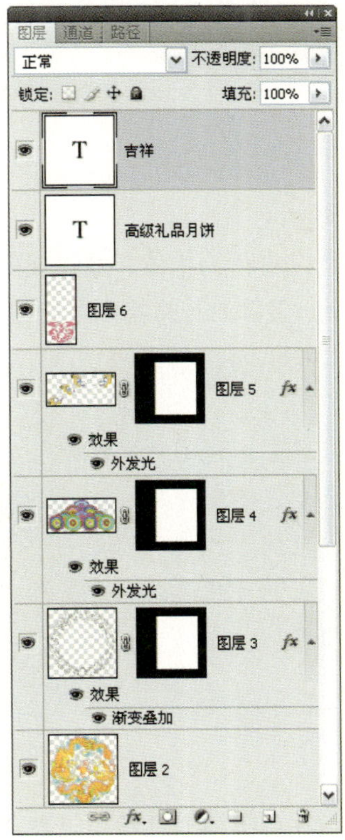

图10.140

图10.141

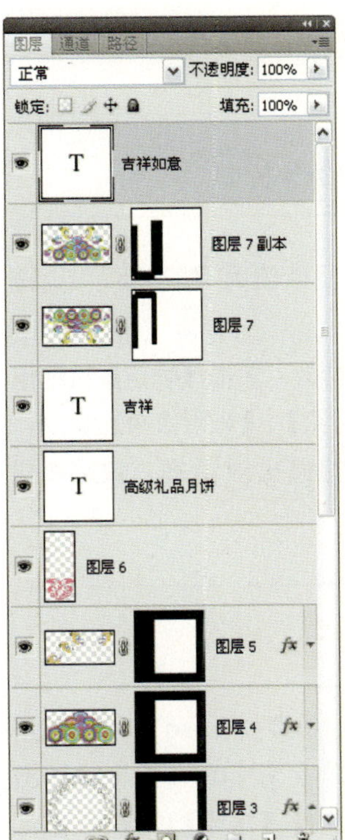

图10.142

图10.143

图10.144

10.10 梅舞月韵

例前导读：

在本例的制作过程中，主要是以梅花为主体，通过花的各种造型表现出设计的主题。在处理月亮效果时，也添加了一簇花朵，飞舞的花瓣增添了画面的美感和构图的形式感。

核心技能：

- 结合【添加杂色】和【光照效果】滤镜制作纹理效果。
- 应用调整图层，调整图像的色彩、亮度等属性。
- 利用剪贴蒙版限制图像的显示范围。
- 结合路径以及“渐变填充”图层制作图像的渐变效果。
- 利用图层蒙版隐藏不需要的图像。
- 设置图层属性以混合图像。

操作步骤：

步骤1 按Ctrl+N组合键新建文件，在弹出的对话框中设置【宽度】为“1200像素”，【高度】为“900像素”，【分辨率】为“100像素/英寸”，【背景内容】为“白色”，【颜色模式】为“RGB模式”，单击【确定】按钮退出对话框。

> 提示
>
> 下面结合【添加杂色】、【光照效果】滤镜，制作具有杂色的渐变背景效果。

步骤2 选择图层“背景”，新建图层，得到“图层1”。设置前景色的颜色值为“374957”，按Alt+Delete组合键填充前景色。

步骤3 执行【滤镜】|【杂色】|【添加杂色】命令，在弹出的对话框中设置参数，单击【确定】按钮退出对话框，参数设置及效果如图10.145所示；然后执行【滤镜】|【渲染】|【光照效果】命令，在弹出的对话框中设置参数，如图10.146所示，单击【确定】按钮退出对话框，效果如图10.147所示。

> 提示
>
> 下面利用素材图像、“色彩平衡”调整图层，调整图像的色彩。

步骤4 打开随书所附光盘中的素材文件（光盘文件路径为“第10章\10.10\素材1.psd”），使用【移动工具】将其中的图像拖动到制作文件中，得到“图层2”。按Ctrl+T组合键调出自由变换控制框，在控制框中单击鼠标右键，在弹出的菜单中选择【水平翻转】命令，将“图层2”中的图像进行水平翻转，然后将其缩小并放置在制作文件画布的上方，按Enter键确认操作，效果如图10.148所示。

图10.145

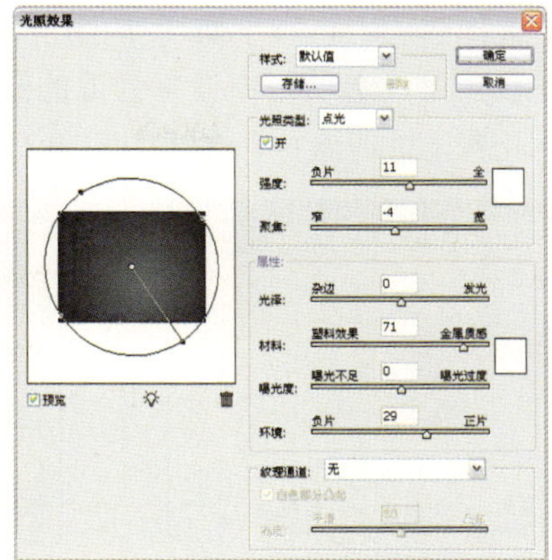

图10.146

图10.147

图10.148

步骤5 选择【滤镜】|【渲染】|【光照效果】命令，在弹出的对话框中设置参数，如图10.149所示，单击【确定】按钮退出对话框，效果如图10.150所示。

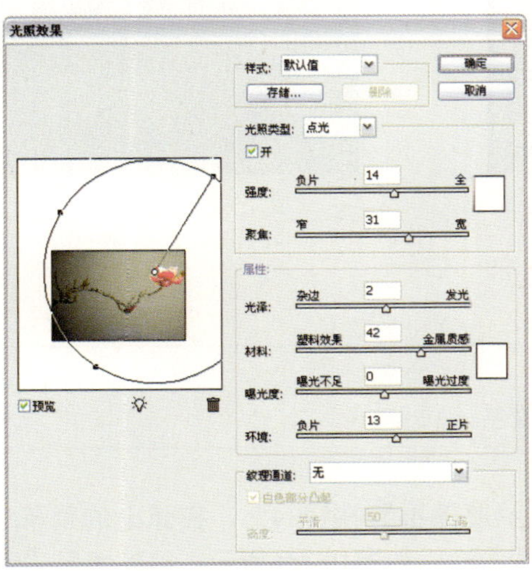

图10.149

图10.150

步骤6 在【图层】面板中单击【创建新的填充或调整图层】按钮，在弹出的菜单中选择【色彩平衡】命令，在弹出的面板中设置参数，如图10.151～图10.153所示，得到图层“色彩平衡1”，按Ctrl+Alt+G组合键创建剪贴蒙版，效果如图10.154所示。

步骤7 选择图层“色彩平衡1”的图层蒙版缩览图，设置前景色为黑色，选择【画笔工具】，在其工具选项栏中设置合适的画笔大小和【不透明度】数值，在制作文件中花瓣里的婴儿身上进行涂抹，效果如图10.155所示。

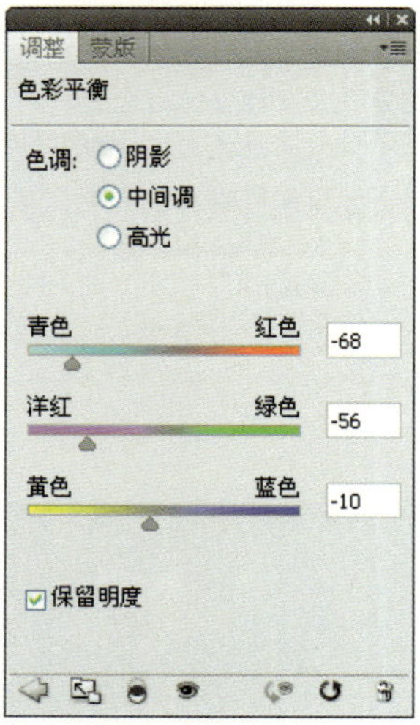

图10.151

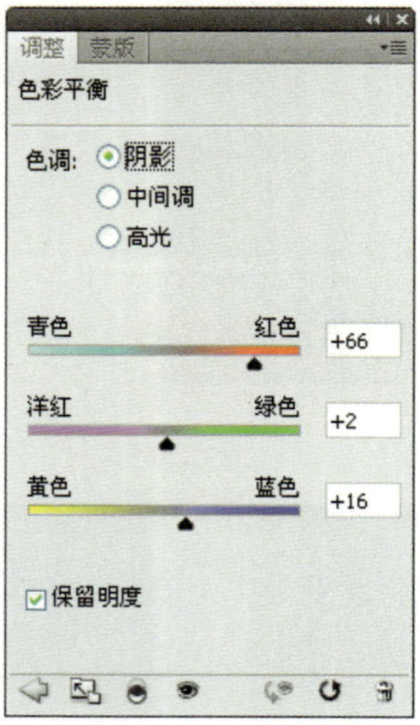

图10.152

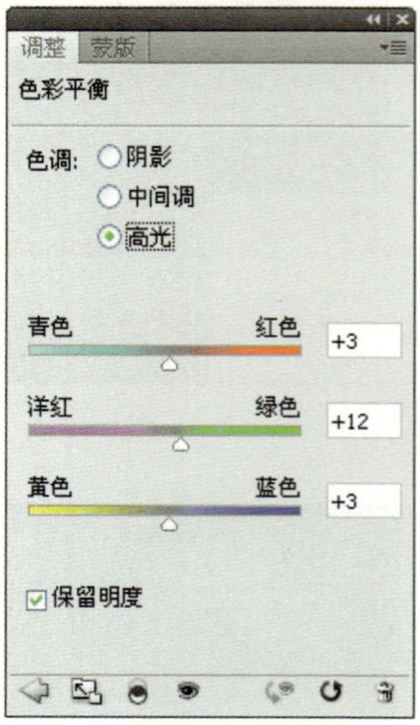

图10.153

图10.154

图10.155

提示

下面的操作是为了改变花的色相，以产生环境色。

步骤8 在【图层】面板中单击【创建新的填充或调整图层】按钮，在弹出的菜单中选择【色相/饱和度】命令，在弹出的面板中设置参数，如图10.156所示，得到图层“色相/饱和度1”，按Ctrl+Alt+G组合键创建剪贴蒙版，效果如图10.157所示。

步骤9 重复上面讲解的操作方法，调整图层蒙版的状态，效果如图10.158所示。选择【钢笔工具】，在其工具选项栏中单击【路径】按钮，在制作文件中婴儿的身体处绘制路径，效果如图10.159所示。

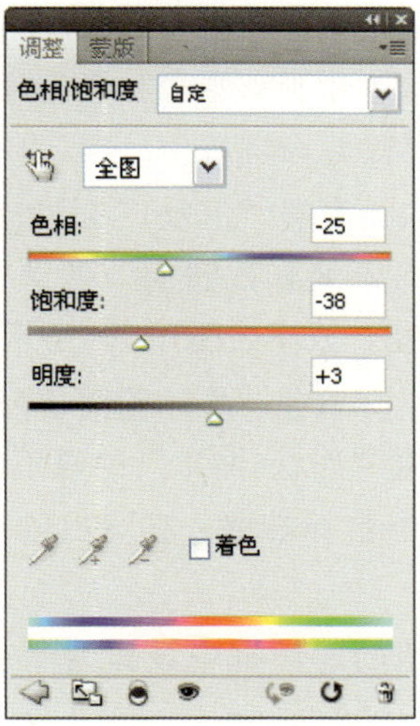

图10.156

图10.157

图10.158

图10.159

提示

下面结合路径、渐变填充、图层蒙版等，制作花中婴儿的融合效果。

步骤10 在【图层】面板中单击【创建新的填充或调整图层】按钮 ，在弹出的菜单中选择【渐变】命令，在弹出的对话框中设置参数，如图10.160所示，单击【确定】按钮退出对话框，得到图层“渐变填充 1”。

提示

在【渐变填充】对话框中，渐变颜色值从左至右依次为“470005”、“9c003c”。

步骤11 按Ctrl+Alt+G组合键创建剪贴蒙版，效果如图10.161所示。重复上面讲解的操作方法，调整图层蒙版的状态，效果如图10.162所示。

提示

下面结合形状绘制类工具、图层蒙版、【高斯模糊】滤镜等，制作模糊的月亮效果。

步骤12 选择“图层1”，将其作为当前的操作图层。设置前景色为白色，选择【椭圆工具】，在其工具选项栏中单击【形状图层】按钮，在制作文件中画布的右上角绘制形状，得到图层“形状1”，效果如图10.163所示。

步骤13 在【图层】面板中单击【添加图层蒙版】按钮，为图层“形状1”添加图层蒙版。选择【渐变工具】，在其工具选项栏中单击【线性渐变】按钮，并选择渐变预设“黑、白渐变”，在图层蒙版中从左下至右上绘制渐变，效果如图10.164所示。

步骤14 设置图层“形状1”的【不透明度】为“30%”。按住Alt键，拖动图层“形状1”至其下方，释放鼠标后得到图层“形状1副本”。更改图层“形状1副本”的【不透明度】为“100%”，在图层“形状1副本”的图层名称上单击鼠标右键，在弹出的菜单中选择【栅格化图层】命令，将其转换为普通图层。

步骤15 执行【滤镜】|【模糊】|【高斯模糊】命令，在弹出的对话框中设置【半径】数值为“24”，单击【确定】按钮退出对话框，效果如图10.165所示。

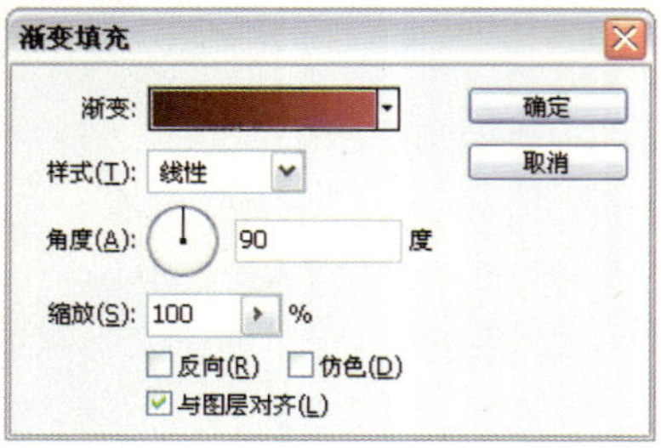

图10.160

图10.161

图10.162

图10.163

图10.164

图10.165

提示

下面结合素材图像、图层蒙版等，制作月韵效果。

步骤16 选择图层“形状1”，打开随书所附光盘中的素材文件（光盘文件路径为“第10章\10.10\素材2.tif”），使用【移动工具】将其中的图像拖动到制作文件中，利用自由变换控制框调整图像的大小、角度及位置，效果如图10.166所示，同时得到“图层3”。

步骤17 设置“图层3”的图层混合模式为【正片叠底】，效果如图10.167所示。在【图层】面板中单击【添加图层蒙版】按钮，为“图层3”添加图层蒙版。设置前景色为黑色，选择【画笔工具】，在其工具选项栏中设置适当的画笔大小及【不透明度】数值，在图层蒙版中进行涂抹，将花朵四周隐藏起来，直至效果如图10.168所示。

图10.166

图10.167

图10.168

提示

在编辑图层蒙版时，要注意交替使用前景色和背景色进行涂抹。下面制作树开花的效果。

步骤18 选择图层“渐变填充1”，按照上面讲解的操作方法，利用素材图像，并结合调整图层及剪贴蒙版等，制作梅枝左侧的花朵效果，效果如图10.169所示，此时的【图层】面板如图10.170所示。

10.169

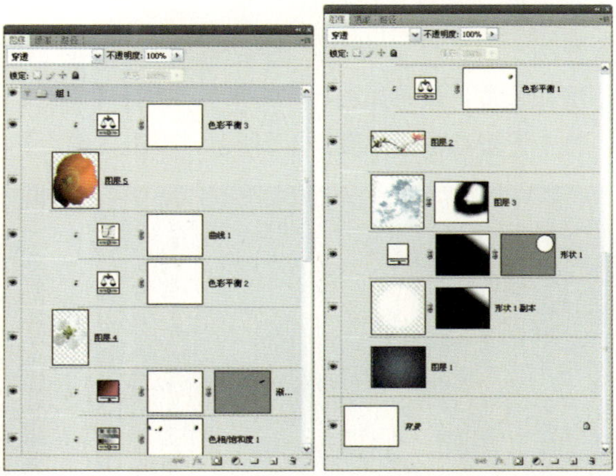
图10.170

提示

本步骤中为了方便管理图层，在此将制作梅花的图层选中，按Ctrl+G组合键进行图层编组，得到“组1”。在下面的操作中，笔者也将对各部分进行图层编组，在步骤中不再叙述。

提示

本步骤中所应用到的素材文件为随书所附光盘中的素材文件（光盘文件路径为“第10章\10.10\素材3.psd和素材4.psd”）。另外，关于【调整】面板中的参数设置，请参考本例随书所附光盘中的最终效果文件。下面利用素材图像，并结合模糊滤镜、图层复制以及图像变换等，制作梅花飘落的效果。

步骤19 收拢图层组“组1”，打开随书所附光盘中的素材文件（光盘文件路径为“第10章\10.10\素材5.psd”），使用【移动工具】将其中的图像拖动到制作文件中，并放置在画布的右侧，效果如图10.171所示，得到“图层6”。执行【滤镜】|【模糊】|【高斯模糊】命令，在弹出的对话框中设置【半径】数值为“34.5”，单击【确定】按钮退出对话框，效果如图10.172所示。

图10.171

图10.172

步骤20 打开随书所附光盘中的素材文件（光盘文件路径为“第10章\10.10\素材6.psd”），使用【移动工具】将其中的图像拖动到制作文件中，结合自由变换控制框调整图像的大小和角度，并将其放置在画布的左侧，效果如图10.173所示，得到“图层7”。

步骤21 复制“图层7”，得到“图层7副本”，结合自由变换控制框调整复制得到的图像的大小、角度和位置，效果如图10.174所示。执行【滤镜】|【模糊】|【动感模糊】命令，在弹出的对话框中设置参数，如图10.175所示，单击【确定】按钮退出对话框，效果如图10.176所示。

图10.173

图10.174

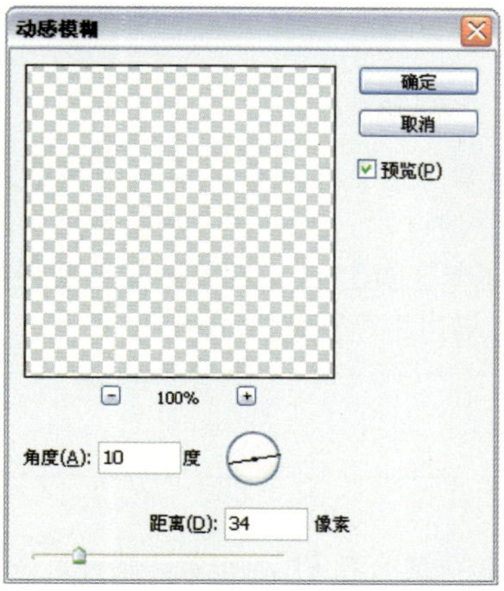

图10.175

图10.176

步骤22 按照步骤20、步骤21的操作方法，继续复制图层并制作花瓣效果，效果如图10.177所示，得到“图层7副本2”～“图层7副本8”以及“图层8”。对所有花瓣效果所在的图层进行图层编组，得到“组2”，此时的【图层】面板如图10.178所示。

图10.177

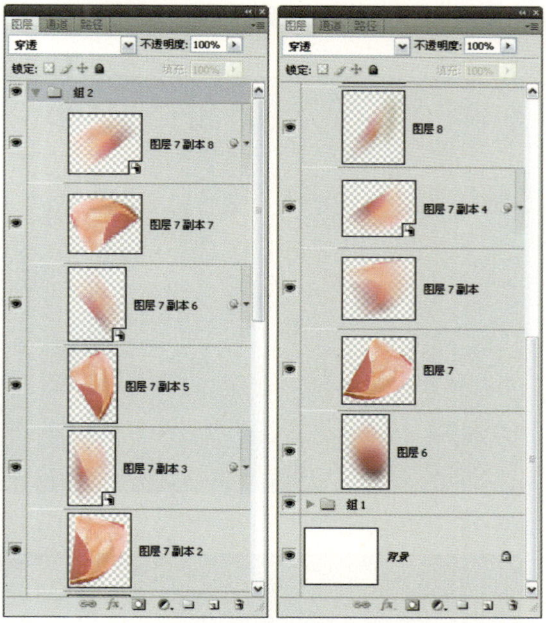

图10.178

提示

上一步骤操作的具体设置，读者可以参考本例随书所附光盘中的最终效果文件。应用滤镜操作的图层，在此已经将其转换为智能对象。下面制作文字及装饰效果以完成制作。

步骤23 打开随书所附光盘中的素材文件（光盘文件路径为“第10章\10.10\素材7.psd”），按住Shift键，使用【移动工具】将其中的图像拖动至制作文件中，效果如图10.179所示，同时得到“组3”和“组4”。

提示

本步骤中笔者是以图层组的形式给出的素材，读者可以参考本例随书所附光盘中的最终效果文件进行参数的设置，展开图层组即可观看到操作的过程。图层组中线条效果的制作方法为：首先使用【钢笔工具】绘制路径，然后选择【画笔工具】，在其工具选项栏中设置适当的画笔大小，再切换至【路径】面板，单击【用画笔描边路径】按钮。

提示

如果要想得到两端细、中间粗的线条效果，可以按住Alt键单击【用画笔描边路径】按钮，在弹出的对话框中选择【模拟压力】选项。需要注意的是，此时必须在【画笔】面板的【形状动态】区域中，设置【大小抖动】下方的【控制】为【钢笔压力】，否则无法得到这样的效果。

步骤24 在【图层】面板中选择“组3”，单击【创建新的填充或调整图层】按钮，在弹出的菜单中选择【亮度/对比度】命令，在弹出的面板中设置参数，如图10.180所示，最终效果如图10.181所示，同时得到图层“亮度/对比度1”，此时的【图层】面板如图10.182所示。

图10.179

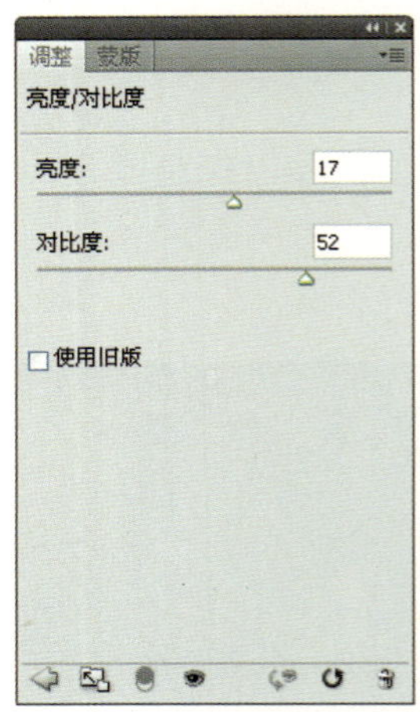

图10.180

图10.181

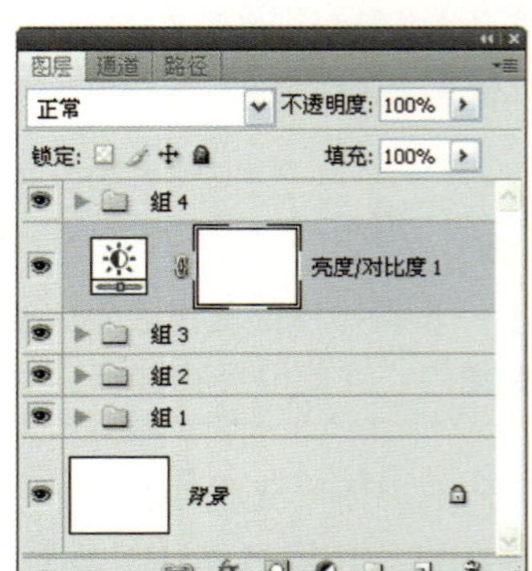

图10.182

提示

本例最终效果文件见随书所附光盘（光盘文件路径为“第10章\10.10\10.10.psd”）。

10.11 残旧书籍装帧设计

例前导读：

本例是以残旧为主题的书籍装帧设计作品。从封面的边框及经过特殊处理的文字等效果，可以体会出历史的沧桑韵味。

核心技能：

- 结合标尺及参考线划分各图像区域。
- 利用图层蒙版隐藏不需要的图像。
- 应用调整图层，调整图像的亮度、色调等属性。
- 利用剪贴蒙版限制图像的显示范围。
- 应用“盖印”功能合并可见图层中的图像。
- 结合通道及滤镜创建特殊的选区。
- 结合【画笔工具】及特殊画笔素材绘制图像。
- 利用图像变换，调整图像的大小、角度及位置。

操作步骤：

步骤1 按Ctrl+N组合键新建文件，在弹出的对话框中设置参数，如图10.183所示，单击【确定】按钮退出对话框，将此文件作为本例的制作文件。

提示

封面的宽度为面封宽度（140mm）+书脊宽度（12mm）+底封宽度（140mm）+左右出血（各3mm）=298mm；封面的高度为面封的高度（203mm）+上下出血（各3mm）=209mm。

步骤2 按Ctrl+R组合键显示标尺，按Ctrl+;组合键调出参考线，按照上面的提示内容，在制作文件的画布中添加参考线以划分封面中的各个区域，效果如图10.184所示，按Ctrl+R组合键隐藏标尺。

提示

下面制作封面中的基本元素，首先制作面封中的图像元素。

步骤3 打开随书所附光盘中的素材文件（光盘文件路径为“第10章\10.11\素材1.psd”），使用

【移动工具】将其中的图像拖动至制作文件中，得到“图层1”。按Ctrl+T组合键调出自由变换控制框，按住Shift键向内拖动控制手柄以缩小“图层1”中的图像并调整图像的位置，按Enter键确认操作，效果如图10.185所示。

提示

下面利用图层蒙版，将书脊内的图像区域隐藏起来。

步骤4 选择【矩形选框工具】，在制作文件中按照书脊的轮廓绘制选区，效果如图10.186所示。在【图层】面板中按住Alt键单击【添加图层蒙版】按钮，为“图层1”添加图层蒙版，效果如图10.187所示。

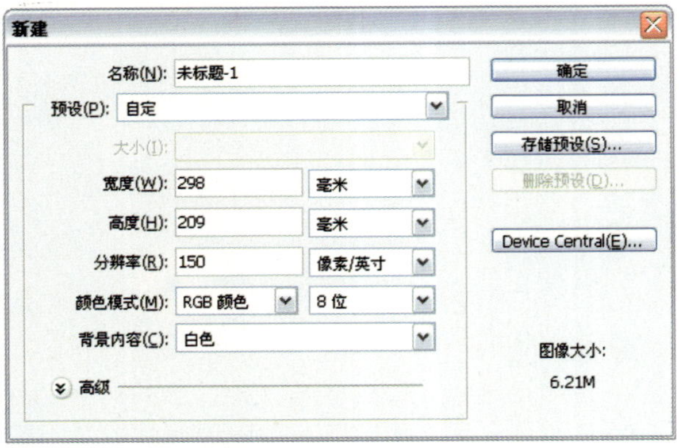

图10.183

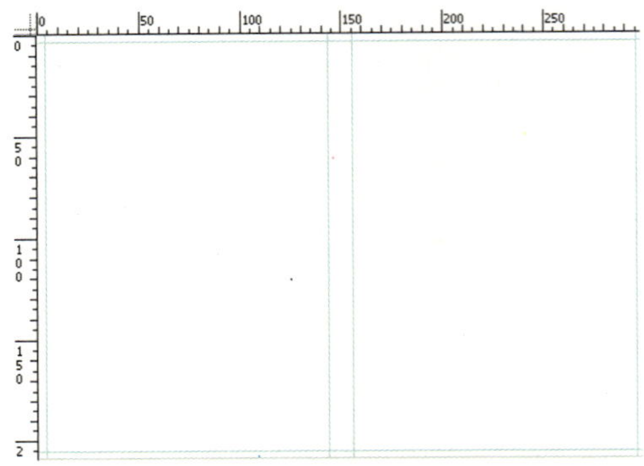

图10.184

图10.185

图10.186

图10.187

步骤5 选择“图层1”的图层缩览图，执行【滤镜】|【杂色】|【添加杂色】命令，在弹出的对话框中设置参数，如图10.188所示，单击【确定】按钮退出对话框，效果如图10.189所示。

步骤6 在【图层】面板中单击【创建新的填充或调整图层】按钮，在弹出的菜单中选择【渐变映射】命令，在弹出的面板中设置参数，如图10.190所示，得到图层“渐变映射1”，按Ctrl+Alt+G组合键创建剪贴蒙版，效果如图10.191所示。

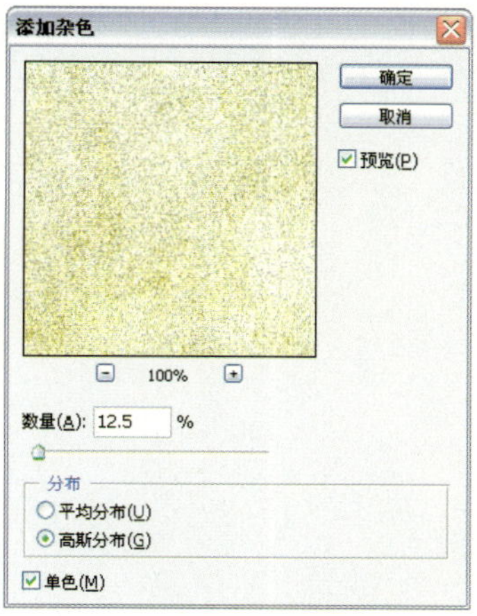

图10.188

图10.189

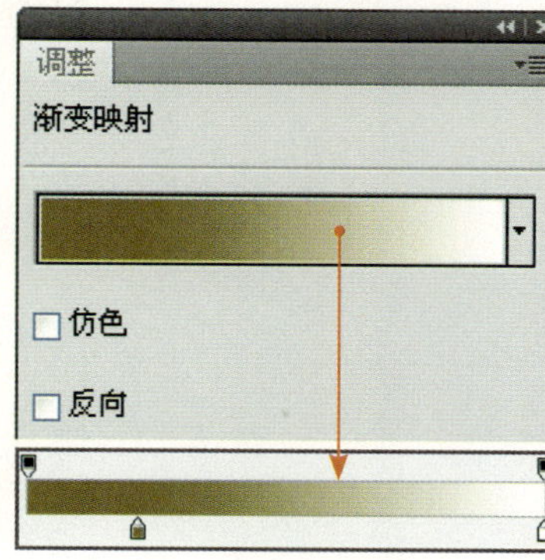

图10.190

提示

在【渐变映射】参数设置中，渐变颜色值分别为“7b6217”、“ffffff”。下面制作底封中的图像效果。

步骤 7 按住Shift键单击“图层1”的图层蒙版缩览图以停用图层蒙版，选择“图层1”和图层“渐变映射1”，按Ctrl+Alt+E组合键盖印图层，将选中图层中的图像合并至新图层中，并将其重命名为“图层2”。按住Shift键，使用【移动工具】将“图层2”中的图像水平移向底封位置，效果如图10.192所示。

图10.191

图10.192

步骤 8 单击“图层1”的图层蒙版缩览图以启用图层蒙版，按住Alt键将“图层1”的图层蒙版拖动至“图层2”的图层名称上以复制图层蒙版，效果如图10.193所示。

步骤 9 打开随书所附光盘中的素材文件（光盘文件路径为“第10章\10.11\素材2.psd”），结合【移动工具】及图像变换等，制作面封中的白色边框图像效果，效果如图10.194所示，同时得到“图层3”。复制“图层3”，得到“图层3副本”，按住Shift键，使用【移动工具】将“图层3副本”中的图像水平移向底封位置，效果如图10.195所示。

步骤 10 设置前景色的颜色值为“ca352c”，选择【矩形工具】，在其工具选项栏中单击【形状图层】按钮，在制作文件的画布中绘制一个覆盖整个封面的红色形状，效果如图10.196所示，得到图层“形状1”。

图10.193

图10.194

图10.195

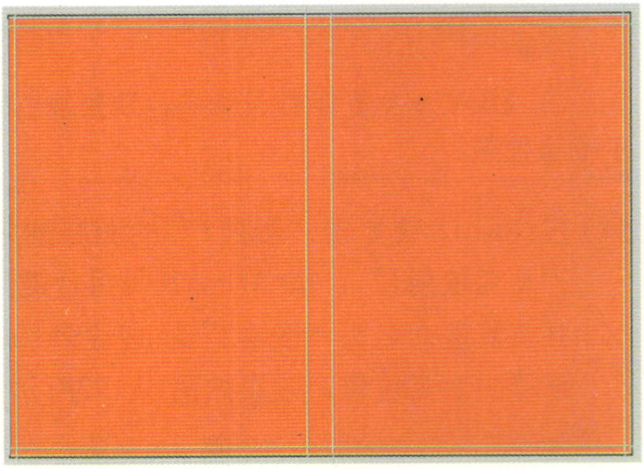

图10.196

步骤11 在【图层】面板中按住Ctrl+Shift组合键分别单击“图层3”和“图层3副本”的图层缩览图以载入其相加后的选区，按住Alt键单击【添加图层蒙版】按钮，为图层“形状1”添加图层蒙版，隐藏“图层3”和“图层3副本”，效果如图10.197所示。

步骤12 选择图层“形状1”的图层蒙版缩览图，选择【矩形选框工具】，在其工具选项栏中单击【添加到选区】按钮，在制作文件中按照封面四周出血的轮廓绘制选区，效果如图10.198所示。设置前景色为黑色，按Alt+Delete组合键以前景色填充当前图层蒙版，按Ctrl+D组合键取消选区，效果如图10.199所示，此时的【图层】面板如图10.200所示。

图10.197

图10.198

图10.199

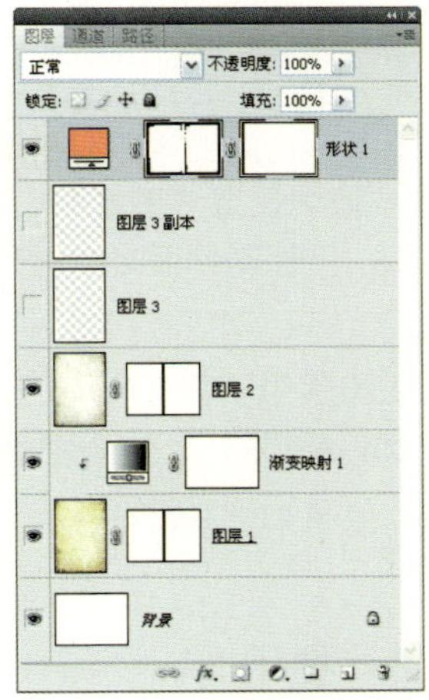

图10.200

提示

至此，边框效果已经制作完成。下面制作边框内的纹理效果。

步骤13 按照上面所讲解的操作方法，打开随书所附光盘中的素材文件（光盘文件路径为“第10章\10.11\素材3.psd”），结合图层蒙版及图层复制等，制作边框内的纹理效果，效果如图10.201所示，此时的【图层】面板如图10.202所示。

图10.201

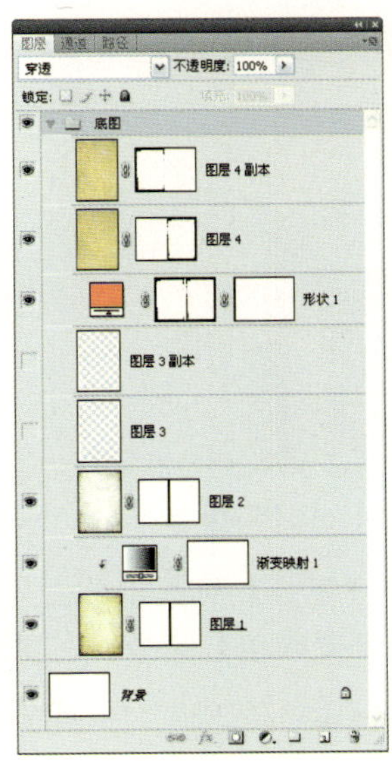

图10.202

提示

本步骤中为了方便管理图层，在此将制作封面底图的图层选中，按Ctrl+G组合键进行图层编组，得到“组1”，并将其重命名为“底图”。在下面的操作中，笔者也将对各部分进行图层编组，在步骤中不再叙述。

提示

本步骤中设置“图层4”及其副本图层的图层混合模式为【正片叠底】，【不透明度】为“80%”。下面制作面封中的砖墙效果。

步骤14 收拢图层组“底图”，打开随书所附光盘中的素材文件（光盘文件路径为“第10章\10.11\素材4.psd”），结合图像变换、图层属性以及图层蒙版等，制作面封下方的红色砖墙效果，效果如图10.203所示，同时得到“图层5”。

提示

本步骤中设置“图层5”的图层混合模式为【变暗】。

步骤15 在“图层5”的图层蒙版缩览图被激活的状态下，设置前景色为黑色，选择【渐变工具】，在其工具选项栏中单击【线性渐变】按钮，在制作文件的画布中单击鼠标右键，在弹出的【渐变拾色器】面板中选择渐变预设“前景色到透明渐变”，在图层蒙版中从红墙的上方至中心绘制渐变，效果如图10.204所示，此时图层蒙版中的状态如图10.205所示。

图10.203

图10.204

图10.205

步骤16 在【图层】面板中单击【创建新的填充或调整图层】按钮，在弹出的菜单中选择【渐变映射】命令，在弹出的面板中设置参数，如图10.206所示，得到图层“渐变映射2”，按Ctrl+Alt+G组合键创建剪贴蒙版，效果如图10.207所示。

提示

在【渐变映射】参数设置中，渐变颜色值从左至右分别为“252932”、“252932”和“ffffff”。

步骤17 在【图层】面板中单击【创建新的填充或调整图层】按钮，在弹出的菜单中选择【亮度/对比度】命令，在弹出的面板中设置参数，如图10.208所示，得到图层“亮度/对比度1”，按Ctrl+Alt+G组合键创建剪贴蒙版，效果如图10.209所示。

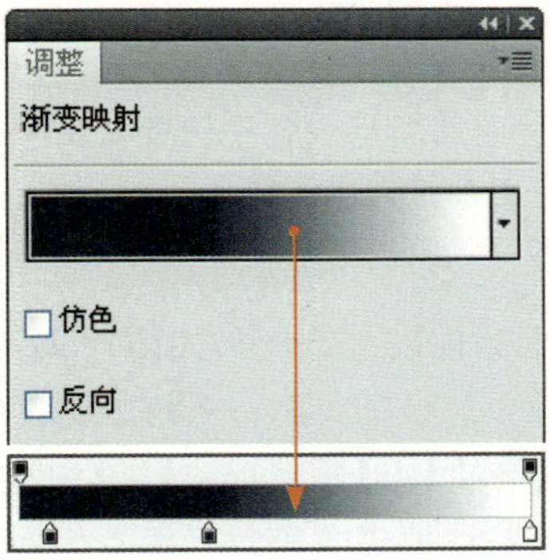

图10.206

图10.207

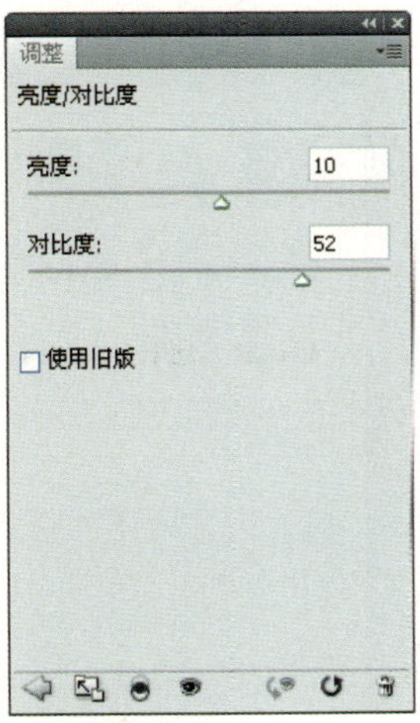

图10.208

图10.209

提示

至此，砖墙效果已经制作完成。

步骤18 按照上面所讲解的操作方法，结合素材图像、调整图层以及图层蒙版等，制作面封中的书名并对整体色调及亮度进行调整，效果如图10.210所示，此时的【图层】面板如图10.211所示。

图10.210

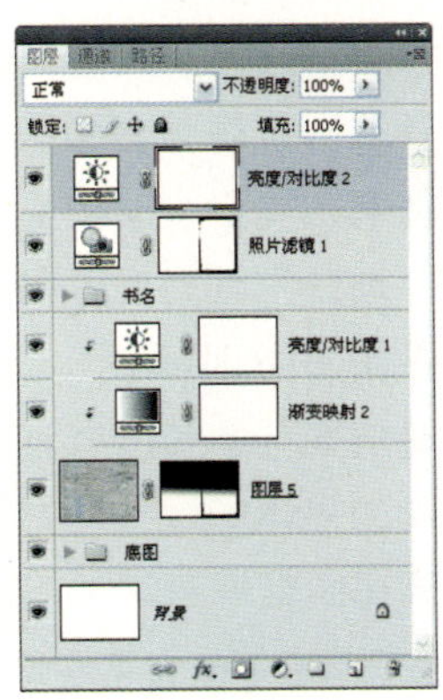

图10.211

提示

本步骤中关于“照片滤镜”以及“亮度/对比度”调整图层中的参数设置，请参考本例随书所附光盘中的最终效果文件；应用到的素材文件为随书所附光盘中的素材文件（光盘文件路径为“第10章\10.11\素材5.psd”）。下面制作面封右上方的文字效果。

步骤19 选择【矩形选框工具】，在制作文件中面封的右上方绘制如图10.212所示的选区。切换至【通道】面板，单击【将选区存储为通道】按钮，得到通道“Alpha1”。选择此通道，按Ctrl+D组合键取消选区。执行【滤镜】|【画笔描边】|【喷溅】命令，在弹出的对话框中设置参数，如图10.213所示，调整效果请参见对话框左侧的预览区域，单击【确定】按钮退出对话框。

图10.212

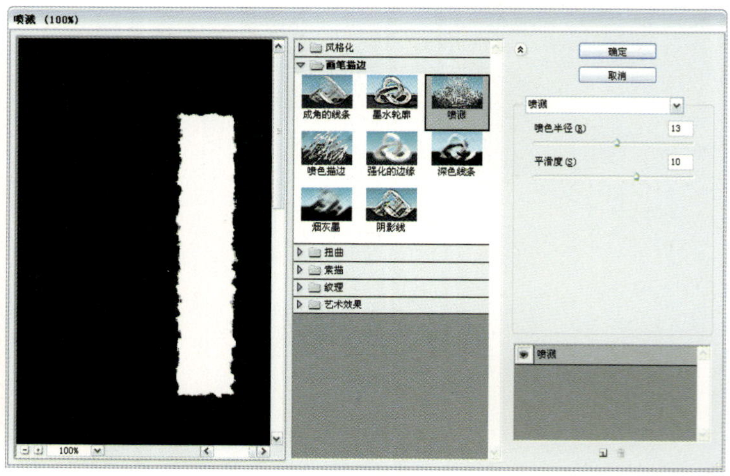

图10.213

步骤20 按住Ctrl键单击通道“Alpha1”的通道缩览图以载入其选区，切换至【图层】面板，选择图层“亮度/对比度2”，新建图层，得到“图层6”。设置前景色的颜色值为“d9cebe”，按Alt+Delete组合键以前景色填充选区，按Ctrl+D组合键取消选区，效果如图10.214所示。

步骤21 利用自由变换控制框调整“图层6”中图像的角度，效果如图10.215所示。在【图层】面板中单击【添加图层蒙版】按钮，为“图层6”添加图层蒙版。设置前景色为黑色，打开随书所附光盘中的素材文件（光盘文件路径为“第10章\10.11\素材6.abr”），选择【画笔工具】，在制作文件的画布中单击鼠标右键，在弹出的【画笔预设选取器】面板中选择刚刚打开的画笔，在图层蒙版中进行涂抹，将上、下方的图像效果隐藏起来，效果如图10.216所示。

步骤22 设置前景色的颜色值为“b6221d”，选择【直排文字工具】，在其工具选项栏中设置适当的字体和字号，在制作文件中面封的右上方输入文字“经典长篇小说”，利用自由变换控制框调整文字的角度及位置，效果如图10.217所示。

步骤23 按住Ctrl键单击文字图层的缩览图以载入文字的选区，切换至【通道】面板，按照步骤19的操作方法，将选区存储为通道“Alpha2”，并利用【喷溅】滤镜制作喷溅效果，效果如图10.218所示。

图10.214

图10.215

图10.216

提示

本步骤中设置【喷溅】对话框中的【喷色半径】为“5”，【平滑度】为“8”。

图10.217

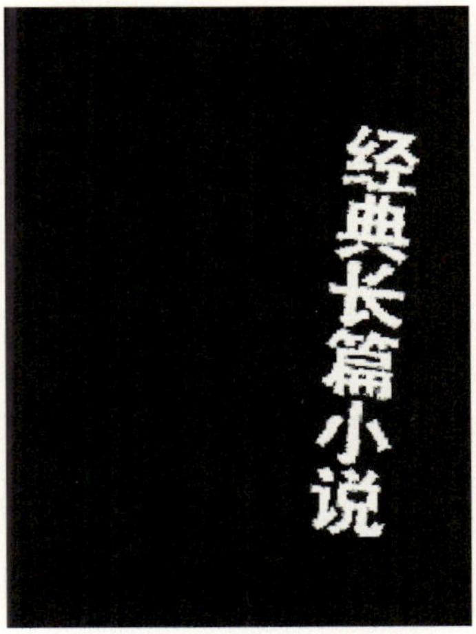

图10.218

步骤24 按住Ctrl键单击通道“Alpha2”的通道缩览图以载入其选区。切换至【图层】面板，选择“图层6”的图层蒙版缩览图，设置前景色为黑色，按Alt+Delete组合键以前景色填充选区，按Ctrl+D组合键取消选区，将“图层6”拖动至文字图层的上方，效果如图10.219所示，此时的【图层】面板如图10.220所示。

提示

至此，画布右上方的文字效果已经制作完成。

图10.219

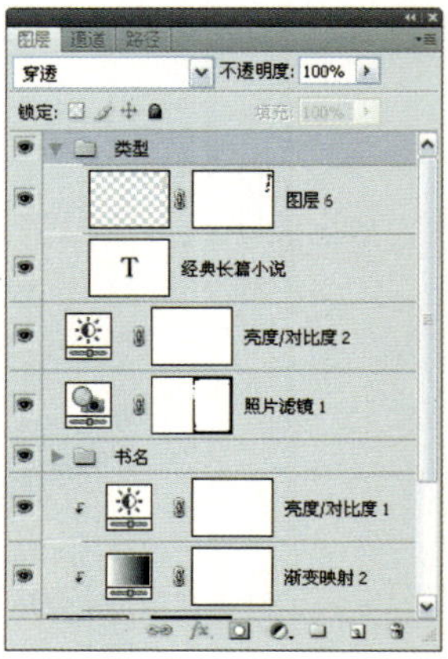

图10.220

步骤25 收拢图层组“类型”，按照上面所讲解的操作方法，结合图层盖印、调整图层、剪贴蒙版、相关文字工具、图层复制以及形状绘制类工具等，制作面封中的纹理效果、文字以及书脊、底封中的图像效果，最终效果如图10.221所示，此时的【图层】面板如图10.222所示。

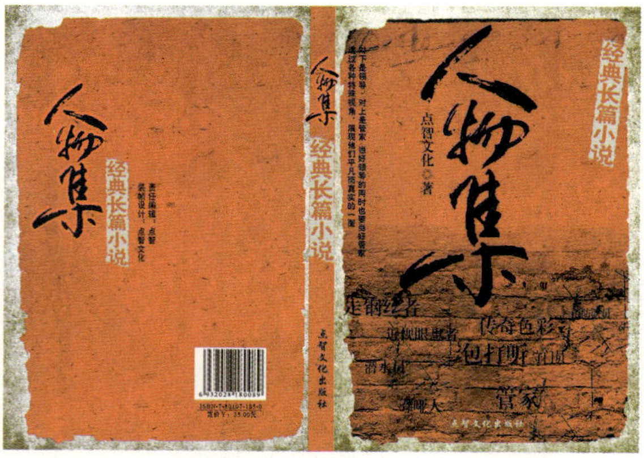

图10.221

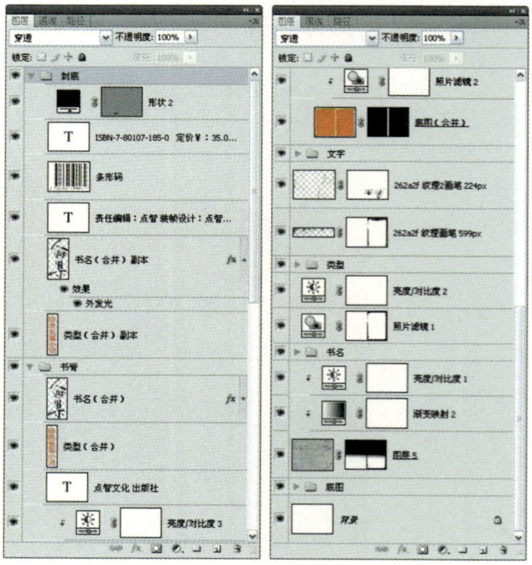

图10.222

提示

本步骤中所应用到的特殊画笔为随书所附光盘“第10章\10.11\素材7”文件夹中的画笔文件；条形码的素材文件为随书所附光盘中的素材文件（光盘文件路径为“第10章\10.11\素材8.psd”）。另外，关于调整图层以及图层样式的参数设置，请参考本例随书所附光盘中的最终效果文件。

提示

本例最终效果文件见随书所附光盘（光盘文件路径为“第10章\10.11\10.11.psd”）。

第11章

欧式风格

欧式风格是欧洲文化发展了数千年后逐渐形成的，其文化底蕴也极为深厚，如罗马柱、希腊雕像、徽章及花式文字等，都是设计中十分常见的表现元素。

11.1 欧式风格概述

经过数千年的发展与历史沉淀，欧式风格同样拥有着深厚的历史文化底蕴以及独特的艺术魅力，能够为当今的设计师提供丰富的创意灵感与设计元素。

欧式设计元素在设计作品中能够体现出一种异域风情，因此了解欧式设计元素对于设计师而言极具重要性。

下面通过常用图形、常用颜色、常用字体等几个方面对欧式设计风格中常用的设计元素一一进行讲解。

11.1.1 欧式风格的常用图形

1. 建筑、雕塑

建筑与雕塑最能够体现欧式风格。以欧式建筑为例，按照历史发展流派，可以分为古希腊风格、古罗马风格等；按照建筑方式，可以分为哥特风格、巴洛克风格、洛可可风格等。

每一种风格都具有不同的代表性特征，如哥特风格尖锐俊秀、巴洛克风格繁复华丽、洛可可风格多采用半抽象题材的装饰等，这就使得设计师在设计中能够找到非常典型的元素来表现这些设计风格。

图11.1展示了一些典型的欧式建筑与雕塑。在设计作品中加入这些设计元素的局部或具有代表性的线条，无疑能够为作品增添欧式风情。

图11.1

图11.2所示为使用了上述元素的设计作品。

图11.2

2. **装饰图案元素**

欧式风格中也包含有大量装饰性的图案元素。这些元素大多具有光滑的曲线与复杂的样式，图11.3～图11.8所示为在设计中常用的一些具有欧式风格的图案元素。

图11.3

图11.4

图11.5

图11.6

图11.7

图11.8

图11.9所示是一些典型应用的作品示例。

图11.9

3. 徽标和勋章

徽标和勋章作为缩影，能够折射出欧洲各国历史的变迁与民族的信念，如图11.10所示，在设计中被广泛应用。

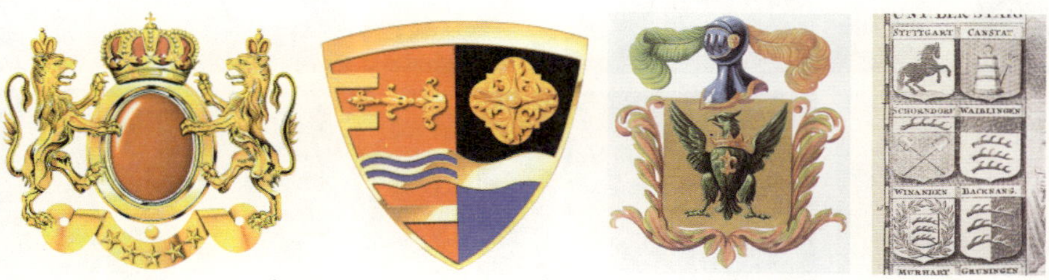

图11.10

图11.11所示为一些含有上述设计元素的设计作品。

图11.11

4. 绘画素材

欧洲是许多绘画类别的发源地， 同时也是现代许多绘画流派的起始点。除此之外，大量涌现的优秀绘画作品也为欧洲的美术史增添了夺目的光彩，如达·芬奇的“蒙娜·丽莎”与凡·高的“向日葵”。

这些绘画技法、流派与作品，从侧面反映出了特定历史时期的文化特点和人文风情，因此具有非常重要的象征意义。设计师使用这些作品或绘画流派的表现技法来设计自己的作品，能够使作品具有显著的欧式风格。

图11.12所示为一些较为知名的绘画作品。

图11.12

图11.13所示为一些含有上述元素的设计作品。

图11.13

5.乐器

在音乐发展史上，欧洲文明同样占据着非常重要的位置。小提琴、萨克斯、钢琴等具有欧式风格的乐器如图11.14所示。这些乐器素材图像在制作音乐题材的设计作品中用途十分广泛。

图11.14

图11.15所示为一些含有上述元素的设计作品。

图11.15

11.1.2 欧式风格的常用颜色

欧式风格的常用颜色以表现古典风情的黄色系为主（这一点与中式风格很相似），象征着泛黄的带有浓郁怀旧情怀的历史记忆；而纯度较低、偏于橄榄绿的色系则蕴涵着庄重而又古朴的田园气息。

欧式风格另一个重要特征就是其带有成熟韵味的华丽感，代表颜色介于红色与蓝色之间，其中以玫瑰红为代表的几种颜色最为常用。欧式风格的常用颜色如图11.16所示。

图11.16

11.1.3 欧式风格的常用字体

欧洲文字，以英文为代表，是由26个拉丁字母构成的表音符号体系。拉丁字母的字体经过几千年的演变，形成多种风格类型，并被广泛应用于各种领域，就本章涉及到的欧式风格的特点列举以下几类常用字体。

无饰线体：即黑体，它的最大特点是没有装饰线，线条粗细一致，简洁大方，醒目庄重，容易辨认，颇具现代感，是在设计中最常用的一类字体，如图11.17所示。

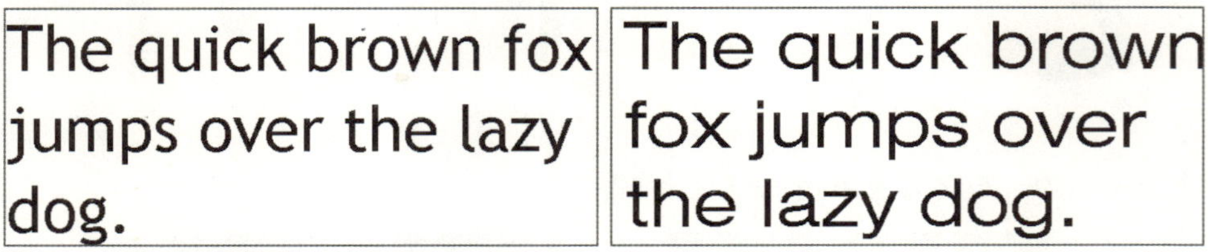

图11.17

草书体：即手写体，它优雅活泼、具有强烈的个性色彩，因此通常被用来表现欧式风格自然、浪漫、唯美的特质，如图11.18所示。

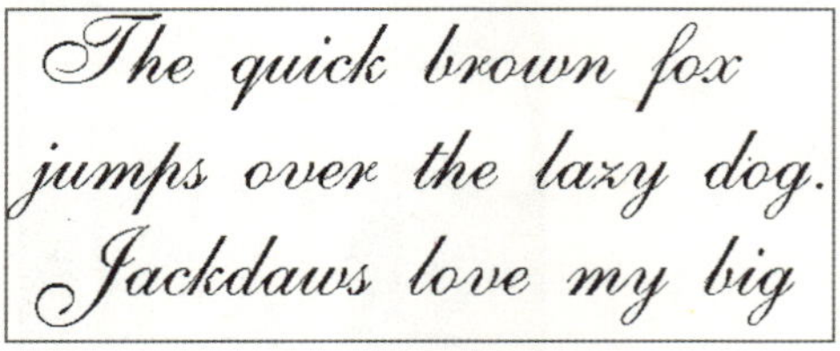

图11.18

装饰体：即花体，是表现欧式华丽感最常用到的字体，它是经过形体变化或将字母与装饰元素交织成一体而形成的一种风格独特的字体，如图11.19所示。它以弧线为主，形式变化多样，设计师可根据不同的设计需要选择不同的花体。

图11.20所示是欧式风格常用字体的典型应用作品。

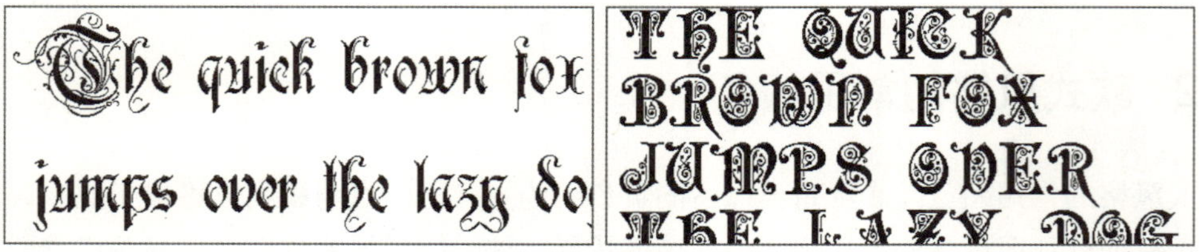

图11.19

图11.20

11.1.4 欧式风格的常用材质

欧式风格的常用材质分别由象征古典怀旧风情的纸纹与毛呢、带有仿旧意味的绘画底纹、象征成熟丰韵的皮毛纹、象征粗犷与热情的粗糙石纹等构成，如图11.21所示。

毛皮

粗糙石材

毛呢

旧报纸

不规则草纹

防旧水彩

图11.21

11.2 华丽风情——凝

例前导读：

华丽的紫红色调和带有浓郁欧式风格的建筑、装饰花边等设计元素，向观者展现出欧式风格迷人、高贵的特质。运用调整图层调整画面的整体色调是本例的制作重点，画面巧妙地融合了现代与古典、性感与洒脱的女性特征。

核心技能：

- 应用调整图层，调整图像的色彩、色调等属性。
- 应用【渐变工具】绘制渐变效果。
- 利用剪贴蒙版限制图像的显示范围。
- 设置图层属性以混合图像。

■ 利用图层蒙版隐藏不需要的图像。

■ 利用图像变换，调整图像的大小、角度及位置。

操作步骤：

步骤1 打开随书所附光盘中的素材文件（光盘文件路径为“第11章\11.2\素材1.tif”），效果如图11.22所示，将此文件作为本例的制作文件。执行【滤镜】|【模糊】|【高斯模糊】命令，在弹出的对话框中设置【半径】为“9”，单击【确定】按钮退出对话框，效果如图11.23所示。

步骤2 在【图层】面板中单击【创建新的填充或调整图层】按钮，在弹出的菜单中选择【色彩平衡】命令，在弹出的面板中设置参数，如图11.24所示，效果如图11.25所示。

图11.22

图11.23

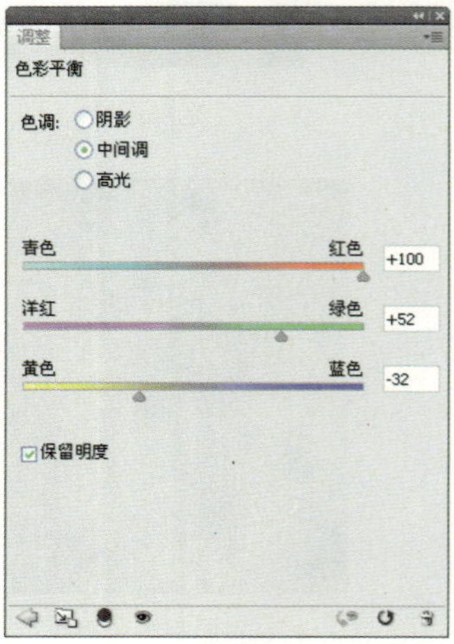

图11.24

步骤3 在【图层】面板中单击【创建新的填充或调整图层】按钮，在弹出的菜单中选择【照片滤镜】命令，在弹出的面板中设置参数，如图11.26所示，效果如图11.27所示。

图11.25

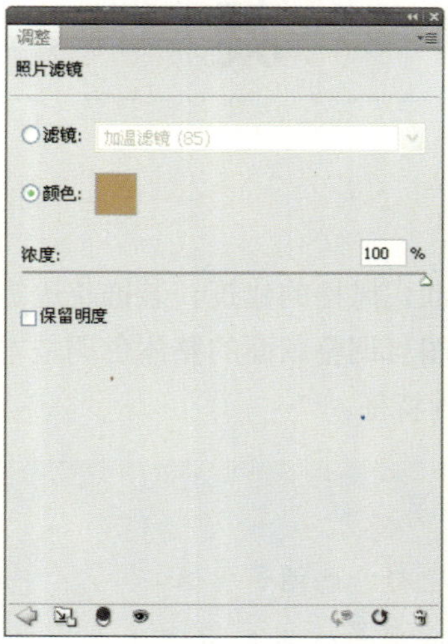

图11.26

图11.27

步骤4 新建图层，得到“图层1”。设置前景色的颜色值为“b1112a”，选择【矩形选框工具】，在制作文件画布的左半部分区域绘制如图11.28所示的选区。选择【渐变工具】，在其工具选项栏中单击【线性渐变】按钮，并选择渐变预设“前景色到透明渐变”，然后在制作文件中从选区的左侧向右侧绘制渐变，按Ctrl+D组合键取消选区，效果如图11.29所示。

步骤 5 在【图层】面板中单击【创建新的填充或调整图层】按钮，在弹出的菜单中选择【色彩平衡】命令，在弹出的面板中设置参数，如图11.30所示，效果如图11.31所示。

步骤 6 新建图层，得到“图层2”。设置前景色为黑色，选择【矩形选框工具】，在制作文件画布的左半部分区域绘制如图11.32所示的选区。选择【渐变工具】，在其工具选项栏中单击【线性渐变】按钮，并选择渐变预设“前景色到透明渐变”，然后设置【不透明度】为“30%”，在制作文件中从选区的左侧至右侧绘制渐变，按Ctrl+D组合键取消选区，效果如图11.33所示。

图11.28

图11.29

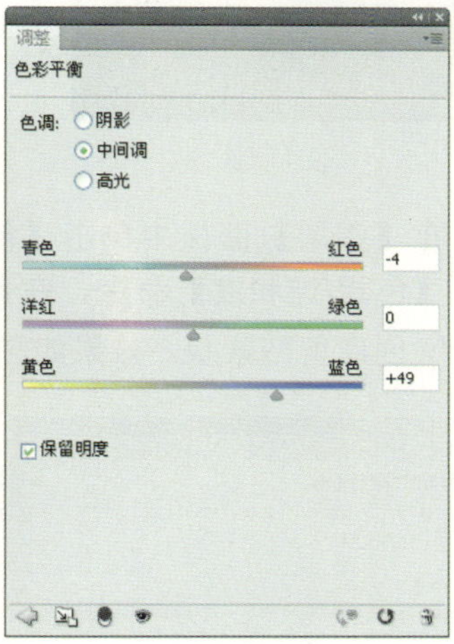

图11.30

图11.31

图11.32

图11.33

步骤 7 新建图层，得到“图层3”。设置前景色为黑色，选择【渐变工具】，在其工具选项栏中单击【线性渐变】按钮，并选择渐变预设“前景色到透明渐变”，然后设置【不透明度】为“100%”，在制作文件中从画布的左侧向右侧拖动渐变1cm，效果如图11.34所示，再从画布的下方距离边缘0.5cm的位置处向上拖动渐变1cm，效果如图11.35所示。

步骤8 打开随书所附光盘中的素材文件（光盘文件路径为“第11章\11.2\素材2.psd”），使用【移动工具】将其中的图像拖动至制作文件中，得到“图层4”。按Ctrl+T组合键调出自由变换控制框，按住Shift键缩小“图层4”中的图像并将其拖动至如图11.36所示的位置，按Enter键确认操作。

图11.34

图11.35

图11.36

步骤9 在【图层】面板中单击【创建新的填充或调整图层】按钮，在弹出的菜单中选择【色相/饱和度】命令，在弹出的面板中设置参数，如图11.37所示，按Ctrl+Alt+G组合键创建剪贴蒙版，效果如图11.38所示，此时的【图层】面板如图11.39所示。

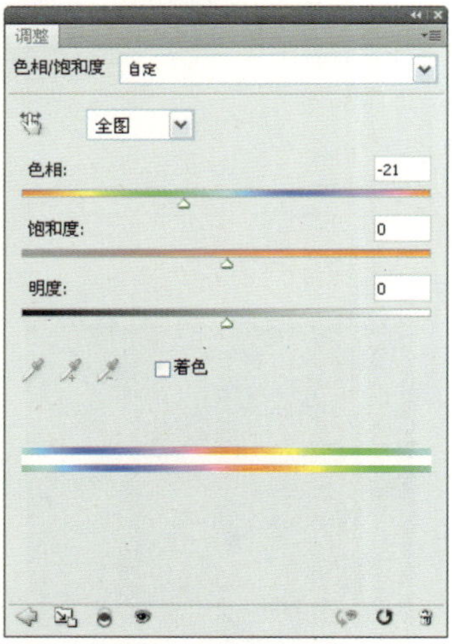

图11.37

图11.38

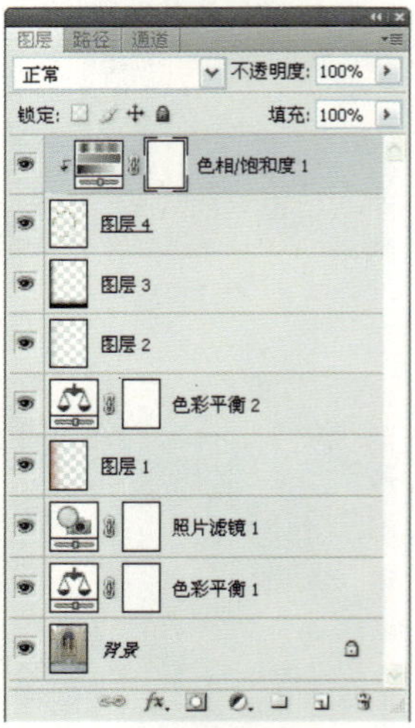

图11.39

步骤10 选择“图层3”，打开随书所附光盘中的素材文件（光盘文件路径为“第11章\11.2\素材3.psd”），使用【移动工具】将其中的图像拖动至制作文件中，得到“图层5”。利用自由变换控制框调整“图层5”中图像的大小及位置，效果如图11.40所示，按Enter键确认操作。

步骤11 新建图层，得到“图层6”。选择【椭圆选框工具】，按住Shift键在制作文件中画框的底部绘制正圆选区，效果如图11.41所示。按Shift+F6组合键羽化选区，在弹出的对话框中设置【羽化半径】为“15”，单击【确定】按钮退出对话框。

步骤12 设置前景色的颜色值为“fcd70c”，按Alt+Delete组合键用前景色填充选区，按Ctrl+D组合键取消选区，设置“图层6”的【不透明度】为“20%”，效果如图11.42所示。

图11.40

图11.41

图11.42

步骤13 选择“图层1”，打开随书所附光盘中的素材文件（光盘文件路径为“第11章\11.2\素材4.tif”），使用【移动工具】将其中的图像拖动至制作文件中，得到“图层7”。利用自由变换控制框调整“图层7”中图像的大小及位置，效果如图11.43所示，按Enter键确认操作。

步骤14 选择【矩形选框工具】，在制作文件中画布的下方绘制如图11.44所示的选区，按住Alt键，在【图层】面板中单击【添加图层蒙版】按钮，为“图层1”添加图层蒙版，效果如图11.45所示。

图11.43

图11.44

图11.45

步骤15 选择“图层7”的图层蒙版作为当前的操作对象。设置前景色为黑色，选择【钢笔工具】，在制作文件中沿着人物和椅子的轮廓绘制如图11.46所示的路径，按Ctrl+Enter组合键将路径转换为选区，按Alt+Delete组合键用前景色填充选区，按Ctrl+D组合键取消选区，效果如图11.47所示，此时图层蒙版中的状态如图11.48所示。

步骤16 选择“图层7”的图层蒙版作为当前的操作对象。设置前景色为黑色，选择【渐变工具】，在其工具选项栏中单击【线性渐变】按钮，并选择渐变预设“前景色到透明渐变”。

步骤17 在制作文件中从椅背的位置向左倾斜45°向人物的脸部绘制渐变，再从人物左侧的小腿位置向右略微绘制渐变，将画框以外的图像区域隐藏起来，效果如图11.49所示，此时图层蒙版中的状态如图11.50所示，此时的【图层】面板如图11.51所示。

图11.46

图11.47

图11.48

图11.49

图11.50

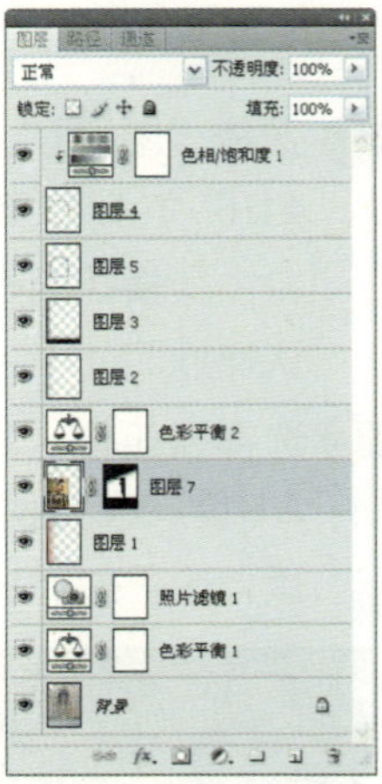

图11.51

步骤18 打开随书所附光盘中的素材文件（光盘文件路径为“第11章\11.2\素材5.psd”），使用【移动工具】将其中的图像拖动至制作文件中，得到“图层8”，将“图层8”拖动至所有图层的上方。按Ctrl+T组合键调出自由变换控制框，按住Shift键缩小“图层8”中的图像，并将其拖动至画布的最下方，效果如图11.52所示，按Enter键确认操作。

步骤19 在【图层】面板中单击【添加图层样式】按钮 *fx*，在弹出的菜单中选择【渐变叠加】命令，在弹出的对话框中设置参数，如图11.53所示，单击【确定】按钮退出对话框，设置“图层8”的【不透明度】为“90%”，效果如图11.54所示。

图11.52

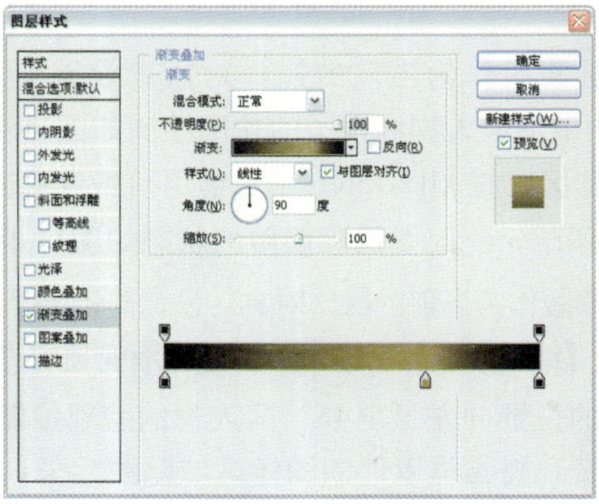

图11.53

图11.54

提示

在【渐变叠加】参数设置中，渐变颜色值从左至右分别为“000000”、“9f7c00”和“000000”。

步骤20 按照上面所讲解的操作方法，利用素材图像、图层属性以及图层蒙版等，制作画布右侧及左上方的图像效果，最终效果如图11.55所示，此时的【图层】面板如图11.56所示。

图11.55

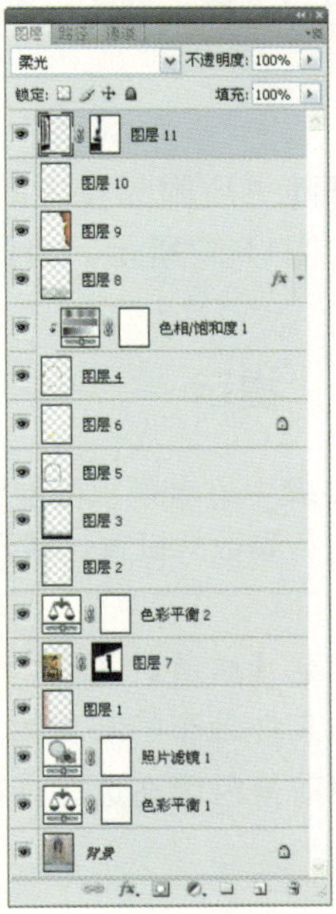

图11.56

提示

本步骤中所应用到的素材文件为随书所附光盘中的素材文件（光盘文件路径为“第11章\11.2\素材6.psd、素材7.psd和素材8.tif”）；在此设置“图层11”的图层混合模式为【柔光】。

提示

本例最终效果文件见随书所附光盘（光盘文件路径为“第11章\11.2\11.2.psd”）。

11.3 古典风情——“非部”皮包广告

例前导读：

本例运用了欧式古典色调、典型建筑物等设计元素，着重表现出欧式风格庄重、广博、有气度又夹杂一丝野性的特质。运用图层混合模式制作人物的混合效果，是本例的制作重点。

核心技能：

- 结合通道及滤镜创建特殊的选区。
- 利用图层蒙版隐藏不需要的图像。
- 设置图层属性以混合图像。
- 应用【钢笔工具】绘制路径。
- 利用图像变换，调整图像的大小、角度及位置。

操作步骤：

步骤1 打开随书所附光盘中的素材文件（光盘文件路径为“第11章\11.3\素材1.psd”），效果如图11.57所示，将此文件作为本例的制作文件。

提示

本步骤中笔者是以图层组的形式给出的素材，读者可以参考本例随书所附光盘中的最终效果文件进行参数的设置，展开图层组即可观看到操作的过程。下面制作边框效果。

步骤2 切换至【通道】面板，新建通道，得到通道“Alpha1”。选择【矩形选框工具】，在制作文件画布的右侧绘制如图11.58所示的选区。设置前景色为白色，按Alt+Delete组合键用前景色填充选区，按Ctrl+D组合键取消选区。

图11.57

图11.58

步骤3 执行【滤镜】|【画笔描边】|【喷溅】命令，在弹出的对话框中设置参数，如图11.59所示，单击【确定】按钮退出对话框。连续按Ctrl+F组合键执行上一次滤镜操作，按住Ctrl键单击通道“Alpha1”的通道缩览图以载入其选区。

图11.59

步骤4 返回至【图层】面板，设置前景色为黑色，新建图层，得到“图层5”。按Alt+Delete组合键用前景色填充选区，按Ctrl+D组合键取消选区，效果如图11.60所示。

图11.60

步骤5 打开随书所附光盘中的素材文件（光盘文件路径为“第11章\11.3\素材2.tif”），使用【移动工具】将其中的图像拖动至制作文件中，得到“图层6”。按Ctrl+T组合键调出自由变换控制框，按住Shift键缩小“图层6”中的图像并将其拖动至如图11.61所示的位置，按Enter键确认操作。

步骤6 打开随书所附光盘中的素材文件（光盘文件路径为“第11章\11.3\素材3.tif”），使用【移动工具】将其中的图像拖动至制作文件中，得到“图层7”。按Ctrl+T组合键调出自由变换控制框，按住Shift键缩小“图层7”中的图像，并将其拖动至如图11.62所示的位置，按Enter键确认操作。

图11.61

图11.62

步骤7 在【图层】面板中单击【添加图层蒙版】按钮，为“图层7”添加图层蒙版。设置前进色为黑色，选择【画笔工具】，在其工具选项栏中设置适当的画笔大小和【不透明度】数值，在制作文件的画布中单击鼠标右键，在弹出的【画笔预设选取器】面板中选择如图11.63所示的画笔。

步骤8 在制作文件中人物的边缘进行45°的反复涂抹，特别针对头发进行反复涂抹，效果如图11.64所示，此时图层蒙版中的状态如图11.65所示。

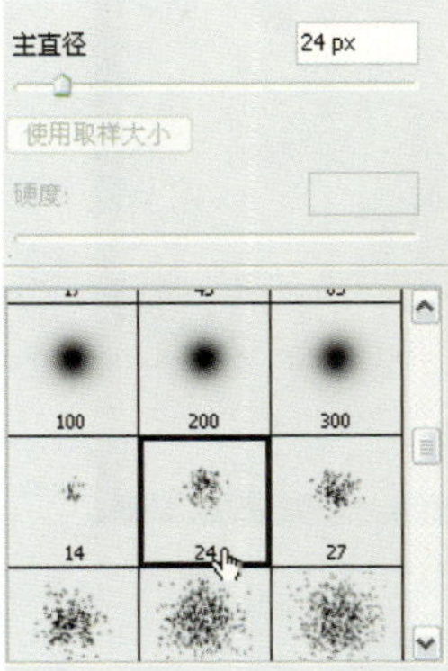

图11.63

图11.64

图11.65

步骤9 隐藏“图层7”，选择“图层6”，将其作为当前的操作图层。选择【矩形选框工具】，在制作文件中颜色较深的位置绘制如图11.66所示的选区。按Shift+F6组合键羽化选区，在弹出的对话框中设置【羽化半径】为“30”，单击【确定】按钮退出对话框。按Ctrl+C组合键复制图像，按Ctrl+V组合键粘贴图像，得到“图层8”。

步骤10 显示“图层7”，将“图层8”拖动至“图层7”的上方，并将“图层8”中的图像拖动至可以将人物的手臂遮挡住的位置。执行【编辑】|【变换】|【水平翻转】命令，效果如图11.67所示。

图11.66

图11.67

步骤11 在【图层】面板中单击【添加图层蒙版】按钮，为“图层8”添加图层蒙版。设置前景色为黑色，选择【画笔工具】，在其工具选项栏中设置适当的画笔大小和【不透明度】数值，在制作文件中对图像的边缘进行涂抹，效果如图11.68所示。

步骤12 打开随书所附光盘中的素材文件（光盘文件路径为“第11章\11.3\素材4.tif”），使用【移动工具】将其中的图像拖动至制作文件中，得到“图层9”。按Ctrl+T组合键调出自由变换控制框，按住Shift键缩小“图层9”中的图像并将其拖动至如图11.69所示的位置，按Enter键确认操作。设置“图层9”的图层混合模式为【叠加】，效果如图11.70所示。

步骤13 在【图层】面板中单击【添加图层蒙版】按钮，为“图层9”添加图层蒙版。设置前景色为黑色，选择【画笔工具】，在其工具选项栏中设置适当的画笔大小和【不透明度】数值，在制作文件中人物左侧偏亮的位置进行涂抹，效果如图11.71所示。

图11.68

图11.69

图11.70

图11.71

步骤14 选择“图层9”，将其作为当前的操作图层。按住Ctrl键单击“图层5”～“图层8”的图层名称以将其选中，按Ctrl+T组合键调出自由变换控制框，利用控制框顺时针旋转选中图层中的图像10°，并将其拖动至如图11.72所示的位置，按Enter键确认操作。

步骤15 打开随书所附光盘中的素材文件（光盘文件路径为“第11章\11.3\素材5.psd”），使用【移动工具】将其中的图像拖动至制作文件中，得到“图层10”。按Ctrl+T组合键调出自由变换控制框，按住Shift键缩小“图层10”中的图像，并将其拖动至如图11.73所示的位置，按Enter键确认操作。

图11.72

图11.73

步骤16 选择【钢笔工具】，在其工具选项栏中单击【路径】按钮，在制作文件中沿着人物的手部绘制如图11.74所示的路径。复制“图层6”，得到“图层6副本”，将其拖动至“图层10”的上方，并使用【移动工具】将其中的图像拖动至如图11.75所示的位置。

图11.74

图11.75

步骤17 按Ctrl+Enter组合键将路径转换为选区，在【图层】面板中单击【添加图层蒙版】按钮 ，为“图层6副本”添加图层蒙版，效果如图11.76所示。设置“图层6副本”的图层混合模式为【叠加】，效果如图11.77所示。

图11.76

图11.77

步骤18 打开随书所附光盘中的素材文件（光盘文件路径为“第11章\11.3\素材6.psd”），使用【移动工具】 将其中的图像拖动至制作文件中，得到“图层11”。按Ctrl+T组合键调出自由变换控制框，按住Shift键缩小“图层11”中的图像，然后顺时针旋转图像123°，并将其拖动至如图11.78所示的位置，按Enter键确认操作。

步骤19 重复步骤16～步骤17的操作，为“图层11”添加图层蒙版，并设置图层混合模式为【叠加】，效果如图11.79所示。

图11.78

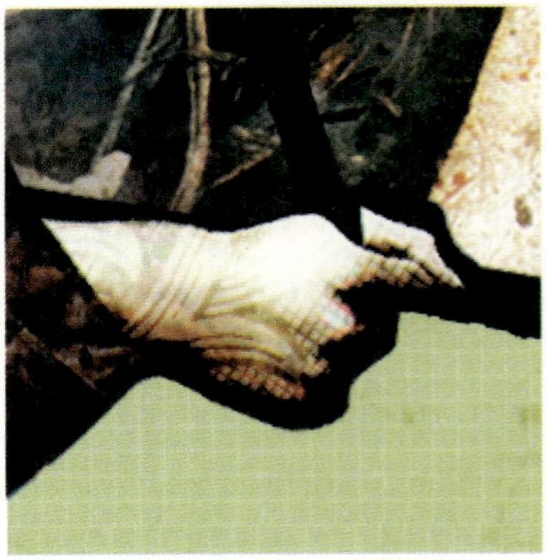

图11.79

步骤20 选择【钢笔工具】 ，在其工具选项栏中单击【路径】按钮 ，在制作文件中沿着皮包绘制如图11.80所示的路径，按Ctrl+Enter组合键将路径转换为选区。切换至【通道】面板，单击【将选区存储为通道】按钮 ，得到通道“Alpha2”，单击通道“Alpha2”的通道缩览图以进入其编辑状态，按Ctrl+D组合键取消选区，效果如图11.81所示。

步骤21 按Ctrl+I组合键反相图像。执行【滤镜】|【模糊】|【高斯模糊】命令，在弹出的【高斯模糊】对话框中设置【半径】为“15”，单击【确定】按钮退出对话框。执行【滤镜】|【像素化】|【彩色半调】命令，在弹出的对话框中设置参数，如图11.82所示，单击【确定】按钮退出对话框，效果如图11.83所示。

图11.80

图11.81

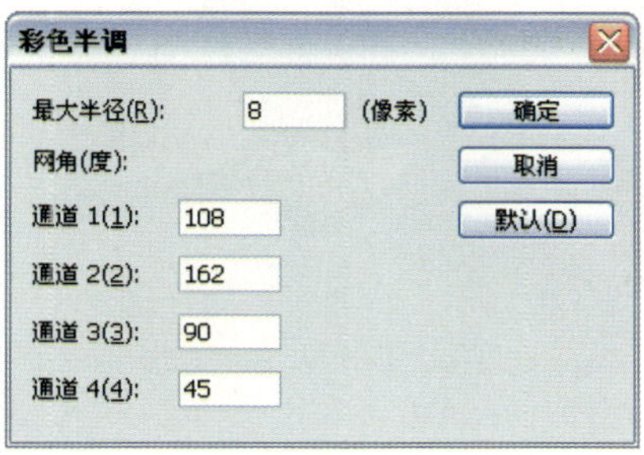

图11.82

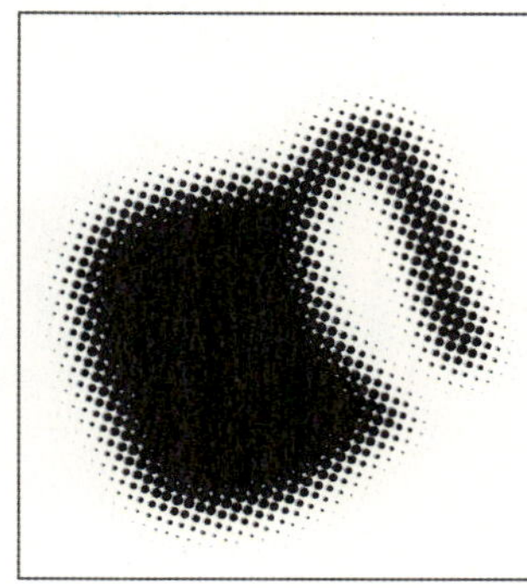

图11.83

步骤22 按Ctrl+I组合键反相图像，按住Ctrl键单击通道“Alpha2”的通道缩览图以载入选区。切换至【图层】面板，选择“图层9”，新建图层，得到“图层12”。设置前景色为黑色，按Alt+Delete组合键用前景色填充选区，按Ctrl+D组合键取消选区，效果如图11.84所示。

步骤23 在【图层】面板中单击【添加图层蒙版】按钮，为“图层12”添加图层蒙版。设置前景色为黑色，选择【画笔工具】，在其工具选项栏中设置适当的画笔大小，在制作文件中对画布右侧的点进行涂抹，效果如图11.85所示，此时的【图层】面板如图11.86所示。

图11.84

图11.85

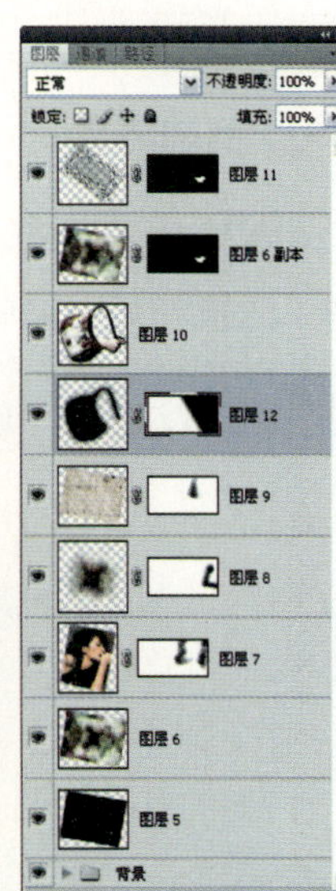

图11.86

提示

至此，主体图像已经制作完成。下面添加广告元素，完成制作。

步骤24 选择“图层11”，打开随书所附光盘中的素材文件（光盘文件路径为“第11章\11.3\素材7.psd”），按住Shift键，使用【移动工具】将其中的图像拖动至制作文件中，最终效果如图11.87所示，同时得到图层组“文字及标志”。

图11.87

提示

本例最终效果文件见随书所附光盘（光盘文件路径为“第11章\11.3\11.3.psd”）。

11.4 “双星情缘”巧克力包装

例前导读：

本例使用了欧式花纹等设计元素。在制作过程中，底纹和文字是本例的制作重点，其中应用了滤镜和剪贴蒙版等，对于一些细节的处理需要在制作过程中慢慢体会。

核心技能：

- 结合通道、【色阶】命令以及滤镜，创建特殊的选区。
- 利用剪贴蒙版限制图像的显示范围。
- 应用“渐变填充”图层制作图像的渐变效果。
- 添加【描边】图层样式，制作图像的描边效果。
- 使用形状绘制类工具绘制形状。
- 结合路径及“画笔描边路径”功能，为所绘制的路径进行描边。
- 利用图像变换，调整图像的大小及位置。

操作步骤：

步骤1 按Ctrl+N组合键新建文件，在弹出的对话框中设置参数，如图11.88所示，单击【确定】按钮退出对话框，将此文件作为本例的制作文件。新建图层，得到“图层1”。设置前景色的颜色值为“fdeecf”，选择【矩形工具】，在其工具选项栏中单击【填充像素】按钮，在制作文件中绘制如图11.89所示的矩形。

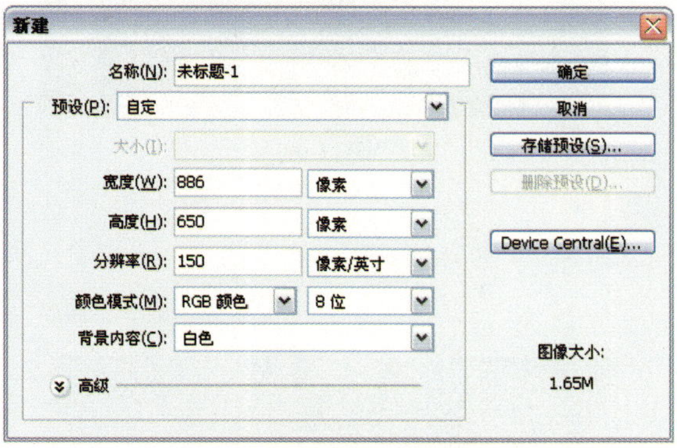

图11.88

图11.89

步骤2 打开随书所附光盘中的素材文件（光盘文件路径为“第11章\11.4\素材1.tif”），按Ctrl+A组合键全选图像，按Ctrl+C组合键复制图像，关闭并退出该素材文件。在制作文件中切换至【通道】面板，然后新建通道，得到通道“Alpha1”。

步骤3 按Ctrl+V组合键粘贴图像，按Ctrl+D组合键取消选区，效果如图11.90所示。按Ctrl+L组合键执行【色阶】命令，在弹出的对话框中设置参数，如图11.91所示，单击【确定】按钮退出对话框，效果如图11.92所示。

步骤4 执行【滤镜】|【模糊】|【高斯模糊】命令，在弹出的对话框中设置【半径】为“0.3”，单击【确定】按钮退出对话框，效果如图11.93所示。

步骤5 按Ctrl+L组合键执行【色阶】命令，在弹出的对话框中设置参数，如图11.94所示，单击【确定】按钮退出对话框，效果如图11.95所示。

图11.90

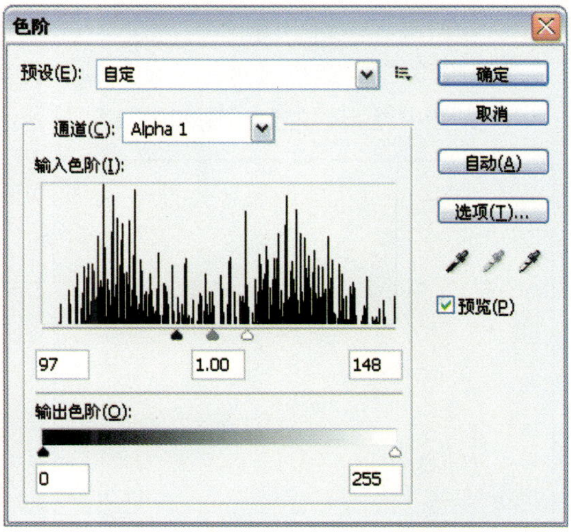

图11.91

图11.92

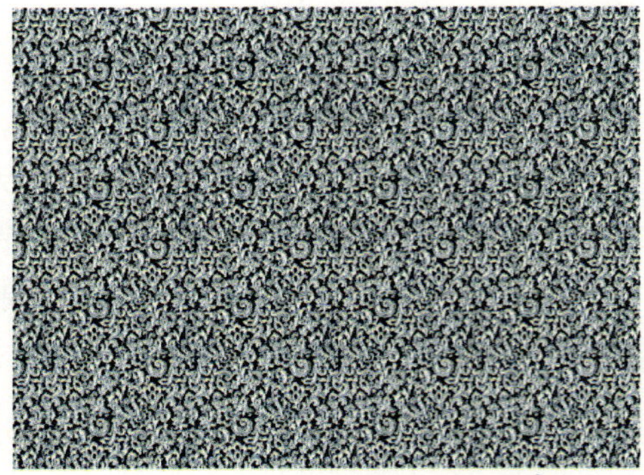

图11.93

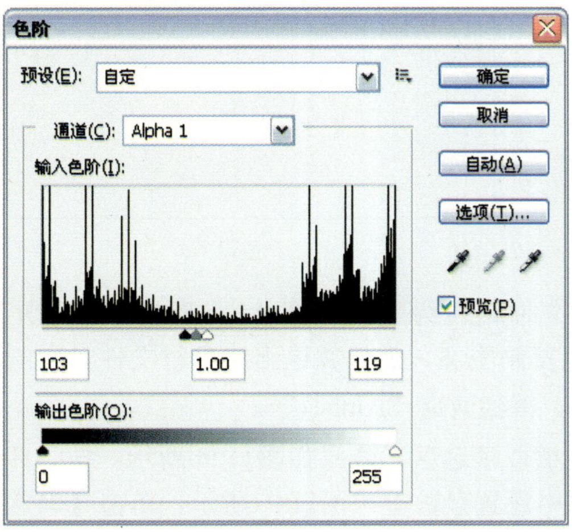

图11.94

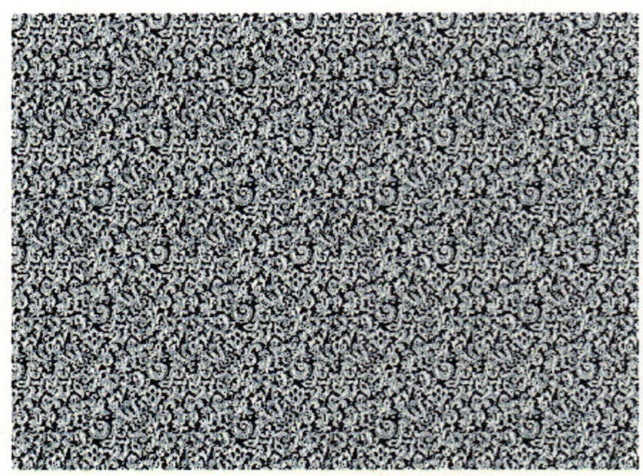

图11.95

步骤 6 按住Ctrl键单击通道“Alpha1”的通道缩览图以载入其选区。切换至【图层】面板，新建图层，得到“图层2”，按Ctrl+Alt+G组合键创建剪贴蒙版。设置前景色的颜色值为“fcd849”，按Alt+Delete组合键用前景色填充选区，按Ctrl+D组合键取消选区，效果如图11.96所示。

步骤 7 新建图层，得到“图层3”，按Ctrl+Alt+G组合键创建剪贴蒙版。设置前景色的颜色值为“6e0202”，选择【矩形工具】，在其工具选项栏中单击【填充像素】按钮，在制作文件中画布的左侧绘制如图11.97所示的矩形。

图11.96

图11.97

步骤8 复制“图层3”，得到“图层3副本”。执行【编辑】|【变换】|【水平翻转】命令，使用【移动工具】将其中的图像拖动至制作文件中画布的右侧，效果如图11.98所示。

步骤9 按住Ctrl键单击“图层2”的图层缩览图以载入其选区，然后按Ctrl+Alt+Shift组合键单击“图层1”的图层缩览图以得到与原选区相交的选区，在【图层】面板中单击【创建新的填充或调整图层】按钮，在弹出的菜单中选择【渐变】命令，在弹出的对话框中设置参数，如图11.99所示，单击【确定】按钮退出对话框，同时得到图层“渐变填充1”。设置此图层的图层混合模式为【正片叠底】，效果如图11.100所示。

提示

在【渐变填充】对话框中，渐变颜色值从左至右分别为“ff6e02”、“ffff00”和“ff6e02”。

步骤10 新建图层，得到“图层4”。设置前景色的颜色值为“6e0202”。选择【椭圆工具】，在其工具选项栏中单击【填充像素】按钮，在制作文件中绘制如图11.101所示的椭圆形状。

图11.98

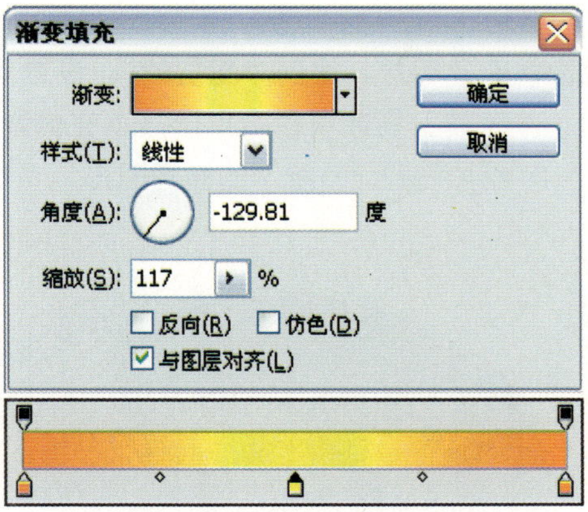

图11.99

图11.100

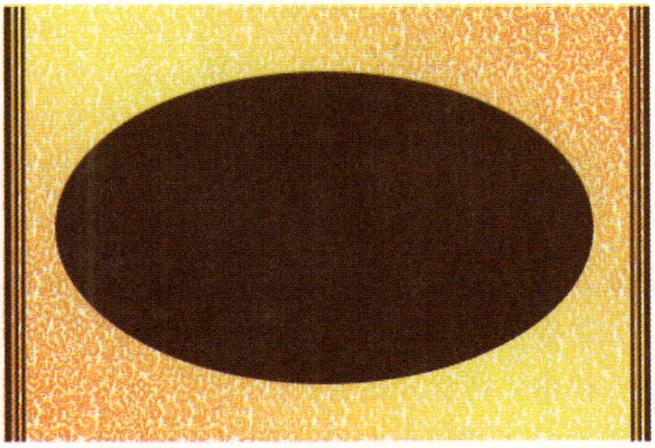

图11.101

步骤11 复制“图层4”，得到“图层4副本”。在【图层】面板中单击【添加图层样式】按钮，在弹出的菜单中选择【描边】命令，在弹出的对话框中设置参数，如图11.102所示，单击【确定】按钮退出对话框，效果如图11.103所示。按照本步骤的操作方法，为“图层4”添加【描边】图层样式，参数设置及效果如图11.104所示。

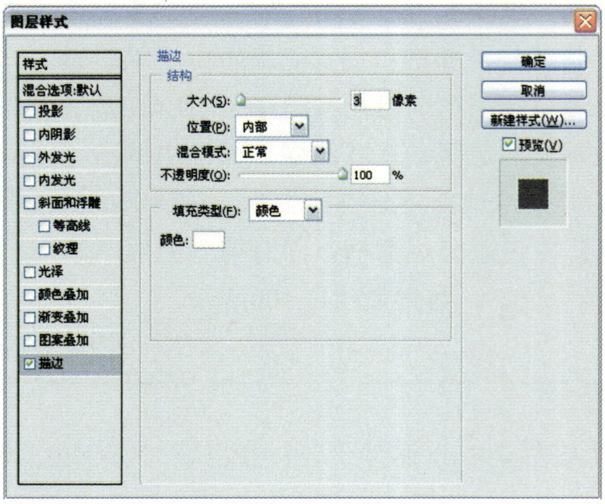

图11.102

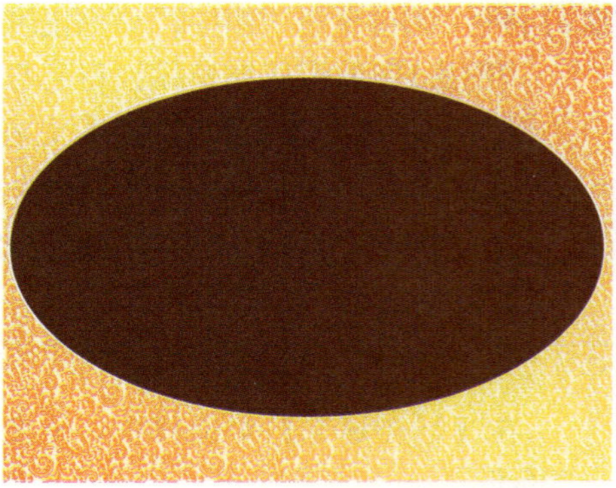

图11.103

提示

在【描边】参数设置中，色块的颜色值为“6e0202”。

步骤12 新建图层，得到“图层5”。设置前景色的颜色值为“fdfbcf”。选择【椭圆工具】，在其工具选项栏中单击【填充像素】按钮，在制作文件中步骤10绘制的椭圆的中心绘制如图11.105所示的椭圆图形。

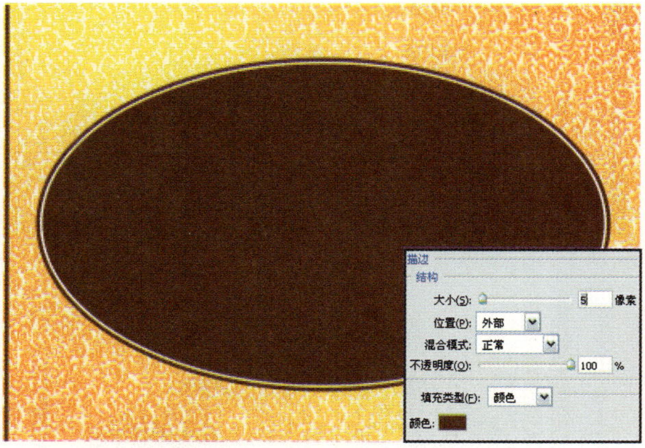

图11.104

图11.105

步骤13 设置“图层5”的【不透明度】为“48%”。打开随书所附光盘中的素材文件（光盘文件路径为“第11章\11.4\素材2.psd”），使用【移动工具】将其中的图像拖动至制作文件中，得到“图层6”。

步骤14 按Ctrl+T组合键调出自由变换控制框，按住Shift键拖动控制手柄以缩小“图层6”中的图像，按Enter键确认操作，使用【移动工具】将其中的图像放置在如图11.106所示的位置。

步骤15 按住Ctrl键单击“图层6”的图层缩览图以载入其选区，设置前景色的颜色值为“fef9da”，按Alt+Delete组合键用前景色填充选区，按Ctrl+D组合键取消选区，效果如图11.107所示。

图11.106

图11.107

步骤16 打开随书所附光盘中的素材文件（光盘文件路径为“第11章\11.4\素材3.psd”），使用【移动工具】将其中的图像拖动至制作文件中，得到“图层7”。利用自由变换控制框调整“图层7”中图像的大小及位置，效果如图11.108所示。

步骤17 复制“图层7”，得到“图层7副本”，将其中的图像拖动至制作文件中画布的下方，效果如图11.109所示，此时的【图层】面板如图11.110所示。

图11.108

图11.109

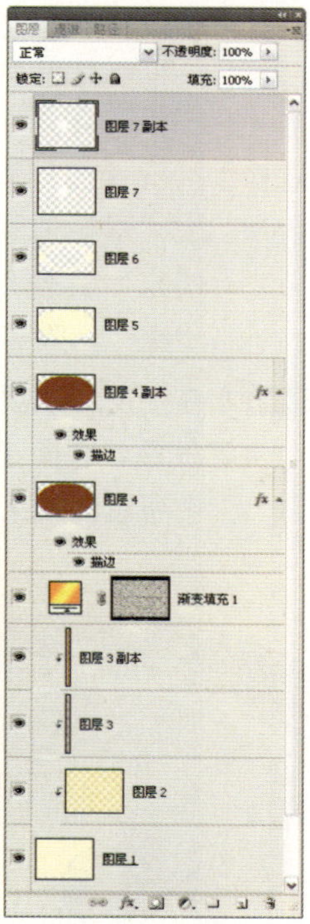

图11.110

步骤18 选择“图层5”，设置前景色的颜色值为“feb404”。选择【钢笔工具】，在其工具选项栏中单击【形状图层】按钮，在制作文件中绘制如图11.111所示的形状，得到图层“形状1”。

步骤19 打开随书所附光盘中的素材文件（光盘文件路径为“第11章\11.4\素材4.psd”），使用【移动工具】将其中的图像拖动至制作文件中，得到“图层8”。利用自由变换控制框调整“图层8”中图像的大小及位置，效果如图11.112所示。

图11.111

图11.112

提示

至此，背景及巧克力效果已经制作完成。下面制作文字及整体效果。

步骤20 选择“图层7副本”，设置前景色为白色，选择【横排文字工具】T，在其工具选项栏中设置适当的字体和字号，在制作文件中输入如图11.113所示的文字，得到文字图层“双星情缘”。

步骤21 执行【图层】|【文字】|【转换为形状】命令，将文字图层转换为形状图层。复制图层“双星情缘”，得到图层“双星情缘 副本”，将其隐藏起来，然后选择图层“双星情缘”。使用【直接选择工具】，在制作文件中调整好各文字的位置并删除形状“缘”，效果如图11.114所示。

步骤22 在图层“双星情缘”的图层名称上单击鼠标右键，在弹出的菜单中选择【栅格化图层】命令。选择【橡皮擦工具】，在其工具选项栏中设置适当的画笔大小，按照图11.115中所示的效果删除文字“双星情”中的笔划。

图11.113

图11.114

图11.115

步骤23 显示并双击图层“双星情缘 副本”，在弹出的对话框中设置其颜色值为“ff0000”，单击【确定】按钮退出对话框。使用【直接选择工具】在制作文件中选择形状“缘”，按Ctrl+T组合键调出自由变换控制框，按住Shift键拖动控制手柄以放大该形状，按Enter键确认操作，然后使用【路径选择工具】将其放置在如图11.116所示的位置。

步骤24 选择【自定形状工具】，在其工具选项栏中单击【形状图层】按钮，然后单击【形状】右侧的按钮，在弹出的【自定形状拾色器】面板中选择如图11.117所示的形状，并按照图11.118中所示的效果在制作文件的画布中绘制出两个心形形状。

图11.116

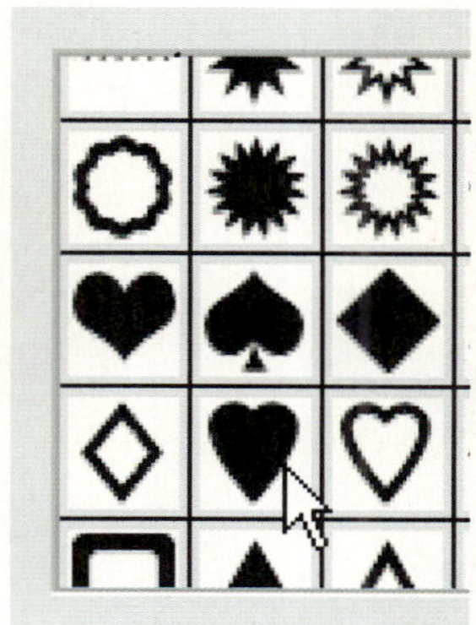
图11.117

图11.118

步骤25 选择【钢笔工具】，在其工具选项栏中单击【路径】按钮，在制作文件的画布中绘制如图11.119所示的路径。切换至【路径】面板，双击当前的“工作路径”，在弹出的对话框中直接单击【确定】按钮，将其保存为“路径1”。

步骤26 在所有图层的上方新建图层，得到“图层9”。设置前景色为白色，选择【画笔工具】，按F5键显示【画笔】面板，对其进行如图11.120所示的参数设置。

图11.119

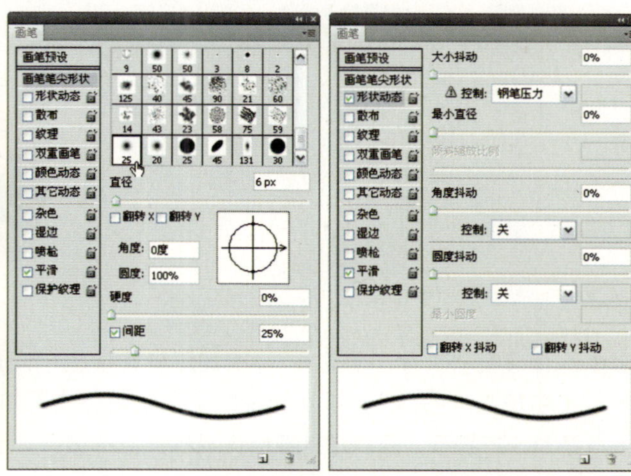
图11.120

步骤27 切换至【路径】面板，选择“路径1”，按住Alt键单击【用画笔描边路径】按钮，在弹出的对话框中选择【模拟压力】选项，单击【确定】按钮退出对话框，然后在【路径】面板的空白处单击鼠标左键以释放路径，效果如图11.121所示。

步骤28 按照步骤25～步骤27讲解的操作方法，绘制路径并用画笔描边路径，效果如图11.122所示，此时的【图层】面板如图11.123所示。

步骤29 选择“图层11”，在【图层】面板中单击【添加图层蒙版】按钮，按住Ctrl键单击图层“双星情缘 副本”的矢量蒙版缩览图以载入其选区。设置前景色为黑色，选择【画笔工具】，在其工具选项栏中设置适当的画笔大小，在制作文件中“缘”字的左侧进行涂抹，隐藏遮住“纟”的部分线条，按Ctrl+D组合键取消选区，效果如图11.124所示。

图11.121

图11.122

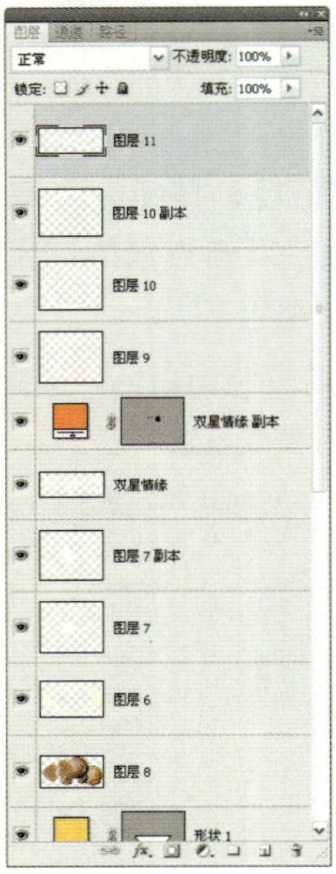

图11.123

图11.124

步骤30 选择【横排文字工具】T，在其工具选项栏中设置适当的字体和字号，在制作文件的画布中输入如图11.125所示的说明文字，最终效果如图11.126所示，此时的【图层】面板如图11.127所示，图11.128所示为本例的立体效果，读者可以尝试制作。

图11.125

图11.126

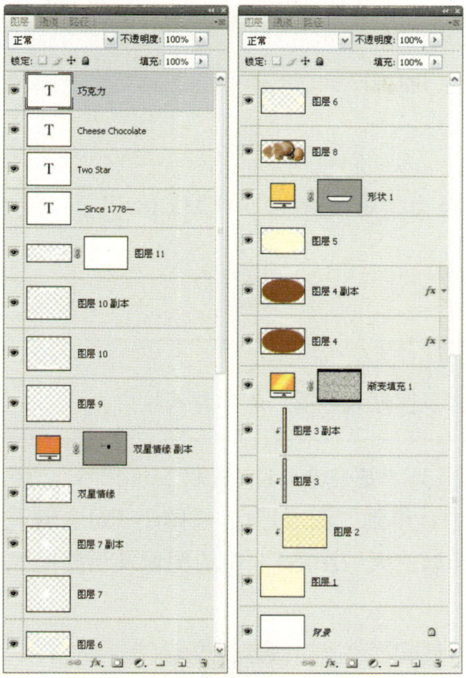

图11.127

图11.128

提示

本例最终效果文件见随书所附光盘（光盘文件路径为“第11章\11.4\11.4.psd”），尝试效果文件见随书所附光盘（光盘文件路径为“第11章\11.4\11.4-尝试效果”）。

11.5 音乐舞会海报设计

例前导读：

本例是以音乐舞会为主题的海报设计作品。在制作过程中，主要以处理画面中别具一格的舞台为核心内容。画面中包含的元素较多，并具有一定的空间透视感，给观者以身临其境的感觉。

核心技能：

- 应用滤镜制作图像的艺术效果。
- 应用调整图层，调整图像的亮度、色彩等属性。
- 利用图层蒙版隐藏不需要的图像。
- 设置图层属性以混合图像。
- 应用“盖印”功能合并可见图层中的图像。
- 结合【画笔工具】 及特殊画笔素材绘制图像。

■ 添加【内发光】图层样式，制作图像的发光效果。

■ 利用剪贴蒙版限制图像的显示范围。

操作步骤：

步骤 1 打开随书所附光盘中的素材文件（光盘文件路径为“第11章\11.5\素材1.psd”），效果如图11.129所示，将此文件作为本例的制作文件。

提示

下面结合素材图像、滤镜、调整图层、图层蒙版以及图层属性等，制作背景效果。

步骤 2 打开随书所附光盘中的素材文件（光盘文件路径为“第11章\11.5\素材2.psd”），使用【移动工具】将其中的图像拖动至制作文件中，得到“图层1”。按Ctrl+T组合键调出自由变换控制框，按住Shift键向外拖动控制手柄以放大“图层1”中的图像及调整图像的位置，按Enter键确认操作，效果如图11.130所示。

图11.129

图11.130

步骤 3 执行【滤镜】|【画笔描边】|【阴影线】命令，在弹出的对话框中设置参数，如图11.131所示，调整效果请参见对话框左侧的预览区域，单击【确定】按钮退出对话框。

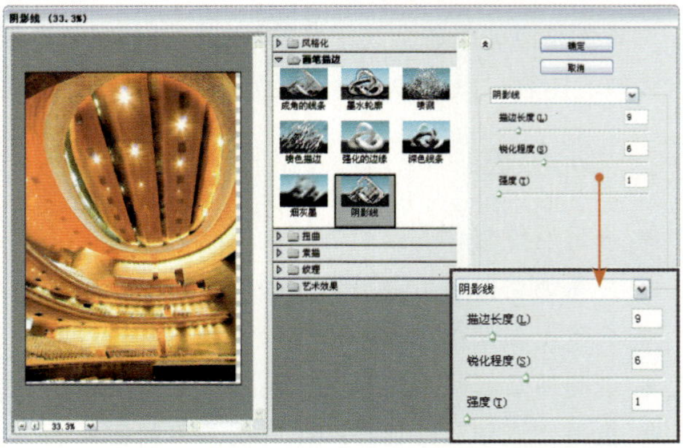

图11.131

步骤 4 在【图层】面板中单击【创建新的填充或调整图层】按钮，在弹出的菜单中选择【渐变映射】命令，在弹出的面板中设置参数，如图11.132所示，得到图层“渐变映射1”，按Ctrl+Alt+G组合键创建剪贴蒙版，效果如图11.133所示。

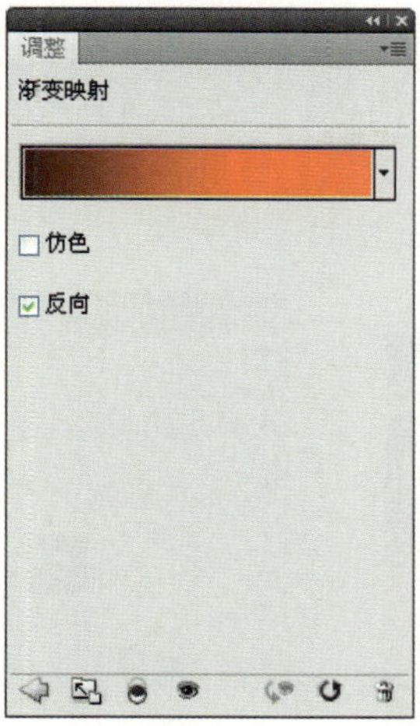

图11.132

图11.133

提示

在【渐变映射】参数设置中，渐变颜色值从左至右依次为“ff0000”、“46000f”。

步骤5 设置图层“渐变映射1”的图层混合模式为【正片叠底】，效果如图11.134所示。在图层“渐变映射1”的图层蒙版缩览图被激活的状态下，设置前景色为黑色，选择【画笔工具】，在其工具选项栏中设置适当的画笔大小及【不透明度】数值，在图层蒙版中进行涂抹，将左下角的色彩隐藏起来，直至效果如图11.135所示。

图11.134

图11.135

步骤6 按照步骤4～步骤5讲解的操作方法，结合“色彩平衡”调整图层、剪贴蒙版以及图层蒙版等，在制作文件中调整画布右上方及下方的色彩，效果如图11.136所示，同时得到图层“色彩平衡1”。

提示

本步骤中关于【调整】面板中的参数设置，请参考本例随书所附光盘中的最终效果文件。在下面的操作中，会多次应用到调整图层，笔者不再进行相关提示。

步骤7 新建图层，得到“图层2”。设置前景色的颜色值为“630170”，按Ctrl+Alt+G组合键创建剪贴蒙版，设置此图层的图层混合模式为【线性加深】。选择【画笔工具】，在其工具选项栏中设置适当的画笔大小及【不透明度】数值，在制作文件中画布的下方进行涂抹，效果如图11.137所示，此时的【图层】面板如图11.138所示。

图11.136

图11.137

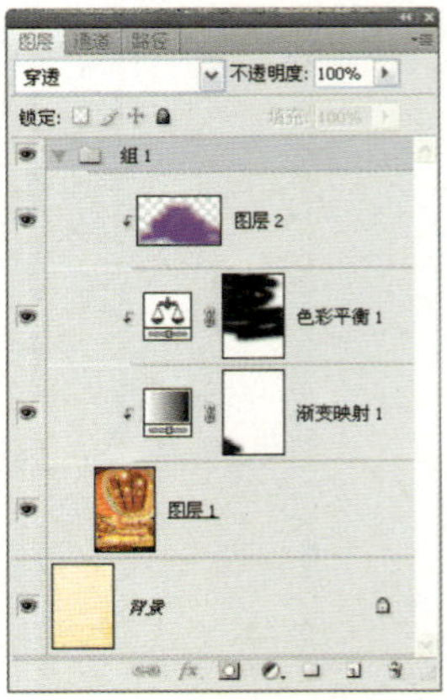

图11.138

提示

本步骤中为了方便管理图层，在此将制作背景的图层选中，按Ctrl+G组合键进行图层编组，得到“组1”。在下面的操作中，笔者也将对各部分进行图层编组，在步骤中不再叙述。下面制作画布上方的圆球效果。

步骤8 收拢图层组“组1”，打开随书所附光盘中的素材文件（光盘文件路径为“第11章\11.5\素材3.psd”），结合【移动工具】及图像变换等，制作画布上方的圆球效果，效果如图11.139所示，同时得到“图层3”。复制“图层3”，得到“图层3副本”，隐藏副本图层。

步骤9 选择“图层3”，执行【滤镜】|【风格化】|【凸出】命令，在弹出的对话框中设置参数，如图11.140所示，单击【确定】按钮退出对话框，效果如图11.141所示。

图11.139

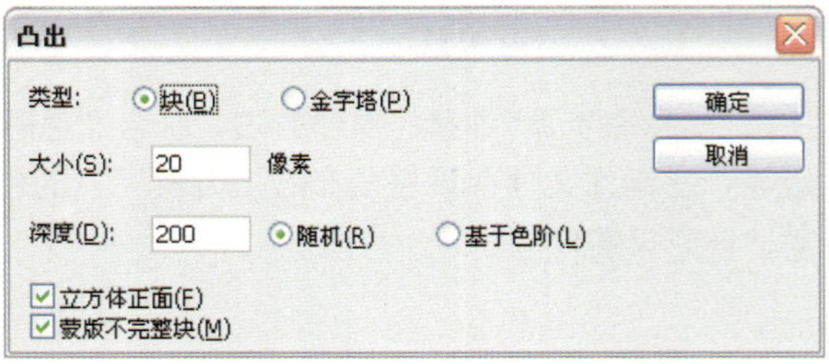

图11.140

步骤10 按照步骤4～步骤5讲解的操作方法，结合“渐变映射”调整图层、剪贴蒙版以及图层属性等，制作圆球的渐变效果，效果如图11.142所示，得到图层“渐变映射2”。

提示

本步骤中设置图层“渐变映射2”的图层混合模式为【正片叠底】。

步骤 11 选择并显示“图层3副本”，设置此图层的图层混合模式为【柔光】，效果如图11.143所示。

图11.141

图11.142

图11.143

步骤 12 选择“图层3”，在【图层】面板中单击【添加图层样式】按钮 *fx*，在弹出的菜单中选择【内发光】命令，在弹出的对话框中设置参数，如图11.144所示，单击【确定】按钮退出对话框，效果如图11.145所示，此时的【图层】面板如图11.146所示。

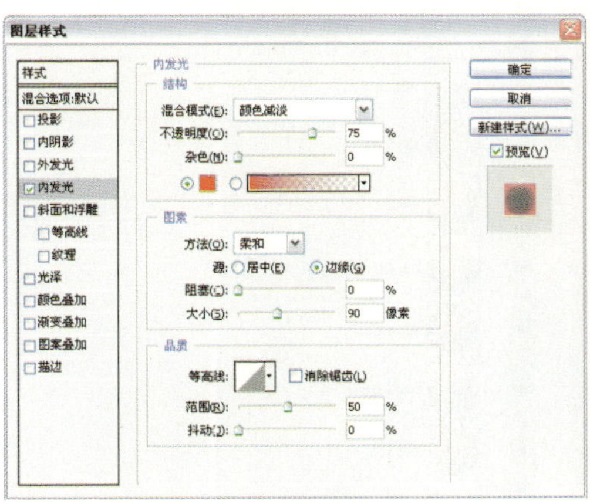

图11.144

图11.145

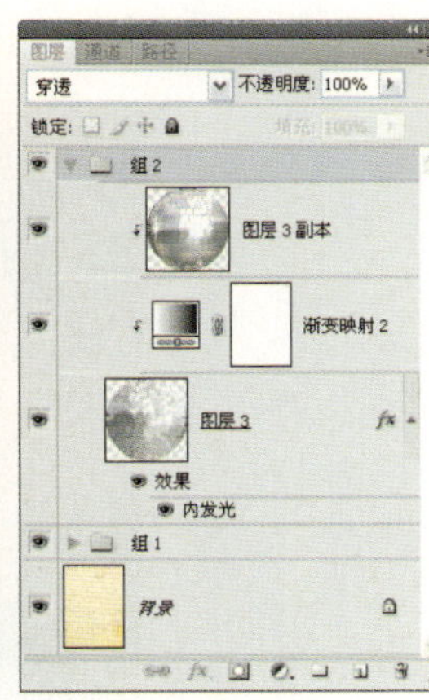

图11.146

提示

在【内发光】参数设置中，色块的颜色值为“c1022b”。下面制作圆球下方的小圆球效果。

步骤 13 选择图层“渐变映射2”和“图层3副本”，并将其拖动至图层组“组2”的上方，得到相应的副本图层。收拢图层组“组2”，将图层“渐变映射2副本”拖动至“图层3副本2”的上方，按Ctrl+Alt+G组合键创建剪贴蒙版。选择“图层3副本2”，利用自由变换控制框调整“图层3副本2”中图像的大小及位置，效果如图11.147所示。

步骤14 选择“图层3副本2”和图层“渐变映射2副本”，按Ctrl+Alt+E组合键盖印图层，将选中图层中的图像合并至新图层中，并将其重命名为“图层4”。将“图层4”拖动至“图层3副本2”的下方。利用自由变换控制框调整“图层4”中图像的大小及位置，效果如图11.148所示。

图11.147

图11.148

步骤15 按照上面所讲解的操作方法，结合图层复制及图像变换等，制作其他小圆球效果，效果如图11.149所示，此时的【图层】面板如图11.150所示。

图11.149

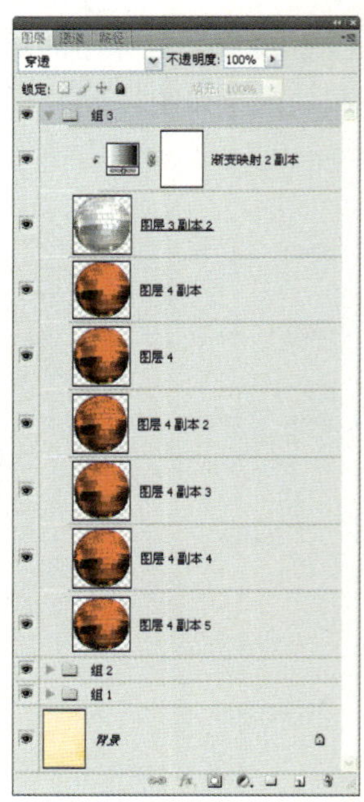

图11.150

提示

在制作本步骤效果的过程中，还需要注意各图层间的顺序。下面结合路径及“曲线”调整图层制作图像效果的层次感。

步骤16 收拢图层组“组3”。选择【钢笔工具】，在其工具选项栏中单击【路径】按钮以及【添加到路径区域】按钮，在制作文件中画布的上方及右侧绘制如图11.151所示的路径。在【图层】面板中单击【创建新的填充或调整图层】按钮，在弹出的菜单中选择【曲线】命令，得到图层“曲线1”，在弹出的面板中设置参数，如图11.152所示，隐藏路径后的效果如图11.153所示。

步骤17 结合图层复制、调整图层以及剪贴蒙版等，制作画布上方的圆球效果，效果如图11.154所示，此时的【图层】面板如图11.155所示。

提示

下面结合路径、矢量蒙版以及图层蒙版等，制作边框效果。

图11.151

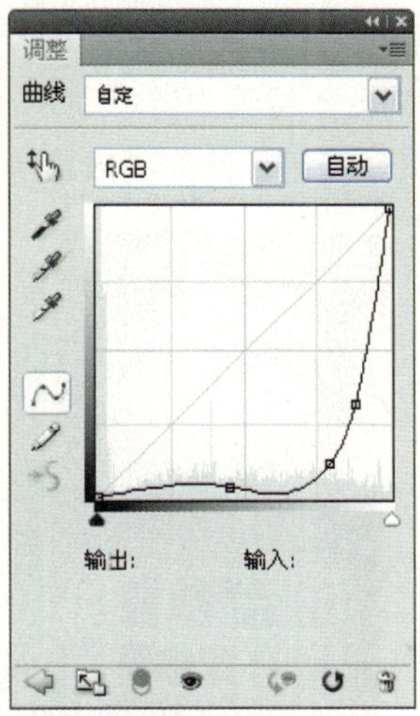

图11.152

图11.153

图11.154

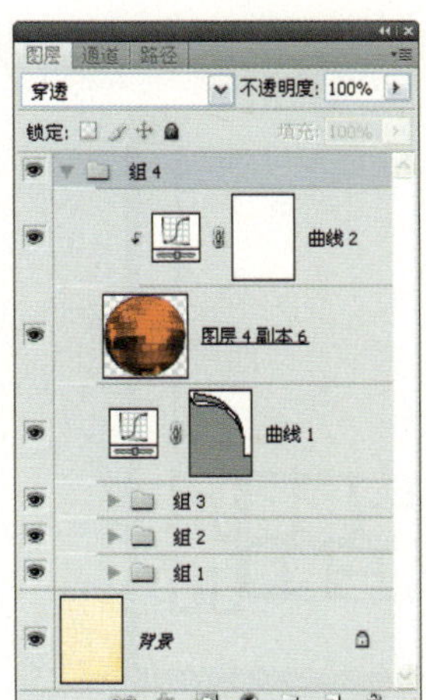

图11.155

步骤18 结合路径及其运算功能，在制作文件的画布中绘制如图11.156所示的路径。在【图层】面板中按住Ctrl键单击【添加图层蒙版】按钮，为图层组“组4”添加矢量蒙版，隐藏路径后的效果如图11.157所示。

提示

本步骤中所绘制的路径有些复杂，读者可以直接调用本例随书所附光盘最终效果文件【路径】面板中的“路径1”进行操作。

步骤19 在图层组“组4”的矢量蒙版缩览图上单击鼠标右键，在弹出的菜单中选择【栅格化矢量蒙版】命令。设置前景色为黑色，打开随书所附光盘中的素材文件（光盘文件路径为“第11章\11.5\素材4.abr”），选择【画笔工具】，在制作文件的画布中单击鼠标右键，在弹出的【画笔预设选取器】面板中选择刚刚打开的画笔，在图层蒙版中进行涂抹，将左右两侧以及左下方的图像效果隐藏起来，直至效果如图11.158所示，此时图层蒙版中的状态如图11.159所示。

步骤20 继续打开随书所附光盘中的素材文件（光盘文件路径为“第11章\11.5\素材5.abr、素材6.abr”），并应用打开的画笔在图层组“组4”的图层蒙版中进行涂抹，将部分图像效果隐藏起来，直至效果如图11.160所示，此时图层蒙版中的状态如图11.161所示。

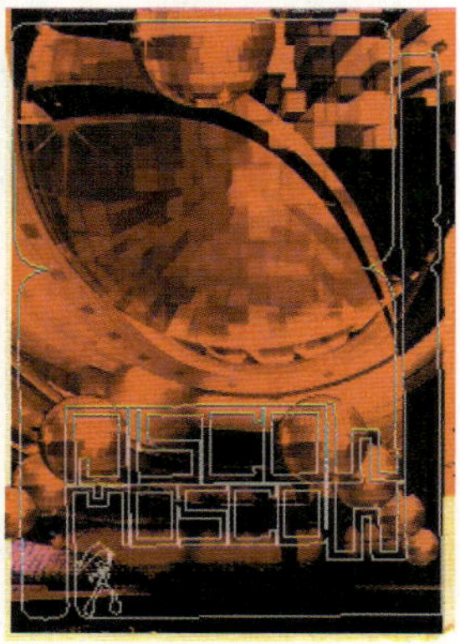

图11.156

图11.157

图11.158

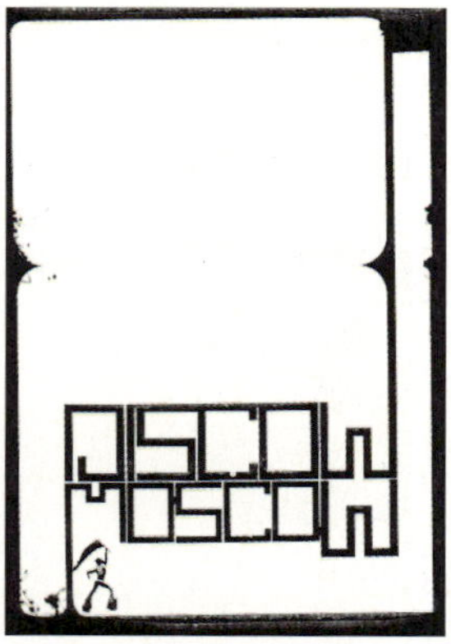

图11.159

图11.160

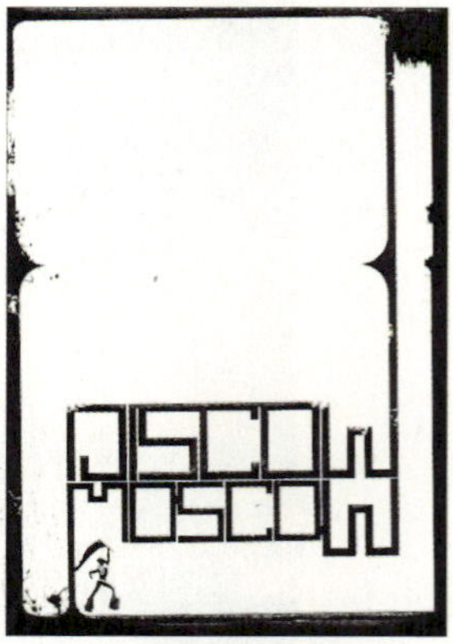

图11.161

提示

下面制作边框内文字上方的塔效果。

步骤21 收拢图层组“组4”。打开随书所附光盘中的素材文件（光盘文件路径为“第11章\11.5\素材7.psd”），结合【移动工具】及图像变换等，制作文字上方的塔效果，效果如图11.162所示，同时得到“图层5”。选择【矩形选框工具】，在制作文件中塔的下方绘制如图11.163所示的选区，按Delete键删除选区中的内容，按Ctrl+D组合键取消选区。

步骤22 执行【图像】|【调整】|【阈值】命令，在弹出的对话框中设置【阈值色阶】为“142”，单击【确定】按钮退出对话框，效果如图11.164所示。选择图层组“组4”的图层蒙版缩览图，按住Ctrl键单击“图层5”的图层缩览图以载入其选区，隐藏“图层5”。设置前景色为黑色，按Alt+Delete组合键填充选区，按Ctrl+D组合键取消选区，效果如图11.165所示。

提示

至此，塔效果已经制作完成。下面制作喷点及文字效果。

步骤23 选择“图层5”，结合【画笔工具】、画笔素材以及相关文字工具，制作画布中的喷点以及画布底部的文字效果，效果如图11.166所示，此时的【图层】面板如图11.167所示。图11.168所示为单独显示本步骤操作效果时的图像状态。

图11.162

图11.163

图11.164

图11.165

图11.166

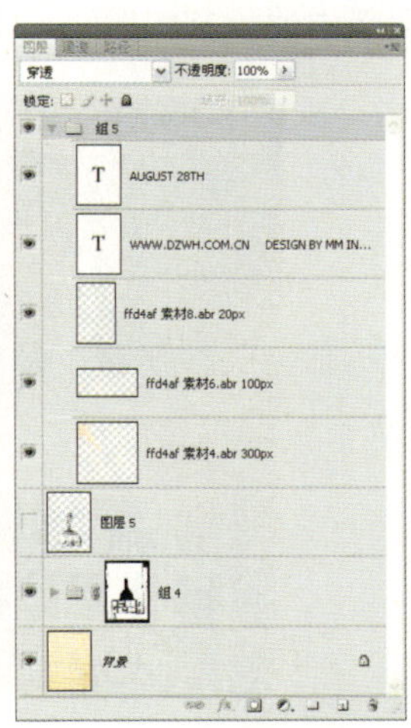

图11.167

提示

本步骤中所应用到的画笔素材文件为随书所附光盘中的素材文件（光盘文件路径为“第11章\11.5\素材4.abr、素材6.abr和素材8.abr”），在本例随书所附光盘最终效果文件的图层名称上标有相应的画笔名称、画笔大小以及颜色值。文字的输入方法为：选择【横排文字工具】T，设置前景色的颜色值为“efc48f”，在其工具选项栏中设置适当的字体和字号，然后在制作文件的画布中输入所需要的文字。

步骤24 收拢并选择图层组“组5”，按Ctrl+Alt+E组合键盖印图层，将得到的图层重命名为“图层6”。按住Ctrl键单击“图层6”的图层缩览图以载入其选区，隐藏“图层6”和图层组“组5”。选择图层组“组4”的图层蒙版缩览图，设置前景色为黑色，按Alt+Delete组合键填充选区，按Ctrl+D组合键取消选区，效果如图11.169所示。

图11.168

图11.169

步骤25 在图层组“组4”的图层蒙版缩览图被激活的状态下，按照步骤20的操作方法，利用随书所附光盘中的画笔素材文件（光盘文件路径为“第11章\11.5\素材8.abr、素材9.abr”），在图层蒙版中进行涂抹，以制作四周紊乱的边缘效果，效果如图11.170所示，此时图层蒙版中的状态如图11.171所示。

图11.170

图11.171

步骤26 显示“图层5”，按住Alt键单击“图层5”左侧的图标，以隐藏除此图层以外的所有图层。执行【选择】|【色彩范围】命令，在弹出的对话框中选择【阴影】选项，如图11.172所示，单击【确定】按钮退出对话框，得到的选区如图11.173所示。

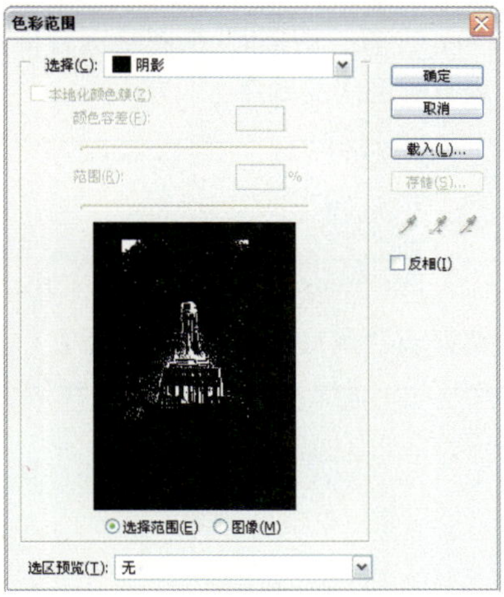

图11.172

图11.173

步骤27 保持选区，按Ctrl+Shift+I组合键反向选区。再次按住Alt键单击“图层5”左侧的图标，以恢复上一步隐藏的图层，按Delete键删除选区中的内容，按Ctrl+D组合键取消选区，效果如图11.174所示。

提示

下面制作画布下方两侧的花纹及塔上的人物效果以完成制作。

步骤28 结合【画笔工具】、画笔素材、调整图层以及图层蒙版等，制作装饰花纹及人物效果，最终效果如图11.175所示，此时的【图层】面板如图11.176所示。

图11.174

图11.175

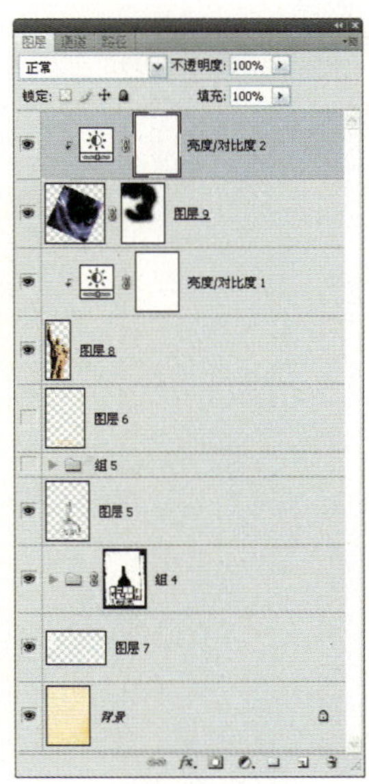

图11.176

提示

本步骤中所应用到的素材文件为随书所附光盘中的素材文件（光盘文件路径为“第11章\11.5\素材10.abr、素材11.psd和素材12.psd”）。其中，设置“图层9”的图层混合模式为【线性减淡（添加）】。另外，在制作过程中，还需要注意各图层间的顺序。

提示

本例最终效果文件见随书所附光盘（光盘文件路径为“第11章\11.5\11.5.psd”）。